Jens F. Ihwe

Konversationen über Literatur

AF883402

Wissenschaftstheorie
Wissenschaft und Philosophie

Gegründet von
Prof. Dr. Simon Moser, Karlsruhe

Herausgegeben von
Prof. Dr. Siegfried J. Schmidt, Siegen
Prof. Dr. Peter Finke, Bielefeld

1 H. Reichenbach, Der Aufstieg der wissenschaftlichen Philosophie (lieferbar als Band 1 der Hans Reichenbach Gesammelte Werke)
2 R. Wohlgenannt, Was ist Wissenschaft? (vergriffen)
3 S. J. Schmidt, Bedeutung und Begriff (vergriffen)
4 A.-J. Greimas, Strukturale Semantik (vergriffen)
5 B. G. Kusznecov, Von Galilei bis Einstein (vergriffen)
6 B. d'Espagnat, Grundprobleme der gegenwärtigen Physik (vergriffen)
7 H. J. Hummel/K. D. Opp, Die Reduzierbarkeit von Soziologie auf Psychologie
8 H. Lenk, Hrsg., Neue Aspekte der Wissenschaftstheorie
9 I. Lakatos/A. Musgrave, Kritik und Erkenntnisfortschritt
10 R. Haller/J. Götschl, Hrsg., Philosophie und Physik
11 A. Schreiber, Theorie und Rechtfertigung
12 H. F. Spinner, Begründung, Kritik und Rationalität, Band 1
13 P. K. Feyerabend, Der wissenschaftstheoretische Realismus und die Autorität der Wissenschaften
14 I. Lakatos, Beweise und Widerlegungen
15 P. Finke, Grundlagen einer linguistischen Theorie
16 W. Balzer/A. Kamlah, Hrsg., Aspekte der physikalischen Begriffsbildung
17 P. K. Feyerabend, Probleme des Empirismus
18 W. Diederich, Strukturalistische Rekonstruktionen
19 H. R. Maturana, Erkennen: Die Organisation und Verkörperung von Wirklichkeit
20 W. Balzer, Empirische Theorien: Modelle – Strukturen – Beispiele
21 H. v. Foerster, Sicht und Einsicht
22 P. Finke/S. J. Schmidt, Analytische Literaturwissenschaft
23 J. F. Ihwe, Konversationen über Literatur

Jens F. Ihwe

Konversationen über Literatur

Literatur und Wissenschaft aus nominalistischer Sicht

Unter Mitarbeit von Eric Vos

Friedr. Vieweg & Sohn Braunschweig / Wiesbaden

CIP-Kurztitelaufnahme der Deutschen Bibliothek

Ihwe, Jens F.:
Konversationen über Literatur: Literatur u. Wiss.
aus nominalist. Sicht / Jens F. Ihwe. Unter Mitarb.
von Eric Vos. – Braunschweig; Wiesbaden: Vieweg,
1985.
(Wissenschaftstheorie, Wissenschaft und
Philosophie; 23)
ISBN 978-3-528-08586-5 ISBN 978-3-322-96894-4 (eBook)
DOI 10.1007/978-3-322-96894-4
NE: GT

Dr. Jens F. Ihwe ist als Professor am Institut für Allgemeine Literaturwissenschaft der Universität Amsterdam tätig.

1985

Alle Rechte vorbehalten
© Friedr. Vieweg & Sohn Verlagsgesellschaft mbH, Braunschweig 1985
Softcover reprint of the hardcover 1st edition 1985
Die Vervielfältigung und Übertragung einzelner Textabschnitte, Zeichnungen oder Bilder, auch für Zwecke der Unterrichtsgestaltung, gestattet das Urheberrecht nur, wenn sie mit dem Verlag vorher vereinbart wurden. Im Einzelfall muß über die Zahlung einer Gebühr für die Nutzung fremden geistigen Eigentums entschieden werden. Das gilt für die Vervielfältigung durch alle Verfahren einschließlich Speicherung und jede Übertragung auf Papier, Transparente, Filme, Bänder, Platten und andere Medien.

Satz: Vieweg Braunschweig

ISBN 978-3-528-08586-5

für Minen

Inhaltsverzeichnis

0 Einführung: Literatur, Wissenschaft und Semiotik

0.1 Das vorliegende Buch entwickelt zwei Gedankengänge. Sie kreisen um die Frage, was es mit dem wissenschaftlich geprägten Umgang mit Literatur auf sich habe. Der erste Gedankengang betrifft die Stellung der Literatur im Gesamt der Zeichen. Der zweite Gedankengang betrifft die Regeln, denen wir folgen, wenn wir uns mit einem literarischen Text beschäftigen. Der erste Gedankengang ist eher theoretischer Natur, der zweite eher praktischer Natur. Und doch ist diese Unterscheidung nur sehr bedingt gültig. Die Erkundung der Eigenschaften von Symbolsystemen im ersten Kapitel hat ein anderes Ziel als die Errichtung der ‚wahren' semiotischen Theorie. Sie will nicht mehr – aber auch nicht weniger – sein als eine lesbare Aufnahme der Zeichen, mit denen wir, in den unterschiedlichen Bereichen unserer Lebenspraxis, uns unsere Welt zurechtlegen (oder -setzen oder -stellen). Die Zeichen der Literatur funktionieren in dieser unserer Lebenspraxis auf ihre Weise, aber nicht wesentlich anders als die Zeichen der anderen Künste, der Wissenschaften oder der Technik. Einsicht in die Funktion der literarischen Zeichen kann nur entstehen aus einer lesbaren, d. h. einsichtig angeordneten oder verstehbaren, Aufnahme von Zeichen im allgemeinen.

Der erste Gedankengang nimmt so eine andere Entwicklung als die gängige Semiotik (der Literatur) ihn kennt oder vorschreibt. Die Besonderheit ‚des' literarischen Zeichens interessiert nur am Rande. Das Interesse gilt nicht den Grenzen (zwischen Literatur und Wissenschaft, zwischen Literatur und Musik, zwischen Literatur und Leben, ...), sondern den besonderen Bedingungen für die Funktion als Zeichen da, wo andere Zeichen zurücktreten – vielleicht, weil sie weniger geschickt sind, weniger gut passen, vielleicht auch nur, weil sie nicht zur Anwendung gekommen sind.

Daß dieser Gedankengang diese Entwicklung genommen hat, ist kein Zufall. Sie entsprang einem tiefen Ungenügen mit dem, was als Semiotik der Literatur geboten wurde. Und sie war lange erwünscht – wenn auch der Wunsch lange unerfüllbar blieb. Sowohl die Entwicklung der allgemeinen Semiotik (oder Semiologie) als die Entwicklung der Semiotik der Literatur im Rahmen des Strukturalismus blieb mir durchwegs suspekt (vgl. Ihwe 1972: 27–28, besonders Anmerkung 9, sowie Ihwe et al. 1974, § 3). Erst die Begegnung mit der allgemeinen Symboltheorie Nelson Goodmans ließ mich die Fruchtbarkeit einer semiotischen Fragestellung erkennen.

Eine ‚nominalistische' Semiotik bietet keine Semiotik der Literatur, ebensowenig wie sie eine Semiotik der Logik oder der Musik oder der Modelle oder sonst eine Semiotik bietet. Sie bietet auch keine Reklassifikation all dieser Semiotiken derart, daß man die Grenzen anders zu ziehen hätte, daß man sich an andere Grenzen zu gewöhnen hätte. Die allgemeine Symboltheorie, die Nelson Goodman in den letzten fünfzehn Jahren entworfen hat, kam so erwünscht, da sie die Zeichen und die Zeichengebraucher zu ihrem Recht kommen läßt, und nicht die Zeicheninterpreten und -theoretiker. Das Verständnis dieses Umschwungs war nicht leicht. Es brauchte seine Zeit, mußte ausprobiert werden. Aber diese Semiotik, diese nominalistische Semiotik, war brauchbar — sie erlaubte es mir, dasjenige an literarischen Zeichen zu erfassen, was mich beschäftigte, mir aber entglitt oder verdreht wurde, wenn ich es mit den Begriffen zu fassen suchte, die mir die gängige Semiotik an die Hand gab: War mir der gängige Literaturbegriff schon notorisch suspekt (was aus fast jeder Publikation seit den ersten tastenden Orientierungsversuchen spricht), so wurde mir der gängige Zeichenbegriff je länger umso suspekter. Eine doppelte Suspektheit für die ‚Semiotik der Literatur'!

Mein Verständnis der Symboltheorie Nelson Goodmans war und ist also ein praktisches. Frei von der doppelten Suspektheit einer Semiotik der Literatur erlaubte sie es, den einheitlichen Ausdruck mir wesentlicher Eigenschaften von Literatur zu schaffen. Ob die Eigenschaften, die mir wesentlich sind, in den Rahmen der gängigen Literaturwissenschaft oder -semiotik passen, diese Frage brauchte mich nicht länger, in Angriff und Verteidigung, zu beschäftigen.

Zu meiner großen Erleichterung war es nicht länger nötig, das Arsenal der Wissenschaftstheorie zu bemühen. Der Umweg über Prinzipien und Postulate für den Aufbau und die Funktion von Theorien, um zu einer begründeten Abweisung oder zur Rechtfertigung von Behauptungen über Art und Erscheinungsformen von Literatur zu kommen, dieser so sehr mühevolle und so wenig produktive Umweg konnte verlassen werden.

Damit ist nicht gesagt, daß Prinzipien und Postulate für den Aufbau und die Funktion von Theorien in einer nominalistischen Semiotik keine Rolle mehr spielen. Sie spielen sehr wohl eine Rolle, wohl aber eine andere. Welche das ist, soll in Kapitel 1 zur Sprache kommen.

Das Format einer nominalistischen Semiotik zu erkennen und darzustellen, war (und ist) so eine zugleich theoretische und praktische Aufgabe. Sofern dabei Begriffe der Logik, Wissenschaftstheorie, Sprachphilosophie und Ästhetik beteiligt sind, habe ich versucht, sie (ihrem Stellenwert entsprechend) so zu charakterisieren, daß zugleich ihre gängige als auch ihre spezielle (öfters abweichende) Bedeutung deutlich wird.

Im übrigen habe ich darauf verzichtet, das Projekt einer nominalistischen Semiotik in größere Zusammenhänge einzubetten. Ich bin mir bewußt, daß dieses Projekt nicht isoliert dasteht, daß vergleichbare und selbst konvergierende Projekte in unterschiedlichen Wissenschaftszweigen bestehen und entwickelt werden (Logik bzw. Grundlagenforschung der Mathematik, Sprach- und Wahrnehmungsphilosophie, Philosophie bzw. Wissenschaftstheorie der Sozialwissenschaften).

So wünschenswert eine Darlegung von Konvergenzen und Divergenzen wäre, würde sie jedoch dem ersten Gedankengang eine Wendung geben, die hier nicht nötig ist. Ich hoffe, daß das Format einer nominalistischen Semiotik durch das Exposé in den ersten beiden Abschnitten von Kapitel 1 („Referenz" bzw. „Weltschöpfung und Ästhetik") zur Genüge deutlich wird, um die Verknüpfung mit dem zweiten Gedankengang, um die es mir hier geht, zu erlauben.

0.2 Der zweite Gedankengang beginnt da, wo die Sicherheit logischer und (sprach-) theoretischer Erwägungen und Bestimmungen endet. Wenn wir über unseren unmittelbaren Umgang mit Literatur auf wissenschaftliche Weise sprechen wollen, welcher Sprache haben wir uns dann zu bedienen? In welcher Weise zahlen sich all die theoretischen Unterscheidungen und Bestimmungen aus, wenn es um meine, wenn es um deine, wenn es um seine/ihre, wenn es um unsere Erfahrungen mit einem literarischen Text gehen soll? Literaturtheoretische, literaturgeschichtliche, literatursoziologische, literaturpsychologische, literaturpädagogische Kategorien bilden Raster, die unser Wissen über das Wie und Warum unserer Erfahrungen mit Literatur festhalten. Was sie nicht festhalten können ist, wie aus meiner, deiner, seiner/ihrer, unserer Erfahrungen mit diesem einen (diesen mehreren) literrarischen Text(en) meine, deine, seine/ihre, unsere Welt(en) entsteht (entstehen). Welche Rolle spielt, welche Rolle kann hier Wissenschaft spielen? Was für eine Art Wissenschaft hat das zu sein?

Dies war mir lange Zeit ein Rätsel – war es nicht eine fast unmögliche Fragestellung? (Die ‚Versöhnung' von subjektiver Erfahrung mit objektiver Wissenschaft?) Das Rätsel wurde nicht gelöst, indem an Interpretationen, wie sie die Literaturwissenschaftler, wie sie die Professionals der Literatur aller Art tagtäglich geben, Forderungen der Wissenschaftlichkeit gestellt wurden. Auch dieser Weg erwies sich als Umweg, da er allenfalls zu Änderungen im Vokabular der Interpretationen führte (der Art, zum Beispiel, daß die „verborgene Bedeutung" eines literarischen Textes nun seine „Tiefenstruktur" hieß). Er führte nicht zu den Änderungen in der gewünschten Richtung – auf eine Ausdrucksweise hin, wie sie mir vorschwebte, wenn ich dich, wenn ich mich, wenn ich ihn/sie, wenn ich uns über deine, meine, seine/ihre, unsere Erfahrungen im Umgang mit diesem einen (oder diesen mehreren) literarischen Text(en) sprechen hörte.

Was schwebte mir eigentlich vor? Konnte ich es eher erfassen, wenn ich von der Methodologie und Wissenschaftstheorie einer umfassenden ‚modernen' (oder zukünftigen) Literaturwissenschaft her kam, die das Wort ‚Wissenschaft' ernst nahm? Ließ sich so ein Weg freilegen, der auf eine bessere (umfassendere? genauere?) Interpretationspraxis zuführte? Irrweg oder Umweg? Es verging viel Zeit mit der Ausarbeitung dieses Programms. Nicht zuletzt deshalb, weil gar nicht so sicher feststand, was nun ‚Wissenschaft' ist, was unter ‚wissenschaftlichem' Vorgehen zu verstehen ist, wie es zunächst schien.

War das Haus der Wissenschaftstheorie so wohlfundiert, so wohlgebaut wie es sich dem bewundernden Blick des außenstehenden Betrachters darbot? Es wurde, so zeigte sich, ständig umgebaut, es gab Versuche es abzubrechen, es wurde zeitweilig oder gänzlich von dort geborenen Bewohnern verlassen ... Wie konnte ein solches Haus, das immerhin aus dem gründlichen Studium der Baupläne der stattlichen Häuser lang etablierter Wissenschaften entstanden war, Modell stehen für das noch zu errichtende Haus der Literaturwissenschaft? Mußte dieses nicht ganz anders aussehen, wollte es meine, deine, seine/ihre, unsere Erfahrung im Umgang mit diesem einen (diesen mehreren) literarischen Text(en) beherbergen?

Die Orientierung an der klassischen Wissenschaftstheorie eines Carnap, Hempel, Stegmüller führte zum Projekt einer Beobachtungs- und Beschreibungssprache literarischer Texte. Diese mußte an die Stelle der essayistischen, impressionistischen und subjektivistischen Sprache des Interpreten treten. Wenn die Raster der Literaturtheorie, Literaturgeschichte, Literatursoziologie, Literaturpsychologie, Literaturpädagogik zusammen die umfassende *Theorie*sprache einer integralen Literaturwissenschaft bildeten, dann ging es jetzt darum, sie durch eine ebenso umfassende *Beobachtungs-* und *Beschreibungs*sprache zu ergänzen.

Aber was sollte beobachtet und was sollte beschrieben werden? Die Antwort war naheliegend: die Komponenten literarischer Kommunikation. Was die naheliegende Antwort störte, war die Erkenntnis, daß die Komponenten literarischer Kommunikation keineswegs so greifbar waren wie es die klassische Wissenschaftstheorie und ihr praktisches Gegenstück in den Einzeldisziplinen wollte.

Auch die literarische Kommunikation und ihre Komponenten mußten konstruiert werden, bevor sie ‚beobachtet' werden konnten. Oder anders: Beobachtung ist Konstruktion und Konstruktion ist Beobachtung. War mein Ungenügen sowohl mit den tradierten wie auch mit den modernen Formen des Interpretierens von literarischen Texten dann nicht ein Ungenügen mit den ihnen zugrundeliegenden Konstruktionen/Beobachtungen (der Komponenten) literarischer Kommunikation? Was störte mich am meisten? Was schwebte mir als am dringlichsten der Änderung bedürftig vor?

Am meisten störte mich die Konstruktion literarischer Kommunikation als Einbahnverkehr, der monologische Charakter der Interpretationen. Aber war dieser nicht an das Bestreben nach Wissenschaftlichkeit gebunden, an den Aufbau einer vielleicht nicht im Detail nachprüfbaren, aber doch schlüssigen Beweisführung? War das Resultat – Einsicht in die Beschaffenheit und den ‚Wert' eines literarischen Textes – nicht wichtig genug, um den Monolog des Fachmanns nicht nur zu dulden, sondern ihn, im Gegenteil, zu suchen und zu begrüßen?

Unwille mit den Resultaten der monologisierenden Fachleute ließ mich ihren Monologen den Rücken kehren. Ins Blickfeld des Wissenschaftlers wollte ich den Dialog über literarische Texte rücken, wie er sich alltäglich, tagtäglich abspielt – auch wenn das Streben nach Wissenschaftlichkeit dabei keine (eine untergeordnete? eine nur nicht direkt wahrnehmbare?) Rolle spielt. Auf diese Weise erlebte ich eine kleine konzeptuelle Revolution: Es wurde mir etwas praktisch deutlich, was ich theoretisch noch nicht fassen konnte, daß nämlich ein literarischer Text mit seinen Eigenschaften nicht ‚da ist' und auf unsere Aufmerksamkeit wartet. Er entsteht vielmehr mit *den* Eigenschaften, die uns im Dialog über ihn interessieren. Erst wenn ich mit Dir, Du mit mir, wir mit ihm/ihr, er/sie mit uns *über* die und die Eigenschaften des Textes sprechen, hat er – vorläufig – die und die Eigenschaften. ‚Vorläufig' – das erwies sich als ausschlaggebend. Denn in Dialogen über literarische Texte, so beobachtete/konstruierte ich, geht es nicht in erster Linie darum, welche Eigenschaften Du (die Eigenschaften, die Dir wichtig sind) dem Text zuschreibst (oder zusagst), welche Eigenschaften ich (die Eigenschaften, die mir wichtig sind) dem Text zuschreibe (oder zusage), sondern darum, ob wir uns darüber einig werden können, welche dieser Eigenschaften dieser uns wichtige Text nun ‚wirklich' hat.

Und hier war der natürliche Ort der Wissenschaft gefunden. In Dialogen, in denen es um die Eigenschaften geht, die dieser eine (diese mehrere) Text(e) ,wirklich' haben – Dialoge, die ich deshalb ,Konversationen über literarische Texte' nannte –, konnte die Wissenschaft als Ressource eingesetzt werden. Sie mußte es nicht, solange mit der Zuschreibung (der Zusage) von Eigenschaften kein Anspruch auf Wissenschaftlichkeit verbunden war. Sie mußte es – und zwar auf eine Weise, für die Regeln zu finden waren – immer dann, wenn dieser Anspruch wohl erhoben wurde.

Wenn sich für Konversationen über literarische Texte durchgängig Regeln finden ließen, die die grundlegenden Gemeinsamkeiten wie die besonderen Varietäten in unserem Umgang mit literarischen Texten zu charakterisieren erlaubten, dann hatte ich die gewünschte Ausdrucksweise gefunden: Eine Ausdrucksweise, die an die Funktion literarischer Zeichen in meiner, deiner, seiner/ihrer, unserer Lebenspraxis anschließt. Was ich an literarischen Texten beobachte, beobachte ich mit Dir (mit ihm/ihr) zusammen; was ich an Literatur beschreibe, setzt sich aus unseren Beobachtungen zusammen. Dies war der Schritt, der mir vorschwebte: vom Beobachter literarischer Kommunikation zum Teilhaber, nicht unter Verzicht, sondern unter vollem Einsatz wissenschaftlicher Ressourcen.

0.3 Auch der zweite Gedankengang führte weg von dem Getümmel am Bauplatz der zukünftigen Literaturwissenschaft. Die Praxis unseres Umgangs mit literarischen Texten konnte ich verstehen auch bevor sie – die Praxis – in der bel étage des zu errichtenden Monumentalbaus etabliert war. Das im Laufe der Jahre immer unerträglicher werdende Warten auf diesen Tag, der ein St. Nimmerleins Tag zu werden drohte, war vorbei. Eine feste Behausung war nicht mehr vonnöten, getrennte Etagen für Theorie und Beobachtung, getrennte Eingänge für Theoretiker und Praktiker verfielen. Überall, nicht nur in den Gelehrtenstuben und im Treiben des literarischen Marktes, war ein literarischer Text zu finden und ein Gespräch über ihn möglich. Die Wissenschaft konnte, auf Wunsch, dazutreten, befreit von dem Gehabe letzter Weisheiten.

Eine aufregende Situation entstand: In dem Augenblick, wo ich unmerklich von ,der' Literaturwissenschaft Abschied nahm, wurde es mir möglich, über einige der Texte Bertolt Brechts zu sprechen, die mich vor beinahe zwanzig Jahren zur Literaturwissenschaft gebracht hatten. Das Ungenügen an der Sprache derjenigen, die über die dramatischen und lyrischen Texte des damals noch Nicht-Klassikers befanden, war ja der eigentliche Motor hinter der Frage nach einer ,modernen' Literaturwissenschaft gewesen (vgl. auch Ihwe 1972: 428). In Kapitel 3 des vorliegenden Buches habe ich einige Aspekte der Odyssee beschrieben, die jetzt ihr vorläufiges Ende gefunden hat. Bruchstücke aus über Jahre sich erstreckenden Konversationen über zwei Gedichte Brechts – „Wer aber ist die Partei?" und „Die Ballade vom Weib und dem Soldaten" – fügen sich jetzt zu Musterbeispielen für wissenschaftliche Interpretationen, wie ich sie erwartete, als ich mich ,der' Literaturwissenschaft zuwendete.

0.4 Die Entwicklung beider Gedankengänge läßt sich über meine Publikationen der letzten zehn Jahre zurück verfolgen. Aber erst die Bekanntschaft mit den neueren Arbeiten Nelson Goodmans (seit *Languages of Art*), die ich Mitte der siebziger Jahre machte, brachte die gewünschte Bewegung in ihre Entwicklung. Dabei stand der zweite Gedankengang zunächst völlig getrennt von der Adaption der allgemeinen Symboltheorie Goodmans. Er war eher das Ergebnis intensiver Beschäftigung mit dem Ansatz und den Verfahrensweisen sprachanalytischer Ethik und Ästhetik (vgl. das Vorwort zu Ihwe 1976). Erst nachdem ich (etwa 1979/1980) den Begriff der ,Konversation über Literatur' erreicht und entwickelt hatte, wurde mir deutlich, wie gut dieser Begriff und Goodmans Explikation referentieller Beziehungen zueinander paßten. War der Begriff der ,Konversation über Literatur' zunächst als Remedium für die Literaturwissenschaft gedacht (vgl. das Vorwort zu Ihwe 1980 und die Einordnung bei Pasternack 1983: 194–195 und 200), so brachte die Entdeckung dieses Zusammenpassens die soeben beschriebene Veränderung des Blickwinkels mit sich.

Auch wenn das zweite Kapitel des vorliegenden Buches dem Gedankengang des Aufsatzes von 1980 folgt, so ist der Abstand, vor allem auch in der Formulierung der Regeln, beträchtlich. Es handelt sich nicht nur um eine Bearbeitung, sondern um eine Neukonzeption. Diese Neukonzeption ist nicht zuletzt auch Ausdruck der Befreiung, die das Schreiben des dritten Kapitels für mich bedeutete. Ähnlich wie im Falle von Goodmans Explikation des Begriffs des Ästhetischen ist meine Explikation des Begriffs der Interpretation weniger der Versuch einer Redefinition eines notorisch vagen und umstrittenen Begriffs (der Literaturwissenschaft) als vielmehr der Versuch einer Bestandsaufnahme (Konstruktion) der Fakten, die hinter diesem Begriff verborgen sind.

Die Entdeckung des Zusammenpassens führte zur weiteren Vertiefung und Intensivierung der Beschäftigung mit Goodmans Entwurf einer allgemeinen Symboltheorie. Es zeigte sich, daß in ihrem Rahmen das grundlegende Problem für die wissenschaftliche Erforschung unseres Umgangs mit Literatur, das Fiktionsproblem, geklärt werden konnte (vgl. den dritten Abschnitt von Kapitel 1, „Fiktion"). Damit war endgültig der Weg frei zum Verständnis der Funktion literarischer Zeichen in unserer Lebenspraxis, und das heißt auch: zum Verständnis meiner ,Welt', die damals mithilfe der Texte Brechts zustande kam.

Ich sagte bereits, daß mein Verständnis der Symboltheorie Goodmans ein praktisch gerichtetes Verständnis ist. Eine nominalistische Semiotik ist nicht wahrer oder richtiger oder besser als eine andere Semiotik. Sie erlaubte mir, die Fragen zu lösen, die keine andere Semiotik lösen konnte.

0.5 Die Entstehungsgeschichte des vorliegenden Buches ist damit in groben Zügen umrissen. Es kann jedoch auch ohne Rücksicht auf (oder Anteilnahme an) seine(r) Entstehungsgeschichte gelesen werden. Seine Komposition ist einfach genug: Nach der Exposition der Symboltheorie Goodmans in Abschnitt 1 und 2 von Kapitel 1 folgt die Revision des Fiktionsbegriffs in Abschnitt 3 von Kapitel 1. Dabei spielt die Auseinandersetzung mit neueren Versionen des Fiktionsproblems in Sprachphilosophie und Literaturtheorie eine gewisse Rolle. In Kapitel 2 werden die Regeln entwickelt, denen Konversationen über Literatur folgen. Insbesondere wird der Begriff einer wissenschaftlichen Interpretation eines literarischen Textes definiert. In Kapitel 3 wird beispielhaft das Format konkreter wissenschaftlicher Interpretationen an Hand von zwei Gedichten Brechts skizziert.

Kapitel 1 kann auch ohne Kenntnisnahme von Kapitel 2 und 3 gelesen werden. Kapitel 2 kann auch mit nur flüchtiger Kenntnisnahme von Kapitel 1 gelesen werden; es sollte aber, wenn irgend möglich, durch die Lektüre von Kapitel 3 ergänzt werden. Kapitel 3 sollte nur mit Kapitel 1 und Kapitel 2 zusammen gelesen werden. Es muß nicht unbedingt *nach* Kapitel 1 und 2 gelesen werden; vielleicht kann es, wird es zuerst gelesen, die Neugierde auf die Einzelheiten von Kapitel 1 oder Kapitel 2 oder auf alle beide wecken. (In Klammern: Kapitel 3 enthält auch, in dem Abschnitt 3.7, eine kurzgefaßte Theorie der Metrik, am Beispiel ‚einfacher Versformen'.)

0.6 Das Buch beginnt eher ‚technisch', mit einer Exposition von Goodmans Referenzbegriff. Der Leser soll sich, wie oben gesagt, an Hand dieser Exposition ein Bild vom Format einer nominalistischen Semiotik machen können. Ich gehe davon aus, daß die Einzelheiten der Symboltheorie Goodmans sowohl dem philosophisch und wissenschaftstheoretisch wie auch dem literaturwissenschaftlich interessierten Leser nicht bekannt sind.

Im Gegensatz zum anglo-amerikanischen Sprachbereich scheint das Projekt einer nominalistischen Semiotik im deutschen Sprachbereich die aktuelle Diskussion semiotischer Fragen weder im allgemeinen noch in den Einzeldisziplinen besonders berührt zu haben. Das wird nicht nur daran liegen, daß die Übersetzung von Goodmans Arbeiten eher träge verläuft (und oft auch in unkundigen Händen liegt, vgl. Anmerkung 4, unten). Es wird vor allem daran liegen, daß eine Semiotik nominalistischer Provenienz im allgemeinen entweder für unmöglich oder für zu schwierig gehalten wird. Zur Revision dieser irrigen Auffassung möchte das vorliegende Buch einen Beitrag leisten. Es hat zwar nicht die Absicht zu popularisieren; wohl möchte es unnötige, wenn auch teilweise verständliche, Mißverständnisse aufheben oder doch zu ihrer zukünftigen Vermeidung beitragen. Aus diesem Bestreben erklärt sich sowohl der streckenweise kommentarhafte Charakter der Exposition in Kapitel 1, mit der Abfolge von Zitat und Erläuterung, sowie die Tatsache, daß ich die Zitate im englischen Original belassen habe.

Leitend für dieses Vorgehen war die Erfahrung mit der Diskussion von Goodmans Symboltheorie im anglo-amerikanischen Sprachbereich. Bekannte Philosophen, Wissenschaftstheoretiker und Vertreter der Kunstwissenschaften haben dort die Bedeutung der Symboltheorie Goodmans und ihres Beitrags zur Ästhetik gewürdigt. Andererseits jedoch ging die Anerkennung philosophischer Klarheit, analytischer Strenge und inhaltlicher Weite gepaart mit allgemeiner Kritik und Verwerfen der substantiellen Ergebnisse. Man sah Goodmans Arbeiten als provokativ und anregend an; offensichtlich aber waren sie zu weit entfernt vom common sense, um ihnen mehr als kritisches Interesse entgegen zu bringen.

Außer der Angst vor unübersehbaren Konsequenzen für das gängige Bild der Künste und der Wissenschaften spielen massive Vorurteile und Mißverständnisse bei diesem Urteil mit. Die Mißverständnisse, um deren Minimalisierung es mir hier allein gehen kann, betreffen vor allem die theoretischen Intentionen Goodmans und die von ihm verwendete Terminologie. Dies ist eigentlich verwunderlich, da Goodman explizit hinsichtlich seiner theoretischen Intentionen ist; auch führt er im allgemeinen jeden Terminus sorgfältig ein. Offensichtlich ist auch die Quelle theoretischer und terminologischer Mißverständnisse (z. B. hinsichtlich der Begriffe „Referenz" und „Notation") eher in seiner Abweichung von bzw. seinem Bruch mit gängiger Doktrin zu suchen als in unklarer Redeweise seinerseits.

Auf jeden Fall ging es mir bei der Exposition der ‚technischen' Aspekte seiner Symboltheorie um sorgfältige Beachtung auch scheinbar nebensächlicher Details. Denn aus diesen Details baut sich in Wirklichkeit die Symboltheorie auf. Demgegenüber habe ich die ‚großen Themen' der Debatte um ‚den' Nominalismus Goodmans (und verwandter Philosophen, Wissenschaftstheoretiker und Ästhetiker) bewußt vernachlässigt, da sie für das praktische Verständnis seiner Symboltheorie eher marginal sind. Das Adjektiv ‚nominalistisch' hat für mich also weniger philosophiegeschichtliche als praktische Beiklänge (die in Abschnitt 3 von Kapitel 3 in den Vordergrund treten).

0.7 Die Exposition der Symboltheorie Goodmans verdankt viel dem Respons von Studenten und Dozenten der Universität Amsterdam. Während der letzten sechs Jahre wurden unterschiedlich zusammengestellte Gruppen von Studenten mit dem Projekt einer nominalistischen Semiotik konfrontiert. Mit zweien dieser Studenten, Heleen Pott und Eric Vos, schrieb ich 1981/1982 eine erste Version des Stoffs von Kapitel 1 (vgl. Ihwe et al. 1982). Eric Vos, jetzt Mitarbeiter und mit der Erforschung der semantischen Dimension einer nominalistischen Semiotik am Beispiel der konkreten Poesie beschäftigt, zeichnet mit mir für die Abschnitte 1 und 2 von Kapitel 1 verantwortlich. Ohne seinen unermüdlichen Einsatz, in Rat und Tat, wäre aber auch das vorliegende Buch als Ganzes sicher noch länger Wunsch und Versprechen geblieben. Meinen Kollegen am Institut für Allgemeine Literaturwissenschaft der Universität Amsterdam möchte ich für die Geduld danken, mit der sie allen Wendungen gefolgt sind, die meine Gedanken in den letzten zehn Jahren genommen haben. Insbesondere bin ich ihnen dankbar, daß sie mir für das Jahr 1982 ein Forschungsjahr ermöglichten, in dem ich Kapitel 3 des vorliegenden Buches ausarbeiten konnte. Reiner Steinweg danke ich für seine detaillierte Revision von Kapitel 3, sofern es seine und meine Erinnerung unserer damaligen Konversationen betrifft. So ist auch dieses Stück Text Zeuge unserer langjährigen Konversationen über literarische Texte, und insbesondere über Texte Bertolt Brechts, geworden. Catherine Elgin, James S Holmes, Jan van Luxemburg und besonders Bill Leigh danke ich für den Hinweis auf Mängel teils ‚technischer', teils konzeptueller Aspekte in der Exposition der Symboltheorie Nelson Goodmans. Nelson Goodman möchte ich an dieser Stelle für sein großes Interesse und seine anspornende Würdigung der Exposition und der Anwendung seiner Symboltheorie danken.

0.8 Um die Exposition der Symtoltheorie Goodmans zu erleichtern, habe ich beim Zitieren die gleichen Abkürzungen verwendet, die er für seine Hauptwerke gebraucht. 'LA' steht also für *Languages of Art*, ‚WW' für *Ways of Worldmaking*, ‚'SA' für *The Structure of Appearance*, ‚PP' für *Problems and Projects*, ‚RR' für

"Routes of Reference". (Für die bibliographischen Details sei auf das Literaturverzeichnis verwiesen.) Im Anhang sind die Charakterisierungen und Definitionen von Kapitel 2, sowie die Regeln für die Wiegen- und Kinderlieder und die Balladen Brechts aus Kapitel 3 gesondert aufgeführt, um dem Leser lästiges Nachschlagen zu ersparen.

Amsterdam, im Oktober 1983

Kapitel 1
Welten aus Worten

"We'll have to drop all this high-sounding talk of art and philosophy, and come down to earth with a thud." (WW:63)

1.1 Referenz

1.1.1 Symboltheorie

Goodman gebraucht den Terminus ‚Referenz' in umfassender Weise:

"It is a very general and primitive term, covering all sorts of symbolizations, all cases of *standing for*." (RR: 121)

Referentielle Beziehungen unterliegen weder im Hinblick auf mögliche Symbole noch im Hinblick auf ihre Referenten Beschränkungen (vgl. LA: 5). Auch für die Organisation der referentiellen Beziehungen führt Goodman keine besondere Bedingungen ein (vgl. LA: 65).[1] Die gleiche Allgemeinheit gilt für den Terminus ‚Symbol':

"It covers letters, words, texts, pictures, diagrams, maps, models, and more (...)." (LA: xi)

Goodman geht es bei der Grundlegung der Symboltheorie um größtmögliche Allgemeinheit. Dieses Bestreben erklärt sich aus einem der hervorstechendsten Züge seiner Philosophie, ihrem Pluralismus. Goodman geht von der Existenz einer Vielzahl aktualer Welten aus, von

"many different world-versions [which] are of independent interest and importance, without any requirement or presumption of reducibility to a single base." (WW: 4)

Daß die vielen ‚Welt-Versionen' nicht auf eine elementare Version reduziert werden können (oder sollen), besagt nun nicht, daß sie nichts gemeinsam haben. (Auf den Begriff der ‚Welt-Version' komme ich ausführlich in § 1.2.2 zu sprechen.) Im Gegenteil. Ihre ‚Einheit' ist nach Goodman indessen

"not to be sought in an ambivalent or neutral *something* beneath these versions but in an overall organization embracing them." (WW: 5)

Ihre Einheit ergibt sich durch

"an analytic study of types and functions of symbols and symbol systems." (ibid.)

Eine solche analytische Untersuchung setzt eine *allgemeine* Symboltheorie voraus – und diese ist der Gegenstand von *Languages of Art*, wie der Untertitel angibt.

Will man die Künste, die Wissenschaften und andere Formen der Symbolisierung in ihrer Besonderheit respektieren, dann kann die Konklusion des Pluralisten nur lauten, daß die Weisen, in der Menschen ihre Vision ‚der' Welt mitteilen, ungeheuer vielfältig sind. Will er, wie Goodman, eine zusammenhängende theoretische Darstellung dieser Vielfalt des Symbolisierens geben, so muß er mit sehr allgemeinen Begriffen beginnen – mit Begriffen aber auch, die es ihm erlauben, spezifische Erscheinungen zu erfassen. ‚Referenz' und ‚Symbol' können nach Goodman diese Aufgabe erfüllen.

Wenn Goodman ‚Referenz' als Grundbegriff wählt, geht es ihm keineswegs darum, das endgültige Wort über diesen vielgebrauchten Terminus zu sagen. Er dient ihm als geeigneter Ausgangspunkt, um seine Beobachtungen über die vielfältigen Weisen des Symbolisierens zu ordnen. Was er in *Ways of Worldmaking* über ‚Denotation' sagt, gilt ebenso für ‚Referenz':

> "I am not so much stating a belief or advancing a thesis or a doctrine as proposing a categorization or scheme of organization, calling attention to a way of setting our nets to capture what may be significant likenesses and differences." (WW: 129)

Damit ist deutlich, daß auch für die Symbol*theorie* gilt, was für die Symbolsysteme gilt, über die sie handelt: Auch sie bildet ein System von Kategorien, das man nach seiner Nützlichkeit beurteilen sollte und nicht nach seiner ‚Wahrheit'. (Zum Begriff der ‚Wahrheit' vgl. § 1.2.3.) Erweist sich die Wahl von ‚Referenz' als Grundbegriff einer allgemeinen Symboltheorie als nützlich, dann war die Wahl gut. Und nützlich ist die Wahl dann, wenn sie uns ein zusammenhängendes Verständnis der vielfältigen Weisen des Symbolisierens ermöglicht.

Die Grundfrage einer Symboltheorie ist ganz offensichtlich die Frage, wann zwei (oder mehr) Elemente in einer symbolischen bzw. referentiellen Beziehung stehen. Wenn Hans und Eva verheiratet sind, sagt man normalerweise nicht, daß sie aufeinander verweisen, obwohl ihre Beziehung nicht nur evident, sondern sogar institutionalisiert ist. Wie aber wissen wir, daß ihre Beziehung nicht-referentiell ist? Die Antwort auf diese Frage setzt voraus, daß wir uns den verschiedenartigen *Formen* der Referenz, die Goodman unterscheidet, zuwenden.

1.1.2 Denotation, Exemplifikation, Expression und komplexe Referenz. Deskription, Depiktion und Notation

Wie in der sprachphilosophisch-analytischen Tradition üblich, kommt auch Goodman als erstes auf ‚Denotation' zu sprechen. Aber wie ‚Referenz' wird auch ‚Denotation' nicht explizit von ihm definiert. In seinem "Reply to Beardsley" finden wir die folgende Erläuterung des Terminus:

> "Much as 'bright star', quite apart from its incorporation in statements, applies to certain objects – and 'Babe Ruth hitting a homer' applies to certain events, and 'Churchill' to a certain person – pictures of stars or of Babe Ruth hitting a homer or of Churchill apply to these objects or events or that person. (...) This common relationship of applying to or standing for,

> I call *denotation* – not to preclude but rather to introduce examination of various types of denotation in different symbol systems and also the relationships between denotation and other types of reference." (Goodman 1978: 169)

Diese Erläuterung enthält drei wesentliche Aspekte dessen, was Goodman unter ‚Denotation' versteht. Erstens gebraucht er den Terminus weiter als sonst üblich.[2] Denotation ist nicht auf verbale Symbolsysteme beschränkt, und demzufolge gibt es auch unterschiedliche Typen von Denotation. Zweitens ist Denotation nicht die einzige referentielle Beziehung – sie tritt in Verbindung mit anderen referentiellen Beziehungen auf und wird dadurch implizit bestimmt. Drittens wird Denotation von der Bindung an Aussagesätze bzw. Akte des Aussagens oder des Behauptens befreit.

Wenden wir uns zunächst diesem dritten Aspekt zu. Bei der Grundlegung seiner Theorie der Symbolsysteme in *Languages of Art* hebt Goodman vor allem den nominativen oder prädikativen Charakter von Symbolen hervor, unter Vernachlässigung ihrer assertiven oder imperativen oder interrogativen Kraft (vgl. LA: 154–155). Die Einheiten von Symbolsystemen sind Prädikate oder (allgemeiner, vgl. unten) 'labels', nicht Sätze. In "Routes of Reference" verwirft Goodman überdies die klassische, auf Frege und Tarski zurückgehende, Auffassung, daß nur Deklarativsätze denotieren, und zwar Wahrheitswerte. Einmal sind für ihn Begriffe wie ‚Wahrheit' und ‚Falschheit' selbst für Aussagesätze dringend revisionsbedürftig und nur sehr bedingt brauchbar (vgl. dazu im Folgenden, § 1.2.3). Zum zweiten impliziert die klassische Auffassung, daß die Denotata aller ‚wahren' bzw. ‚falschen' Aussagen gleich sind (ihrer aller Denotatum ist ja der Wahrheitswert „wahr" bzw. „falsch") – trotz evidenter Unterschiede im Thema. Zum dritten klammert sie alle Nicht-Aussagesätze aus.

Was aber denotieren dann Sätze – Sätze, in die die denotativen Prädikate eingegangen sind?

> "Perhaps the best course is to regard sentences as not strictly denoting at all. But terms or phrases or predicates often need nothing more than the addition of sentential force to become sentences; and sometimes talk of what a sentence denotes may be elliptical talk of what such a correlative expression denotes. (...) Nevertheless, since what predicate if any correlates with a given sentence may not always be evident, we must usually in careful discourse speak of what is denoted by a specific predicate rather than by a sentence." (RR: 122)

In diesem Sinn denotiert das Prädikat (oder sprachliche 'label') "Babe Ruth hitting a homer" das gleiche Ergebnis wie die Prädikate, die in die folgenden sprachlichen Ausdrücke mit Satzkraft eingegangen sind: "Babe Ruth hits a homer", "Does Babe Ruth hit a homer?", "Babe Ruth, hit a homer!". Daß nur der erste Satz ein Aussagesatz ist, spielt dabei keine besondere Rolle.

Wenden wir uns nun dem zweiten Aspekt zu, dem Konnex von Denotation mit anderen referentiellen Beziehungen. Aus Goodmans Aussage:

> "almost anything may stand for almost anything else" (LA: 5)

und aus seiner Ausdehnung von Denotation auf nicht-verbale Symbolsysteme folgt, daß Denotation nicht (notwendig) an bestimmte Eigenschaften des Symbols gebunden ist. Das schließt indessen nicht aus, daß die spezifischen Eigenschaften der Symbole bzw. Symbolsysteme – die Farben eines Gemäldes, die Tonart eines Musikstücks, die Lautorchestration eines Gedichts, die Textur eines Stücks Stoff, usf. – wichtige Eigenschaften sind (oder werden können), auf die wir uns beziehen (wollen):

> "Presenting for apprehension is something more than merely *having* – it is emphasizing, calling attention to, showing forth (and so referring to though not denoting) the properties in question." (Von Beardsley (1978: 102) mitgeteilte briefliche Äußerung Goodmans)

Was müssen wir uns unter solchen Eigenschaften, die in solche referentiellen Beziehungen eingehen, denken? Das Stoff-Musterbuch eines Schneiders möge uns als Beispiel dienen, um dieser Frage nachzugehen. Ein Stück Stoff im Musterbuch des Schneiders ist zum Beispiel kariert, hat die Eigenschaft ‚kariert zu sein' genau dann, wenn das Prädikat „ist kariert" (oder ein anderes, mit „ist kariert" ko-extensionales Prädikat, z. B. "is chequered") dieses Stück Stoff denotiert. Diese denotative Beziehung, dieser ‚Besitz einer bestimmten Eigenschaft', ist jedoch nicht alles, worum es dann geht, wenn wir zusammen mit dem Schneider das Musterbuch durchblättern und uns diesem Stück Stoff zuwenden. Unser Stück Stoff *verweist* auf die Eigenschaft, kariert zu sein – es fungiert als Probe eines bestimmten Stoffmusters, es exemplifiziert das Stoffmuster. Allgemein gilt, daß jedes Objekt, das sowohl von einem bestimmten Prädikat (oder sonstigen 'label') denotiert wird als auch auf dieses Prädikat verweist (bzw. auf die ‚Eigenschaft', die das Prädikat beschreibt), dieses Prädikat (diese ‚Eigenschaft') exemplifiziert.

Exemplifikation – wie Goodman diese Varietät der Referenz nennt – unterscheidet sich von Denotation also vor allem dadurch, daß die referentielle Beziehung genau anders herum verläuft: vom Objekt (der ‚Probe') zum Symbol, und nicht vom Symbol zum Objekt. Andererseits setzt Exemplifikation aber Denotation voraus: Die Denotation des Objekts durch das Prädikat (label), das exemplifiziert wird, ist eine notwendige Bedingung für das Vorliegen von Exemplifikation. Exemplifikation ist „Besitz plus Referenz" (LA: 53); und ohne Denotation läßt sich nichts über den ‚Besitz' einer Eigenschaft sagen. (Auf die hier anklingende Revision unserer Alltagsontologie, die auch die grundlegende Ontologie vieler philosophischer Systeme und wissenschaftlicher Disziplinen ist, komme ich ausführlicher in § 1.2 zu sprechen.) Die Tatsache, daß

> "the denotation of the label in question is regarded as having been antecedently fixed" (LA: 59)

bringt es mit sich, daß die Möglichkeiten der Exemplifikation nicht willkürlich sind.

Exemplifikation unterscheidet sich somit von Denotation auch durch den (onto-)logischen Status des symbolisierten Elements:

> "while anything may be denoted, only labels may be exemplified." (LA: 57)

Mit dem Terminus 'label' macht Goodman deutlich, daß Exemplifikation ebensowenig wie Denotation an verbale Symbolsysteme gebunden ist. Nicht nur Prädikate, sondern auch Elemente nicht-verbaler Symbolsysteme können exemplifiziert werden. Obwohl, wie Goodman betont, solche Symbolsysteme bereits vor der Entwicklung der Sprache in Gebrauch waren, scheint indessen

> "the orientation that distinguishes exemplification from denotation (...) to derive from the organization of language even where nonverbal systems are involved." (LA: 57)

Bei einem Bild z. B. ist die Orientierung der referentiellen Beziehungen aufgrund etablierter Korrelationen mit der Sprache gegeben:

> "A picture that represents Churchill, like a predicate that applies to him, denotes him. And reference by a picture to one of its colours often amounts to exemplification of a predicate of ordinary language." (LA: 58)

In dieser Weise sind für nicht-verbale Symbolsysteme solche "parallels and points of contact with language" (ibid.) oft hinreichend, um die Richtung festzulegen. Andererseits liefert uns die Sprache jedoch keineswegs feste Vorschriften um festzustellen ob, und wenn ja, was, durch ein Symbol exemplifiziert wird, das zu einem nicht-verbalen Symbolsystem gehört. Die Feststellung referentieller Beziehungen ist, wie wir sehen werden, eine sehr komplexe Angelegenheit – und dies nicht nur im Falle nicht-verbaler Symbolsysteme.

Jedes Objekt kann durch eine Vielzahl von Prädikaten bzw. labels denotiert werden (bzw. wird durch eine Vielzahl denotiert), was jedoch nicht heißt, daß es alle diese labels exemplifiziert. Für die Frage nach den labels, die es exemplifiziert (bzw. nach denjenigen seiner ‚Eigenschaften', die eine besondere Rolle spielen), gibt es keine allgemeine Antwort:

> "Ambiguity of exemplification, as of denotation, is not rare. The tailor's swatch may sometimes serve as a sample of a tailor's swatch and thus exemplify its size and shape rather than its color and texture. A stone that in a driveway refers to none of its features may in other contexts serve as a geological specimen or as an object of art, depending on which of its permanent features it exemplifies in the given context." (RR: 125)

Dies gilt nicht nur für das Musterbuch des Schneiders und den Stein aus der Straße, alltäglichen Symbolen aus nicht-verbalen Symbolsystemen. Wählen wir ein literarisches Beispiel, William Blakes Gedicht "Holy Thursday" (Blake 1971: 60):

'Twas on a Holy Thursday, their innocent faces clean,
The children walking two and two in red and blue and green;
Grey-headed beadles walked before with wands as white as snow,
Till into the high dome of Paul's they like Thames waters flow.

Oh, what a multitude they seemed, these flowers of London town!
Seated in companies they sit, with radiance all their own.
The hum of multitudes was there, but multitudes of lambs,
Thousands of little boys and girls raising their innocent hands.

Now like a mighty wind they raise to heaven the voice of song,
Or like harmonious thundering the seats of Heaven among.
Beneath them sit the aged men, wise guardians of the poor;
Then cherish pity, lest you drive an angel from your door.

Auch hier gilt, daß wir nicht ohne weiteres sagen können, welche labels durch den Text exemplifiziert werden. Daß wir dem Text Eigenschaften wie „besteht aus Strophen", „reimt paarweise", „hat ein jambisches Metrum", usf. zusprechen sind wir zwar aufgrund unserer literarischen Erziehung gewöhnt, läßt sich aber nicht *a priori* rechtfertigen. So kann der Text auch ganz andere labels exemplifizieren als die, die aus dem Arsenal einer bestimmten poetologischen Terminologie stammen. Damit wird auch im Falle der literaturwissenschaftlichen Methodologie deutlich, daß der Blickwinkel sich grundsätzlich verändert hat (vgl. auch unten, § 2.1). Eigenschaften wie die soeben genannten werden von dem Text nicht nur besessen, er *verweist* vielmehr auf sie. Die (onto-)logischen Mysterien des literarischen Textes verschwinden; oder genauer: in Goodmans Symboltheorie können sie gar nicht erst entstehen.

Wie verhält es sich dann aber mit Aussagen wie der folgenden: „Blakes Text ist glorreich"? Solche Aussagen haben viel mehr dazu beigetragen, die Mysterien des literarischen Textes zu begründen als Aussagen wie: „Blakes Text ist im jambischen Metrum verfaßt". Eine Aussage über das Metrum von Blakes Gedicht ist für den literarisch Gebildeten ebenso unproblematisch wie eine Aussage über das Karo des Stoffes, aus dem sein Schneider ihm einen Anzug machen soll. Metrum und Karo sind für ihn evidente Eigenschaften von Texten und Stoffen. Wir haben soeben gesehen, daß dem nicht so ist – ihre Evidenz ist eine Evidenz, die sich auf Gewöhnung und Gewohnheit im Umgang mit labels gründet, nicht auf ‚sprechende' Eigenschaften der Objekte selbst.

Folgen wir Goodmans Analyse, so besteht zunächst kein grundliegender Unterschied zwischen dem Prädikat „ist im jambischen Metrum verfaßt" und dem Prädikat „ist glorreich" bzw. jedem damit extensionsgleichen Prädikat wie z. B. „atmet (ein Gefühl von) Glorie". (Auf die Sorte Gefühl kommt es mir *hier* nicht an – wohl jedoch bei meiner ausführlicheren Erörterung des Gedichts in § 1.3.9, unten.) Beide Prädikate denotieren ‚Eigenschaften' des Texts, die er der Erfassung durch den Leser darbietet. Das erste Prädikat denotiert jedoch *buchstäblich*, wohingegen die denotative Beziehung zwischen „ist glorreich" und dem Text *metaphorischer Natur* ist. Insofern wird „ist glorreich" (oder ein damit extensionsgleiches Prädikat oder label) durch den Text nicht exemplifiziert (wie das Prädikat „ist im jambischen Metrum verfaßt"), der Text drückt es vielmehr (metaphorisch) aus. Eine referentielle Beziehung, die durch die notwendige Anwesenheit von Denotation und Metapher charakterisiert wird, nennt Goodman deshalb auch *Expression:*

> "if *a* expresses *b* then: (1) *a* possesses or is denoted by *b*; (2) this possession or denotation is metaphorical; (3) *a* refers to *b*." (LA: 95)

Die Anwesenheit von Metapher genügt indessen nicht in jedem Fall, um Exemplifikation von Expression zu unterscheiden. Das heißt, die obige Umschreibung darf nicht als Definition von ‚Expression' gelesen werden:

> "(...) expression can only be placed within, not defined as, metaphorical exemplification; for a work does not express, though it may exemplify, such a metaphorical feature as having made a mint." (RR: 126)

Während Denotation und Exemplifikation sowohl literale wie nicht-literale Formen von Referenz sein können, ist Expression immer eine Form nicht-literaler Referenz. Goodman unterscheidet weiterhin in "Routes of Reference" unter den Formen nicht-literaler Referenz zwischen ‚fiktiver' und ‚figurativer' Referenz (RR: 125–126). Zu den letzteren Formen gehört außer metaphorischer Denotation und metaphorischer Exemplifikation auch Expression. Nur denotative Beziehungen können indessen in ‚fiktive' Formen der Referenz eingehen:

> "Exemplification is never fictive – the features or labels exemplified cannot be null or vacuous – for an exemplified feature is present in, and an exemplified label denotes, at least the sample itself." (RR: 126)

Was für Exemplifikation gilt, gilt natürlich *a fortiori* für Expression. Auf Formen ‚fiktiver' Referenz komme ich, wie auf die Grundzüge von Goodmans Metapherntheorie, ausführlich in § 1.3 zu sprechen (vgl. §§ 1.3.4 ff.).

Neben Denotation sind Exemplifikation und Expression somit zwei weitere, nicht aufeinander reduzierbare Haupttypen der Referenz, die Goodman in seiner Symboltheorie unterscheidet. Zwar geht Denotation in die Charakterisierung von sowohl Exemplifikation als auch Expression als wesentlicher Bestandteil ein; dies hindert jedoch nicht, diese drei Begriffe als voneinander unterschiedene Grundbegriffe der Symboltheorie anzusetzen, mit deren Hilfe sich weitere, komplexere Formen der Referenz beschreiben lassen.

Eine dieser Formen wird in *Languages of Art* als „Referenz, die sich aus einer Kette von Beziehungen zusammensetzt" umschrieben (LA: 65). Der Begriff ‚Referenz-Kette' ('chain of reference') wird in "Routes of Reference" weiter ausgearbeitet (RR: 126 ff.). Dafür führt Goodman zunächst den Begriff der ‚denotativen Hierarchie' ein. Auf der untersten Ebene der Hierarchie sind die non-labels (oder ‚Objekte') und labels mit Null-Denotation situiert. Auf der nächsten Ebene die labels, die Elemente der ersten Ebene denotieren; auf der dritten Ebene die labels, die Elemente der zweiten Ebene denotieren, usw. Denotative Beziehungen laufen also in dieser Hierarchie ‚nach unten', während Exemplifikation und Expression ‚nach oben' laufen. Die referentielle Kette kann sich aus Exemplaren beider Gruppen von Beziehungen zusammensetzen. So kann die Farbe eines bestimmten Objekts dadurch angegeben werden, daß man den Platz einer entsprechenden Probe auf einer Farbkarte beschreibt. In diesem Fall gilt:

> "the chain of reference runs down from a verbal label to an instance denoted and then up to another label (or feature) exemplified. And a picture of a bald eagle denotes a bird that may exemplify a label such as 'bold and free' that in turn denotes and is exemplified by a given country. Chains of this sort, some of them longer and more complicated, are of major interest when (...) reference is transmitted from beginning to end through the intermediate steps. The location description of the sample refers to the color of (...) [the object] via the sample; the picture of the eagle refers to the country in question via eagles and certain of their features. The reference by the first element to the last in these cases is neither denotation nor exemplification but a complex of these." (RR: 127)

Wichtig ist, daß das Bestehen einer Kette von Beziehungen, durch die zwei Elemente miteinander verbunden werden, noch keineswegs hinreicht, um zwischen diesen Elementen eine *referentielle* Beziehung herzustellen: Referenz ist keine transitive Beziehung (vgl. LA: 65). Für die Herstellung einer referentiellen Beziehung zwischen Beginn- und Endglied einer Kette von Beziehungen ist es notwendig, daß *alle* dazwischenliegenden Elemente durch eine denotative oder exemplifikative Beziehung miteinander verbunden sind.

Eine Referenz-Kette kann als lineare Struktur angesehen werden. Wir können dann die ‚referentielle Entfernung' ('referential remoteness') eines Elements berechnen, nämlich als

> "the number of links to that element from the beginning of the chain." (RR: 127)

Für die soeben angeführten Beispiele ergibt sich, daß die Farbe des Objekts in der Referenz-Kette zwei Schritte von der Platzbeschreibung entfernt ist, während das Land drei Schritte von dem Adler-Bild entfernt ist. Graphisch läßt sich das so darstellen[3]:

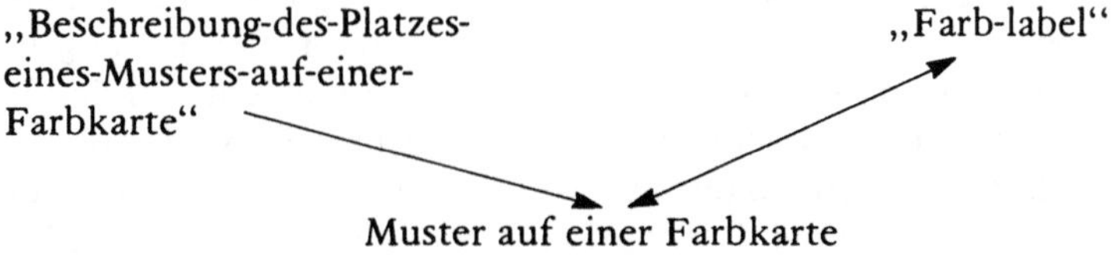

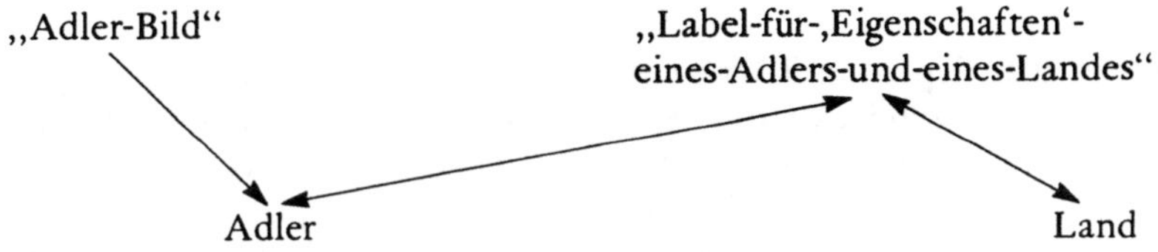

Auf diese Weise wird auch sichtbar, daß jede Referenz-Kette durch verschiedene Ebenen der denotativen Hierarchie läuft. Anfang und Ende der Kette können sich auf der gleichen Ebene befinden (wie in dem Farbkartenbeispiel); sie können sich aber auch auf unterschiedlichen Ebenen befinden (wie in dem Adlerbeispiel).

Die Begriffe der Referenz-Kette und der referentiellen Entfernung erhalten besondere Bedeutung für die Erforschung derjenigen Symbolsysteme, bei denen Referenz eine komplexe Angelegenheit ist. Die (Erforschung der) Literatur ist ein Beispiel notorisch unklarer komplexer referentieller Beziehungen, und wir werden im dritten Kapitel am Beispiel zweier Gedichte Brechts sehen, wie die von Goodman eingeführten Begriffe zur Aufhellung beitragen können. Insbesondere helfen sie uns auch, die Beziehung zwischen literarischem Text und ‚Wirklichkeit' zu klären — und damit, das alte Problem der Fiktionalität aufzulösen (vgl. dazu unten, § 1.3).

Wenden wir uns nun einer ausführlicheren Betrachtung von Goodmans Begriff der Denotation zu. Wie bereits gesagt, verwendet Goodman den Begriff weiter als sonst in der logisch-sprachphilosophischen Literatur üblich. Denotation umfaßt alle Fälle, bei denen eine referentielle Beziehung zwischen einem label und dem Objekt vorliegt, auf das das label Anwendung findet. Da Goodman den Term ‚Symbol' als allgemeinen Term für alle Arten labels verwendet, können für ihn nicht nur verbale Ausdrücke (Prädikate), sondern auch alle möglichen Arten von labels aus anderen Symbolsystemen – zum Beispiel aus piktorialen Symbolsystemen – als denotative labels fungieren. Verbale Denotation und piktoriale Denotation sind für ihn mithin Varietäten desselben Typs referentieller Beziehungen.

Warum dem so ist, wird deutlich aus Goodmans kritischer Analyse des Begriffs der Ähnlichkeit ('resemblance'). Nach ihm ist es unmöglich, piktoriale Denotation – oder ‚Depiktion' – in einer Ähnlichkeitsbeziehung zwischen Symbol und Objekt zu begründen (vgl. das erste Kapitel von LA, besonders LA: 6 ff., sowie RR: 125). Alle Versuche dieser Art – sei es nun, daß sie den Begriff der Ähnlichkeit oder den der *imitatio* oder den der *mimesis* verwenden – stützen sich auf Begriffe wie ‚das unschuldige Auge' ('the innocent eye'), ‚das absolut Gegebene' ('the absolute given'), ‚Perzeption ohne Interpretation' – kurzum, auf Begriffe, die ‚die' Wahrnehmung ‚der' Wirklichkeit voraussetzen. Goodman führt zwingende Argumente dafür an, daß es weder ‚die' Wahrnehmung der Wirklichkeit noch die Wahrnehmung ‚der' Wirklichkeit geben kann. (Ich komme unten, in § 1.2, auf die philosophische und empirische Evidenz für seine Argumente zurück.) Wenn Depiktion nun nicht vom Gesichtspunkt einer ‚wahren-Kopie-Theorie' ('true copy theory', vgl. LA: 9) charakterisiert werden kann, dann verschwindet der augenscheinliche Unterschied zur Deskription. Und auch der Hinweis auf die unterschiedlichen Medien der jeweiligen Symbole hilft hier nicht weiter. Im Gegenteil:

> "To say that depiction is by pictures while description is by passages is not only to beg a good part of the question but also to overlook the fact that denotation by a picture does not always constitute depiction." (LA: 41)

Letzteres gilt zum Beispiel für die ‚Bilder' eines Kartenspiels. Diese ‚stehen für' einen bestimmten Wert, aber stellen diesen Wert nicht (piktorial) dar. Für Goodman ist deshalb das Fungieren eines Bildes *als eines piktorialen Symbols* das einzige Kriterium dafür, ob wir in jedem konkreten Fall von Depiktion sprechen können oder nicht. Fungieren als piktoriales Symbol heißt dabei:

> "function in a system such that what is denoted depends solely upon the pictorial properties of the symbol." (LA: 41–42)

Dieses Kriterium läßt sich verallgemeinern:

> "Nothing is intrinsically a representation; status as representation is relative to symbol system. A picture in one system may be a description in another; and whether a denoting symbol is representational depends not upon whether it resembles what it denotes but upon its own relationships to other symbols in a given system." (LA: 226)

Ein bekanntes Beispiel für ein Symbol, das deskriptiven Wert in einem System und depiktiven Wert in einem anderen System hat, ist der Hieroglyph. Ausschlaggebend für den Unterschied zwischen Deskription und Depiktion – über den gemeinsamen Kern von Denotation hinaus – ist mithin allein das jeweilige Funktionieren als Symbol *in einem bestimmten Symbolsystem*, und das heißt, die jeweilige Organisation des Symbolsystems, von dem das Symbol ein Teil ist. In § 1.1.5 komme ich auf die Eigenschaften piktorialer Symbolsysteme ausführlicher zu sprechen. Wir werden sehen, daß sich erst im Rahmen einer allgemeinen Theorie von Symbolsystemen der Unterschied zwischen Depiktion und Deskription als eigenständiger Varietäten der Denotation begründen läßt. (Weiter unten, in § 1.3.3, komme ich auf ‚Repräsentation' als eine komplexe Form der piktorialen Symbolisierung zu sprechen, die außer Denotation auch noch Exemplifikation und Metapher umfaßt.)

Depiktion und Deskription sind nicht die einzigen Varietäten der Denotation, die Goodman unterscheidet. In *Ways of Worldmaking* behandelt er in einem eigenen Kapitel ‚Zitieren' als eigenständige Varietät der Denotation (vgl. WW: 41–56 und RR: 124). Hauptmerkmal von Zitieren ist, daß das denotierte Objekt im denotierenden Symbol enthalten sein muß.

Eine vierte Varietät der Denotation ist ‚Notation' (vgl. RR: 125). Sie unterscheidet sich von Depiktion und Deskription durch weitere Unterschiede in der Organisation der Symbolsysteme, in denen die Symbole vorkommen. Diese Unterschiede sind von so zentraler Bedeutung für die allgemeine Theorie der Symbolsysteme, daß Goodman ihnen in *Languages of Art* eine Schlüsselstellung einräumt (vgl. Kapitel IV und V von LA). Ich will sie deshalb in einem eigenen Abschnitt behandeln (vgl. unten, § 1.1.4). Zuvor ist es jedoch erforderlich, das logische Gerüst von Goodmans Begriff des Symbolsystems genauer einzuführen. Es beruht auf seiner Version der analytischen Philosophie und symbolischen Logik, wie er sie vor allem in *The Structure of Appearance* und mehreren, in *Problems and Projects* aufgenommenen, Aufsätzen entwickelt hat.

1.1.3 Symbolsysteme: Inskription und Charakter

Die grundlegenden Einheiten von Symbolsystemen sind nicht abstrakte linguistische Kategorien wie ‚Sätze' oder ‚Worte' oder ‚Morpheme' und dergleichen, sondern die konkreten, einzelnen Zeichen, aus denen die Symbole in den verschiedenen ‚Sprachen' der Kunst, der Wahrnehmung, der Wissenschaft, usf. gebildet sind. Die auf Peirce zurückgehende Unterscheidung zwischen ‚Typ' ('type') und ‚Vorkommen' ('token') ist für Goodman wertlos, denn ‚Typen' gibt es nicht:

> "Actual discourse, after all, is made up of tokens that differ from and resemble each other in various important ways." (SA: 262)

Die Ähnlichkeiten zwischen Vorkommen kann man sich zunutze machen, um verschiedene Vorkommen unter einen Nenner zu bringen. Das impliziert jedoch nicht, daß es einen für sie gemeinsamen universalen Typ gibt. Im Gegenteil: Unterschiedliche Vorkommen des ‚gleichen Typs' können sehr unterschiedliche Objekte benennen und beschreiben. Das ist evident für Indikator- oder Index-Wörter wie Personal-, Zeit- und Raumpronomina, gilt jedoch nicht nur für sie. (Vgl. die Ausführungen von Putnam 1975 in seiner kritischen Revision der modernen Semantiktheorien.)

Wenn wir auf ,Typen' verzichten, ist jedoch auch der Begriff des ,Vorkommens' nicht länger angemessen:

> "It is both misleading and superfluous; for utterances and inscriptions are no longer to be regarded as mere samples but as the actual words or statements themselves, and the linguistic universals from which they were to be distinguished are no longer to be countenanced at all." (SA: 262)

,Inskriptionen' sind für Goodman die Grundeinheiten von Symbolsystemen, auch im Falle natürlicher, geschriebener und gesprochener Sprache. (Vgl. dazu LA: 131 und unten, § 1.1.4.)[4] Unter Inskriptionen fallen nicht nur Buchstaben (Laute), Wörter und Sätze, sondern verbale Symbole aller Größenordnungen. Inskriptionen, die sich *einem* label zuordnen lassen, sind ,echte Kopien' oder, wie Goodman sagt, ,Repliken' ('replicas') voneinander. Inskriptionen sind Repliken voneinander, wenn sie – im Falle natürlicher Sprachen – 'sameness of spelling' aufweisen:

> "exact correspondence as sequences of letters, spaces, and punctuation marks." (LA: 115)

Diese Korrespondenz impliziert nun keineswegs mit Notwendigkeit – und das ist wesentlich für Goodmans Symboltheorie –, daß die Inskriptionen sich ähnlich sind, sei es in visueller, auditiver oder sonst einer Hinsicht. (Wenn Helmut Schnelle Goodman so interpretiert (vgl. Schnelle 1980: 391 ff.), dann hat er über die nachdrücklichen Hinweise Goodmans hinweggelesen.) Sind zwei Inskriptionen Repliken voneinander, folgt daraus auch nicht notwendig, daß ihre Extension identisch ist. (Vgl. die Bemerkung oben zu den Index- oder Indikator-Wörtern.)

Die Definition von Inskriptionen vervollständigt Goodman, indem er in die Symboltheorie die Begriffe des ,Charakters' ('character') und der ,Markierung' ('mark') einführt. ,Markierungen' sind alle beliebigen visuellen, auditiven und anderen Zeichen, die in einer ,Sprache' vorkommen. Erst wenn eine Markierung einem Charakter zugeordnet werden kann, sprechen wir von ihr als einer Inskription. Ein Charakter kann somit in erster Annäherung als Komplexion oder Klasse von Markierungen umschrieben werden.

Wenn hier von ,Klassen' die Rede ist, wird eine Klarstellung nötig, denn ,Klassen' scheinen kaum zu dem nominalistischen Credo zu passen, das Goodman in *The Structure of Appearance* unterschreibt:

> "no entities other than individuals." (Vgl. SA: 26 ff.)

So fügt er auch an der Stelle von *Languages of Art*, an der er die genannte Umschreibung von ,Charakter' gibt, hinzu:

> "Although I speak in the present text of a character as a class of marks, this is for me informal parlance admissible only because it can readily be translated into more acceptable language." (LA: 131; Anm. 3)

Die Frage ist dann, wie diese Übersetzung aussieht. Die Beantwortung dieser Frage ist keineswegs eine technische Angelegenheit. Sie ist vielmehr wesentlich für das Verständnis von Goodmans Symboltheorie. Der Begriff des Charakters kann ohne eine zufriedenstellende Beantwortung der Frage nach dem Stellenwert von Klassen nicht als wohleingeführt gelten. Für den Goodman der *Structure of Appearance* besteht die ,Sprache des Nominalisten' außer aus Individuenvariablen, Quantoren,

Konnektiven und Zeichen für logische Interpunktion nur aus ein- oder mehrstelligen Prädikaten von Individuen (vgl. SA: 27). Prädikate für Eigenschaften und Klassen kennt sie nicht. Ist es dann erlaubt, ein Prädikat wie ‚gehört zur Klasse, die die Funktion *F* erfüllt' – ein Prädikat, das wir z. B. gebrauchen, wenn wir darüber befinden, ob eine Markierung nun eine Inskription ist oder nicht – zu bilden?

> "If we use such a predicate and regard as true some sentences applying to it, are we not acknowledging that there are classes? Strangely enough we are not – so long as we take this string of words as a single predicate of individuals." (SA: 27)

Halten wir uns an dieses Proviso – daß das Prädikat, das den Ausdruck ‚Klasse' enthält, nicht in seine konstitutiven Teile zerlegt werden darf –, dann folgt aus der Anwesenheit des Ausdrucks ‚Klasse' im Prädikat auch nicht, daß es Klassen gibt:

> "The distinction between nominalism and platonism thus depends not upon what predicates of individuals are employed but upon what values are admitted for the variables." (ibid.)

Was für ‚Klassen' im allgemeinen gilt, gilt auch für ‚Eigenschaften'. Der ‚schamlose Platonismus' (LA: 46) in der Charakterisierung von Exemplifikation und Expression stellt nicht mehr dar als eine *façon de parler*, die der bequemen Verständigung dient; sie kann jederzeit in eine für den Nominalisten akzeptable Redeweise überführt werden.

Die zentralen Eigenschaften von Symbolsystemen beschreibt Goodman unter Zuhilfenahme von logisch-mathematischen Begriffen wie ‚Disjunktheit', ‚Dichte', ‚(endliche) Differenzierung' und ‚Artikulation'. Diese Begriffe beziehen sich auf die ‚Charaktere' als Bausteine seiner allgemeinen Theorie der Symbolsysteme. Disjunktheit zwischen Charakteren läßt sich dann vergleichen mit Diskretheit zwischen Individuen (vgl. LA: 143, SA: 34). Allerdings dürfen sich Charaktere nicht überlappen, während Überlappung im Falle von individuellen Inskriptionen problemlos ist. (Vgl. dazu unten, § 1.1.4.) Ein System ist dicht, wenn es aus unendlich vielen Charakteren besteht, die so geordnet sind, daß es zwischen je zwei von ihnen einen dritten gibt (vgl. LA: 136). Tarski (1966: 220) gibt das Beispiel der reellen Zahlen, die durch die Beziehung ‚kleiner als' geordnet sind. Wählen wir uns ein Beispiel aus dem Gegenstandsbereich natürlicher Sprachen, z. B. Orte, die durch die Beziehung ‚zwischen' geordnet sind. Wir sehen, daß dieser Teilbereich im Prinzip dicht ist (in der Praxis können allerdings Festlegungen die Dichtheit aufheben; vgl. LA: 163–164). Zwischen zwei Orten A und B gibt es immer noch einen dritten Ort C, so daß die Beziehung für A und C und C und B gilt, usf. Dichte Systeme sind undifferenziert. Es gilt jedoch nicht notwendig, daß undifferenzierte Systeme dicht sind. Ob ein System endlich differenziert ist (oder ‚artikuliert'; Goodman gebraucht die beiden Begriffe nebeneinander), läßt sich nicht zeigen, indem man zeigt, daß es nicht-dicht ist. Ein System ist artikuliert, wenn es – und sei es auch nur prinzipiell – möglich ist, in einer *endlichen* Anzahl von Schritten zu bestimmen, welche von zwei möglichen Positionen in dem System von einen gegebenen Element *nicht* besetzt wird. Ich komme auf die Einzelheiten dieser Bestimmungen in § 1.1.4 zurück. Zuvor aber ist es an der Zeit, Notation als Varietät der Denotation zu charakterisieren.

1.1.4 Notation und die Struktur von Symbolsystemen

Goodmans Charakterisierung von Notation beansprucht nicht, eine ‚wahre' Theorie der Notation zu sein – d. h. eine Theorie, die es erlaubte zu entscheiden, ob eine gegebene Notation ‚richtig', ‚gut' oder ‚nützlich' ist bzw. wie eine ‚richtige', ‚gute' oder ‚nützliche' Notation auszusehen habe. Ihm geht es darum, eine Definition zu entwickeln, die es erlaubt, die wichtigsten Merkmale von Symbolsystemen festzuhalten, die als Notationen fungieren. Als paradigmatischen Fall wählt er die uns geläufige musikalische Standardnotation, was jedoch nicht besagt, daß seine Definition auf musikalische Notation (einer bestimmten Tradition) beschränkt ist (vgl. Goodman 1981: 274).

Notation ist eine Varietät von Denotation. Eine Partitur, die in der Standardnotation geschrieben ist, denotiert ein musikalisches Werk. Gewöhnlich wird die Partitur nicht als Bestandteil des Werks angesehen. Ihr wird eher eine Hilfsfunktion für die Aufführung des Werks zugeschrieben; wir können ja das Werk auch ohne sie aufführen bzw. produzieren. Die Rolle von Partituren erscheint so praktisch bestimmt. Diese Auffassung geht jedoch nach Goodman an der theoretischen Funktion von Partituren vorbei. Die theoretische Funktion von Partituren liegt in „der autoritativen Identifikation eines Werks von Aufführung zu Aufführung" (LA: 128). Wenn Goodman in der ‚Identifikation des Werks' die hauptsächliche *theoretische* Funktion von Partituren sieht, geht es ihm um mehr als eine Wiedergabe dessen, was der common sense über Partituren befindet. Er führt eine Konzeptualisierung ein, die die Praxis im Umgang mit Partituren sowohl organisiert als auch reorganisiert. (Ich komme darauf ausführlicher in § 1.1.5 zurück.)

Die Art dieser Konzeptualisierung ist oft mißverstanden worden. So sagt Max Black, daß Goodmans

> "analysis encourages (...) a simplistic conception of the relation between an interpreter and the score from which he works." (Black 1971: 535)

Simplistisch sei sie insofern als Goodman nur die Noten berücksichtige und alle anderen (ästhetisch) essentiellen Eigenschaften eines musikalischen Werkes (wie Tempo, ‚Stimmung', usf.) vernachlässige. Goodman will indessen mit seiner Bestimmung der identifizierenden Funktion von Partituren keine Aussagen über die ästhetischen Qualitäten eines Werkes bzw. seiner Aufführung machen. Insofern ist Blacks Bemerkung: "there is more to playing the piano than hitting the right keys in the right order" (ibid.) fehl am Platz (vgl. auch unten, § 1.2.5). Worum es Goodman geht, ist sicherzustellen, daß wir gerade auch in dem Fall, wo wir von der ‚guten' und der ‚schlechten' Aufführung eines Werks sprechen, auch tatsächlich von zwei Aufführungen des gleichen Werks sprechen. Anders formuliert: Goodmans Beschreibung der theoretischen Funktion von Partituren zielt auf eine

Rekonstruktion dieser unserer Fähigkeit ab zu sagen, wann zwei (oder mehr) Aufführungen Aufführungen des gleichen Werks sind.

Worin besteht dann die ‚Identifikation'? Sie ergibt sich aus den folgenden zwei Bedingungen an die relevanten referentiellen Beziehungen. Erstens muß die Partitur das Werk definieren, d. h. sie muß die Aufführungen, die als Instanzen des Werks gelten, von denen trennen, die keine Instanzen des Werks sind. Zweitens muß auch das umgekehrte gelten: Ist das notationelle System gegeben, muß jede Aufführung des Werks eindeutig mit der ursprünglichen Partitur (oder einer korrekten Kopie von ihr) verbunden werden können. Die referentiellen Beziehungen, um die es hier geht, sind denotativer Natur. Goodman gebraucht im Falle von Notationen für die komplexen denotativen Relationen den Terminus ‚Komplianz' ('compliance'). Denotation erfährt hier nämlich in zweierlei Hinsicht eine Erweiterung. Einmal liegt nicht nur Komplianz der Partitur mit der Aufführung vor – auch die Partitur kann eindeutig aus der Aufführung abgeleitet werden.[5] Zum zweiten wird die Realisierung der komplexen referentiellen Beziehungen als die (theoretische) *Funktion der Partitur* angesehen.

Um eine solche Funktion erfüllen zu können, muß die Partitur – und damit das notationelle System, in dem sie abgefaßt ist – bestimmten Kriterien genügen. Anders formuliert: Ein Symbolsystem muß bestimmten, definierbaren Kriterien genügen, um notationell zu sein. Da die Definition der Kriterien eine theoretische Angelegenheit ist, bezieht sie sich auf *die* Elemente von Symbolsystemen, die für die referentiellen Beziehungen vor allem von Belang sind: die Charaktere. Die Definition bezieht sich somit nicht – und das ist wesentlich für ihr Verständnis – auf praktische Aspekte von Symbolsystemen – wie z. B., ob die Inskriptionen leicht zu lernen oder zu behalten, einfach zu gebrauchen, gut reproduzierbar oder längere Zeit haltbar (über größere Zeiträume transportierbar) sind, usf. Insgesamt definiert Goodman fünf Kriterien für Notationalität:

(1) syntaktische Disjunktheit
(2) syntaktische endliche Differenzierung
(3) Fehlen von Ambiguität
(4) semantische Disjunktheit
(5) semantische endliche Differenzierung

Wie aus dieser Liste hervorgeht, folgt Goodman der linguistisch-logischen Unterscheidung zwischen syntaktischen und semantischen Aspekten von Symbolsystemen.[6] Syntax und Semantik werden von ihm indessen nicht im Sinne der traditionellen Form-Inhalt-Dichotomie gegenübergestellt. Es geht ihm um die Unterscheidung zwischen einerseits der Organisation und andererseits der Anwendung des ‚Symbolschemas', d. h. der (strukturierten) Menge der Charaktere eines Symbolsystems. Syntax und Semantik sind somit zwei unterschiedliche, aber eng miteinander verbundene Weisen, den Status und die Funktion von Charakteren zu beschreiben.

Die ersten zwei Kriterien betreffen Charaktere als Klassen von Inskriptionen. Die restlichen drei Kriterien betreffen Charaktere als Elemente einer Komplianz-Beziehung, d. h. sie betreffen die Beziehungen zwischen den Charakteren und dem Gegenstandsbereich ('field of reference') eines Symbolsystems. Jedes Symbolsystem, das den ersten zwei Kriterien genügt, ist ein System mit einem notationellen *Schema*; ein notationelles *System* muß allen fünf Kriterien genügen.

Kriterium (1) ist genüge getan, wenn jede Markierung, die in einem gegebenen Symbolsystem vorkommt, nicht mehr als einem Charakter zugehört, und wenn alle Markierungen, die dem gleichen Charakter zugehören, Repliken voneinander sind. Wie wir in § 1.1.3 gesehen haben, impliziert letzteres nicht, daß zwischen den Markierungen Ähnlichkeitsbeziehungen bestehen. Es geht ausschließlich um die Stellung, die eine bestimmte Inskription hinsichtlich der anderen Inskriptionen im System einnimmt. Anders formuliert: Die zu einem Charakter gehörigen Markierungen sind logisch äquivalent (LA: 132; vgl. auch Tarski 1966: 104 ff.).

Oft kann es schwierig sein zu bestimmen, zu welchem Charakter eine gegebene Markierung gehört. In solchen Fällen geht es um ausgesprochen praktische Probleme. Goodman diskutiert Beispiele, in denen das Unterscheidungsvermögen unserer Wahrnehmung nicht ausreicht – auch wenn wir die feinsten Meßinstrumente zur Hilfe nehmen –, um zu einer Bestimmung der Zugehörigkeit zu gelangen. Im Falle von Symbolsystemen, die neutrale Zonen zwischen Charakteren aufweisen – wie z. B. die musikalische Standardnotation oder das Standardalphabet – werden wir mit Grenzfällen konfrontiert. Solche Fälle bilden indessen kein für Notationen eigentümliches Problem:

> "it is a pervasive and inescapable fact of experience. And it by no means precludes establishment of a system of disjoint classes of marks; it only makes hard the determination of the membership of some marks in such classes." (LA: 134)

Eine ganz andere Situation ergibt sich, wenn es nicht praktisch, sondern *theoretisch* unmöglich ist, zu einer eindeutigen Bestimmung der Zugehörigkeit zu gelangen. Eine solche Situation liegt vor bei dichten Systemen. Hier können wir niemals genau wissen, was eine Markierung (nicht) notiert. Gilt hingegen:

> "for every two characters K and K' and every mark m that does not actually belong to both, determination either that m does not belong to K or that m does not belong to K' is theoretically possible" (LA: 135–136),

dann genügt das System dem zweiten Kriterium: Es ist artikuliert.

Es ist deutlich, daß ein System mit Ambiguität die primäre Funktion einer Notation nicht erfüllt: In diesem Fall beziehen sich bestimmte Inskriptionen bzw. Charaktere auf mehr als einen Komplianten. Damit ist die Beziehung der Identifikation zwischen Partitur und Aufführung (im paradigmatischen Fall musikalischer Notation) nicht mehr gegeben. Die Analyse der Ambiguität von Symbolsystemen erfordert äußerste Umsicht, will man vorschnelle Urteile über die Erfüllung des dritten Kriteriums vermeiden:

> "A mark that is unequivocally an inscription of a single character is nevertheless ambiguous if it has different compliants at different times in different contexts, whether its several ranges result from different literal or from literal and metaphorical uses. (...) A character is ambiguous if any inscription of it is, but even if every inscription of a character is unambiguous, the character is ambiguous unless all its inscriptions have the same compliance-class." (LA: 147)

Ein System genügt dem vierten Kriterium, wenn zwei beliebige Charaktere des Systems keinen Komplianten gemeinsam haben. Überdies ist das System dann nicht-redundant. Redundanz ergibt sich, wenn zwei (oder mehrere) Charaktere identische Komplianzklassen (Extensionen) haben. Dies ist z. B. der Fall in der Standardmusiknotation. (Vgl. Charaktere wie „  “ und „  “.)

Strikt genommen sollte ein notationelles System nicht-redundant sein, denn Redundanz führt zu der Möglichkeit, daß man (im paradigmatischen Fall der musikalischen Notation) zwei korrekte Partituren einer Aufführung hat, die dennoch keine Repliken voneinander sind. Da indessen Redundanz (anders als Ambiguität und semantische Nichtdisjunktheit) die Identifikation des Werks nicht beeinträchtigt, ist es nicht nötig, ein Kriterium für Notationalität einzuführen, daß Abwesenheit von Redundanz verlangt.

Kriterium (5) ist genüge geleistet, wenn das folgende gilt:

> "For every two characters *K* and *K'* such that their compliance-classes are not identical, and every object *h* that does not comply with both, determination either that *h* does not comply with *K* or that *h* does not comply with *K'* must be theoretically possible.“ (LA: 152).

Hier, wie im Falle syntaktischer endlicher Differenzierung, muß nachdrücklich darauf hingewiesen werden, daß praktische und theoretische (Un)Möglichkeit zwei völlig verschiedene Angelegenheiten sind.

Hinsichtlich der fünf Kriterien als Ganzes sind noch einige allgemeine Bemerkungen angebracht. Einmal folgt aus der Tatsache, daß sie sich auf Charaktere (und nicht auf Inskriptionen) beziehen, daß das, was für Charaktere gilt, nicht auch unbedingt für Inskriptionen gelten muß, und umgekehrt. Dies zeigte sich bereits bei der Bestimmung von Ambiguität und wird noch deutlicher, wenn wir z. B. das Kriterium der syntaktischen Disjunktheit betrachten. Syntaktische Disjunktheit von Charakteren impliziert *nicht*, daß die Inskriptionen der Notation diskret sein müssen. Wie oben (in § 1.1.3) erwähnt, bedeutet Diskretheit von zwei Individuen, daß diese „zwei Individuen (...) keinen gemeinsamen Inhalt haben“ (SA: 44); d. h. sie überlappen nicht. Ist eines der beiden Individuen völlig in dem anderen enthalten, überlappen sie (vgl. SA: 43). Eben solche Überlappungen aber sind die Regel bei Symbolsystemen – ohne daß das zu nachteiligen Konsequenzen für den Status der *Inskriptionen* als Individuen führt:

> "In most symbol systems, inscriptions may be combined in certain ways to make other inscriptions. An inscription is *atomic* if it contains no other inscriptions, otherwise it is *compound*.“ (LA: 141)

Charaktere sind für Goodman keine Individuen. Insofern ergibt sich ihre Klassifikation als ‚atomar‘ bzw. ‚zusammengesetzt‘ erst aufgrund der entsprechenden Eigenschaft der Inskriptionen, die ihnen zugeordnet sind. Auf diese Weise ist ausgeschlossen, daß Überlappungen von Individuen die syntaktische Disjunktheit eines Symbolsystems beeinträchtigen: Obwohl jede Inskription des Charakters „zu“ eine Inskription des Charakters „u“ enthält, gilt doch, daß keine Inskription „zu“ eine Inskription des Charakters „u“ sein kann – und umgekehrt. Wir können die Inskription in der Mitte von Figur 1 als eine Inskription des Charakters „a" ansehen (ebenso wie die Inskription zur linken der mittleren Inskription); wir können sie aber auch als eine Inskription des Charakters „d" ansehen (wie die Inskription zur rechten der mittleren Inskription). Wir können sie indessen nicht als eine Inskription von beiden Charakteren *zugleich* ansehen. (Wohl einmal – vorher – als Inskription des Charakters „a" und ein andermal – danach – als Inskription des Charakters „d", und umgekehrt!)

Fig. 1

Was für syntaktische Disjunktheit gilt, gilt *mutatis mutandis* auch für semantische Disjunktheit (vgl. z. B. die Teil-Ganze-Beziehungen in den natürlichen Sprachen, wie „Haus" – „Fenster", „Hand" – „Finger", „Molekül" – „Atom", usf.):

> "Although each two characters in a purely notational system must be semantically quite separate, compliants of one character may be parts of or properly overlap compliants of another. Semantic disjointness of characters no more implies discreteness of compliants than syntactic disjointness of characters implies discreteness of inscriptions." (LA: 152)

Ein weiterer Aspekt der fünf Kriterien ist ihre gegenseitige Unabhängigkeit. Dies ist offensichtlich für das dritte Kriterium. Wie aber verhält es sich bei den parallelen Kriterien der syntaktischen und semantischen Disjunktheit und endlichen Differenzierung?

Oben wurde bereits gesagt, daß es Symbolsysteme gibt, die den ersten zwei Kriterien genügen (ein notationelles Symbolschema enthalten), aber den übrigen nicht. Ein Beispiel eines solchen Symbolsystems sind die natürlichen Sprachen, wenn wir davon ausgehen, daß ‚die Wirklichkeit' der Gegenstandsbereich der sprachlichen Symbole ist. (Anders verhält es sich, wenn wir die Laute als die Komplianten der – schriftlichen – Charaktere einer natürlichen Sprache oder umgekehrt ihre Schriftzeichen als die Komplianten ihrer Laute ansehen. Vgl. zu dieser Möglichkeit LA: 144 ff.) Auch wenn es uns gelingen sollte, eine natürliche Sprache von ihren Ambiguitäten zu ‚reinigen', bleibt immer noch die Möglichkeit erhalten, daß jeder beliebige Charakter einen (oder mehrere) Komplianten hat, der auch Kompliant von einem (oder mehreren) anderen Charakter(en) ist. Nehmen wir z. B. den Charakter „Philosoph", dann ist sein Kompliant Nelson Goodman z. B. auch Kompliant des Charakters „Amerikaner" (wie auch des Charakters „Mann" und möglicherweise der Charaktere „Weiser", „Künstler", usf.).

Dieses Beispiel zeigt, daß die Erfüllung der syntaktischen Kriterien nicht auch die Erfüllung der semantischen Kriterien impliziert. Es zeigt damit, daß die syntaktischen und semantischen Kriterien unabhängig voneinander sind. Aber auch auf der Ebene der Syntax oder der Semantik sind die Kriterien unabhängig voneinander: Die jeweilige Erfüllung eines Kriteriums impliziert nicht auch die Erfüllung bzw. Nichterfüllung des/eines anderen Kriteriums. Zum Beispiel genügt jedes dichte System dem syntaktischen und semantischen Kriterium der Disjunktheit, nicht jedoch dem Kriterium der endlichen Differenzierung auf der Ebene der Syntax und auf der Ebene der Semantik. Das Umgekehrte gilt für Systeme, in denen alle Inskriptionen (bzw. Charaktere auf der semantischen Ebene) „augenfällig differenziert" sind (LA: 137), jedoch einige Charaktere (bzw. Komplianten auf der semantischen Ebene) zumindest eine Inskription (bzw. einen Charakter auf der semantischen Ebene) gemeinsam aufweisen. Dies ist z. B. der Fall bei den Stunden-Markierungen auf dem Zifferblatt meiner Uhr: Sie weist eine Markierung für sowohl „0" als „12" auf. Im Falle der musikalischen Standardnotation wird dieser Mangel an Disjunktheit durch die tradierte Praxis ausgeschlossen. Wie Goodman sagt, ist hier als kleinste relevante Fraktion eines Taktes ein 1/128 Takt festgesetzt (vgl. auch Wolf 1973: 12). Dem entspricht, daß eine Note nicht mehr als fünf Fähnchen tragen darf. Entscheidend ist hier, daß diese Begrenzung – ebenso wie jede andere denkbare Begrenzung – nicht theoretisch gerechtfertigt werden kann (vgl. LA: 183), sondern nur aufgrund ‚vorangehender Praxis' ('antecedent practice'). Wäre eine solche Begrenzung nicht festgesetzt, würde keine Notation vorliegen. In einer Praxis, die die Begrenzung bei fünf Fähnchen festgesetzt hat, kann eine Note mit sechs Fähnchen nicht als eine Inskription zugelassen werden, da sie nicht eindeutig einem bestimmten Charakter zugeordnet werden könnte.

Jedes der fünf Kriterien ist eine notwendige Bedingung für Notationalität. Es liegt auf der Hand, die Kriterien zu gebrauchen, um notationelle Symbolsysteme von den – je nach nicht erfüllten Kriterien – unterschiedlichen nicht-notationellen Symbolsystemen zu unterscheiden. Das heißt, wir können mit ihrer Hilfe eine Typologie von Symbolsystemen entwerfen. Aber was hätten wir damit gewonnen? Goodman wählt ‚Notation' als Ausgangspunkt seiner Diskussion der Eigenschaften von Symbolsystemen, weil die fünf Kriterien für Notationalität uns eine Grundlage für den Vergleich der unterschiedlichen Formen von *Referenz* in unterschiedlichen Symbolsystemen an die Hand geben. Das wird besonders deutlich durch einen Vergleich von Partituren mit Gemälden. Die Authentizität eines Gemäldes kann allein durch seine Herstellungsgeschichte begründet werden. Die Identifikation eines Gemäldes erfolgt durch die genaue Beschreibung aller relevanter Einzelheiten seiner Entstehung. Jede Kopie eines Gemäldes, von der behauptet wird, daß sie die gleiche Herstellungsgeschichte habe wie das Original, ist eine Fälschung. Demgegenüber gilt:

> "Where there is a theoretically decisive test for determining that an object has all the constitutive properties of the work in question, there is no requisite of production and hence no forgery of any given work. (...) Such a test is provided by a suitable notational system with an articulate set of characters and of relative positions for them (...); definitive identification of works, fully freed from history of production, is achieved only when a notation is established." (LA: 122)

Unter den „konstitutiven Eigenschaften des jeweiligen Werkes" versteht Goodman die Aspekte, die seinen referentiellen Charakter bestimmen. Wenn er davon spricht, daß im Falle der (Notation von) Musik eine bilaterale denotative Beziehung zwischen Partitur und Aufführung vorliegt, dann will er damit nicht sagen, daß jeder Aspekt der Partitur (und schon gar nicht jeder Aspekt der Aufführung) zum System der musikalischen Standardnotation gehört. Tempo-Anweisungen wie z. B. „allegro", die in der Partitur vorhanden sind, sind Charaktere eines verbalen Symbolsystems und damit nicht (oder nur auf der syntaktischen Ebene) notationell. Auch bei einer Aussage wie „Die zweite Aufführung dauerte etwas länger als die Uraufführung" haben wir es nicht mit einer Aussage über ‚konstitutive Eigenschaften des Werks' zu tun. Daß Aspekte wie ‚aufgeführt unter Mitwirkung des Königs von Preußen' nicht zu den konstitutiven Eigenschaften des Werks gehören, bedarf keines Kommentars. Daß das in § 1.1.2 zitierte Gedicht Blakes alle ‚konstitutiven Eigenschaften des Werks' aufweist, verdankt es der Tatsache, daß die Inskription in § 1.1.2 eine Replik aller anderen (korrekten) Inskriptionen des Werks ist. Und daß dem so ist, können wir feststellen, weil alle diese Inskriptionen notationell festgelegt sind: Das Englische als natürliche Sprache ist zwar keine Notation, enthält indessen ein notationelles Schema.

Mit dem Vorangehenden ist nun keinesfalls gesagt, daß im Falle der Musik oder Literatur Fälschungen unmöglich sind. Ich kann in einer literarisch ungebildeten Gesellschaft den Text von "Holy Thursday" vortragen und behaupten, er sei von meiner Hand, usf. In diesem Fall handelt es sich jedoch um eine Fälschung der Entstehungsgeschichte des Werkes, nicht um eine Fälschung des Werkes selbst.

1.1.5 Partitur, Skizze und Skript: Referenz in Literatur und in den anderen Künsten

Die fünf Kriterien für Notationalität erlauben es uns, eine Klassifikation für Symbolsysteme und/oder Werke, die mit den Mitteln der Symbolsysteme geschaffen sind, zu entwerfen. Die drei Hauptgruppen dieser Klassifikation sind: gänzlich notationelle Symbolsysteme bzw. Werke (oder ‚Partituren'); Symbolsysteme bzw. Werke mit einem notationellen Schema (oder ‚Skripte'); und gänzlich nicht-notationelle Symbolsysteme bzw. Werke (oder ‚Skizzen'). Paradigmatische Fälle für diese drei Hauptgruppen sind Partituren, die in der musikalischen Standardnotation verfaßt sind; in einer natürlichen Sprache geschriebene Texte; und Bilder des westlichen Kulturkreises seit der Renaissance. In Goodmans Terminologie umfassen ‚Partitur', ‚Skript' und ‚Skizze' jedoch mehr als die paradigmatischen Fälle. Worum es ihm beim Gebrauch der Termini geht, ist die jeweilige Organisation des Symbolsystems, nicht die Qualifikation für die Werke, die mit seinen Mitteln geschaffen sind. So zählt jedes Werk, das zu einem gänzlich dichten Symbolsystem gehört, als eine Skizze – ob es sich dabei nun um ein Bild von Rembrandt handelt oder um ein Elektrokardiogram. Shocking.

In § 1.1.2 haben wir den Unterschied zwischen Depiktion und Deskription, zwischen piktorialen und verbalen Symbolsystemen diskutiert. Wir haben gesehen, daß der Unterschied nicht mithilfe der Ähnlichkeitsbeziehung zwischen Symbol und Symbolisierten oder mithilfe der unterschiedlichen Medien der Werke angegeben werden kann. In dem Augenblick jedoch, da wir über den Unterschied zwischen einem Skript und einer Skizze verfügen, läßt sich der Unterschied wie folgt angeben: Bei Depiktion (bzw. Repräsentation) handelt es sich um eine Form der Referenz in einem gänzlich nicht-artikulierten Symbolsystem, während es sich bei Deskription um eine Form der Referenz in einem Symbolsystem handelt, das ein notationelles Schema aufweist.

Im Falle der Hieroglyphe, die repräsentationell in einem und deskriptiv in einem anderen Symbolsystem ist, besagt das, daß sie als piktoriales Symbol zu einem Symbolsystem gehört, das dicht ist, während sie als verbales Symbol zu einem System gehört, das syntaktisch disjunkt und artikuliert ist. Im Falle des folgenden ‚konkreten' Gedichts von Claus Bremer (aus Williams ed. 1967: o.S.) ergibt sich ein ähnlicher Befund:

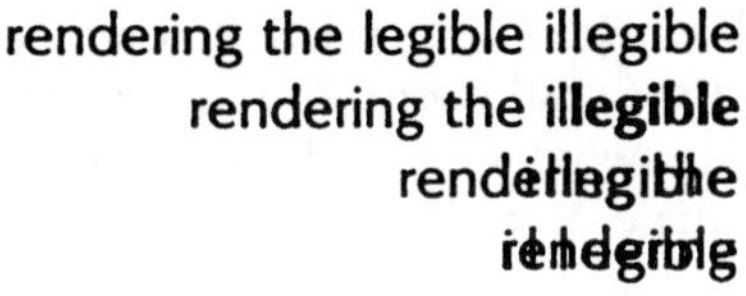

Fig. 2

Wir können jede der Markierungen, die in diesem Gedicht vorkommen, als Inskription auffassen, die zu einem (deskriptiven) Charakter in einem notationellen Schema gehört. In diesem Fall sind die letzte (zusammengesetzte) Inskription der ersten Zeile und die letzte (zusammengesetzte) Inskription der zweiten Zeile Repliken voneinander. Der Unterschied in der Form der beiden Inskriptionen – die unterschiedliche Dicke oder Fettheit einer Reihe von Buchstaben – spielt hier, im Rahmen eines verbalen Symbolsystems, keine Rolle. Das besagt jedoch nicht, daß er überhaupt keine referentielle Funktion erfüllt, im Gegenteil: Er verweist auf die Überlappung der Worte des Texts. Dieser referentielle Aspekt der Formgebung ist jedoch nicht deskriptiver, sondern repräsentationeller Natur: Markierungen, bei denen die Form ein relevantes (diskriminatorisches) Kriterium bildet, gehören zu einem syntaktisch dichten Symbolsystem.

Bremers Gedicht – wie überhaupt konkrete Poesie (vgl. dazu Vos 1984) – erlaubt es uns, an dieser Stelle auf die Klärung einiger der schwierigsten praktischen Probleme der semiotischen Analyse einzugehen, die Goodmans Symboltheorie ermöglicht. Ganz offensichtlich ist es ein mühevolles Unterfangen, die zusammengesetzten Inskriptionen der dritten und vierten Zeile des Gedichts als Inskriptionen eines verbalen Symbolsystems zu lesen. Wir müssen dafür diese Inskriptionen in ihre atomaren Teile zerlegen. Dabei stellt sich die Frage, welche Prozeduren uns zur Verfügung stehen, um überhaupt den symbolischen Wert einer gegebenen Markierung zu bestimmen. Nach Goodman handelt es sich hier um ein Problem der Projektion – ein Problem, das beim Erlernen und beim Gebrauch einer jeden Sprache eine entscheidende Rolle spielt:

> "On the basis of sample inscriptions of a character we must decide whether other marks, as they appear, belong to that character; and on the basis of sample compliants of a character, we must decide whether other objects

> comply. Notational and discursive languages are alike in this respect.“ (LA: 201)

Beispielinskriptionen und -komplianten kennen wir aufgrund vorangehender Praxis; das heißt, ”license and touchstone“ der Projektion ergeben sich aufgrund der ‚vorangehenden Klassifikation‘ der jeweiligen Markierung/des jeweiligen Charakters (vgl. LA: 197).

Der Begriff der vorangehenden Klassifikation ist der zentrale pragmatische Begriff in Goodmans Theorie der Symbolsysteme. Unter Zuhilfenahme dieses Begriffs können wir begründen, warum ein Gemälde eine ‚Skizze‘ ist und nicht Kompliant einer ‚Partitur‘. Jede Partitur definiert (notationell) eine im Prinzip unendliche Anzahl von Instanzen des Werks. Das hieße, daß eine piktoriale Partitur mehr als ein Gemälde als das gleiche Werk definieren würde. Eine solche Klassifikation würde damit in eklatantem Widerspruch zu der vorangehenden Klassifikation von Gemälden in unserem (westlichen) Kulturkreis stehen, in dem Gemälde als einmalige Werke aufgefaßt werden. Aus diesen Überlegungen wird deutlich, daß für Goodman eine piktoriale Notation keineswegs theoretisch unmöglich ist, sie ist indessen zur Beschreibung der vorfindlichen Praxis (in unserer Kultur) unangemessen. Notationelle Systeme wie die Standardnotation für Musik sind demgegenüber aus einer Phase angemessener vorangehender Klassifikation hervorgegangen. Allerdings betont Goodman an dieser Stelle, daß die vorangehende Klassifikation das Design einer Notation nicht völlig bestimmt:

> ”The antecedent classification is normally partial and provisional. It submits only sample cases, each only by samples. Adoption of a notational language thus effects a double projection: from the samples of the several classes to the complete classes, and from the sample classes to the complete classification of the field of reference.“ (LA: 197)

So ist nicht ausgeschlossen, daß die Systematik der Notation Abweichungen von der vorangehenden Klassifikation mit sich bringt.

Insgesamt läßt sich nach Goodman die Leistung einer Notation dahingehend zusammenfassen, daß sie die *Real*definition z. B. des Begriffs des Musikalischen Werkes darstellt. Ohne die Richtschnur einer einschlägigen vorangehenden Klassifikation würde eine notationelle Sprache indessen nicht mehr als eine willkürliche Nominaldefinition dessen liefern, was ein ‚Werk‘ ist (vgl. LA: 197). Beide Seiten müssen also zu ihrem Recht kommen: die theoretische Konstruktion wie die sorgfältige Analyse vorangehender Praxis. Man sollte jedoch nicht erwarten, daß die vorangehende Klassifikation immer (oder auch nur im Normalfall) eindeutig und vollständig ist. Wie Goodman im Falle der Tanznotation bemerkt, ist sie oft genug

> ”a foil, a scaffolding, a springboard, for the development of a full and systematic classification.“ (LA: 212)

Mutatis mutandis gilt dies auch für Symbolsysteme mit einem notationellen Schema. Die Betonung der Rolle einer vorangehenden Klassifikation besagt nun keineswegs, daß wir ohne sie nicht imstande wären, von einem ‚Werk‘ zu sprechen, oder daß es unmöglich wäre, von ihr abzuweichen. Worum es Goodman geht, ist vielmehr, daß die Verwurzelung (oder Korrespondenz) eines vorgeschlagenen notationellen Systems bzw. Schemas in (mit) einer vorangehenden Praxis es davor bewahrt, völlig willkürlich zu sein.

Die Konsequenz dieser Überlegungen ist, daß wir in den verschiedenen Künsten ‚Werke' auf unterschiedlichen Ebenen definieren. Im Falle der Malerei ist das Werk ein individueller Gegenstand. Im Falle der Musik ist das Werk die Klasse der Aufführungen, die Komplianten einer Partitur sind. Das literarische Werk ist eine Klasse von Charakteren in einer natürlichen Sprache (und damit in einem notationellen Schema). Daß in dieser Definition des literarischen Werks die Komplianzklassen der Charaktere keine Rolle spielen, ist nach Goodman kein Nachteil:

> "To identify the literary work with a script is not to isolate and dessicate [desiccate?] it but to recognize it as a denotative and expressive symbol that reaches beyond itself along all sorts of short and long referential paths." (LA: 210)

In § 1.3 werden wir uns einer ausführlichen Diskussion dieser ‚referentiellen Bahnen' zuwenden; hier soll zunächst noch einmal der Unterschied zwischen Skripten und Partituren beleuchtet werden. Zunächst ist festzuhalten, daß sich in einer diskursiven Sprache das Problem der Projektion für den semantischen Aspekt anders stellt als im Falle von Notationen. In einer diskursiven Sprache ist niemals auszuschließen, daß eine Komplianz-Beziehung zwischen *einer* Klasse von Objekten und einer (unendlich) großen Anzahl von Charakteren vorliegt. (Goodman, der dieses Problem der Projektion in Kapitel 4 seines Buchs *Fact, Fiction, and Forecast* in nun schon klassischer Weise diskutiert hat, gibt in *Languages of Art* das Beispiel der Klasse aller bislang bekannten grünen Objekte, die in einer Komplianz-Beziehung mit dem Prädikat „grünes Objekt" stehen, aber auch mit dem Prädikat „grünes Objekt oder Känguruh" und mit unendlich vielen anderen Prädikaten.) Überdies ist nicht auszuschließen, daß jedes beliebige Objekt einer bestimmten Komplianz-Klasse nicht auch eine Komplianz-Beziehung mit einem Prädikat unterhält, das seinerseits Objekte als Komplianten hat, die außerhalb der ursprünglichen Komplianz-Klasse liegen. Dieser Sachverhalt macht eine stets neue Wahl zwischen „unzähligen Alternativen" nötig und ist nach Goodman typisch für das Erlernen und den Gebrauch einer diskursiven Sprache (vgl. LA: 202).

Bei Partituren fällt dieses Problem der Projektion auf der semantischen Ebene weg. Kein Objekt ist Instanz von mehr als einer Komplianz-Klasse. Zwei Charaktere mit unterschiedlichen Extensionen haben keinen identischen Komplianten. Ist eine Instanz einer Komplianz-Klasse gegeben, läßt sich die ganze Klasse direkt von dieser Instanz her ableiten; ist eine Instanz einer Klasse von Komplianz-Klassen gegeben, läßt sich die ganze Klasse der Komplianz-Klassen ableiten. Müssen wir daraus schließen, daß Komplianz in einem notationellen Symbolsystem und Komplianz in einem diskursiven Symbolsystem zwei verschiedene Dinge sind?

> "Offhand, indeed, the relation between a term and what it denotes appears quite different from that between a score and its performance or between a letter and its utterances; but no very clear principle seems to underlie this distinction. The criteria that distinguish notational systems from other languages are in terms of interrelationships among compliance-classes, and

provide no good grounds for refusing to say that a character in a language of either sort denotes what it complies with." (LA: 200)

Der Unterschied läuft darauf hinaus, daß bei der Konstruktion (bzw. dem Gebrauch) eines notationellen Systems die Wahl zwischen den ,unzähligen Alternativen' ein für allemal erfolgt (ist), während sie bei einem diskursiven System wieder und wieder gemacht werden muß, bzw. durch die jeweilige ,sprachliche Gewohnheit' reguliert ist (vgl. LA: 202, Anm. 15).

Wenden wir uns nun noch einmal Claus Bremers Gedicht zu. Wir haben "rendering the legible illegible" als ein deskriptives label der englischen Sprache angesehen, das heißt als einen zusammengesetzten Charakter, der dem notationellen Symbolschema des Englischen angehört. Der Kompliant des Charakters ist ein ,Ereignis auf der Objektebene' (wenn wir davon absehen, daß auch die Äußerung der Zeile als ihr Kompliant gelten kann, vgl. dazu § 1.1.4). Und aufgrund unserer Erfahrung im Umgang mit dem Englischen verfügen wir über eine gewisse Kenntnis dessen, was das label denotiert. Die zweite Zeile stellt eine Kombination aus deskriptiver und repräsentationeller Referenz dar. Der repräsentationelle Aspekt ergibt sich indessen erst, wenn wir die anderen Zeilen des Gedichts heranziehen. In dieser Hinsicht ist ein Vergleich mit der deutschen ,Originalversion' des Gedichts instruktiv. (Es sei hier nur *en passant* angemerkt, daß aus Goodmans Symboltheorie auch folgt, daß ein Text und seine ,Versionen' in derselben oder in einer anderen Sprache verschiedene Texte sind. Auf die Auswirkungen dieser Konsequenz für die Analyse literarischer Texte komme ich in Kapitel 3 ausführlicher zu sprechen; vgl. insbesondere §§ 3.3 und 3.5.) Der Text lautet in der bei Bann (1967: 51) gegebenen Fassung:

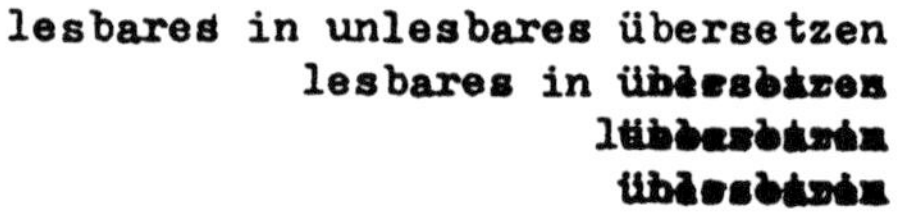

Fig. 3

Obwohl auch in diesem Text Repräsentation vorliegt (vgl. die graduelle ,Schwärzung' des Texts), spielt sie indessen in ihm eine weniger prominente Rolle als in der englischen Version. Worum es in der deutschen Version vor allem geht, ist die Frage nach der Zuordnung der Markierungen in Zeilen 2 bis 4 zu Charakteren in einem notationellen Schema, wobei wir als erstes an das notationelle Schema des Deutschen denken. Aber auch unsere ,repräsentationelle' Lesung der englischen Version hängt davon ab, ob es möglich ist, Vorkommen von Markierungen wie 'ė' und 'ḃ' in Zeilen 3 und 4 als ein Kompositum von zwei Inskriptionen zu lesen, die zu einem verbalen Symbolsystem gehören. Wie ließe sich eine solche Lesung rechtfertigen? Wohlgemerkt ist das nicht die einzige Option, die wir haben – auch wenn sie als die ,natürlichste' erscheint. Theoretisch bieten sich zwei weitere Möglichkeiten an. Eine erste Möglichkeit wäre, z. B. 'ḃ' als eine *neue* (atomare) Inskription im verbalen Symbolsystem anzusehen; eine andere Möglichkeit wäre, die Markierung als zu keinem verbalen Symbolsystem gehörig anzusehen.[7] Im zweiten

Fall könnte die Markierung die Inskription einer Partitur oder einer Skizze sein, oder sie wäre überhaupt keine Inskription. Der springende Punkt ist hier indessen, daß wir praktisch gesehen eher an die erste Option denken als an diese ‚weiter abliegenden' Möglichkeiten. Wir sind mehr oder weniger durch Kontext und vorangehende Klassifikation ‚programmiert', sie erst mit einem *alphabetischen* notationellen Schema in Verbindung zu bringen. Verläuft diese Interpretation erfolgreich, wäre die Interpretation als Inskription einer Partitur oder einer Skizze praktisch ausgeschlossen.

Bringen wir die Markierung mit einem notationellen Schema in Verbindung, fällt auch die Interpretation als Inskription eines neuen, atomaren Charakters weg. Dies wird deutlich, wenn wir eine Markierung wie die folgende einführen (an der uns nur der syntaktische Aspekt interessiert):

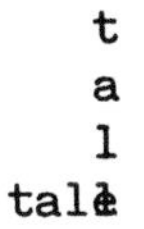

Fig. 4

Nehmen wir an, daß ‚ɫ' hier zum Symbolschema des Englischen gehört. Dann können wir die Markierung auf vier unterschiedliche Weisen lesen. Einmal als eine Kombination von zwei Instanzen des gleichen Charakters 'talɫ' (der sowohl horizontal als vertikal vorkommt); oder als drei mögliche Kombinationen von zwei Charakteren: 'tall'/'tale', 'tall'/'talɫ', 'tale'/'talɫ' (jeweils mit einem Element des Paars entweder horizontal oder vertikal). Mit anderen Worten: Nicht nur ‚ɫ', sondern auch Teile der Markierung können als Inskriptionen angesehen werden. Dann kann ‚ɫ' jedoch keine atomare Inskription in einem notationellen Symbolschema sein: Der zugehörige Charakter würde die Bedingung der syntaktischen Disjunktheit verletzen. Bleiben zwei Möglichkeiten: Entweder ist die Markierung eine zusammengesetzte Inskription oder sie ist überhaupt keine Inskription. Kenntnis und Gebrauch der vorangehenden Klassifikation – zu der auch Skript-Kontexte wie die beiden vorangehenden Zeilen des Gedichts gehören (wobei wir diesmal nur die deskriptive Lesung der zweiten Zeile berücksichtigen) – führen uns dazu, die erste Alternative zu wählen. Allerdings müssen wir dann in Kauf nehmen, daß das Gedicht von zumindest einer gültigen Regel für die Bildung von Komposita in der alphabetischen Standardnotation abweicht.

Genau das aber ist auch Thema des Gedichts. Das in der ersten Zeile denotierte ‚Ereignis' kehrt in den darauffolgenden drei Zeilen buchstäblich zurück. Die Abfolge der Zeilen exemplifiziert das Prädikat "rendering the legible illegible" bzw. das Prädikat „lesbares in unlesbares übersetzen" – wenn auch in den beiden Versionen auf so unterschiedliche Weise, daß deutlich wird, warum die englische Version nicht einfach als ‚Übersetzung' des deutschen ‚Originals' gelten kann. Wir haben gesehen, daß nur in der englischen Version das letzte Element der zweiten Zeile repräsentationell gelesen werden kann. Dieses Symbol hat eine Form, die der Form verbaler Symbole noch sehr ähnlich ist, ist jedoch anders organisiert. Dadurch nimmt es eine intermediäre Stellung zwischen den Symbolen von Zeile 1 einerseits und den Symbolen von Zeilen 3 und 4 andererseits ein. Die repräsentationelle Funktion von Zeile 2 wird jedoch erst deutlich auf dem Hintergrund sowohl des denotativen Aspekts der beiden ersten Zeilen als auch der ‚verbalen' Exemplifikation der beiden letzten Zeilen. So gesehen können wir der englischen Version eine größere Komplexität zuschreiben als der deutschen Version – eine Komplexität, die sich hinsichtlich An- und Abwesenheit von referentiellen Beziehungen ‚messen' läßt.

Damit illustriert dieses Beispiel nicht nur den Begriff der Referenz-Kette, sondern auch den Begriff der referentiellen Komplexität.[8] Der letztere Begriff spielt eine wichtige Rolle in Goodmans Überlegungen zur Funktion von Symbolen in den Künsten. Ihm geht es dabei einmal um die Rolle von nicht-denotativen referentiellen Beziehungen *vis-à-vis* von Denotation. Wir haben gesehen, daß Exemplifikation und Expression in die der Denotation entgegengesetzte Richtung verlaufen: vom Muster zum label. Zugleich aber sind diese Muster im Falle komplexer Referenz – und das gilt für Partituren und Skizzen ebenso wie für Skripte – Charaktere in einem Symbolsystem, die denotieren, ganz unabhängig davon, ob ein Denotatum faktisch anwesend ist oder nicht. Pollocks Tropf-Gemälde sind ebensogut Charaktere in einem dichten Symbolsystem wie Photographien der Manhattan Skyline. Hier zeigt sich, daß die fünf Kriterien für Notationalität nicht nur für Systeme oder Werke relevant sind, die sich als Notationen oder diskursive Sprachen charakterisieren lassen. Jedes Element, das einem oder mehreren Symbolsystemen zugehört, kann vielfältige Symbolisierungsfunktionen übernehmen, gleichzeitig oder nacheinander. Nicht nur wird die Symbolisierungsfunktion eines Charakters im Normalfall nicht auf *einen* referentiellen ‚Zweig' beschränkt sein; unterschiedliche denotative, exemplifikative und expressive Beziehungen können einander in vielfältiger Weise kreuzen, stützen, beeinflussen und färben. Die Untersuchung referentieller Komplexität ist sicherlich nicht einfach; sie wird auch nicht zu ein für allemal gültigen Ergebnissen führen. Aber sie beruht auf rationalen, systematischen und operationalisierbaren Prinzipien und verspricht Einsichten in die Funktion des künstlerischen Symbols, die im Rahmen des klassischen Referenzbegriffs wohl kaum zu erreichen sind. (Ich komme darauf in § 1.2 zurück.)

Zum anderen – und eng damit zusammenhängend – geht es Goodman um die Tatsache, daß es so etwas wie eine Standardentdeckungsprozedur zur Beantwortung der Frage nach der jeweiligen Denotation, Exemplifikation oder Expression nicht geben kann. Die Frage der Referenz innerhalb wie außerhalb der Künste ist nicht nur eine komplexe Angelegenheit. Sie ist im Normalfall theoretisch nicht abschließend zu beantworten – solange Notationen eher die Ausnahme als die Regel sind. Geht es zum Beispiel um die Beantwortung der Frage, welche Eigenschaften ein Gemälde von z. B. Jackson Pollock exemplifiziert, dann muß hier (ebenso wie im Falle eines Gemäldes von z. B. Rembrandt) die Antwort des Theoretikers lauten:

> "saying what the picture exemplifies is a matter of fitting the right words from a syntactically unlimited and semantically dense language. However

exact any term we apply, there is always another such that we cannot determine which of the two is actually exemplified by the picture in question.“ (LA: 235)

Literarische Texte unterscheiden sich von Gemälden (und anderen ‚Skizzen‘) dadurch, daß die denotierenden, exemplifizierenden und expressiven Symbole nicht zu einem gänzlich dichten System gehören. Es ergibt sich hier aber die bekannte Schwierigkeit, daß die Symbole oft der gleichen Sprache angehören wie die denotierten, exemplifizierten oder ausgedrückten labels. Wenn ich über Brechts „Ballade vom Weib und dem Soldaten“ spreche, bediene ich mich im vorliegenden Buch der (Wörter der) gleichen Sprache, in der Brecht seinen Text geschrieben hat. Auch wenn ich eine Theoriesprache benutze (im Sinne der in Kapitel 2 zu diskutierenden Bedingungen), um auf diese Weise Willkür auf der Ebene der Syntax z. B. des Deutschen auszuschließen, entgehe ich doch nicht der ‚Begrenzung‘, die für alle natürliche Sprachen auf der Ebene der Semantik charakteristisch ist. Das heißt, auch für die Beschäftigung mit literarischen Texten gilt die gleiche Konklusion wie im Falle der Beschäftigung mit Gemälden (und anderen künstlerischen ‚Skizzen‘):

"Even though a literary work is articulate and may exemplify or express what is articulate, endless search is always required here as in other arts to determine precisely what is exemplified or expressed.“ (LA: 240)

Wie die Formulierungen Goodmans deutlich machen, gilt die gleiche Begrenzung sogar im Falle von Musik bzw. musikalischen Werken, also im Falle von künstlerischen Werken, denen eine Notation zugrundeliegt (‚Partituren‘). Denn auch hier sind wir auf der Suche nach dem ‚passenden‘ label an die natürliche Sprache gebunden, auch wenn wir sie noch so sehr als Fachsprache verfeinern oder ‚reinigen‘.

Wir sehen hier, daß Goodmans allgemeine Theorie der Symbole dazu beitragen kann, die Paradoxe und Sackgassen der Kunstdisziplinen aufzuklären und aufzulösen. Die Suche nach einer effektiven Entdeckungsprozedur für die ‚Eigenschaften‘ eines Kunstwerks ist doppelt irreführend und utopisch: Sie ist solange irreführend und utopisch als wir – und das sehe ich keineswegs als ein Manko an! – natürliche Sprachen (oder mehr allgemein: diskursive Sprachen) zu ihrer Beschreibung benutzen. Und sie ist solange irreführend und utopisch als wir nicht die Vielfalt der Symbolisierungsfunktionen innerhalb der Künste auf rein notationelle Beziehungen zurückführen wollen. Jede vorgeschlagene Entdeckungsprozedur kann bestenfalls als Kodifikation unserer *Gewohnheiten* im Umgang mit Kunstwerken gelten. Sie liefert sozusagen Routineprojektionen derjenigen ‚Eigenschaften‘ von Kunstwerken, die in der jeweiligen ästhetischen Traditionen akzeptiert sind, d. h. zu ihrem normativen Standard gehören. Ansprüche auf Adäquatheit und/oder Vollständigkeit können immer nur Ansprüche bezüglich eines solchen Standards sein. In Kapitel 2 und 3 sollen diese Möglichkeiten, die in Goodmans Theorie zwar angelegt, aber nicht ausgeführt sind, für die (wissenschaftliche) Interpretation literarischer Texte weiter entwickelt werden. (Natürlich gelten die soeben getroffenen Feststellungen auch für die im gegenwärtigen Kapitel vorgelegten Beispieldiskussionen.)

1.2 Weltschöpfung und Ästhetik

1.2.1 Goodmans Absichten

Im Vorwort zu *Ways of Worldmaking* sagt Goodman:

> "Few familiar philosophical labels fit comfortably a book that is at odds with rationalism and empiricism alike, with materialism and idealism and dualism, with essentialism and existentialism, with mechanism and vitalism, with mysticism and scientism, and with most other ardent doctrine." (WW: x)

Aus diesen Zeilen spricht nicht nur Ironie. Worum es Goodman in diesem Buch geht, ist der Nachweis, daß es möglich ist, die 'Ways of Worldmaking' philosophisch zu erkunden, ohne sich einer der traditionellen philosophischen Doktrinen zu verschreiben. Wollte man seine Position umschreiben, könnte man von einem "radical relativism under rigorous restraints" sprechen, "that eventuates in something akin to irrealism" (ibid.). Die so umschriebene Position läßt sich in den als *Problems and Projects* zusammengestellten Aufsätzen zurückverfolgen. Die Unterschiede zu den gängigen philosophischen Positionen – auch analytischer Provenienz! – finden ihren klarsten Ausdruck in den "Replies", die Goodman kontinuierlich auf die Kommentare folgen ließ, die eine Reihe hervorragender Philosophen, Ästhetiker und Kunstwissenschaftler zu *Languages of Art* und *Ways of Worldmaking* geliefert hatten (vgl. jetzt auch Goodman 1982). In seiner Antwort auf Hempels Äußerungen zu WW findet sich die knappste Formulierung seines Relativismus:

> "Have it your way; it matters not." (Goodman 1980: 214)

Gegenüber den "broad metaphysical issues", die die Debatte zwischen den philosophischen Doktrinen bestimmen, nimmt er eine Haltung ein, die er als "attitude of unconcern with most issues between such doctrines" beschreibt (ibid.). Wenn er in *Ways of Worldmaking* auf diese Themen zu sprechen kommt – wie z. B. auf die Debatte zwischen Idealismus und Realismus oder auf die Frage nach dem Wesen der Materie – sind seine Ausführungen in seinen Augen ‚Nebenprodukte':

> "The main undertaking, as in *The Structure of Appearance*, is examination and comparison of the ways we make what we make – call them versions or worlds as you like – and of the criteria we use in judging what we make." (ibid.)

Insbesondere geht es Goodman nicht darum, das Wesen ‚der' Wirklichkeit zu erkunden. Ihm geht es um die Erkundung der vielfältigen Wege, auf denen wir zur Konstruktion unserer Wirklichkeiten kommen – durch den Gebrauch von Beschreibungen, Bildern und Theorien; in den Wissenschaften und in den Künsten; in der Philosophie, in der Literatur und in der Musik; in der alltäglichen und in der nicht-alltäglichen Wahrnehmung. Seine hauptsächliche Kritik am Realismus wie am Idealismus ist, daß in beiden Positionen davon ausgegangen wird, daß wir zwischen den Eigenschaften der Wirklichkeit und den Eigenschaften des Geistes unterscheiden können. Beide gehen von einem Begriff ‚der' Wirklichkeit aus – einer Wirklichkeit, die unabhängig von der Rede und anderen Mitteln des Symbolisierens ist. Wollen wir uns indessen ‚der' Wirklichkeit nähern, die unabhängig von der Organisation unserer Symbolsysteme besteht bzw. bestehen soll, so werden wir entdecken, daß

> "the world thus regained (...) is a world without kinds or order or motion or rest or pattern – a world not worth fighting for or against." (WW: 20)

Damit will Goodman nun nicht sagen, daß außerhalb unserer Symbolsysteme nichts besteht. (Ich komme darauf zurück.) Die Suche nach ‚der' Wirlichkeit verläuft jedoch wie die Suche nach der wahren Zwiebel Wittgensteins: Was wir finden, wenn wir Blatt für Blatt ablösen, ist ein undefinierbarer Rest.

Betont Goodman einerseits die Unterschiede zu den gängigen philosophischen Positionen, so sieht er seinen ‚Relativismus' oder ‚Irrealismus' durchaus als Ergebnis der Entwicklung der modernen Philosophie seit Kant (vgl. das Vorwort zu WW: x). Seine Revision der Debatte zwischen Idealismus und Realismus (vgl. dazu unten, § 1.2.3) bezeichnet er als eine "critique of worldmaking" (WW: 94). In seinen Augen hat sich die Entwicklung der modernen Philosophie vollzogen als eine Bewegung

> "from unique truth and a world fixed and found to a diversity of right and even conflicting versions of the world in the making." (WW: x)

1.2.2 Die Schöpfung von ‚Welten'

Wenn Goodman den Begriff der ‚Welt' gebraucht, dann gebraucht er ihn nach dem Vorangehenden keineswegs, um sich auf eine Welt zu beziehen, die „unbeschrieben, unabgebildet, unwahrgenommen" ist (vgl. WW: 4). Wenn er von einer ‚Welt' spricht, dann meint er eine ‚richtige Version':

> "right world descriptions and world-depictions and world-perceptions, the ways-the-world-is, or just versions, can be treated as our worlds." (ibid.)

Welten werden in seinen Augen nicht (vor)gefunden, sie werden gemacht. Ein solcher Begriff der ‚Welt' fordert den Verdacht der Wortspielerei oder sogar der Absurdität geradezu heraus. Wie kann man sinnvollerweise behaupten, daß wir eine Welt machen, indem wir Symbole erfinden und gebrauchen? Und was soll es heißen, wenn Goodman behauptet:

> "The many stuffs – matter, energy, waves, phenomena – that worlds are made of are made along with the worlds." (WW: 6)

An dieser Stelle meldet selbst Israel Scheffler – bekannt für seine Beiträge zur Entwicklung des Inskriptionalismus (vgl. etwa Scheffler 1979) – Bedenken an:

> "Here he clearly says that we make not only versions, but also the things they refer to and even the material of which these things are made." (Scheffler 1980: 205)

Schon der gesunde Menschenverstand sagt uns, daß es Sterne gab, bevor man sich mit einem Symbol auf sie bezog. Daß es kein Symbol für „Sterne" gab, kann doch nicht implizieren, daß es keine Sterne gab!

> "No one disputes that before we had the word 'stars', stars weren't called 'stars', but that doesn't mean they didn't exist. It would be altogether

misleading on this basis alone to say that we *made* them." (Scheffler 1980: 206)

Wie bereits angemerkt, wäre es in der Tat falsch, Goodman zu unterstellen, daß sein ,Irrealismus' impliziert, daß es nichts außerhalb unserer Symbolsysteme gäbe. Goodman ist weder ein relativer noch ein absoluter Idealist. Die Auflösung von Schefflers Problem ist nicht auf der Ebene von ontologischen Positionen zu finden, sondern folgt aus Goodmans Begriff des Symbols. Schon aus dem Begriff der Denotation ergibt sich, daß auch für ihn Symbol und Referent nicht das gleiche sind: Denotans und Denotatum sind *per definitionem* verschieden; nur im marginalen Falle der Selbst-Denotation (vgl. dazu LA: 59) sind sie gleich. Und Goodman ist der erste, der darauf hinweist, daß der Unterschied zwischen der Aussage „Draußen regnet es" und dem Regen draußen darin besteht, daß der Regen naß ist, die Aussage aber nicht. Ein Ball kann die Scheibe zerbrechen, das Wort „Ball" nicht. Im Falle von Schefflers Sternen gilt so auch:

"A version saying that there is a star up there is not itself bright and far off, and the star is not made up of letters." (Goodman 1980: 212; vgl. auch Goodman 1982: 33)

Andererseits gilt aber auch:

"saying that there is a star up there and saying that the statement 'There is a star up there' is true amount (...) to much the same thing, even though the one seems to talk about a star and the other to talk about a statement." (ibid.)

Worauf es in diesem Zusammenhang ankommt ist der Unterschied zwischen einer Version und einer *richtigen* Version. (Ich komme darauf in § 1.2.3 zurück.) Nur eine richtige Version beschreibt eine Welt. Nicht alles, was man sagen kann, schöpft eine Welt. Aber:

"whatever can be said truly of a world is dependent on the saying." (ibid.)

Goodman geht es mit seinem Begriff der Welt darum, uns darauf aufmerksam zu machen, daß die Eigenschaften, die wir ,der' Welt zuschreiben, abhängig von der Rede (oder anderen Mitteln des Symbolisierens) sind, die wir gebrauchen. Oder noch vorsichtiger formuliert:

"no firm line can be drawn between world-features that are discourse-dependent and those that are not." (ibid.)

Auch hier müssen wir zwischen der theoretischen (Un)Möglichkeit und der Praxis unterscheiden. Wenn es theoretisch nicht möglich ist, eine Grenzlinie zu ziehen, so heißt das nicht, daß wir in der Praxis keine Grenzlinie ziehen. Und da es mehr als eine richtige Version gibt, wird die Grenzlinie, die wir in der Praxis ziehen, je nach Version unterschiedlich ausfallen. So haben wir „die Sterne" in der (richtigen) Version unserer Alltagserfahrung, „die Sterne" in der (richtigen) Version der modernen Astronomie, „die Sterne" in der (richtigen) Version der babylonischen Astronomie, des Hermetikers, usf. Keine dieser (richtigen) Versionen ist die bessere – theoretisch gesehen. In der Praxis wird die eine und nicht die andere die autoritative Version sein (werden). An eine Version, die über lange Zeit hinweg als die gültige angesehen wird, können wir uns dermaßen gewöhnen, daß wir dazu neigen, sie als ‚Faktum' oder sogar als ‚die wirkliche Welt' anzusehen. Nehmen wir Lieschen Müllers oder unsere eigene alltägliche Auffassung von ‚der wirklichen Welt' unter die Lupe, so wird sich zeigen, daß ‚die wirkliche Welt' ein Kompositum aus Teilen der unterschiedlichsten richtigen Versionen ist. Hier zeigt sich, daß Welten von unterschiedlichem Umfang sein können, daß sie, genauer gesagt, aus unterschiedlich vielen und großen Fragmenten anderer Welten zusammengesetzt sind. Eine Welt kann aus kleinsten Mosaikstücken anderer Welten zusammengesetzt sein (werden); sie kann aber auch eine Komplexion aus ganzen Welten sein.

Auch Schefflers „Sterne" sind solcherart eines komplexe Angelegenheit: Sie entstehen nicht durch den Akt der Namengebung; sie entstehen als Ergebnis des Zusammenfügens von Fragmenten anderer (richtiger) Versionen. Meine „Sterne" des Abendhimmels sind Elemente einer Welt, die sich aus Fragmenten der Welt(en) der modernen Astronomie, der Welt(en) der klassischen Astrologie, der Welt(en) der Schöpfungsberichte nordamerikanischer Indianer, usf. zusammensetzt – auch wenn ich dessen nicht gewahr bin, wenn ich Dir und mir den „Großen Bären" zeige.

Wenn Scheffler darauf besteht, daß wir die Sterne nicht geschaffen haben können, sieht er sich der Frage Goodmans gegenüber, welche Eigenschaften der Sterne wir nicht geschaffen hätten. Ihm obliegt es zu sagen, wie sich die Eigenschaften der Sterne, die wir nicht geschaffen haben, von den Eigenschaften unterscheiden, die deutlich von unserer Rede über Sterne abhängig sind (vgl. Goodman 1980: 213).

Auch die Wissenschaft ist von den Regeln der Schöpfung von Welten nicht ausgeschlossen. Wiederum mit Bezug auf die Sterne sagt Goodman:

> "We can make the sun stand still, not in the manner of Joshua but in the manner of Bruno. We make a star as we make a constellation, by putting its parts together and marking off its boundaries." (ibid.)

In diesem Sinn ist das ‚Machen von Welten' von Goodman wörtlich gemeint:

> "the worldmaking (...) in question here is making not with hands but with minds, or rather with languages or other symbol systems." (ibid.)

Nun könnte eingewendet werden, Goodman führe lediglich andere Terme für einen bekannten Vorgang ein, "to bring out the constructive aspect of cognition" (Goodman 1982: 33). Es handele sich also lediglich um seine stilistische Variante des Konstruktivismus, und man täte besser daran, die Übereinstimmungen mit anderen Philosophen herauszustellen als seine Variante in allen Details darzustellen. Dieser Einwand geht nach meiner Meinung an der Tatsache vorbei, daß die Versionen und Welten Goodmans keine philosophischen Konstrukte (oder Hypothesen über das weltschaffende Vermögen des menschlichen Geistes) sind, sondern Begriffe, die dazu dienen, unseren Umgang mit Symbolen zu analysieren. Insofern erfährt auch die hartnäckig zurückkehrende Frage nach dem, was ‚vor' dem Schöpfen von Sternen und Sternenkonstellationen dagewesen sei, eine einfache Antwort:

> "Has a constellation been there as long as the stars that compose it, and or did it come into being only when selected and designated? In the latter case, the constellation was created by a version. And what could be meant by

> saying that the constellation was always there, before any version? Does this mean that all configurations of stars whatever are always constellations whether or not picked out and designated as such? I suggest to say that all are constellations is in effect to say that none are: that a constellation becomes such only through being chosen from among all configurations (...). Now as we thus make constellations by picking out and putting together certain stars rather than others, so we make stars by drawing certain boundaries rather than others. (...) Still, if stars like constellations are made by versions, how can the stars have been there eons before all versions? Plainly, through being made by a version that puts stars much earlier than itself in its own space-time." (Goodman 1982: 34)

Es geht mir nicht um den ‚Konstruktivismus' Goodmans, sondern um seine Symboltheorie – und hierbei besonders um ihren semantischen Aspekt.

1.2.3 Wahrheit und Richtigkeit

In Goodmans Diskussion der Schöpfung von Welten tritt neben dem Begriff der Wahrheit ein anderer Begriff in den Vordergrund, der Begriff der ‚Richtigkeit' ('rightness'). Dieser Begriff ist jedoch nicht nur ein Analogon von ‚Wahrheit' im Falle von Symbolsystemen, die nicht-verbaler Natur sind. Auch der Begriff der Wahrheit selbst wird in Goodmans Symboltheorie einer kritischen Revision unterworfen. Dies gilt nicht nur für die mehr technischen Aspekte, die bereits in § 1.1.2 zur Sprache gekommen sind. Es gilt vor allem für die philosophischen Prämissen des klassischen Wahrheitsbegriffs. Es dürfte deutlich geworden sein, daß für Goodman alle Versionen einer Korrespondenztheorie der Wahrheit unzulässig sind: Eine Wirklichkeit bzw. einen Sachverhalt in der Wirklichkeit für sich, mit der (dem) eine Aussage korrespondieren könnte, gibt es nicht. Dies gilt gleichermaßen für ‚die wirkliche Welt' unserer Alltagserfahrung wie für die Welten der Wissenschaften, der Technik und der Künste. Alle Fakten, alle Sachverhalte, mit denen unsere Aussagen in Übereinstimmung sein sollen, sind in den Augen Goodmans ‚fabriziert' ('fabricated'). Fakten können nicht nur auf verschiedene Weisen gesehen werden; unterschiedliche Versionen, z. B. unterschiedliche wissenschaftliche Theorien, ergeben auch unterschiedliche Fakten. Fakten bzw. Beobachtungsdaten sind nicht nur ‚theoriebeladen' (eine Einsicht, die sich langsam in der Wissenschaftstheorie durchzusetzen beginnt, vgl. den Überblick bei Stegmüller 1973: 165–166):

> "facts are small theories, and true theories are big facts." (WW: 97)

Weder die ‚unmittelbare' Erfahrung noch die Wahrnehmung mit den feinsten Instrumenten geben uns unkonzeptualisierte ‚Rohdaten' an die Hand. Goodman kann sich hier unter anderem auf die Untersuchungen Gombrichs berufen, der gezeigt hat, daß Wahrnehmung und Konzeptualisierung untrennbar miteinander verbunden sind. Wahrnehmung ist immer ein aktiver Prozeß, ein Prozeß der Selektion, der Diskrimination und der Organisation, ein Prozeß, der von Erwartungen, von der individuellen, sozialen und kulturellen Situation und – last but not least – von Gewohnheiten gesteuert wird. Wir nehmen ein Objekt immer ‚als etwas' wahr; wir nehmen Farbflecke und Formen nicht für sich wahr, sondern als Autos, Häuser, Bäume, Menschen, Männer, Frauen, Kinder, usf.

‚Scheinbare Bewegung' ('apparent motion') erweist sich in diesem Zusammenhang als ein besonders aufschlußreiches Untersuchungsgebiet. In Kapitel V von *Ways of Worldmaking* berichtet Goodman über die Experimente von Paul Kolers, die für ihn Gelegenheit sind, um seine These von der Nichtreduzierbarkeit verschiedener miteinander konkurrierender richtiger Versionen weiter auszubauen. In diesem Fall handelt es sich um den Konflikt von Versionen der Alltagswahrnehmung mit Versionen der Wahrnehmung in der Wissenschaft:

> "Apparent motion occurs when a spot against a contrasting background is exposed very briefly, followed after an interval of from 10 to 45 milliseconds by exposure of a like spot a short distance away. With a shorter time-interval at the same distance, we see two spots flashed simultaneously; with a longer interval we see two spots flashed succesively; but within the specified interval, we see one spot moving from the first position to the second." (WW: 72)

Wie müssen wir diese Wahrnehmung erklären? Im wesentlichen wurden zwei Haupttypen von Hypothesen gegeben. Nach der einen nehmen wir scheinbare Bewegung in Analogie mit wirklicher Bewegung wahr; nach der anderen handelt es sich bei scheinbarer Bewegung um eine retrospektive Konstruktion. Der Fehler beider Hypothesen – die im übrigen auch aufgrund experimenteller Ergebnisse unhaltbar sind – ist nach Goodman, daß sie auf eine einheitliche Erklärung aus sind. Nicht alle Wahrnehmer nehmen (scheinbare) Bewegung auf die gleiche Art wahr. Einige Wahrnehmer nehmen selbst überhaupt keine scheinbare Bewegung wahr (vgl. WW: 92). Während Kolers diese Wahrnehmer als ‚naive Realisten' abklassifiziert, interessiert sich Goodman besonders für sie. Offensichtlich handelt es sich bei ihnen um eine proportional gesehen ungewöhnlich große Anzahl von Ingenieuren und Physikern. Von ihnen läßt sich sagen, daß sie „nicht in der Lage sind, das zu sehen, wovon sie wissen, daß es nicht da ist" (ibid.). Ihr Verhalten gibt Goodman Anlaß zu der folgenden Verallgemeinerung:

> "(...) if an observer reports that he sees two distinct flashes, even at distance and intervals so short that most observers see one moving spot, perhaps he means that he sees the two as we might say we see a swarm of molecules when we look at a chair, or as we do say we see a round table top even when we look at it from an oblique angle. Since an observer can become adept at distinguishing apparent from real motion, he may take the appearance of motion as a sign that there are two flashes, as we take the oval appearance of the table top as a sign that it is round." (ibid.)

Angesichts solcher Beobachter wäre es jedoch nicht zulässig, davon zu sprechen, daß sie Bewegung wahrnehmen ‚wie sie wirklich ist'. Was sich von ihnen sagen läßt, ist vielmehr, daß sie es vorziehen, das, was sie sehen, in physikalischen und nicht in perzeptuellen oder phänomenalen Kategorien zu beschreiben. Weder die

Beschreibung in physikalischen noch die Beschreibung in perzeptuellen oder phänomenalen Kategorien ist die einzig wahre oder ‚richtige' Beschreibung. Es ist z. B. nicht zulässig, das Physikalische mit dem Wirklichen und das Perzeptuelle mit dem nur Scheinbaren zu identifizieren. Auch lassen sich phänomenale oder perzeptuelle Fakten nicht auf physikalische Fakten reduzieren, oder umgekehrt, physikalische Fakten auf phänomenale oder perzeptuelle Fakten:

> "The perceptual is no more a rather distorted version of the physical facts than the physical is a highly artificial version of the perceptual facts." (WW: 92–93)

Wie radikal diese Infragestellung der verschiedenen Reduktionsprogramme in der modernen Philosophie ist, kann hier nur angedeutet werden. Hilary Putnam weist in seiner ausführlichen Würdigung von *Ways of Worldmaking* unter anderem auch auf die aufschlußreiche Reaktion hin, die Goodmans Irrealismus bei Quine hervorgerufen hat (vgl. Putnam 1979: 613–615).

All dies mag für unsere fluktuierenden Alltagswahrnehmungen gelten, könnte man einwenden. Wie verhält es sich aber im Falle von Wahrnehmungen, die einen stabilen Charakter haben, z. B. im Falle eines Bildes, einer Photographie, einer Skulptur? Wir klassifizieren solche Wahrnehmungen nicht zuletzt deshalb oft als ‚realistisch', weil sie in unseren Augen die Wirklichkeit darstellen. Wir haben indessen bereits gesehen, daß die ‚Ähnlichkeit' zwischen Symbol und Symbolisiertem einer logischen Analyse nicht standhält. ‚Realistische' Kunst bringt uns nicht näher zu der gesuchten Korrespondenz zwischen Symbol und Wirklichkeit als deklarative Aussagen. In § 1.3.8 werden wir sehen, daß ‚realistische' Kunst eher eine Angelegenheit künstlerischer Manifeste und eingefahrener Wahrnehmungsgewohnheiten ist als eine Angelegenheit von ‚wirklichkeitsgetreuer' Abbildung oder Beschreibung.

Wie verhält es sich dann aber mit ungleich ‚objektiveren' Weisen der Darstellung von Wirklichkeit, mit Photographie, Film, Fernsehen, Video, usf.? Daß diese Medien – unter anderem unter Berufung auf ihren (größeren) Wirklichkeitsgehalt – eine stürmische Entwicklung durchlaufen haben, besagt jedoch noch nicht, daß ihre Entwicklung wirklich als eine Entwicklung in Richtung auf eine zunehmende Annäherung an ‚die' Wirklichkeit angesehen werden kann. Goodman läßt sich durch den Einsatz von Apparaten nicht weiter beeindrucken. Zwar hat sich der technische Aufwand stets mehr vergrößert. Lösen wir uns indessen von der Faszination durch die Apparate, dann kommen wir schnell zu der Erkenntnis, daß auch Photographien, Filme, Videos, usf. Welten schöpfen. Abstand, Winkel, Belichtung, Schwenks und Linsenlifts zur ‚Behebung von perspektivischen Verzerrungen' gehören zu den Faktoren, die für eine ‚realistische Photographie' zu berücksichtigen sind. Was eine ‚realistische Photographie' ist, muß gelernt werden. Es ist eine Angelegenheit von Übereinstimmung mit akzeptierten Regeln des Herstellens und des Interpretierens (Wahrnehmens) und nicht von Übereinstimmung mit dem, was das ‚unschuldige Auge' sieht. An der Widergabe von Fassaden und Eisenbahnschienen läßt sich dieser Sachverhalt schlagend demonstrieren. (Vgl. Kapitel I/3 von LA, das dem Problem der Perspektive gewidmet ist.) Besonders beeindruckend ist auch der Bericht einer Erfahrung, den Goodman von Herskovits übernimmt (LA: 15,

Anm. 15). Es handelt sich darum, daß ein Ethnologe Mitgliedern einer Kultur, die die Photographie nicht kennt, die gestochene Photographie eines ihnen bekannten Hauses, einer ihnen bekannten Person, Landschaft, usf. vorlegt. Die Reaktion ist, daß die Photographie in allen Richtungen gedreht, daß sie selbst umgewendet wird zur Untersuchung ihrer weißen Rückseite, um zu einer Deutung dieses „bedeutungslosen Arrangements von verschiedenartigen Grauschattierungen auf einem Stück Papier" zu kommen.

Kann ‚Wahrheit' selbst im Falle von deklarativen Aussagen nicht als Übereinstimmung mit ‚der' Wirklichkeit begriffen werden, bleibt in den Augen Goodmans eigentlich nur noch eine Deutung im Sinne von Kohärenz über (vgl. WW: 124–125). Aber auch hier gilt:

> "Coherence is a characteristic of descriptions, not of the world; the significant question is not whether the world is coherent, but whether our account of it is. And what we call the simplicity of the world is merely the simplicity we are able to achieve in describing it." (PP: 24)

Aber auch wenn wir ‚Wahrheit' im Sinne von ‚Kohärenz' auffassen, spielt der Begriff für Goodman eine viel weniger wichtige Rolle als im Rahmen der klassischen Logik (der Wissenschaften) allgemein üblich. (Ich verzichte deshalb hier auch auf einen Vergleich mit anderen kohärenztheoretischen Begriffen der Wahrheit; vgl. die Hinweise bei Wunderlich 1974: 166, Anm. 15.) Für Goodman ist der (semantische) Begriff der Wahrheit eingebettet in eine pragmatische Sicht seines Gebrauchs:

> "Truth, far from being a solemn and severe master, is a docile and obedient servant. The scientist who supposes that he is single mindedly dedicated to the search for truth deceives himself. He is unconcerned with the trivial truths he could grind out endlessly; and he looks to the multifaceted and irregular results of observations for little more than suggestions of overall structure and significant generalizations. He seeks system, simplicity, scope; and when satisfied on these scores he tailors truth to fit (PP: VII, 6–8). He as much decrees as discovers the laws he sets forth, as much designs as discerns the patterns he delineates." (WW: 18)

Damit ist jedoch nicht gesagt, daß nun ‚alles erlaubt ist'. Wenn Goodman sagt, daß eine Version wahr ist

> "when it offends no unyielding beliefs and none of its own precepts" (WW: 17),

dann gibt er zweierlei Arten von Bedingungen für die Wahrheit einer Version (und damit auch für das Vorliegen einer ‚Welt'!) an. Die einen Bedingungen sind semantischer Natur, angedeutet durch "its own precepts"; die anderen sind pragmatischer Natur, angedeutet durch "unyielding beliefs". Damit ist deutlich, daß für Goodman auf der semantischen Ebene die strikten Bedingungen für z. B. den Aufbau und die Anwendung einer Theorie unvermindert von Kraft sind. (Zum Beispiel Kohärenz im Sinne von logischer Konsistenz, Beweisbarkeit, Ableitbarkeit, usf. Vgl. auch SA: Kap. I–III: "On the Theory of Systems".) Erinnern wir uns daran, daß er seine eigene Position als 'relativism *under rigorous restraints*' umschreibt! Nicht ein Verlust an philosophischer, analytischer oder logischer Strenge und Konsistenz ist charakteristisch für seine Philosophie, sondern die Umwertung traditioneller Begriffe und Methoden.[9]

Dies gilt auch für die pragmatische Ebene, auf der der Begriff der Wahrheit dem Begriff der Richtigkeit untergeordnet ist. Richtigkeit ist der umfassende Begriff von Goodmans Symboltheorie – keineswegs nur das Substitut für Wahrheit im Falle von Symbolsystemen, bei denen der Begriff der Wahrheit nicht anwendbar ist. Auch bei verbalen Symbolsystemen ist Wahrheit nur sehr eingeschränkt relevant – da nämlich, wo Denotation vorliegt. Referenz in verbalen Symbolsystemen umfaßt indessen mehr als Denotation – und oft ist Denotation keineswegs die wichtigste referentielle Beziehung. Die für literarische Texte oft viel wichtigeren Beziehungen der metaphorischen Denotation, der Exemplifikation, usf. verlangen eine Ausarbeitung des Begriffs der Richtigkeit.

Der Begriff der Richtigkeit wird von Goodman so ausgearbeitet, daß er alle referentiellen Beziehungen umfaßt, und daß er in allen Symbolsystemen anwendbar ist. In Kapitel VII/4 ff. von *Ways of Worldmaking* beginnt er mit Gebieten, bei denen Richtigkeit eng verbunden ist mit Wahrheit (Deduktion, Induktion, usf.) und schreitet dann fort zu Gebieten, bei denen Wahrheit keine Rolle mehr spielt (abstrakte Malerei und Musik). Richtigkeit der Kategorisierung z. B. ist weiter entfernt von Wahrheit als induktive und deduktive Richtigkeit:

> "for while deductive and inductive rightness still have to do with statements, which have truth-values, rightness of categorization attaches to categories or predicates – or systems thereof – which have no truth-value." (WW: 127)

In allen drei genannten Fällen spielt Projektabilität die entscheidende Rolle. Im Fall von nicht-verbalen Symbolsystemen sind es vergleichbare Kriterien, die in den jeweiligen Begriff der Richtigkeit – d. h. den Begriff, der sich auf die jeweiligen Eigenschaften des betreffenden Symbolsystems bezieht – eingehen. Im Falle der Malerei z. B. berücksichtigt der Begriff den ‚repräsentativen' Charakter von Bildern – allerdings nicht im Sinne von ‚Ähnlichkeit', ‚Realismus' und anderen tradierten Kriterien (vgl. § 1.1.2 und auch § 1.3.8). Da es bei Bildern wie bei literarischen Texten oft vor allem um Exemplifikation geht, geht es bei den entsprechenden Begriffen der Richtigkeit vor allem um die Frage nach der Richtigkeit (oder Unrichtigkeit) von Exemplifikation, um die Frage nach Kriterien für die Richtigkeit eines Musters (vgl. WW: 133). Auch diesmal leistet uns das Musterbuch des Schneiders gute Dienste:

> "A swatch cut from a bolt and used as a sample is not always a fair sample. It may be too small to show the pattern at all or else so cut as to show a component motif only partially or in a misleading orientation." (WW: 134)

Für die Antwort auf die Frage nach dem 'fair sample' kann auch hier der Begriff der Projektabilität herangezogen werden:

> "A sample fair (...) is one that may rightly be projected to the pattern (...) or other relevant feature of the whole or of further samples." (WW: 135)

Damit stellt sich die Frage, wann eine Projektion 'fair' ist. Goodmans Antwort macht den komplexen, semantisch-pragmatischen Prozeß deutlich, um den es hier geht:

> "Such fairness of projectibility (...) depends upon conformity to good practice in interpreting samples – that is, both in proceeding from sample to feature and in determining whether that feature is projectible. Good practice, in turn, depends upon habit in continual revision under frustration and invention." (WW: 135–136)

Schön und gut, wird mein schöngeistiger Leser einwenden, aber was hat das Musterbuch des Schneiders mit Bildern und mit literarischen Texten zu tun? Alles! Zwar werden Musterbücher eines Schneiders normalerweise nicht zu unseren Kunstwerken gezählt. Aber hat uns Nelson Goodmans Beschäftigung mit ihnen nicht vielleicht auf Daniel Burens Kunstwerke aufmerksam gemacht? Oder waren es Burens Kunstwerke, die Nelson Goodman auf die Musterbücher des Schneiders aufmerksam gemacht haben? Wer weiß! (Vgl. Fig. 5.)[10]

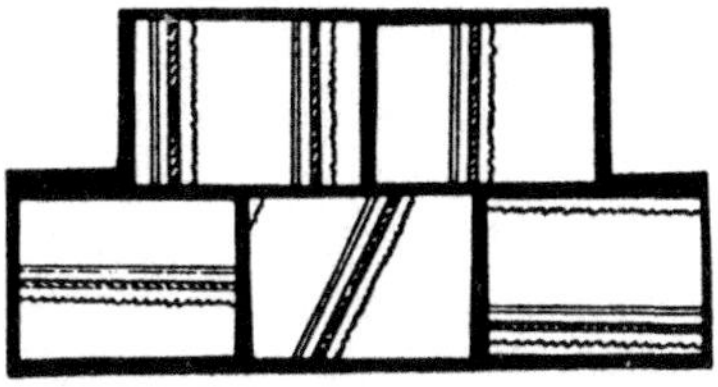

Fig. 5

Zusammenfassend – und meinen schöngeistigen Leser zugleich beruhigend und aufs Neue schockierend – sagt Goodman:

> "Works of art are not specimens from bolts or barrels but samples from the sea. They literally or metaphorically exemplify forms, feelings, affinities, contrast, to be sought in or built into a world. The features of the whole are undetermined; and fairness of a sample is no matter of shaking a barrel thoroughly or taking water from scattered places but rather of coordination of samples. In other words, rightness of design, color, harmonics – fairness of a work as a sample of such features – is tested by our success in discovering and applying what is exemplified. What counts as success in achieving accord depends upon what our habits, progressively modified in the face of new encounters and new proposals, adopt as projectible kinds. A Mondrian design is right if projectible to a pattern effective in seeing a world. When Degas painted a woman seated near the edge of the picture and looking out of it, he defied traditional standards of composition but offered by example a new way of seeing, of organizing experience." (WW: 137)

Richtigkeit erweist sich hier -wie auch im Falle der Wahrheit von Aussagen als 'rightness of fit': Eine Version ist richtig, schöpft eine Welt, wenn sie – in unseren Augen! – zu dem paßt, worauf sie sich bezieht, oder wenn sie zu anderen Versionen paßt, oder wenn sie zu Arten und Weisen der Organisation von Versionen paßt (vgl. WW: 138). Hier wird auch verständlich, warum Goodman den (nicht nur für Scheffler so wichtigen) Unterschied zwischen Symbol und vorgegebener Welt – was nicht gleichbedeutend ist mit dem Unterschied zwischen Symbol und Symbolisiertem! – aufhebt, und warum Wahrheit in seiner Epistemologie eine so untergeordnete Rolle spielt:

> "The differences between fitting a version to a world, a world to a version, and a version together or to other versions fade when the role of versions in making the worlds they fit is recognized. And knowing or understanding is seen as ranging beyond the acquiring of true beliefs to the discovering and devising of fit of all sorts." (WW: 138)

1.2.4 Kunst und Verstand

Referenz und Richtigkeit sind in den Künsten nicht minder wichtig als außerhalb der Künste. Da diese Begriffe für alle Symbolsysteme gelten, verbinden sie die Künste mit den Nicht-Künsten. Diese Befreiung der Künste aus ihrer 'splendid isolation', aus ihrer ‚kategorialen Andersartigkeit' wird sich als sehr folgenreich für unser Denken über die Künste erweisen.

Goodman verwirft jedoch nicht nur das tradierte Denken über die Künste, er verwirft ebenso das tradierte Denken über die Wissenschaften, insbesondere die Naturwissenschaften. ‚Passive Kontemplation', ‚subjektives Einfühlen', ‚Loslösung von den Belangen der Welt' sind keineswegs dem Umgang mit den Künsten vorbehalten – wenn diese und ähnliche Vorstellungen überhaupt für die Beschreibung des Umgangs mit Symbolen zutreffend sind. ‚Gefühl' ('emotion') und ‚Verstand' ('cognition') sind gleichermaßen erfordert für die Wissenschaften wie für die Künste. Eigentlich nimmt Goodman gegenüber der Debatte um Gefühl und Verstand wiederum eine Haltung der Indifferenz ein (vgl. LA: VI/3 und VI/4); er gebraucht jedoch dieses Begriffspaar in *Languages of Art*, um seinen eigenen Standpunkt zu verdeutlichen, indem er die Begriffe auf ungewohnte Weise verbindet. So charakterisiert er die Art und Weise, mit der wir die referentiellen Beziehungen eines Kunstwerks entdecken, als Gefühl, das kognitiv funktioniert (vgl. LA: 248).

Viel wichtiger als die Debatte um Gefühl und Verstand ist Goodman indessen,

> "that the arts must be taken no less seriously than the sciences as modes of discovery, creation and enlargement of knowledge in the broad sense of advancement of the understanding, and thus that philosophy of art should be conceived as an integral part of metaphysics and epistemology." (WW: 102)

Sowohl in *Languages of Art* als auch in *Ways of Worldmaking* geht es Goodman darum, die Affinitäten zwischen den Künsten und den Wissenschaften herauszustellen, die seine Symboltheorie zu sehen erlaubt. So gelten nach ihm die gleichen globalen Kriterien für den Erfolg, die Fruchtbarkeit eines Symbolsystems:

> "The delicacy of its discriminations and the aptness of its allusions; by the way it works in grasping, exploring, and informing the world; by how it analyzes, sorts, orders, and organizes; by how it participates in the making, manipulation, retention, and transformation of knowledge. Considerations of simplicity and subtlety, power and precision, scope and selectivity, familiarity and freshness, are all relevant (...)." (LA: 258)

Darüber hinaus ergeben sich durch den Bezug auf die Kriterien für Notationalität ganz neue Möglichkeiten der Klassifikation. Oder genauer: Goodman versucht auf der Ebene der Symboltheorie eine neue Konzeptualisierung der Symbolsysteme, die wir traditioneller Weise als Künste einerseits und als Wissenschaften andererseits einordnen. So gehören nach ihm unter anderem piktoriale Repräsentationen, Seismographen und Thermometer ohne Meßskala zur gleichen Klasse von gänzlich dichten Systemen. Natürlich will Goodman damit nicht behaupten, daß wir keinen Unterschied zwischen Diagrammen, Karten und Modellen einerseits und Skizzen, Luftfotographien und Skulpturen andererseits machen (vgl. LA: 173). Wie aber kann er in seiner Theorie die evidentermaßen unsinnige Konsequenz vermeiden, daß eine Skizze des Fujiyama von Hokusai und das Elektrokardiogramm, das ein unbekannter medizinischer Assistent mit Hilfe seiner Apparate herstellt, gleichermaßen zur Klasse der Repräsentationen gehören?

Die Antwort liegt in der Feinheit der Unterscheidungen, die Goodmans Symboltheorie ermöglicht. Die Skizze von der Hand Hokusais und das maschinell erstellte EKG gehören beide zu einem gänzlich dichten System; und wenn wir nur den Verlauf der Kurven berücksichtigen würden, könnten wir selbst zu der Feststellung gelangen, daß sie identisch sind. Nur im Falle des EKG sind indessen die Ordinaten und Abszissen der Punkte, durch deren Mitte die Linie verläuft, die einzig relevanten Merkmale. Im Falle der Skizze werden genau die Merkmale relevant, die wir beim EKG vernachlässigen:

"Any thickening or thinning of the line, its color, its contrast with the background, its size, even the qualities of the paper – none of these is ruled out, none can be ignored." (LA: 229)

Dies Beispiel zeigt noch einmal, daß wir in jedem konkreten Fall nach den ‚konstitutiven Eigenschaften' fragen müssen, die in referentielle Beziehungen eingehen:

"Though the pictorial and diagrammatic [symbol] schemes are alike in not being articulate, some features that are constitutive in the pictorial schema are dismissed as contingent in the diagrammatic scheme." (LA: 229–230)

Wie Goodman betont, ist der Unterschied auf der syntaktischen und nicht – was scheinbar viel näher liegen würde – auf der semantischen Ebene zu suchen: "mountains can be diagrammed and heartbeats pictured" (LA: 229). Wir haben es notabene mit einem (auch semantisch) dichten Symbolsystem zu tun! Um den auf der syntaktischen Ebene – in der Organisation der Symbolschemata – liegenden Unterschied ausdrücken zu können, führt Goodman den Begriff der ‚Fülle' ('repleteness') eines Symbols ein. Dies ist keine *ad hoc* Konstruktion, sondern ein systematisch begründeter Begriff, der sich auf Unterschiede in den referentiellen Beziehungen der jeweiligen Symbole bezieht. Der Begriff der Fülle führt nicht zu einer strikten Scheidung von Varietäten von syntaktisch (und semantisch) dichten Systemen; er wird von Goodman als komparativer Begriff eingeführt. Oft wird es deshalb nicht einfach sein, die auf ihm begründete theoretische Unterscheidung von z. B. piktorialen Repräsentationen und Diagrammen auch in der Praxis, in jedem gegebenen Fall, durchzuführen:

"We cannot say that no aspects of a representational painting, for example, are contingent; for such properties as weighing ten pounds or being in transit from Boston to New York on a certain day hardly affect the status of the painting in its representational scheme. Rather, one dense scheme is more diagrammatic than a second if the character-constitutive aspects under the first are properly included among the character-constitutive aspects under the second. One among a familiar category of familiar graphic schemes may come to be regarded as purely representational if its constitutive aspects include those of all other schemes; then the schemes that exclude as contingent some of the constitutive aspects of this representational scheme are regarded as diagrammatic. The representational norm will of course itself be diagrammatic, under our definition, relative to abnormal schemes having additional constitutive aspects." (LA: 230)

1.2.5 Revision der Ästhetik

Titel und Inhalt von *Languages of Art* waren immer wieder Anlaß zu Mißverständnissen. Dabei sind Goodmans Äußerungen über die Rolle, die er ästhetischen Problemen einräumt, unmißverständlich. In der Einleitung zu *Languages of Art* sagt er:

"Though this book deals with some problems pertaining to the arts, its scope does not coincide very closely with what is ordinarily taken to be the

> field of aesthetics. (...) I touch only incidentally on questions of value, and offer no canons of criticism. (...) Problems concerning the arts are points of departure rather than of convergence." (LA: xi)

Im vorangehenden Abschnitt haben wir gesehen, in welcher Weise Goodman ‚auf die Künste bezügliche Probleme' im Rahmen seiner allgemeinen Symboltheorie behandelt. Auch hier gilt, daß seine Haltung gegenüber der traditionellen Behandlung dieser Probleme eine Haltung weitgehender Indifferenz ist. Wie konnte es dann zu den ständigen Mißverständnissen und Unterstellungen kommen, die gerade für die Kommentare zu den ästhetischen Problemen, die er behandelt, charakteristisch sind?

Eine Äußerung wie die von Helmut Schnelle (in seiner Rezension der deutschen Übersetzung von *Languages of Art*) ist typisch:

> „Das diesem Buch zugrundeliegende Verständnis der Kunst bleibt äußerlich. Der Titel des Buches ist insofern mißverständlich und ärgerlich." (Schnelle 1980: 387)

Max Black, der für die dem Buch gebührende Anerkennung sorgen will, kritisiert in seiner ausführlichen Darstellung, daß Goodman Werturteile behandele, obwohl er das Gegenteil behaupte. Black bezieht sich hier auf Goodmans Aussagen über die ‚konstitutiven Eigenschaften' des Kunstwerks (vgl. Black 1971: 536). Weiterhin gilt seine Kritik Goodmans Präokkupation mit Notationen – eine Präokkupation, die in Blacks Augen für Goodmans schiefes Bild der Künste verantwortlich ist. (Vgl. auch die Zitate aus Black 1971 in § 1.1.4, oben.) Monroe Beardsley moniert, daß Goodman keine allgemeinen Anweisungen für die Bestimmung dessen gebe, was ein Kunstwerk exemplifiziert. Worauf Goodman repliziert, daß er seine Antwort solange ausstellt, bis Beardsley allgemeine Anweisungen zur Bestimmung dessen gegeben habe, was ein Kunstwerk beschreibt oder darstellt (vgl. Goodman 1978: 172). Offensichtlich will Beardsley suggerieren, daß es so etwas wie eine referentielle Beziehung der Exemplifikation nicht gibt, da sie so schwer zu bestimmen sei. In die gleiche Richtung zielt seine Bemerkung, daß Exemplifikation in der Praxis der Kunstwissenschaften keine Rolle spiele:

> "If the distinction between exemplification and mere possession is indeed so crucial, and if it is exemplification and *not* mere possession that is of special concern in our commerce with artworks, we might expect the distinction to be observed, or at least to be frequently reflected, in the practice of critics (...) but in fact we seldom if ever catch them in the act of trying to decide whether a particular description is referred to." (Beardsley 1978: 102–103)

Dieser Beobachtung kann Goodman ohne weiteres zustimmen; sie ist ihm überdies willkommener Anlaß, um den Status der referentiellen Beziehungen, die er in seiner Symboltheorie unterscheidet, noch einmal zu verdeutlichen:

> "'Exemplify' belongs, rather, to a theoretic vocabulary that may be used in describing and analyzing the critic's practice. Whether or not the critic uses the terms 'denotes', 'depicts', 'exemplifies', 'expresses', etc., he concentrates on what a work symbolizes or refers to in one or more of these ways. And a critic who focusses on properties that are possessed but not exemplified is as far afield as a tailor who discusses materials in terms of the size, shape,

absolute weight, etc. of his swatches. The tailor or the critic may, indeed, call attention to some properties that are merely possessed (...) as an aid to the understanding of how the swatch is serving as a sample, or the painting functioning as a work of art, rather than as just a piece of colòred cloth." (Goodman 1978: 171)

Die meisten Mißverständnisse beziehen sich auf Goodmans Bestimmungen des ‚Ästhetischen'. Immer wieder wird übersehen, daß Goodmans Ansatz nicht normativer, sondern metaphilosophischer Art ist. (Vgl. etwa Beardsleys Kritik, daß Goodman es versäume, den für die Kunstwissenschaften grundlegenden Begriffen des ästhetischen Werts und der ästhetischen Schönheit gerecht zu werden; Beardsley 1978: 106 ff.) Charakteristisch dafür ist, daß er die Frage: ‚Was ist Kunst?' durch die Frage: ‚Wann ist Kunst?' ('When is art?') ersetzt. Eine Antwort auf diese Frage läßt sich aus den Elementen seiner Symboltheorie gewinnen. Wir nennen ein Symbol ein künstlerisches Symbol, wenn es einem Symbolsystem angehört, das bestimmte Eigenschaften aufweist. Aus dieser Bestimmung wird deutlich, warum Fragen des künstlerischen Werts, der ästhetischen Schönheit, usf. keine Rolle spielen: Sie sind auf einer anderen Ebene situiert. Die Ebene, auf der Goodman ‚Symptome des Ästhetischen' lokalisiert, ist die Ebene des theoretischen Vokabulars einer allgemeinen Symboltheorie (vgl. LA: VI/5). Deshalb spricht Goodman selbst auch nicht von einer Bestimmung ‚des' Ästhetischen, sondern lediglich von einer Bestimmung von ‚Symptomen' oder ‚Aspekten des Ästhetischen'; ‚das Ästhetische' kommt lediglich als (unabtrennbarer) Teil eines Prädikats seiner Symboltheorie vor. (Für eine eindringliche Diskussion der ‚Symptomologie' Goodmans vgl. Howard 1982, insbesondere §§ 1.3 ff.)

Nun könnte man einwenden, daß er sich mit einer solchen Redeweise sehr von der Praxis der Kunstwissenschaften (und der alltäglichen Rede über Kunst) entfernt habe. Goodman ist sich dessen wohl bewußt (vgl. LA: 254). In seinen Augen bietet uns indessen die vorangehende Klassifikation wenig Anhaltspunkte, um zu einer systematischen Klassifikation von Symbolen (oder Erfahrungen) in künstlerische und nicht-künstlerische Symbole (oder Erfahrungen) zu kommen:

"Presystematic usage of 'aesthetic' and 'nonaesthetic' is even less clearly established by practice, and more seriously infected with inept theorizing, than in the case of most terms." (LA: 254)

Weiterhin darf nicht übersehen werden, daß die fünf ‚Symptome', die er definiert, keineswegs als notwendige oder hinreichende Bedingungen für das Vorliegen eines künstlerischen Symbols (oder einer Kunsterfahrung) gelten sollen:

"Presence or absence of one or more of them does not qualify or disqualify anything as aesthetic; nor does the extent to which these features are present measure the extent to which an object or experience is aesthetic." (WW: 68)

Und obwohl Goodman in *Ways of Worldmaking* suggeriert, daß mithilfe der Disjunktion bzw. der Konjunktion aller fünf Symptome ‚das' Ästhetische möglicherweise redefiniert werden könnte (vgl. WW: 68–69), macht er selbst diesen Schritt nicht (vgl. auch Elgin 1983: 83–84). In seiner Antwort auf den Kommentar von Alan Nagel sagt er explizit:

> "(...) I do not even claim that the symptoms of the aesthetic I list are conjunctively sufficient or disjunctively necessary (...)." (Goodman 1981: 277)

Die Auswahl von Symptomen ist alles, was zum gegebenen Zeitpunkt möglich zu sein scheint:

> "Choice of symptoms perhaps belongs to an early stage in a search for a definition that will derive from and yet must drastically reform an especially chaotic usage." (ibid.)

Die Symptome, die er anführt, können auch (noch) nicht im Rahmen von "proofs of adequacy and conclusive counterexamples" diskutiert werden:

> "All I can do is to indicate some of the considerations that led to my choice." (ibid.)

Sein Interesse gilt weniger ‚dem' Ästhetischen als den Eigenschaften von Symbolen (bzw. Erfahrungen), die mithilfe der Symptome beleuchtet werden. So gilt für ihn selbst weiterhin die vorsichtige Formulierung aus *Languages of Art:*

> "A symptom (...) merely *tends* in conjunction with other such symptoms to be present in aesthetic experience." (LA: 252; meine Herv.)

Die fünf Symptome beziehen sich einerseits auf die wichtigsten unterscheidenden Eigenschaften von Symbolsystemen und andererseits auf Formen der Referenz. Sie lauten wie folgt (vgl. die Liste in WW: 67–68):

(1) Syntaktische Dichtheit
(2) Semantische Dichtheit
(3) Relative Fülle
(4) Exemplifikation
(5) Vielfache und komplexe Referenz

Die ersten vier Symptome werden in *Languages of Art* definiert (vgl. LA: 252 ff.); das fünfte wird in *Ways of Worldmaking* hinzugefügt. Die ersten drei Symptome beleuchten die Tatsache, daß im Umgang mit Symbolen aus Symbolsystemen, die die genannten Eigenschaften aufweisen, "maximum sensitivity of discrimination" (LA: 252) erforderlich ist:

> "Syntactic and semantic density demand endless attention to determining character and referent, given any mark of the system; and relative syntactic repleteness in a syntactically dense system demands such effort at discrimination along, so to speak, more dimensions." (LA: 252–253)

In dieser Weise ließen sich diese drei Symptome zur Rekonstruktion des 'Ineffabile' heranziehen, das so oft für und gegen das Ästhetische ins Feld geführt wird (vgl. LA: 253). Während das Ineffabile selbst unfaßbar und mystisch genug ist, ist Dichtheit indessen explizit definiert, fügt Goodman hinzu, um jedes Mißverständnis auszuschließen. Und auch das Motiv für dichte Systeme läßt sich angeben:

> "[Density] arises out of, and sustains, the unsatisfiable demand for absolute precision." (ibid.)

Ein instruktives Beispiel für dieses unerfüllbare Verlangen nach Präzision bietet Goodman bei seiner Diskussion von modernen Alternativen für die musikalische Standardnotation in Kapitel V/2 von *Languages of Art* (LA: 187 ff.):

> "(...) some composers of electronic music, with continuous sound-sources and means of activation, and with the human performer dispensable in favor of mechanical devices, seek to eliminate all latitude in performance and achieve 'exact control'. But except where mere counting is involved, absolutely precise prescription cannot be accomplished by any notational system; differentiation requires gaps that destroy continuity. With a decimal system, for example, absolute precision would require writing out each specification endlessly; stopping at any finite number of decimal places results in some inaccuracy, however slight, that could accumulate in a long enough chain to any amount. For exact control, the symbol system would have to be both syntactically and semantically dense – an analog or graphic system; then any imprecision would arise from mechanical or human errors or limitations rather than from the symbol system. But then, also, we have no notation or scores, and ironically the demand for absolute and inflexible control results in purely autographic works." (LA: 190–191; ,autographische' Werke sind solche Werke, bei denen die Entstehungsgeschichte zur Identifikation des Werks herangezogen werden muß, vgl. unten)

Das vierte Symptom unterscheidet exemplifikative von denotativen Systemen (vgl. LA: 253). Auch hier scheint Goodman sehr stark der traditionellen Doktrin zu folgen. Wie er selbst anmerkt:

> "To count being exemplificational as aesthetic may seem a concession to the tradition that associates the aesthetic with the immediate and nontransparent and so insists that the aesthetic object be taken for what it is in itself rather than as signifying anything else." (LA: 253)

Exemplifikation ist jedoch eine referentielle Beziehung, und damit entfällt das semiotische Paradox von ,Unmittelbarkeit' und ,Nichttransparenz' des ästhetischen Symbols:

> "As 'ineffability' upon analysis turns into density rather than mystery, 'immediacy' becomes a matter of exemplification rather than of intimacy – a function of direction rather than of distance." (ibid.)

Diese Revision befreit z. B. die methodische Reflexion der semantischen Eigenschaften konkreter Poesie von ihren bislang unauflösbaren Paradoxen, die zu kühnen semantiktheoretischen Konstruktionen Anlaß gaben. (Vgl. den Überblick bei Schmidt 1979 und vgl. Vos 1984 für den Nachweis, daß diese Konstruktionen unnötig und unhaltbar sind.)

Vielfache und komplexe Referenz liegt dann vor, wenn

> "a symbol performs several integrated and interacting referential functions, some direct and some mediated through other symbols." (WW: 68)

Dieses Symptom bezieht sich nachdrücklich nicht auf die ,gewöhnliche' Ambiguität von Symbolsystemen,

> "where a term has two or more quite independent denotations at quite different times and in quite different contexts." (WW: 68, Anm. 6)

Es sind vor allem die Begriffe der Referenz-Kette und der referentiellen Entfernung, die für die weitere Ausarbeitung dieses Symptoms herangezogen werden. Ich verzichte hier auf die Demonstration dieses selbst sehr komplexen Symptoms, da meine Revision des Fiktionalitätsprinzips in § 1.3 in diesem Sinne gelesen werden kann. (Auch für die Exploration der semantischen Eigenschaften von konkreter Poesie spielt dieses Symptom, zusammen mit den vier übrigen, eine entscheidende Rolle; vgl. Vos 1984, Vos & Ihwe 1984). In seiner „Antwort" auf Nagels Kommentar verwirft Goodman im übrigen explizit die Suggestion, Merkmale von verbalen Symbolen wie ‚Figürlichkeit' oder ‚Fiktivität' als weitere Symptome anzusehen:

> "(...) metaphor in some stage of decay so permeates almost all language that figurativeness strikes me as having little symptomatic value. (...) What does seem to me to disqualify it [fictiveness] is that a fictive work always refers by exemplification or expression or through a referential chain. Fictiveness would thus add nothing to a list of symptoms that already includes exemplification and complex reference." (Goodman 1981: 278)

Neben dem Mißverständnis, daß Goodman mithilfe der fünf Symptome das Wesen künstlerischer Objekte oder Erfahrungen bestimmen wolle, besteht die Gefahr, daß die fünf Symptome im Sinne eines komparativen Begriffs der ‚Ästhetizität' verstanden werden. Es ist jedoch keineswegs so, daß ein Objekt, eine Erfahrung oder sogar eine Kunstform (Symbolsystem) umso ‚ästhetischer' werden als Symptome gegeben sind (vgl. Goodman 1981: 278). Malerei ist nicht ‚ästhetischer' als Musik, obwohl für Musik (in der Standardnotation) die ersten drei Symptome (teilweise) irrelevant sind. Für literarische Texte sind das erste und dritte Symptom im allgemeinen nicht relevant, was jedoch nicht besagt, daß z. B. konkrete Texte, für die das dritte Symptom relevant wird, ‚ästhetischer' sind als nichtkonkrete Texte.

Wenden wir uns zum Abschluß noch einmal dem (bereits in § 1.1.4 angesprochenen) Problem der Fälschung bzw. Fälschbarkeit von Kunstwerken zu, dessen Behandlung durch Goodman immer wieder Anlaß zu Mißverständnissen (gewesen) ist. Rembrandts „Nachtwache" kann gefälscht werden, da ihre Identität nur durch ihre Entstehungsgeschichte gewährleistet ist. Beethovens „fünfte Symphonie" kann – in diesem Sinn – nicht gefälscht werden. Die Erklärung dafür ist, daß wir es im ersteren Fall mit einem Symbol aus einem Symbolsystem mit Dichtheit zu tun haben, im letzteren mit einem Symbol aus einem (teilweise) notationellen Symbolsystem. Nun wurde mit Nachdruck darauf hingewiesen, daß es nicht angehe, ein Musikwerk allein durch seinen notationellen Aspekt zu definieren (vgl. die Zitate aus Black 1971 in § 1.1.4, oben). Auch Goodman ist sich wohl bewußt, daß die nicht-notationellen Eigenschaften einer Partitur, einer Aufführung ebenso wichtig, ja oft wichtiger für den ‚künstlerischen Wert' eines Musikwerks sind als die Noten:

> "Since complete compliance with the score is the only requirement for a genuine instance of a work, the most miserable performance without actual mistakes does count as such an instance, while the most brilliant performance with a single wrong note does not." (LA: 186; vgl. auch LA: 184 zu der "comprehensive language of musical scores")

Einwände wie die von Black gehen indessen an dem vorbei, worum es Goodman geht. Es ist nicht die ‚künstlerische Qualität' eines Largo von Händel, das entsprechend der zur Zeit Händels üblichen Interpretation der Tempobezeichnungen in der Partitur, auf Originalinstrumenten und im Stil seiner Zeit gespielt wird, die seine Authentizität gewährleistet, sondern einzig und allein das Vorliegen der Noten. Denn wie könnten wir sonst überhaupt von ‚dem' Largo Händels sprechen, da offenkundig all die anderen, soeben genannten Aspekte veränderlich sind und sich laufend verändern? Eigentlich sollte Goodmans Auflösung dieses theoretischen Problems für sich sprechen – seine Absichten sind deutlich und unprätentiös genug. Der Kommentar von Jens Kulenkampff ist für Goodman Anlaß, seinen Standpunkt noch einmal zu verdeutlichen:

> "(...) the major aesthetic characteristics of music are not to be understood in terms of the characteristics of notational symbols. The musical work consists of performances, and these usually function in art and in worldmaking quite differently from a score." (Goodman 1981: 274)

Über diese Funktion von Aufführungen sagt er, ergänzend zu den Bemerkungen in *Languages of Art:*

> "(...) while compliance with a score identifies a performance as of a given work, a performance ordinarily functions within the full spectra of sound; that is within a dense system such that every difference in sound – whether between correct performances or between correct and incorrect performances – makes a difference. If a performance functioning in this way denotes, it is thus representational rather than descriptive. Of course it often also or instead exemplifies or expresses in other systems." (Goodman 1981: 275)

Brauchen wir denn aber zur Erklärung des Unterschieds in der Fälschbarkeit einer ‚Skizze' und einer ‚Partitur' einen so großen theoretischen Aufwand – eine ganze, verwickelte, logisch-mathematisch begründete Symboltheorie? Können wir uns nicht zunutze machen, daß Malerei und Musik durch unterschiedliche ‚Stufen' der Herstellung charakterisiert sind? Löst sich dann das Problem der Authentizität nicht von selbst auf? Malerei ist eine typisch einstufige Kunst und kann deshalb gefälscht werden, während bei Musik als zweistufiger Kunst nur im Hinblick auf die zweite Stufe (Aufführung) Fälschung möglich ist, die dann aber eher als ‚Täuschung' zu bezeichnen wäre. (Man müßte hier natürlich wiederum zwischen dem notationellen und dem nicht-notationellen Aspekt von Musik unterscheiden.) Wie aber verhält es sich dann – so fragt Goodman zurück (vgl. Kapitel III/3 von LA) – mit Literatur und den graphischen Künsten? Literatur ist wie Malerei eine einstufige Kunst (wenn wir uns auf den geschriebenen Text beschränken), aber nicht im Sinne von Malerei fälschbar. Und die graphischen Künste sind zweistufig wie Musik, aber fälschbar wie Malerei, denn die Herkunft von der Druckplatte geht in die Bestimmung der Authentizität eines Druckes als wesentlicher Bestandteil ein:

> "The etcher (...) makes a plate from which impressions are then taken on paper. These prints are the end-products and although they may differ appreciably from one another, all are instances of the original work. But even the most exact copy produced otherwise than by printing from that plate counts not as an original but as an imitation or forgery." (LA: 114)

Will man die Möglichkeit von Fälschungen (im engeren Sinne des Wortes) in den verschiedenen Künsten auf einheitliche und konsistente Weise erklären, so lautet Goodmans Konklusion, dann ist eine Theorie der Notation *conditio sine qua non.* Auf ihrer Grundlage ergibt sich eine Klassifikation der Künste in ‚allographische' (ohne Fälschbarkeit) und ‚autographische' (mit Fälschbarkeit). Diese Klassifikation der Künste beruht weder auf einer spekulativen Ästhetik noch auf vorgeblich ‚empirischen' oder sogar – als modernes Spiegelbild der spekulativen Ästhetik – auf quantitativen Kriterien. Sie ergibt sich aus einer Symboltheorie, die in ihrem Netz relevante Eigenschaften unseres Umgangs mit Kunstwerken zu fangen und auf systematische Weise zu ordnen vermag.

In "Implementation of the Arts" ergänzt Goodman seine Ausführungen zur Stufigkeit der Künste durch die Unterscheidung von ‚Implementation' ('implementation') und ‚Ausführung' ('execution'):

> "Execution consists of making a work, implementation of making it work." (Goodman 1982a: 281)

Der Unterschied zwischen einem Roman und einem Druck stellt sich dann wie folgt dar:

> "The novel is completed in the manuscript, and all such further steps as printing, promotion, distribution, etc. are processes of implementation. The etching, on the other hand, is not complete when the plate is made, but only when impressions are taken from it; for these prints constitute the only instances of the work. Accordingly, while the printing of a novel is not part of its execution but of its implementation, the printing of an etching is part of its execution, and implementation consists of mounting, framing, exhibiting, promoting, distributing, etc. Insofar as publication is exclusively implementation, publication of a novel includes printing, while publication of an etching does not." (ibid.)

Implementation setzt nicht immer vorangehende Ausführung voraus. Sie können miteinander verquickt sein wie in den darstellenden Künsten (vgl. Goodman 1982a: 282). Und selbst Implementation ohne Ausführung ist nicht nur denkbar oder allenfalls marginal von Interesse, sondern gehört zu den zentralen Fakten in Goodmans Revision des Ästhetischen:

> "It [implementation] can make a nonwork work as art; it achieves aesthetic functioning. In *Ways of Worldmaking* I suggested that the question 'When is art?' may be more fundamental than the question 'What is art?' The beach stone is no work of art but under some conditions functions as art; a Rembrandt painting used as a blanket is a work of art but does not then so function. And what constitutes a work of art may have to be defined in terms of its primary or usual or standard function. Function may underlie status. No small part of our experience with works of art is nonaesthetic, and no small part of our aesthetic experience is with nonworks. Works of art often do not function as such, and nonworks often do. Although execution and implementation, where both occur, may be distinguished, they make up a continuous process with aesthetic functioning as its end." (Goodman 1982a: 282)

Goodmans Rekategorisierung der Künste und der Wissenschaften führt nicht nur zu einer Infragestellung traditioneller Grenzlinien. Sie erlaubt es auch, unsere Tätigkeiten und Erfahrungen im Umgang mit Symbolen in einem neuen Licht zu sehen. Das Testen einer wissenschaftlichen Hypothese kann ebensogut, ja vielleicht sogar eine größere ‚Kunsterfahrung' sein als die Lektüre einer Partitur oder eines Romans. Wägen und Messen können nicht weniger ‚künstlerische' Tätigkeiten sein als die Arbeit an einer Skulptur. Wahrscheinlich sind es diese Konsequenzen von Goodmans Symboltheorie, die bewußt oder unbewußt Protest und Mißverständnis hervorrufen. Das ästhetische wie das wissenschaftliche Weltbild gerät ins Wanken, die säuberlichen Grenzen der ästhetischen und wissenschaftlichen Landschaft sind bedroht. Daß diese Bedrohung akut ist, möge der abschließende Teil des Kapitels zeigen.

1.3 Fiktion

1.3.1 Das Paradox

Der Begriff der Fiktion ist in der modernen, logisch orientierten Sprachphilosophie des öfteren Gegenstand analytischer Untersuchung gewesen. Ohne hier auf Details einzugehen, möchte ich zwei Hauptströmungen unterscheiden. Die eine fällt in den Bereich der Semantiktheorien, die Wunderlich in seinem Überblick der Explikationen des Bedeutungsbegriffs ‚Referenzsemantik' genannt hat (Wunderlich 1974: Kapitel 9.I); die andere in den Bereich der ‚Sprechhandlungssemantik' (Wunderlich 1974: Kapitel 9.III). In meinen „Anregungen zur Diskussion des Fiktionsbegriffs" (Ihwe 1979) habe ich die Standpunkte der beiden Hauptströmungen durch eine detaillierte Darstellung und Kritik einiger Protagonisten (Reichenbach einerseits, Gabriel und Searle andererseits) zu umschreiben versucht. Ich will hier zum Vergleich mit Goodmans Explikation des Fiktionsbegriffs kurz die Art der Fragestellung beleuchten, die in den beiden Hauptströmungen gepflegt wird.

Hinsichtlich der Semantik nimmt für beide Strömungen der Begriff der Denotation eine zentrale Stellung ein. Auch wenn ‚Referenz' über die Opposition von ‚Denotation' und ‚Designation', ‚Bedeutung' und ‚Sinn', usf. eingeführt wird, bleibt diese Beschränkung im Prinzip erhalten. ‚Sinn'-Relationen verlaufen in der gleichen Richtung wie Denotation und stellen eher eine Erweiterung von Denotation dar als eine kategorial andere Varietät von Referenz. Damit stellt sich das Problem von Fiktion als folgendes Paradox: Wie kommt es, daß in Fiktion (in fiktionaler Rede) ein Term zugleich referiert und nicht referiert; daß ein referierender Term in nicht-referierender Weise gebraucht wird? Die Terme, um die es hier geht, sind vor allem Eigennamen und (Individuen-)Deskriptionen – also Terme, deren Bedeutung in der Identifizierung und Individualisierung von Personen, Orten, Zeitpunkten, Ereignissen, usf. besteht. Die Bedeutung dieser Terme läßt sich minimal dadurch angeben, daß sie mit einer Existenzpräsupposition verbunden sind. Nur dann, wenn das Individuum, auf das durch den Term verwiesen wird, auch tatsächlich existiert, kann der Term sinnvollerweise in einer Aussage gebraucht werden. Oder anders formuliert: Die Existenz des Individuums, auf das durch den Term verwiesen wird, ist minimale Voraussetzung dafür, daß der Aussage, in der er vorkommt, überhaupt ein Wahrheitswert zugeschrieben werden kann. Und genau diese Existenzpräsupposition ist im Falle von Fiktion nicht erfüllt – so jedenfalls lautet die logisch-semantische Fassung der gängigen Vorstellungen über Fiktion.

Das hier entstehende grundlegende Paradox ist wohl dafür verantwortlich, daß sich immer wieder Logiker und Sprachphilosophen mit Fiktion beschäftigt haben. Neben *ad hoc* Auflösungen, die mehr darauf abzielen, sich das Paradox aus dem Weg zu räumen, sind kühne Konstruktionen entstanden in dem Versuch, sich dem Paradox zu stellen, seine Auflösung in das Ganze der Sprach- oder Semantiktheorie zu integrieren (vgl. den abrißhaften Überblick in Teil 1 von Ihwe & Rieser 1979).

Im Rahmen der Sprechhandlungssemantik wird (u. a. von Searle) für referierende Terme in fiktionaler Rede ein Status des ‚als ob' in Anspruch genommen: Bei der Äußerung eines Satzes in fiktionaler Rede handelt man als ob man einen illokutionären Akt ausführt, tatsächlich aber gibt man das nur vor. ‚Vorgeben' soll in diesem Zusammenhang als unschuldig gelten, da diese Art von ‚Vorgeben' auf Konventionen beruht, die sowohl Sprecher als auch Hörer teilen.

Diese Auflösung mag Gemüter befriedigen, die durch den Appell an die Pragmatik, an den ‚Kontext der Kommunikation', alle semantischen Probleme aufgelöst sehen. Im Grunde bleibt das Paradox aber bestehen, es erhält nur eine ‚pragmatische' Einfärbung. Es stellt sich nämlich die Frage, wann diese Konventionen in Wirkung treten: wenn ein bestimmter Term, eine bestimmte Konfiguration von Termen ohne Existenzpräsupposition vorliegt? Aber handelt es sich dann überhaupt noch um referierende Terme? Und es stellt sich die Frage, was diese Konventionen bewirken: eine Blockierung der Referenz? Und was bleibt dann von der Bedeutung der referierenden Terme über?

Im Rahmen der mögliche-Welten-Semantik wird es möglich, auf alternative Welten für diejenigen referierenden Terme auszuweichen, die in der ‚aktualen Welt' nicht referieren. Die Auflösung des Paradoxes scheint auf der Hand zu liegen: Für referierende Terme, die auf non-existente Individuen verweisen, wird ein Weltenwechsel nötig, um ihre normale Funktion wieder herzustellen. Auch hier stellt sich indessen die Frage, wie wir uns einen solchen Weltenwechsel vorzustellen haben, besonders dann, wenn die Welten sich mischen, d. h. wenn in die Population der alternativen oder möglichen Welten auch Teile der Population der aktualen Welt(en) eingehen. ‚Gemischte Sätze' wie „Freud analysierte Ödipus" oder, aktueller, „Ich habe endlich Don Quixote getroffen" (vgl. § 1.3.5, unten) werfen Fragen auf, die die Einführung möglicher Welten in die Fiktionsdebatte nur noch für diejenigen attraktiv erscheinen läßt, die den Appell an das unbegrenzte Vorstellungsvermögen mit konstruktiver Analyse verwechseln. Ganz abgesehen noch von dem Grundproblem der mögliche-Welten-Semantik, der Frage danach, welche Art Existenz den Individuen zukommt, die die möglichen Welten bevölkern.

Wir sehen, daß das Paradox evident ist, die Auflösungen dagegen keineswegs. Nichtsdestotrotz erfreut sich das semantische Vokabular, das ins Feld geführt wird, großer Beliebtheit unter Literaturtheoretikern und -interpreten. Zwar scheint der formale Aufwand etwas hinderlich (und wirkt dämpfend auf den allgemeinen Enthusiasmus); aber er stellt insofern kein unüberwindliches Hindernis dar, als man mit Genugtuung darauf verweisen kann, daß auf dem Felde der Literaturtheorie und -interpretation ‚mögliche Welten' schon seit jeher eine zentrale Rolle gespielt haben – lange bevor die Logiker diesen Begriff für sich (wieder) entdeckt haben. In den literaturwissenschaftlichen Fachzeitschriften ist so ein neuer Markt für die alten Hüte der ‚besonderen Welten' der Literatur entstanden.

In meinen früheren Arbeiten zum Fiktionsbegriff ging es mir um die Bloßlegung des rationalen Kerns all dieses mitreißenden Theoretisierens und Interpretierens. Die Bilanz war notgedrungen kritisch, und ich möchte an dieser Stelle meine Vorbehalte, Einwände und Verbesserungsvorschläge nicht wiederholen. Umsomehr als mir in der Zwischenzeit deutlich geworden ist, wo die eigentliche Wurzel für das Paradox – und damit für den logisch-literarischen Wildwuchs von Terminologien und Interpretationen – liegt: in der Reduktion eines komplexen Phänomens, Referenz, auf eine einzige Beziehung, Denotation (Annex ‚Designation', ‚Sinn', usf.).

Die in § 1.3.2 folgende Darstellung der Version, die Thomas Pavel und Samuel Levin dem Fiktionsparadox geben, soll die Situation für die beiden Hauptströmungen verdeutlichen und als Sprungbrett für die Darstellung der Auflösung des Paradoxes in der Symboltheorie Goodmans dienen. Zugleich möchte ich das von Levin angeführte literarische Beispiel aufgreifen und zeigen, wie es sich im Rahmen von Goodmans Fassung des Referenzbegriffs darstellt. Zu betonen ist allerdings, daß es mir nicht um die Akkuratesse und Adäquatheit in ihren Darstellungen der jeweiligen semantiktheoretischen Sprachen geht, auf die sie sich berufen. Es geht mir um den Gebrauch, den sie von diesen Sprachen machen.

Die Kritik an Pavels und Levins Version des Fiktionsparadoxes und die Würdigung der Verdienste Goodmans für seine Auflösung zielen indessen auf mehr ab als auf die Revision einer Begriffsver(w)irrung. Worum es mir geht, ist die Infragestellung eines Axioms, das in unserem Kulturkreis den Umgang mit literarischen Texten reguliert, und das durch den Fiktionsbegriff philosophisch untermauert wird: des Axioms der kategorialen Trennung von Literatur und Leben. Goodmans Begriff der Referenz ist nicht nur logisch und symboltheoretisch interessant. Er erlaubt es, in systematischer und operationalisierbarer Manier – und das heißt: in rationaler Manier – der Frage nachzugehen, in welchen Weisen Literatur und Leben, Leben und Literatur miteinander verwoben sind, wie sie miteinander entstehen. Diese Weisen können oft in so unspektakulären, so unbemerkten Bahnen des Referierens verlaufen, daß wir in der theoretischen Reflexion an ihnen vorbeisehen und zu Konstruktionen gelangen, die den Blick auf evidente ‚Fakten' eher verstellen als öffnen. Um die aktualen Welten zu verstehen, die wir aus Worten schöpfen, brauchen wir keine langen Reisen zu möglichen Welten zu unternehmen.

In diesem Sinne ist es an der Zeit, von vertrauten und lieb gewordenen Ideen über die ‚Fiktionalität' der Literatur Abschied zu nehmen, um uns der Kraft der Literatur für die Schöpfung unserer Wirklichkeit bewußt zu werden. Praktisch gesehen ist diese Forderung längst eine Tatsache – für Schriftsteller, Leser und für diejenigen Instanzen, die daran interessiert sind, den ‚Wirklichkeitsgehalt' von

Literatur zu kontrollieren und die weltschöpfende Kraft der Literatur in ihnen genehme Bahnen zu lenken. (Es ist das Verdienst von Peter Foulkes, die moderne Literaturtheorie im Lichte dieser Tatsache einer kritischen Revision unterzogen zu haben. Vgl. sein Buch *Literature and Propaganda*, 1983, insbesondere auch das dem Thema 'Fiction and Reality' gewidmete Kapitel.) Ich möchte hinzufügen, daß der Abschied vom Fiktionalitätsprinzip der Literatur sicher kein einfaches Unterfangen ist oder sein wird. So lassen sich auch in meinen früheren Arbeiten zum Fiktionsbegriff ungewünschte Nachwirkungen dieses Prinzips finden (vgl. unten, § 1.3.8). Wir stehen heute vor einer Situation, die ich als die Inverse der Situation bezeichnen möchte, die Aristoteles vorfand. (Zur Geschichte des Begriffs der Fiktionalität im klassischen Altertum und seiner Rolle in den Debatten des 5. Jahrhunderts vor Christus um die Funktion der Dichtung vgl. die wichtige Untersuchung von Rösler 1980.)

1.3.2 Im Reich der Möglichkeiten

Pavel zufolge gibt es ein "common sense commitment to some kind of existence and individuation" für literarische Personen und andere fiktionale Objekte. Wie ist diese Tatsache mit der Auffassung zu vereinbaren, daß Namen und (Individuen-) Deskriptionen in Fiktion nicht denotieren?

> "Hamlet, Anna Karenina, Sherlock Holmes, Macbeth's dagger, Des Essaintes' mansion, Proust's *madeleine*, are constantly talked about both by literary critics and ordinary people as if these characters and objects were fully individuated and even as if, in some unspecified way, they existed. But at the same time, according to the most widespread view in the philosophy of language, names like Hamlet or Anna Karenina and definite descriptions like ‚Proust's *madeleine*' do not denote." (Pavel 1979: 179)

Als Auflösung für dieses ‚philosophische Rätsel' schlägt Pavel vor, fiktionale Objekte als "non-actual but well-individuated entities" anzusehen, die in "metaphysically possible worlds" Existenz haben (ibid.). Kripke folgend behauptet er, daß

> "names in fiction work like usual proper names, that is as rigid designators attached to individuated objects, independent of the objects' properties." (Pavel 1979: 185)

Der Unterschied zwischen ‚gewöhnlichen Namen' ('ordinary names') und ‚fiktionalen Namen' ist ‚historisch' erklärbar, nicht ‚strukturell'. Indem Pavel für Kripkes Namentheorie optiert – Namen fungieren als ‚starre Designatoren' (vgl. die Darstellung von Kripkes Theorie in Stegmüller 1975: 221–252) – verwirft er die Theorie, derzufolge Namen als Abkürzungen für entweder Konjunktionen oder Bündel von ‚Kennzeichnungen' ('definite descriptions') gebraucht werden (vgl. Pavel 1979: 185). Er gibt unter anderem das folgende Argument:

> "If Sherlock Holmes was an abbreviation for a list of properties, then, provided that these properties do not contradict the natural laws of our world – and in the case of Holmes they don't – it is possible that in some

world ontologically accessible from our own, Sherlock Holmes exists. This is another way of saying that Sherlock Holmes could have existed in our world; he has entirely acceptable properties, all he lacks is existence." (Pavel 1979: 184)

Für Pavel wäre das eine „unerwünschte Konsequenz", sowohl vom Gesichtspunkt der Ontologie wie auch vom Gesichtspunkt der Ästhetik (ibid.). Warum? Seine Antwort ist sprechend:

"One of the features of fiction is that it may set a limit not to be tresspassed between our world and its worlds." (ibid.)

Wir sehen hier, wie die mögliche-Welten-Semantik dem Credo dienstbar gemacht wird, daß die Welten der Literatur und die Welt, in der wir leben, zwei grundverschiedene Dinge sind. (Vgl. dazu noch pointierter Pavel 1975.) Zwar will auch Pavel nicht in dem Sinn (miß)verstanden werden, daß er jegliche ‚Beziehung zwischen Kunst und Leben' leugne; wohl aber sollten wir uns vor dem Fehler hüten, nach Sherlock Holmes zu suchen, wenn wir einen guten Detektiv brauchen:

"Indeed, if the name Sherlock Holmes works as a rigid designator, then Sherlock Holmes *himself* cannot come into existence in the actual world, since his name fixes him forever in fiction." (Pavel 1979: 184)

Eine solche Ansicht der ‚Welten' der Fiktion und ‚unserer aktualen Welt' bringt Pavel zu der Konstruktion einer „komplexen Ontologie", die unterschiedliche Bereiche enthält, die von unterschiedlichen Arten von Wesen bevölkert sind (Pavel 1979: 189). Nach seiner Meinung brauchen wir eine solche komplexe Ontologie, um dem Gesamt der referentiellen Praxis von Kulturen gerecht zu werden – eine referentielle Praxis, die neben Fiktion auch Mythologie, Religion, usf. umfaßt. (Vgl. Pavel 1981–2 für eine weitere Entwicklung der Idee einer komplexen Ontologie.) Der Unterschied zwischen ‚gewöhnlichen' und ‚fiktionalen' Namen läßt sich dann unter Bezugnahme auf ihre Herkunft aus unterschiedlichen Bereichen der komplexen Ontologie erklären.

Insbesondere werden die von Keith Donnellan angenommenen ‚Blockaden' in der referentiellen Geschichte eines Namens unnötig. Donnellan hatte diesen Begriff eingeführt, um das Mißglücken von Referenz im Rahmen der kausalen Referenztheorie[11] erklären zu können. Die Auffassung eines Namens als ‚starrer Designator' ist ja eng verbunden mit der Auffassung, daß wir – zumindest im Prinzip – imstande sind, die referentielle Geschichte des Namens bis zur *impositio nominis*, dem Taufakt, d.h. dem Akt der Zuordnung des Namens zu dem einen Individuum, das Träger des Namens ist, zurück zu verfolgen. Für einen Satz wie „Sankt Nikolaus kommt heute Nacht" ist das jedoch problematisch:

"What happens, according to Donnellan, is that by checking historically the origin of the name 'Santa Claus', the child finds an *event* that precludes any referent being identified, namely the fact that Santa Claus was introduced in his language by a fiction told him by adults." (Pavel 1979: 187)

Für Donnellan stellt ein solches ‚Ereignis' eine Blockade dar, an der die referentielle Geschichte eines Namens immer dann endet, wenn es sich um Namen für nichtexistente Wesen handelt.

Demgegenüber ist Pavel der Ansicht, daß auch im Falle von ‚fiktionalen' Namen – also im Falle von Namen für aktual nicht-existente Wesen – eine geglückte Referenzgeschichte gegeben ist. Seine Argumentation ist kulturanthropologisch und ‚deskriptiv' und läuft darauf hinaus, daß wir uns an die jeweils mit den Namen verbundene Ontologie zu halten haben – auch wenn diese nicht (mehr) die unsere ist:

> "From a 20th century strongly normative point of view, the citizens of the 5th century B.C. Athens lived in a perpetual state of reference failure. But from a merely descriptive point of view, their references to gods and godessess were entirely successful." (Pavel 1979: 187)

Die Bedingung der geglückten Referenzgeschichte eines Namens muß mit den Tatsachen der referentiellen Praxis der jeweiligen Kultur in Übereinstimmung gebracht werden. Nach Pavel ergibt sich dann für die ‚Fiktionalität' von Namen eine ungezwungene Erklärung: Fiktion entsteht dann bzw. liegt dann vor, wenn ein Individuum (oder eine Gruppe von Individuen) in einer komplexen Ontologie von einem Bereich in einen anderen Bereich übersiedelt bzw. übergesiedelt ist (vgl. Pavel 1979: 189); oder wenn es sich um ein oder mehrere Individuen aus einem besonders markierten Bereich in einer komplexen Ontologie handelt (vgl. Pavel 1981–2: 159 f.). Als Mitglied der Kultur, für die eine solche komplexe Ontologie gilt, kann ich mich referentiell frei zwischen diesen Bereichen hin und her bewegen – vorausgesetzt natürlich, daß ich weiß bzw. gelernt habe, wie sie organisiert ist. Auch in dieser Konzeption spielen offensichtlich Konventionen eine zentrale Rolle. Leider geht Pavel nicht auf diese Konventionen ein. Die Bedingungen, unter denen wir von einer Welt in die andere reisen können, bleiben im Verborgenen.

Halten wir fest, daß Pavel bei aller Relativisierung und Deskriptivität an zwei Dingen festhält: an der Existenz der ‚aktualen Welt' und an der Existenz von ‚Fiktion'. Ihre säuberliche Trennung bewahrt ihn vor unmöglichen Paradoxen, zu denen ein anderer, weniger umsichtiger Reiselustiger im Land der unbegrenzten Möglichkeiten der Literatur gelangt: Erfolgen Pavels Exkursionen in komplexe Ontologien noch an der Hand eines gestrengen Reiseleiters – Denotation –, befreit sich Samuel Levin resolut von solch unerwünschter Gängelei.

Nach Levin sind es vor allem ‚lyrische Gedichte', die eine „Reorientierung auf eine vorgestellte Welt (imagined world) hin" erfordern (Levin 1977: 128). Die möglichen Welten, die durch andere Typen von Gedichten – wie z. B. didaktische, polemische, satirische oder Gelegenheitsgedichte – geschaffen werden, sind lediglich „einfache Varianten der aktualen Welt" (ibid.). Unter ‚Variante' versteht Levin, daß die geschaffene Welt "is not 'possible' as a different type or order of the world" (ibid.).

Die wahrhaft ‚möglichen Welten' lyrischer Gedichte lassen sich dadurch charakterisieren, daß dem Text der folgende, implizit anwesend gedachte, Satz (S_0) vorangestellt wird:

> "I imagine (myself in) and invite you to conceive a world in which (I say to you) ...". (Vgl. Levin 1977: 116)

Nach Levin gehört dieser Satz zur ‚Tiefenstruktur' eines jeden lyrischen Gedichts, und zwar als sein ‚höchster Satz'. (Das heißt, das Symbol S_0 erscheint als der höchste S-Knoten in dem Baumdiagramm, das dem Gedicht in seiner syntaktischen Strukturbeschreibung zugeordnet wird.) Der Satz wird während der ‚transformationellen Geschichte' des Gedichts gelöscht und erscheint nicht in der Oberflächenstruktur. Seine Anwesenheit in der Tiefenstruktur bestimmt indessen die Interpretation in wesentlichen Hinsichten. So bezieht sich das erstvorkommende „Ich" in S_0 auf den Dichter, während für das "myself", das sich der Dichter vorstellt, gilt:

> "[It] is in another world, the world created by the poet's imagination. In that world it is no longer the poet who moves; it is a projection of himself." (Levin 1977: 118)

Daraus folgt, daß der Text, der auf S_0 folgt, nicht von dem Dichter, sondern von seiner *persona* gesagt wird. Das an zweiter Stelle in S_0 vorkommende „Ich" bezieht sich somit auf die *persona*. Da die Welt der *persona* nicht länger die ‚aktuale Welt' ist, folgt daraus:

> "normal truth conditions will not be applicable to the statements made about that world, those statements, namely, that occur in the poem." (ibid.)

Das Ergebnis seiner Konstruktion faßt Levin selbst sprechend zusammen:

> "I believe that the preceding account provides some substance for the claim perennially made by critics that the poet is a creator and that the poem is a world." (Levin 1977: 117)

Blakes "Holy Thursday" ist für Levin ein lyrisches Gedicht. Sein vervollständigter Text lautet dann:

> "I imagine (myself in) and invite you to conceive a world in which (I say to you) / 'Twas on a Holy Thursday, their innocent faces clean ..."

Wenn für den Text, der auf S_0 folgt, die ‚normalen Wahrheitsbedingungen' nicht gelten, stellt sich die folgende Frage:

> "If reference is made in such poems [i. e., lyrical poems] to actual people, times, and places, what is the status as regards truth of the sentences in which such reference is made?" (Levin 1977: 129)

Blakes Gedicht enthält eine Reihe von Eigennamen und Kennzeichnungen: "Holy Thursday", "(the high dome of) Paul's", "Thames waters", "London town". Wie haben wir diese Ausdrücke zu interpretieren? Und wie ist diese Interpretation in die globale Interpretation des Gedichts zu integrieren?

Levin erwägt die Möglichkeit eines ‚dualen Referenzsystems',

> "one part keyed to the imaginary world, for deviant sentences, and the other to the actual world, for nondeviant sentences, particularly those in which real-life references are made." (ibid.)[12]

Da sich indessen die referierenden Ausdrücke innerhalb eines lyrischen Gedichts befinden, brauchen wir diese Möglichkeit nicht weiter zu verfolgen. ‚Faktische Referenz' und ‚normale Wahrheitsbedingungen' spielen ja hier keine Rolle:

> "Blake states that the events described in the poem take place on Holy Thursday. In ordinary discourse we would want to know whether that was factually true, whether the man Blake was in a position to know, and so on. In the context of the poem, however, such questions do not seem important or indicated. Does it matter, further, whether the church being entered is or

> is not St. Paul's? Evidently not. In the same way could not other names have been substituted for Thames and London?" (ibid.)

In drei Schritten vollzieht Levin die Befreiung des Lesers (und Schreibers) von dem Gängelband der Denotation: Erstens stellen wir eine falsche Frage, wenn wir fragen, ob die betreffenden Ausdrücke erfolgreich referieren, ob die Sätze von "Holy Thursday" wahr sind. Zweitens ist der Dichter

> "free to furnish [his] world with anything he chooses, with objects of the real world as well as with objects that do not exist in the real world." (Levin 1977: 130)

Und drittens werden die ‚Objekte der wirklichen Welt', die in die Welt des Gedichts eingehen, "modulated in their transportation to the world imagined" (ibid.). Unter ‚Modulation' versteht Levin:

> "they are no longer defined by space coordinates or the time dimension; rather, they are given an implicit definition by their relation to the other objects and events assigned by the poet to his imagined world." (ibid.)

Wir denken nicht daran, so sagt Levin, die Wahrhaftigkeit der ‚Erscheinungen' ('appearances') die Blake in "Holy Thursday" beschreibt, infrage zu stellen: "the appearances are accepted on poetic faith" (ibid.). Was läßt sich dann aber über diese Erscheinungen noch sagen? Die Antwort Levins, daß die Ausdrücke ‚implizit definiert' würden, kann nicht darüber hinwegtäuschen, daß "Holy Thursday" unter seinen Händen seine Besonderheit verloren hat. Was bedeutet z. B. der Ausdruck "angel" in der letzten Zeile des Gedichts? Nach Levin kann ein Engel nur in einer vorgestellten Welt Existenz haben (vgl. Levin 1977: 130). Unter dieser Voraussetzung würden wir normaler Weise – so sagt Levin – sagen, "that an *angel* in this line is a metaphor for a child" (ibid.). Da wir unter der Bedingung des poetischen Glaubens lesen, und da wir unsere gesamte Kenntnis über „kleine Jungen und Mädchen" ausschließlich aus dem vorangehenden Text des Gedichts beziehen, ist – so sagt Levin – der Engel der letzten Zeile "what the earlier child has in fact become" (Levin 1977: 131). Die Begründung für diese Deutung liegt nach ihm darin, daß Metaphern in lyrischen Gedichten nicht linguistisch, sondern ‚phenomenalistisch' zu begreifen sind, d. h.: "objects can be transformed" (ibid.).

In diesem Sinne müssen wir Blake wörtlich nehmen – einen 'phenomenalistic construal' vollziehen –, wenn er sagt, daß die Kinder in den "high dome of Paul's" wie "Thames' waters" fließen (Zeile 4); oder wenn er sich auf sie als die "flowers of London town" und als "lambs" bezieht (Zeilen 5 und 7). Im ersten Fall liegt nach Levin eine „phenomenalistische Metapher für Gehen oder Marschieren" vor; im zweiten Fall haben wir phenomenalistisch eine Metapher für "changing moods" zu konstruieren (vgl. ibid.). In einer solchen Welt, so konkludiert Levin:

> "In a world in which such transformations occur, it is not to be expected that names like St. Paul's or London can be presumed to have their normal reference." (Levin 1977: 132)

Nach diesem Abstecher in die bunte weite Welt der Möglichkeiten schlage ich vor, ein wenig da zu verweilen, wo niemand unserer reiselustigen Zeitgenossen bleiben will: in der Heimat des Alltags.

1.3.3 Fakten über Fiktion

Goodman definiert Fiktion nicht explizit. Bestandteile einer Definition lassen sich aus verstreuten Bemerkungen in *Languages of Art, Ways of Worldmaking* und Aufsätzen (vor allem "Routes of Reference" und "Fiction for Five Fingers") zusammenstellen. Ein Fiktionsparadox entsteht im Rahmen seiner Symboltheorie nicht, und insofern stellt die Interpretation des Begriffs kein besonderes Problem dar. Die Bedeutung von Fiktion liegt für ihn eher darin, daß sie eine häufig vorkommende Form komplexer und vielfältiger Referenz darstellt.

Wir haben gesehen, daß Goodman auf "multiple possible alternatives to a single actual world" (WW: 2) verzichten kann. Ihm geht es um "multiple actual worlds" (ibid.). Das mit "The Fabrication of Facts" überschriebene Kapitel von *Ways of Worldmaking* endet mit der Frage, wie Fakten aus Fiktionen entstehen. In welcher Weise ist Fiktion, sind "versions of nothing", daran beteiligt, aktuale Welten zu schöpfen? (Vgl. WW: VI/5, bes. S. 103.) Diese Frage hat für Goodman nichts von einem Paradox an sich, ihm geht es um eine Ausarbeitung der Beobachtung:

> "Works of fiction in literature and their counterparts in other arts obviously play a prominent role in worldmaking; our worlds are no more a heritage from scientists, biographers, and historians than from novelists, playwrights, and painters." (WW: 103)

Die Rede von 'versions of nothing' kann nur dann paradoxal klingen, wenn man Referenz auf Denotation verkürzt. Denn in der Tat ist *Don Quixote* eine 'version of nothing', wenn es um Denotation geht:

> "Painted or written portrayals of Don Quixote (...) do not denote Don Quixote – who is simply not there to be denoted." (ibid.)

Daß Denotation für Goodmans Ansichten über Fiktion keine Rolle spielt, ist damit nun keineswegs gesagt. Denotation steht auch am Anfang seiner Diskussion von Fiktion in *Languages of Art.* (Vgl. die Entwicklung in LA von I/1 nach I/5.) Diese Diskussion ist ein Teil seiner Diskussion piktorialer Repräsentation (vgl. oben, § 1.1.2). Piktoriale Repräsentationen können ein einzelnes Individuum oder mehrere Individuen denotieren. Ein Bild von Pickwick oder ein Bild eines Einhorns indessen sind Repräsentationen mit Null-Denotation (vgl. LA: 21). Wie können wir dann aber sagen "that a picture represents Pickwick, or a unicorn, and also say that it does not represent anything?" (ibid.). Offensichtlich sind wir imstande, Bilder von Pickwick und Bilder eines Einhorns auseinanderzuhalten, obwohl sie die gleiche Extension haben (nämlich die Null-Klasse). Dies ist die Stelle, oder doch eine der Stellen, wo seit Frege ‚Intensionen' ins Spiel gebracht werden. „Pickwick" und „Einhorn" haben zwar keine unterschiedliche ‚Bedeutung', wohl aber einen unterschiedlichen ‚Sinn'. Die Zeichen haben keine Denotation, aber doch eine Zeichenfunktion, die der ‚Designation'. (Vgl. den terminologischen Überblick bei Wunderlich 1974: 240.)

Goodman geht einen anderen Weg. Zunächst weist er darauf hin, daß Ausdrücke wie ‚Bild von' und ‚darstellen' uns zu Existenzschlüssen verleiten. Sie haben den Anschein von "mannerly two-place predicates", dergestalt daß es möglich scheint "[to] reach inside any of these and quantify over parts of them" (LA:

21–22). Wenn gesagt wird, daß *P* das Bild eines Einhorns ist (oder daß *P* ein Einhorn darstellt), sind wir geneigt zu schließen, daß es Einhörner gibt. Diese Neigung gehört zu unserer referentiellen Routine und ist so tief in unserem täglichen Sprachgebrauch verwurzelt, daß wir sie automatisch auf jedes (scheinbar) zwei- oder mehrstellige Prädikat übertragen. Nach Goodman handelt es sich jedoch im vorliegenden Fall um "unbreakable one-place predicates, or class-terms, like 'desk' and 'table' " (LA: 21). In seinen „Replies" auf die Kommentare von Richard Wollheim und Rolf Eberle hat Goodman die Redeweise von dem 'unbreakable' der Prädikate revidiert. In seiner Antwort auf Wollheims Kritik stimmt er zu, daß das „Epithet 'unbreakable' (...) irreführend ist und weggelassen werden sollte" (Goodman 1970: 564). Es sollte die *Einstelligkeit* des Prädikats unterstreichen, nicht jedoch Möglichkeiten eines 'predicate-splitting' ausschließen:

> "We may, for example, construe 'p is a unicorn-picture' as elliptical for 'p is a picture' and 'p is of-a-unicorn'. Under that construction, we may logically infer that there is something that is a picture and also that there is something that is of-a-unicorn, but not that there is anything other than the p we started with." (ibid.)

Auf die Bedeutung der (Bindestrich-)Ausdrucksweise „*P* ist ein Einhorn-Bild" komme ich im Folgenden zu sprechen. In seiner Antwort auf Eberles Ausführungen weist Goodman darauf hin, daß einem Ausdruck wie „Bild von Pegasus" als Extension der Durchschnitt der Extensionen der beiden Prädikate zuzuordnen ist, in die er aufgespalten wurde (vgl. Goodman 1978: 154). Weiterhin diskutiert er die Möglichkeit eines Ab-Spaltens (splitting-off) von Prädikaten anstelle eines Auf-Spaltens (splitting-into):

> "From 'picture of Pegasus' or 'picture of a unicorn' we may rather split off 'picture of (a)' (applying to all representational pictures). (...) the remainder – 'Pegasus' or 'unicorn' – does not stand as a separate predicate applying to anything but rather as a dependent modifier restricting the split-off predicate so that the whole applies only to Pegasus-pictures or unicorn-pictures." (ibid.)

Dies ist jedoch nicht die einzige Möglichkeit von Ab-Spalten. Auf Seite 155 seiner „Antwort" gibt Goodman eine Übersicht aller Möglichkeiten im Falle von repräsentationellen Bildern und verbalen Beschreibungen:

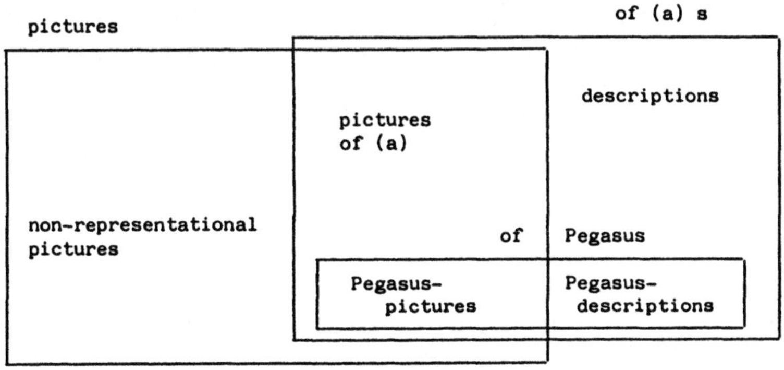

Fig. 6

In dieser Weise meint Goodman, immer wiederkehrenden Kritiken begegnen zu können, die darauf hinauslaufen, "that treating predicates of the kind in question as one-place deprives us of legitimate inferences and burdens us with countless unrelated predicates" (Goodman 1978: 155).[13]

Sehen wir Ausdrücke wie ‚Bild von' und ‚darstellen' als einstellige Prädikate an, werden bestimmte Existenzschlüsse blockiert. Diese Blockade ist jedoch sehr anderer Natur als in den Konstruktionen, die sich aus dem Fiktionsparadox ergeben. Sie gibt den Blick frei auf die Untersuchung unserer Fähigkeit, zwischen Bildern von z. B. Pickwick, Churchill, einem Mann und einem Einhorn zu unterscheiden (und zwischen Beschreibungen von z. B. Pickwick, Churchill, einem Mann und einem Einhorn zu unterscheiden) – ganz unabhängig davon, ob sie denotieren oder nicht. Nach Goodman haben wir es im Falle dieser Ausdrücke mit einer systematischen Ambiguität zu tun:

> "Saying that a picture represents a soandso is (...) highly ambiguous as between saying what the picture denotes and saying *what kind of picture* it is." (LA: 22, meine Herv.)

Ein Bild von Pickwick ist (*inter alia*) das Bild eines Mannes – obwohl es keinen Mann denotiert. (Zumindest gilt das solange wie wir uns auf ‚literale' Anwendungen des Bildes beschränken. Vgl. § 1.3.5, unten.) Um diese Ambiguität zu verdeutlichen, führt Goodman die Bindestrich-Schreibweise ein. Wenn er sich auf die zweite Bedeutung von ‚Repräsentation' bezieht, spricht er von einem ‚Pickwick-darstellenden-Bild', ‚Einhorn-darstellenden-Bild', usf.; abgekürzt spricht er von einem ‚Pickwick-Bild', ‚Einhorn-Bild', usf. (vgl. LA: 22, Anm. 19).

Was für Bilder gilt, gilt *mutatis mutandis* auch für (verbale) Beschreibungen:

> "'Pickwick', 'the Duke of Wellington', 'the man who conquered Napoleon', 'a man', 'a fat man', 'the man with three heads', are all man-descriptions, but not all describe a man. Some denote a particular man, some denote each of many men, and some denote nothing." (LA: 23)

Ob ein Bild oder eine Beschreibung denotieren, ist wohlgemerkt eine Funktion dessen, was in der jeweiligen ‚Welt' (oder für die jeweilige Anwendung der Inskription) gilt. Der Begriff der Denotation ist bei Goodman nicht minder relativiert als der Begriff der Welt. Anders gesagt: Denotation verpflichtet uns keineswegs auf absolute Existenzbehauptungen; wie die anderen referentiellen Beziehungen erweist sich auch Denotation als ein Mittel des Weltschöpfens. Damit wird die Entscheidung über das Vorliegen von Denotation eine Angelegenheit von 'fit'; die jeweilige Entscheidung ist das Ergebnis von Suchen, Einpassen, Verwerfen, Akzeptieren, usf. Und wenn Goodman sagt, daß Fälle von ‚unbestimmter Denotation' ('indeterminate denotation') eher die Regel als die Ausnahme darstellen, dann ist das nicht seine Version des Fiktionsparadoxes. Ihn in dem Sinn zu interpretieren, daß auch für ihn im Falle von Fiktion ‚Wahrheit' der Aussagen und ‚Referenz' der referierenden Terme irrelevant seien, geht an dem Stellenwert dieser Bemerkung völlig vorbei. Ihm geht es an dieser Stelle darum, daß im Umgang mit labels im allgemeinen, und im Umgang mit künstlerischen labels im besonderen, die Frage nach der Denotation nur eine von zumindest zwei möglichen und angemessenen Fragen ist. (Im folgenden Abschnitt werden wir sehen, wie weit Goodmans Relativierung von Denotation als einziger Form von Referenz geht.) Etwas pointiert gibt Goodman das folgende Beispiel:

> "The man in Rembrandt's *Landscape with a Huntsman* is presumably no actual person; he is just the man in Rembrandt's etching. In other words, the etching represents no man but is simply a man-picture, and more particularly a the-man-in-Rembrandt's-*Landscape-with-a-Huntsman*-picture. And even if an actual man be depicted here, his identity matters as little as the artist's blood-type." (LA: 26)

Nun könnte eingewendet werden, daß Denotation gegenüber den anderen referentiellen Beziehungen doch eine besondere, ja grundlegende Rolle zukommt, insofern das Erlernen der Beziehung zwischen dem einzelnen label und seinem Denotatum beim Erlernen eines Symbolsystems offensichtlich dem Erlernen von Verwendungen des labels in umfassenderen Kontexten vorangehen muß. Erst wenn wir wissen, was ein Mann, was ein Einhorn ist, können wir mit dem label in umfassenderen Kontexten richtig umgehen. Nach Goodman gibt diese Auffassung jedoch ein verkehrtes Bild der tatsächlichen Vorgänge:

> "We can learn to apply 'corncob pipe' or 'staghorn' without first understanding, or knowing how to apply, 'corn' or 'cob' or 'corncob' or 'pipe' or 'stag' or 'horn' as separate terms. And we can learn, on the basis of samples, to apply 'unicorn-picture' not only without ever having seen unicorns but without ever having seen or heard the word 'unicorn' before. Indeed, largely by learning what are unicorn-pictures and unicorn-descriptions do we come to understand the word 'unicorn' (...). We may begin to understand a term by learning how to apply the term itself or some larger term containing it." (LA: 24–25)

Beim Erlernen eines Symbolsystems lernen wir so auch, aber nicht notwendig an erster Stelle, daß einigen labels Denotata zugesprochen werden und anderen nicht. (Vgl. das Sankt-Nikolaus-Beispiel von Donnellan.) Wir lernen, daß es Unterschiede in der Zuordnung von Denotata zu einem label geben kann. Wir lernen, uns in mehreren ‚Welten' zu bewegen – oder sollten es doch gelernt haben. Auch wenn viele dieser alternativen aktualen Welten oft keine öffentliche und breite Anerkennung erhalten, ja unterdrückt und verworfen werden, lernen wir doch, jeder auf seine Weise, daß unsere tägliche oder öffentlich anerkannte Welt keineswegs so monolithisch ist wie sie erscheint, und daß sie sicher nicht die einzig ‚wirkliche' ist. Auch wenn wir heutzutage mit Goodman geneigt sind, dem label „Einhorn" Null-Denotation zuzuschreiben, wissen wir (oder können wir erlernen), daß es Welten gegeben hat (und vielleicht auch noch heute gibt?), in denen Einhörner existieren. Und obwohl in Deiner ‚aufgeklärten' Welt kein Einhorn existiert, während es in meiner ‚esoterischen' Welt wohl besteht, können wir uns beide an einem Wandteppich erfreuen, der ein weißes Einhorn zeigt. Wir können uns über das besondere Weiß und über andere Eigenschaften des Einhorns streiten – und wir können über das besondere Weiß und andere Eigenschaften des Einhorns Übereinstimmung erzielen.

1.3.4 Labels für labels

Welten entstehen nicht nur, indem wir eine Klassifikation einführen. Sie entstehen auch dadurch, daß wir die Klassifikationen klassifizieren. Ebenso wie die Klassifikationen veränderlich sind, ist auch die Klassifikation der Klassifikationen veränderlich:

> "The way pictures and descriptions are (...) classified into kinds, like most habitual ways of classifying, is far from sharp or stable, and resists codification. Borderlines shift and blur, new categories are always coming into prominence, and the canons of classification are less clear than the practice." (LA: 23)

Es ist sicher nicht die Absicht Goodmans, hier für ein ‚alles ist erlaubt' im Umgang mit den Künsten zu plädieren. Klassifikationen in den Künsten unterliegen den gleichen rigorosen Restriktionen wie in den Wissenschaften. Wir gebrauchen Kriterien der ‚Richtigkeit' im Falle der Künste wie im Falle der Wissenschaften – auch wenn es nicht notwendig die selben sind. So kann ich die konzeptuellen Lücken, die Ambiguitäten, die Sterilität, die Einfallslosigkeit einer ästhetischen wie einer wissenschaftlichen Klassifikation anprangern – und versuchen, eine bessere zu entwerfen, ein anderes Netz aufzustellen, das Netz anders aufzustellen. (Um nichts anderes geht es Goodman ja in seiner Symboltheorie – und mir im Rahmen der Semiotik der Literatur.)

Werfen wir einen weiteren Blick auf unsere Fähigkeit, Bilder voneinander zu unterscheiden, Beschreibungen voneinander zu unterscheiden. Wir können nicht nur ein Bild von Pickwick von einem Bild eines Einhorns unterscheiden; wir können auch ein Bild von Pickwick als Clown von einem Bild Pickwicks als Don Quixote unterscheiden, ebenso wie wir eine Beschreibung Nelson Goodmans als Don Quixote nicht nur von einer Beschreibung Pickwicks als Don Quixote, sondern auch von einer Beschreibung Nelson Goodmans als Napoleon unterscheiden können.

‚Beschreibungen als' und ‚Darstellungen als' haben – ebenso wie Beschreibungen und Darstellungen (Repräsentationen) ‚von' – zwei Lesarten. In der einen Lesart kombinieren wir das ‚als' mit dem Nomen und erhalten z. B. eine Beschreibung des Herzogs von Wellington bei einer bestimmten Gelegenheit, zu einem bestimmten Zeitpunkt oder während eines bestimmten Zeitintervalls:

> "To say that a picture represents the Duke of Wellington as an infant, or as an adult, or as the victor at Waterloo is often merely to say that the picture represents the Duke at a given time or period." (LA: 27)

Eine solche Beschreibung läßt sich jederzeit durch eine damit äquivalente Beschreibung ersetzen, die das ‚als' nicht mehr enthält, z. B. "the infant Duke of Wellington", "the Duke of Wellington upon the occasion of his victory at Waterloo", usf.

In der zweiten Lesart kombinieren wir ‚als' mit dem Verb; ‚als' modifiziert dann nicht das Nomen, sondern die uns hier interessierenden Ausdrücke wie ‚beschreiben', ‚darstellen', usf. Wenn wir die Aussage, daß ein Bild *P* Winston Churchill als ein Kind darstellt, in dieser Weise lesen, dann besagt sie, daß *P* "does not represent the infant Churchill but rather represents the adult Churchill as an infant" (LA: 27). Nur in dieser Lesart haben wir es mit genuinen Fällen von ‚Repräsentation-Als' zu tun, wie Goodman diese Varietät monadischer Klassifikation in den bildenden Künsten nennt. *Mutatis mutandis* gilt das Gesagte auch für die verbalen Künste, trotz der Unterschiede im Symbolschema. Der Akzent liegt hier ja darauf, daß und wie wir die Exemplifikation von labels klassifizieren, zunächst unabhängig von Eigenschaften der labels als Elemente von (unterschiedlichen) Symbolsystemen.

Denotation und Art des labels sind unabhängig voneinander. Im Falle von Bildern (als paradigmatischem Fall) gilt:

> "(...) the denotation of a picture no more determines its kind than the kind determines the denotation." (LA: 26; vgl. auch LA: 31)

Das Bild des erwachsenen Churchill als Kind gehört zur Klasse der Kind-Bilder. Als label mit einfacher Denotation denotiert es den erwachsenen Churchill. Das Bild eines Mannes als Mann denotiert einen Mann, wenn ein Mann existiert, und gehört zur Klasse der Mann-Bilder. Ist der dargestellte Mann nicht-existent, denotiert das Bild nichts, gehört aber der gleichen Klasse von Bildern an (vgl. LA: 28).

Da labels eine komplexe interne Struktur aufweisen können, sind die soeben getroffenen Unterscheidungen darauf abzustimmen:

> "Consider an ordinary portrait of the Duke and Duchess of Wellington. The picture (as a whole) denotes the couple, and (in part) denotes the Duke [or the Duchess!]. Furthermore, it is (as a whole) a two-person-picture, and (in part) a man-picture [or a woman-picture]. The picture represents the Duke and the Duchess as two persons, and represents the Duke as a man. But although it represents the Duke, and is a two-person-picture, it obviously does not represent the Duke as two persons; and although it represents two persons and is a man-picture, it does not represent the two as a man. For the picture neither is nor contains any picture that as a whole both represents the Duke and is a two-man-picture, or that as a whole both represents two persons and is a man-picture." (LA: 28)

Wenn wir nun sagen, daß ein Bild *P* Pickwick als einen Clown (oder als Don Quixote) darstellt, dann gilt unser Augenmerk – unter der Voraussetzung, daß Pickwick in unserer Welt als nicht-existent angesehen wird – der Tatsache, daß *P* zu einer bestimmten, enger umschriebenen Klasse von Pickwick-Bildern gehört: der Klasse der Pickwick-als-Clown-Bilder bzw. der Klasse der Pickwick-als-Don-Quixote-Bilder (vgl. LA: 30). Das heißt, die Zuordnung eines labels zu einem label verläuft auch hier, im Falle von Fiktion, in der gleichen Weise wie im Falle von Non-Fiktion. Die Frage danach, welches label einem label zukommt, ist unabhängig von der Frage, wofür das label steht (vgl. LA: 31).[14]

Fiktionen ordnen sich so auf natürliche Weise in das Gesamtbild der Symboltheorie ein, die Goodman entwirft. Wenn er den traditionellen Begriff der Fiktion beibehält, dann geht es ihm nicht um die (onto-)logischen Besonderheiten der Welten, die sie erschafft. Es geht ihm um Besonderheiten der referentiellen Beziehungen, die darin liegen, daß im Falle von Fiktion Exemplifikation eine besonders prominente Rolle spielt:

> "(...) label and sample are closer kin when the label denotes nothing; for fictive description and fictive representation reduce to exemplification of a special kind.“ (LA: 66; vgl. auch das Zitat in § 1.2.5, oben, S. 53)

Damit ist keineswegs gesagt, daß Exemplifikation in Non-Fiktion keine oder eine untergeordnete Rolle spielt. Gerade nicht-fiktive Formen von ‚Repräsentation-Als‘ weisen darauf hin, daß auch im Falle von Non-Fiktion die Frage nach dem richtigen label für das label wichtiger sein kann als die Frage nach den Denotata der labels (vgl. ibid.).

Diese Begriffsklärungen, die unsere Redefinition des Fiktionsbegriffs vorbereiten, gelten *mutatis mutandis* auch angesichts der Korrektur, die Goodman in seiner Antwort auf Monroe Beardsleys Kommentar vorgenommen hat. Beardsley habe zurecht moniert, so sagt Goodman 1978, daß der Ausdruck ‚Exemplifikation‘ von ihm in einigen Fällen fälschlicher Weise da gebraucht worden sei, wo lediglich Sprache von ‚Instantiation‘ ist:

> "To say that a picture is of a certain kind — say a Churchill-picture or a centaur-picture — is not to say that the picture exemplifies but only that it instantiates a label for, or possesses the property of being such a picture.“ (Goodman 1978: 170)

Instantiation liegt in diesen Fällen vor, weil die Referenz zum label zurück — das entscheidende Merkmal von Exemplifikation! — fehlt:

> "Exemplification coincides not with the converse of denotation but with a proper subclass of that converse: the subclass consisting of those cases where what is denoted or possesses *refers back as a sample*, to what denotes or is possessed.“ (Goodman 1978: 171, meine Herv.)

Diese Korrektur nimmt nun keineswegs die Behauptung zurück, daß Exemplifikation in und außerhalb von Fiktion eine besondere Rolle spielt (vgl. auch § 1.2.5, oben). Sie weist uns vielmehr auf die weitere Ausarbeitung des Exemplifikationsbegriffs, die im Falle von Fiktion einen Abstecher in Goodmans Metaphertheorie nötig macht (vgl. § 1.1.2, oben).

Zuvor ist jedoch noch eine terminologische Klarstellung zum Gebrauch von ‚fiktiv‘ bei Goodman am Platze. Wir haben gesehen, daß an die Stelle der Rede von ‚fiktiven‘ Objekten und ‚möglichen Welten‘ Formen ‚fiktiver‘ Referenz treten. Bei der Anwendung des Prädikats ‚fiktiv‘ müssen wir zwischen Denotation und Exemplifikation unterscheiden (vgl. § 1.1.2, oben). Auch wenn im Falle von Pegasus die Denotation ‚fiktiv‘ ist, kann die Exemplifikation nicht fiktiv sein. Auch wenn Pegasus in unserer Welt nicht-existent, ‚fiktiv‘ sein soll, ist das label „Pegasus“ (oder ein Bild von Pegasus) non-fiktiv, aktual. „Pegasus“ kann die Eigenschaft, ein „geflügeltes Roß“ zu sein, exemplifizieren, in dem Sinn, daß es „geflügeltes-Roß-label“ exemplifiziert (vgl. LA: 67).

In diesem Sinn können wir uns darüber streiten, ob Pickwick und Don Quixote alle beide Clowns sind, und uns z. B. darauf einigen, daß wohl Pickwick, nicht aber Don Quixote ein Clown ist. Dieser Streit, diese Übereinstimmung verläuft nicht anders als wenn wir uns darüber streiten, ob Grock und Nelson Goodman alle beide Clowns sind, und wir uns darauf einigen, daß nur Grock ein Clown ist.

Auch hat es nichts Eigentümliches an sich, wenn wir sagen, daß sowohl Grock wie Pickwick Clowns sind. Beide exemplifizieren „Clown-label" – obwohl im Fall von „Pickwick", nicht aber im Fall von „Grock", die Denotation fiktiv ist. Aber auch dieser Unterschied schafft noch keine ‚Schwelle' zwischen Fiktion und Nicht-Fiktion. Wir werden sehen, daß über Referenz-Ketten besonderer Art auch Pickwick oder Don Quixote oder Sherlock Holmes eine Extension in unserer Welt erhalten können. Ihre Namen verbannen sie keineswegs für immer aus unserer Welt, wohl hat ihr Entree seine besondere Etikette.

1.3.5 Von Männern und Mäusen

Was bedeutet es, wenn ich sage: „Ich habe endlich Don Quixote getroffen"? Wird das, was ich sage, deutlicher, wenn ich hinzufüge, daß ich mit Don Quixote Nelson Goodman meine? Sicher will ich damit zunächst nicht sagen, daß ich Nelson Goodman getroffen habe – *in personam*, dann und dann, an diesem oder jenem Ort. Oder ich will nicht nur das sagen, sondern mehr. Worin besteht aber dieses ‚mehr'? Es besteht auch nicht, oder doch nicht gänzlich, darin, daß ich Nelson Goodman ‚als' Don Quixote (an)getroffen habe. Denn daß ich *ihn* als Don Quixote angetroffen habe, ist etwas anderes als, und impliziert nicht, daß ich *Don Quixote* getroffen habe. In welchem Sinn kann ich, eine Person aus Fleisch und Blut, dann eine Person ‚getroffen' haben, die nicht-existent ist (in unserer Welt)? Und in welchem Sinn kann Roger Garaudy, eine Person aus Fleisch und Blut, wünschen, Don Quixote, also eine in unserer Welt nicht-existente Person, zu sein? (Vgl. das Interview mit Roger Garaudy in *Die Zeit* vom 20.6.1980, Nr. 26.)

Das Metaphorische ('the metaphorical') und das Literale ('the literal') müssen nach Goodman im Bereich des Aktualen ('the actual') unterschieden werden (vgl. LA: 68). Eine Metapher bilden heißt, die Routineprojektion eines Terms auf ein neues Anwendungsgebiet erweitern. Der Term gehört einer ‚Familie' von Termen, einem klassifikatorischen Schema an, so daß die Bildung einer Metapher immer auch eine Reorganisation eines ganzen klassifikatorischen Schemas mit sich bringt. (Vgl. LA: II/6 bis II/8 für Einzelheiten.) Die literalen und die metaphorischen Verwendungen eines Terms lassen sich unterscheiden aufgrund des systematischen Spannungsverhältnisses, das durch die zwei (oder mehr) verschiedenen Anwendungen des Terms entsteht:

> "Most terms, indeed, are ambiguous both literally and metaphorically, having several different literal and several different metaphorical extensions." (Goodman 1982b: 163)

Da es sich bei den literalen und den metaphorischen Anwendungen eines Terms um verschiedenartige Anwendungen handelt, ist auch die Frage des Wahrheitswerts für diese Anwendungen getrennt zu stellen (insofern die Frage überhaupt relevant ist). Metaphorische Anwendungen erhalten ebenso einen Wahrheitswert wie literale Anwendungen, und zwar unabhängig von dem Wahrheitswert literaler Anwendungen:

"(...) while metaphorical truth is compatible with literary falsity, metaphorical truth contrasts with metaphorical falsity quite as clearly as does literal truth with literal falsity." (ibid.)

Mit dieser Auffassung entfernt sich Goodman auch in der Metaphertheorie weit von allen Standardpositionen. Im Rahmen seiner Sicht des Aktualen hat sie indessen nichts Spektakuläres an sich. Wenn ein Term außerhalb seines ‚heimatlichen' Anwendungsbereiches eine Anwendung findet, dann findet er Eingang in ein neues klassifikatorisches Schema. Und seine übertragene Verwendung innerhalb dieses neuen Schemas entscheidet im jeweiligen Fall darüber, ob er anwendbar ist oder nicht. Unter ‚anwendbar' ist hier zu verstehen, daß es der ‚richtige' Term ist, der Term, der in der betreffenden Situation zu gebrauchen ist – kurzum, daß es der Term ist, der ‚paßt'. Natürlich gehört dazu auch, daß er innerhalb des für ihn neuen klassifikatorischen Schemas ein neuer, übertragener Term ist – denn sonst wäre er nicht als Metapher erkennbar:

"To say that an idea is green is to contrast it not with ideas having other colors but with ideas having greater ripeness; and to say that an employee is green is simply to contrast him with others who are not green." (LA: 73, Anm. 22)

Schwierigkeiten in der Bestimmung von Wahrheitswerten sind keineswegs typisch für Aussagen mit metaphorischen Termen, wie es die Standardauffassung will – falls sie überhaupt an Wahrheitswerte für Metaphern denkt (vgl. die Diskussion in Sacks ed. 1979 und den Ansatz bei Bergmann 1979):

"Standards of truth are much the same whether the schema used is transferred or not. In either case, application of a term is fallible and thus subject to correction. We may make mistakes in applying either 'red' or 'sad' to colored objects; and we may bring tests of all sorts to bear upon our initial judgements; we may look again, compare, examine attendant circumstances, watch for corroborating and for conflicting judgements. Neither the status of initial credibility nor the process of verification by maximizing total credibility over all our judgements is different in the two cases." (LA: 79)

Goodman will nun keineswegs ausschließen, daß die Klassifikation, die durch die Bildung einer Metapher bewirkt wird, oft – aufgrund ihrer Neuartigkeit – weniger scharf umgrenzt und stabil ist als die Klassifikation vor Einführung des übertragenen Terms. Oft genug treffen wir indessen auch auf Situationen, für die das Umgekehrte gilt:

"(...) literal applications of some schemata are, because of the delicacy or unclarity of the distinctions called for, much less crisp and constant than some metaphorical applications of others." (ibid.)

Ob Nelson Goodman zu denjenigen gehört, die ‚quixotische' Eigenschaften aufweisen, läßt sich eher entscheiden als die Frage, ob jemand ‚paranoid' oder ‚schizophren' ist (vgl. WW: 103).

Die Antwort auf die eingangs gestellte Frage zeichnet sich ab. Im Bereich des Literalen hat „Don Quixote" keine Anwendung; im Bereich des Metaphorischen kann ich den Term jedoch auf Nelson Goodman (und Roger Garaudy auf sich selbst) anwenden. Wenn ich sage, daß ich endlich Don Quixote getroffen habe, dann habe ich offensichtlich genügend quixotische Eigenschaften an Nelson Goodman gefunden (exemplifiziert er genügend quixotische Eigenschaften für mich), daß ich *in ihm* Don Quixote getroffen habe. Meine Aussage erhärtet damit seine eigene Aussage, daß „Don Quixote" auf ihn zutreffe – "in my tilts with the windmills of current linguistics" (WW: 103).

Vielleicht wäre es zutreffender, Nelson Goodman als „Napoleon" zu beschreiben – als derjenige, der sich anschickt, die klassischen Fürstentümer der abendländischen Philosophie zu erobern. In beiden Fällen schöpfen wir die Person „Nelson Goodman", ganz unabhängig davon, daß „Napoleon" eine Extension in unserer Welt hat und „Don Quixote" nicht. Und während ich der Aussage, daß Nelson Goodman Don Quixote (oder Napoleon) ist, den Wahrheitswert ‚wahr' zuordne, ordne ich der Aussage, daß er Don Juan ist, den Wahrheitswert ‚falsch' zu. Metaphern müssen nicht immer wahr sein, wie es die Standardauffassung will (vgl. in diesem Zusammenhang Bergmann 1979: 223).

Wir sehen an dieser Stelle eine wichtige Konsequenz, die aus Goodmans Insistieren auf der eigenständigen Wahrheitswertfähigkeit von Metaphern folgt (vgl. dazu auch seinen Beitrag in Sacks ed. 1979). Wir sehen hier nämlich, daß wir Bedeutungsbeziehungen zwischen ‚fiktiven' Termen herstellen können, ohne dabei zu unterschiedlichen ‚Intensionen' der Terme oder zu ihnen zugeordneten ‚möglichen Welten' Zuflucht nehmen zu müssen. „Don Quixote" und „Don Juan" haben (in unserer Welt) die gleiche Extension, nämlich die Null-Klasse, wenn wir uns auf ihre literale Verwendung beschränken. Die unterschiedliche metaphorische Klassifikation von Personen aus Fleisch und Blut, die sie dennoch bewirken, kann also nicht auf irgendeine literale Klassifikation zurückgehen. Nach Goodman ergibt sie sich aus den folgenden komplexen referentiellen Beziehungen:

> "(1) difference in literal extension between parallel compounds of the two terms – (...) 'Don-Quixote-term (or picture)' and 'Don-Juan-term (or picture)' have different literal extensions; or (2) difference in the terms that denote, and may be exemplified by, the two terms – (...) 'Don Juan' is an inveterate-seducer-term while 'Don Quixote' is not. In sum, 'Don Quixote' and 'Don Juan' are denoted by different terms (e.g. 'Don-Quixote-term' and 'Don-Juan-term') that also denote other different terms (e.g. 'zany jouster' and 'inveterate seducer') that in turn denote different people." (WW: 104, Anm. 10)

Auf diese Weise läßt sich eine metaphorische Klassifikation auf ‚korrelative Ketten' zurückführen, die ausschließlich aus Verbindungsstücken von literaler Referenz bestehen (vgl. RR: 128). Im Falle des Mannes, den ich eine „Maus" nenne, gilt:

> "'mouse' denotes mice, which exemplify some such label as 'timid', which also denotes and is exemplified by the man in question. Here 'mouse', though only one referential step away from the mice it denotes literally, is three away from the man it denotes metaphorically." (RR: 128)

Wenn Goodman (in "Routes of Reference") Metaphern mithilfe des Begriffs der ‚korrelativen Kette' analysiert, dann darf das nicht in irgendeinem Sinn von ‚Übersetzung' in (oder ‚Paraphrase' durch) literale Ausdrücke verstanden werden:

> "Such correlative chains must be understood as schematic constructions, and *not by any means as providing literal translations for metaphors*. The transfer of 'mouse' from mice to a man may not be via the label 'timid' or any other specific predicate. Moreover, metaphorical transfer need not follow antecedently established coexemplifications of a feature or label, verbal or nonverbal; the metaphorical application itself may participate in effecting coexemplification by the mice and the man of some one or more of their common features; and just what is exemplified may be sought rather than found. Our correlative chains are merely devices for calculating referential remoteness." (ibid.)

Wie im Falle des ‚Ineffabile' und der ‚Nontransparenz' von Kunst gilt auch im Hinblick auf Metaphern (in und außerhalb von Kunst!), daß wir die ihnen zugeschriebenen geheimnisvollen Eigenschaften (z. B. der ‚Suggestivität' und der ‚offenen Textur', vgl. Bergmann 1979: 228–229) einer rationalen Rekonstruktion unterziehen können, die die komplexe Erscheinung nicht wegrationalisiert, sondern sie als solche überhaupt erst erkennen läßt.

Wir verstehen jetzt, warum und in welchem Sinn Goodman (in *Ways of Worldmaking*) behaupten konnte:

> "Fiction (...), whether written or painted or acted, applies truly neither to nothing nor to diaphanous possible worlds but, albeit metaphorically, to actual worlds. (...) Fiction operates in actual worlds in much the same way as nonfiction. Cervantes and Bosch and Goya, no less than Boswell and Newton and Darwin, take and unmake and remake and retake familiar worlds, recasting them in remarkable and sometimes recondite but eventually recognizable – that is *re-cognizable* – ways." (WW: 104–105)

1.3.6 Wirkliche Fiktion

„Mäuse" und „Don Quixote" und „Don Juan" und die Aussagen, in denen wir sie angetroffen haben, mögen illustrativ für eine analytische These sein, aber können sie einen Literaturmenschen oder einen Physiker in ihren tiefverwurzelten Überzeugungen erschüttern?

In dem mit "Reference and Reality" überschriebenen Absatz von "Routes of Reference" wendet sich Goodman Sir Agilulf Emo Bertrandin of the Guildivern and of the Others of Corbentraz and Sura, Knight of Selimpia Citeriore and Fez zu. Der Held von Italo Calvinos Roman *The Nonexistent Knight*[15] ist nicht nur eine ‚fiktive' Person wie Don Quixote; ungleich Don Quixote "he does not exist according to the chronicles of his adventures" (RR: 129). Bedeutet das, daß er nirgendwo in der denotativen Hierarchie vorkommt? Mit dem Text selbst können wir keine Referenz-Kette beginnen lassen, da der Text vermutlich von einer der in ihm vorkommenden *fiktiven* Personen, Bradamante, geschrieben ist. Hier hilft die referentielle Beziehung des Zitierens (vgl. oben, § 1.1.2) weiter: Wir können die Referenz-Kette mit einem Namen des Texts beginnen lassen, d. h. wir denken uns den Text implizit von Anführungszeichen umgeben. Damit ist das Rätsel der

Fiktionalität, das hier zur Nichtexistenz des Texts verschärft ist, aufgelöst. Indem wir uns in der Referenz-Kette auf einen Namen beziehen, denotieren wir eine Inskription, die die Namen und Beschreibungen von Sir Agilulf und seinen Handlungen enthält. Wir setzen damit in keiner Weise voraus, daß irgendwelche ‚wirkliche‘ Objekte bestehen – sei es ‚der (vermutlich von „Bradamante“ geschriebene) Text‘ oder ‚ein Ritter namens „Sir Agilulf ...“ ‘.

Nach diesen Vorbereitungen kann Goodman feststellen:

> "(...) this knight deprived of the blessings and torments of existence is, like the intrepid fighter of windmills, a vibrant symbol.“ (RR: 129)

Die metaphorische Denotation, um die es auch hier geht, läßt sich z. B. in der folgenden korrelativen Kette literaler Referenz widergeben:

> " 'Sir Agilulf‘ exemplifies some label of labels (e.g., 'deficient-in-humanity-label‘) that denotes some label (e.g. 'deficient-in-humanity‘) that in turn denotes some human beings.“ (RR: 130)

In einem Graph:

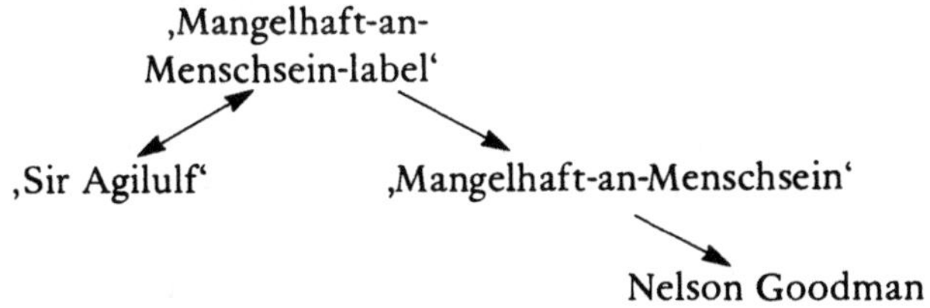

Auf diese Weise denotiert „Sir Agilulf“, wie vor ihm „Don Quixote“, obwohl er drei Verbindungsglieder ‚über uns‘ in der denotativen Hierarchie vorkommt:

> "(...) but the people that 'Sir Agilulf‘ and 'Don Quixote‘ denote (...) live on the ground with, and some of them indeed are, you and me.“ (ibid.)

Somit ist das folgende Bekenntnis Goodmans völlig ernsthaft gemeint (ebenso wie meine Aussage „Ich habe endlich Don Quixote getroffen“ völlig ernsthaft gemeint war):

> "Indeed, I confess that (...) I identify myself more with these two fictive characters than with most historical figures.“ (ibid.)

Schön und gut, höre ich meinen literarisch oder physikalisch gestimmten Leser sagen: Aber was folgt daraus? Goodman ist doch Goodman, ganz unabhängig von Euren schnurrigen Einfällen! (Wir treffen hier auf den harten Kern von Kripkes Namenstheorie.) Die Antwort ist, daß es ihm (und mir) nicht darum geht, Anekdoten aus seinem emotionalen und intellektuellen Leben zu erzählen. Ohne „Don Quixote“ und ohne „Sir Agilulf“ gibt es vielmehr keinen Nelson Goodman:

> "As he [Sir Agilulf] cannot be separated from armor, a world cannot be separated from versions. The armor may be changed, a new version may replace an old one; but as we cannot find Sir Agilulf apart from all armor, we cannot find a world apart from all versions.“ (RR: 131)

Wir sehen jetzt, wie unsinnig es ist, im Namen der Fiktionalität das notwendige Band zwischen Rede und Wirklichkeit zu zerreißen. Wenn Goodman sich selbst die Frage stellt (die unweigerlich kommen muß):

"Am I created or destroyed or changed when someone calls me ,Sir Agilulf'?" (RR: 130),

dann ist die Antwort: Ja! Natürlich wissen wir dann noch nicht, in welchem genaueren Sinn Nelson Goodman Sir Agilulf ist; seine Beschreibung von sich bleibt noch sehr allgemein. Eins ist jedoch deutlich: Wenn ich mit meiner Aussage, daß ich endlich Don Quixote getroffen habe, impliziere, daß Nelson Goodman Don Quixote *ist*, dann beschreibe ich ihn ebenso wie wenn ich Aussagen über seinen Wohnsitz, seine Lehrtätigkeit, seinen Gesundheitszustand, usf. mache. Vielleicht beschreibe ich ihn sogar in wesentlicheren Aspekten seiner einmaligen Individualität, wenn ich sage, daß er Don Quixote ist; denn dann beschreibe ich die Art und Weise, wie er Philosophie tatsächlich betreibt, als Handlung. Ich sage damit mehr als wenn ich seine Philosophie beschreibe, sie einordne und darstelle. (Beides ist Anliegen dieses Kapitels.)

Die zutage tretende Interdependenz von Rede und Wirklichkeit ist auch für Goodman eine komplexe Angelegenheit – und ihre Analyse stellt mehr als eine vertraute Ansicht infrage. Es gilt nicht nur allgemein als erkenntnistheoretisches Theorem (vgl. PP, LA und WW):

"Any notion of a reality consisting of objects and events and kinds established independently of discourse and unaffected by how they are described or otherwise presented must give way to the recognition that these, too, are part of the story." (RR: 130)

Es gilt auch zu erkennen, daß selbst jene subtilen Charakteristika der Rede, die erst mit Hilfe von ,Maßen der referentiellen Entfernung' erfaßt werden können, 'matters of fact' sind:

"If we dismiss measures of referential distance as not matters of fact because they are discourse dependent, we shall have trouble finding features that *are* matters of fact." (ibid.)

Der Begriff der referentiellen Entfernung paßt in das Bild, das Goodman in *Ways of Worldmaking* am Beispiel der scheinbaren Bewegung entwickelt hat (vgl. oben, § 1.2.3):

"Remoteness of reference is indeed variable and relative; and elements near each other in one chain may be far apart in another. But if these distances are nonfactual because they are thus discourse dependent, then so also, for example, is motion. The same object may simultaneously rotate in opposite directions, dance madly, and remain at rest, depending upon the frame of reference – or, better, the world-version – in question. To eliminate the effects of 'conventions of discourse' is to eliminate motion entirely – and virtually everything else. For not only the motion of objects but the objects themselves and the categories they belong to depend upon an organization effected by discourse. According to equally right accounts or depictions, a world may be made up of atoms or qualities, of ordinary objects of certain kinds or of other kinds, of riotous Soutine-like or geometric Bracque-like patterns." (ibid.)

Aber wenn wir in dieser Weise gezwungen sind anzuerkennen, daß alle Charakteristika der Wirklichkeit von Rede (oder anderen Formen des Symbolisierens) abhängig sind, heißt es dann auch schon, daß Sprache von tatsächlicher ‚Interdependenz' ist? Es gibt doch ganz offensichtlich Charakteristika von Rede (oder anderen Formen des Symbolisierens), die unabhängig von Wirklichkeit sind! Auch hier besteht Goodman Schritt für Schritt darauf, genauer hinzusehen. Dies gilt für den Begriff der Synonymie, der hier im Hintergrund steht – ein Begriff, der Goodmans Analyse nicht standhalten kann (vgl. PP: 221–238 und LA: VI/6, besonders 204–205):

> "Can there ever be two different discourses that say exactly the same thing in different ways, or does every difference between discourse make a difference in what is said? Luckily, we can pass over the general question here. We are concerned with the specific question whether organization into referential chains and levels is purely conventional." (RR: 131)

Und es gilt für den Begriff des Stils, der sich hier anbietet. Goodmans Überlegungen zum Status des Begriffs ‚Stil' in Kapitel II von *Ways of Worldmaking* zielen darauf ab, ‚Stil' (nach einer Prüfung der gängigen Definitionen und Theorien) im Rahmen seiner Symboltheorie eine Bedeutung zu geben, die mit der Vorstellung bricht, daß Stil auf einer bewußten Wahl des Künstlers zwischen Alternativen in der Formulierung beruht (vgl. WW: 23). Seine Rekonstruktion ‚stilistischer Eigenschaften' eines Kunstwerks betont die besondere Rolle, die sie beim jeweiligen Funktionieren eines Kunstwerks als Symbol spielen (vgl. WW: 34 ff.). Für den Stil eines Kunstwerks gilt mithin wie für seine referentiellen Beziehungen:

> "The discernment of style is an integral aspect of the understanding of works of art and the worlds they present." (WW: 40)

Auch ‚Konventionen' lassen sich nicht ins Feld führen – weder dann, wenn von Rede im allgemeinen die Sprache ist, noch dann, wenn von Wissenschaft die Sprache ist. In Kapitel VII/2 von *Ways of Worldmaking* beschließt Goodman seine Diskussion der Frage von "Convention and Content" bezüglich geometrischer Systeme mit der Warnung:

> "When we strip off as layers of convention all differences among ways of describing *it* [i.e., 'the natural fact or thing' described in different geometrical terms], what is left? The onion is peeled down to its empty core." (WW: 118)

Die Interdependenz der Rede (oder anderer Formen des Symbolisierens) mit der Wirklichkeit erweist sich als ein komplexes Netz von wechselseitigen Abhängigkeiten, das nirgendwo einen (onto-)logischen Anfangs- oder Endpunkt aufweist. Wesentlicher als die vergebliche Suche nach einem solchen archimedischen Punkt ist die Suche nach der passenden Version; denn erst dann entfaltet dieses Netz seine Wirksamkeit:

> "(...) every reality is (...) dependent on right discourse; and every right discourse is dependent on a reality that is dependent on discourse." (RR: 131; vgl. auch LA: 87–88, im Hinblick auf die Eigenschaften, die ein piktoriales Symbol ‚ausdrückt'.)

Die Moral für die Literaturwissenschaft liegt auf der Hand. Ihr Gegenstand ist nicht durch besondere (onto-)logische Weihen und Würden ausgezeichnet, unberührt von den schmutzigen und langweiligen Geschäften des Alltags. Ihr Gegenstand sind auch nicht einmalige Sprach- und Sprachverwendungszüge, die sich uns nur in einem besonderen Zugang eröffnen. Ihr Gegenstand hat teil an vielfältigen und alltäglichen Interessen, Zugängen und Verwendungen und präsentiert sich ebenso unprätentiös wie zentral: als Fall vielfältiger und komplexer Referenz. Auch für den Literaturwissenschaftler ist es an der Zeit, die Was-Frage durch die Wann-Frage abzulösen. Und der Rums, mit dem wir dann auf der Erde landen, kann nur heilsam sein.

1.3.7 Exkurs: Von Fußangeln und Fallgruben

In den „Anregungen zur Diskussion des Fiktionsbegriffs" war es mein Anliegen, die besondere Bedeutung des Begriffs der Fiktionalität zu umschreiben. Trotz schließlicher Berufung auf Goodmans Symboltheorie ging ich davon aus, daß dem Begriff ein spezifisches, empirisch dingfest zu machendes Phänomen entsprechen müsse (vgl. Ihwe 1979: 251).

Mein Zugang zeigte eine deutliche Ambiguität. Einerseits kam ich zu der Konklusion, daß alle unsere Texte in einem gewissen Sinne ‚fiktional' sind – oder doch zumindest ‚fiktionale' Elemente enthalten –, da es keinen direkten Zugang zu ‚der Welt' gibt (vgl. Ihwe 1979: 261). Hier macht sich der Einfluß von *Languages of Art* bemerkbar (vgl. auch die einleitenden Bemerkungen, Ihwe 1979: 210–211). Andererseits machte ich mir im Hauptteil der Arbeit den Referenz- und Wahrheitsbegriff zu eigen, der in den von mir unterschiedenen Hauptströmungen gängig ist (vgl. oben, § 1.3.1). Es ging mir darum, innerhalb dieser Hauptströmungen Anknüpfungspunkte für zukünftige Forschungen anzugeben (vgl. Ihwe 1979: 209–210). Die weitergehende kritische Revision der beiden Hauptströmungen hat mich inzwischen zu der Überzeugung gebracht, daß die „empirische Untersuchung fiktionaler Rede" in ihrem Rahmen wenig fruchtbar ist. Dies gilt auch für das Problem ‚gemischter Sätze' (vgl. Ihwe & Rieser 1979: 73 und 80–81, Ihwe 1979: 255–256 und Pavel 1979: *passim*). Damit will ich nicht sagen, daß alle Unterscheidungen, die im Rahmen der mögliche-Welten-Semantik oder im Rahmen von Reichenbachs logischer Analyse alltäglicher Rede getroffen sind, nutzlos und unhaltbar sind. So spricht nichts dagegen, den Begriff der ‚praktischen Ontologie' zu verwenden, um die Beschaffenheit der aktualen Welt anzugeben, die zur Zeit als die ‚wirkliche' gilt, für dich und mich verpflichtend ist, in der wir uns täglich bewegen (zu bewegen gezwungen sind). Diesen Begriff hatte ich eingeführt, um meine Schwierigkeiten mit Reichenbachs Analyse ‚fiktiver Objekte' auszudrücken (vgl. Ihwe 1979: 253). Unzulässig wird ein solcher Begriff erst dann, wenn er auf der Suche nach einem Kriterium eingesetzt wird, das ‚faktische' Aussagen von ‚fiktiven' Aussagen unterscheiden soll. (*Mutatis mutandis* gilt das Gleiche für die ‚möglichen Welten', die ich neben meinen aktualen bemerke und anerkenne.)

Die Suche nach einem Kriterium für die Fiktionalität einer Aussage oder einer (in Texten geordneten) Menge von Aussagen führt unweigerlich zu ontologischen Voraussetzungen – auch wenn man solche ontologischen Voraussetzungen explizit ablehnt. Um ein solches Kriterium ging es mir aber bei der Verteidigung des Fiktionalitätskriteriums Käthe Hamburgers gegen die Kritik Gabriels. Nicht untypisch lief meine Argumentation auf einen Unterschied in der Testbarkeit von wissenschaftlichen Aussagen und Aussagen der Form „Napoleon (oder Don Quixote) glaubte (fühlte, dachte, ...), daß ...", die in Erzählformen der dritten Person vorkommen. Ich ging davon aus, daß solche Aussagen über die sich im ‚Innenleben' von menschlichen Personen abspielenden Vorgänge kategorial anders gelagert sind als z. B. Aussagen über psychische Vorgänge im Rahmen einer wissenschaftlichen Disziplin. Nur für die letzteren lasse sich nämlich eine „systematische Auseinandersetzung mit der materiellen Wirklichkeit" erreichen, die zur Annahme oder zum Verwerfen der Aussagen führt (vgl. Ihwe 1979: 233).

1.3.8 Relativer Realismus

Müssen wir Goodmans Revision des Fiktionsbegriffs als sein Plädoyer für einen künstlerischen Realismus verstehen? Wir haben in § 1.2.3 gesehen, daß der Relativismus Goodmans auch ein ‚Irrealismus' ist. Realismus als ‚wahrer Spiegel der Wirklichkeit' entpuppt sich in seiner Analyse als Inverse von Fiktion als ‚Alternative der Wirklichkeit'. Wenn wir ein Kunstwerk als ‚realistisch' klassifizieren, besagt das nichts über seine Beziehung zur Wirklichkeit. Es besagt etwas über die Rolle, die dieses Kunstwerk in unserer Kultur spielt (oder spielen soll).

‚Realismus' ist ein sehr umfassender pragmatischer Begriff – Roman Jakobson zog schon im Jahre 1921 die begrifflichen Konsequenzen aus diesem Befund. Offensichtlich war damals die Zeit dafür noch nicht reif, denn seine Untersuchung hat auch nach ihrer Übersetzung in die modernen westlichen Sprachen kaum das eingewurzelte Denken über die Beziehung zwischen Kunst und Wirklichkeit berührt. Goodman kommt – unabhängig von Jakobson, wie es scheint – im ersten Kapitel von *Languages of Art*, das der Natur piktorialer Repräsentation gewidmet ist, zu weitgehend übereinstimmenden Konklusionen:

> "Realism is a matter not of any constant or absolute relationship between a picture and its object but of a relationship between the system of representation employed in the picture and the standard system." (LA: 38)

Ob ein Bild eine realistische Repräsentation ist, ist weder eine Funktion der erfolgreichen Imitation noch der erfolgreichen Illusion noch der Art der vermittelten Information. Keine der damit angesprochenen ästhetischen Doktrinen hält begrifflicher Analyse stand. Auch der Begriff des ‚größten Ausmaßes an zutreffender Information' kann noch nicht als Annäherung an den wahren Charakter künstlerischen Realismus gesehen werden. Der "touchstone of realism" liegt nicht

> "in quantity of information but in how easily it issues. And this depends upon how stereotyped the mode of representation is, upon how commonplace the labels and their uses have become." (LA: 36)

Daß wir diese Relativität von Realismus nicht erkennen, liegt an unserer Neigung "to omit specifying a frame of reference when it is our own" (LA: 37). Diese ‚egozentrische Ellipse' ist zwar typisch für unseren Umgang mit den Künsten und den Wissenschaften (vgl. WW: VII/1 für eine allgemeine Diskussion von 'frames of reference'); sie sollte jedoch keinen Eingang in die Begriffsexplikation finden. Eine egozentrische Ellipse führt uns dazu, Repräsentationssysteme, die neuer oder älter oder ungewohnter sind als das gängige, als ‚künstlich' oder ‚kunstlos' zu betrachten. Oder, wenn wir keine ‚Traditionalisten', sondern ‚Revolutionäre' sind, in ihnen einen ‚neuen Grad von Realismus' zu entdecken (vgl. LA: 37). Die Parallele zu den Wissenschaften drängt sich auf:

> "What happens here is something like the 'discovery' that not the earth but the sun is 'really fixed'. Advantages of a new frame of reference, partly because of this novelty, encourage its enthronement on some occasions in place of the customary frame." (LA: 37–38)

Der ‚Realismus' eines Bildes sollte nicht mit seiner ‚Korrektheit' verwechselt werden – ein kategorialer Fehler, der oft im Umgang mit den Künsten begangen wird, und der sicherlich zu der besonderen evaluativen Ladung von ‚Realismus' beigetragen hat:

> "Given picture and object there is usually a system of representation, a plan of correlation, under which the picture represents the object. How correct the picture is under that system depends upon how accurate is the information about the object that is obtained by reading the picture according to that system. But how (...) realistic the picture is depends upon how standard the system is." (LA: 38; vgl. auch These 3 von Goodman 1982b: 163)

Daß ‚Realismus' und ‚Korrektheit' unterschiedliche Kategorien sind, zeigt sich besonders deutlich, wenn wir berücksichtigen, daß meistens mehrere Repräsentationssysteme (mehr oder weniger friedlich oder unfriedlich) nebeneinander bestehen:

> "A picture that under one (unfamiliar) system is a correct but highly unrealistic representation of an object may under another (the standard) system be a realistic but very incorrect representation of the same object." (LA: 38, Anm. 30)

Es ist seine ‚Korrektheit', die über die ‚Richtigkeit' eines Bildes, einer piktorialen Repräsentation, entscheidet (vgl. WW: VII/5 und These 3 von Goodman 1982b). Der ‚Realismus' eines Bildes (oder einer Beschreibung) geht auf einer anderen Ebene in unser Urteil über seine ‚Richtigkeit' ein. ‚Realismus' bezieht sich auf die ‚Richtigkeit' des Systems der Darstellung (oder Beschreibung) als Ganzes, während ‚Korrektheit' (bzw. ‚Wahrheit') sich auf richtige Denotation innerhalb des Systems der Darstellung (oder Beschreibung) bezieht:

> "For example, in the present Western culture, a picture by Dürer is more realistic than a picture by Cézanne. Realistic or right representation in this sense, like right categorization, requires some observance of custom and tends to correlate loosely with ordinary judgements of resemblance, which likewise rest upon habit. On the other hand, a representation unrealistic by this standard may picture quite correctly under a different system, much as the earth may dance the role of Petrouchka under a certain unusual frame of reference. And an 'unnatural' frame or system may be right in some circumstances through prevailing in another culture or winning adoption for

special purposes. When a painter or photographer makes, or discloses to us, erstwhile unseen aspects of the world, he is somethimes said to have achieved a new degree of realism by discovering and presenting new aspects of reality. What we have here, in representation under a right system strange to us, is realism in the sense not of habituation but of revelation." (WW: 130–131)

Neben diesen zwei Verwendungen von ‚realistisch' unterscheidet Goodman in "Realism, Relativism, and Reality" eine dritte Sorte von Realismus, die weder mit Habituation noch mit Revelation zu tun hat:

"Hieronymus Bosch's *Garden of Delight*, standard enough in mode of representation, is hardly realistic but is rather, by virtue of its subject matter, fantastic. Realism of the sort missing here would seem, speaking very loosely, to depend upon depiction of actual as contrasted with imaginary beings, things, or events, rather than upon mode of depiction. A Dürer and a Braque portrait of an actual person are both realistic in this sense while even a Dürer drawing of a dragon is not. Where literary works are concerned, this sort of realism often takes precedence over the others. The distinction between a realistic and an unrealistic story usually lies rather in what is said than in how. The differences that make *Crime and Punishment* more realistic than Grimm's *Fairy Tales* are rather in the told than in the telling." (Goodman 1983: 270)

Die Unterscheidungsmerkmale für diese Art Realismus sind indessen keineswegs so evident wie sie erscheinen. Sie erfordern genauere Analyse. Es lassen sich nämlich genug Beispiele dieses Realismus anführen, in denen keine aktualen Personen abgebildet oder beschrieben werden:

"*Rabbit Run* [by John Updike] is realistic while *Alice in Wonderland* is not, even though Harry Angstrom is as fictive as the March Hare. Whether a story actually tells of soandsos or is only a soandso-story determines whether it is fiction or history but not whether it is realistic or not." (Goodman 1983: 271)

Die Analyse führt uns zunächst zu einer weiteren Ausarbeitung der Klassifikation der Klassifikation für Bilder und Beschreibungen, die nichts denotieren:

"Just as pictures denoting nothing sort readily into centaur-pictures and unicorn-pictures and monsters-pictures and Northwest Passage maps, so they sort into more comprehensive groups such as mythical-object-pictures, imaginary-landscape-pictures and fictive-object-pictures. Real-object-pictures and real-object-descriptions may, as in the case of Harry-Angstrom-descriptions, be fictive, denote nothing; and fictive-object-pictures and fictive-object-descriptions may, as in the case of a picture of Napoleon as a dragon, denote some person or object." (ibid.)

In diesem Sinn läßt sich sagen, daß das Charakteristikum dieses Realismus in Besonderheiten seiner Thematik, des Was der Erzählung ('the told') liegt, und nicht in Besonderheiten des Wie des Erzählens ('the telling'):

"A fictional story is realistic in the third way, then, to the extent that it is a real-object-story, though of course it is not a story of real objects. (...) Although, speaking strictly and literally, pure fiction tells of nothing, we can nevertheless distinguish between the telling and the told; that is, sorting of fiction according to what is told differs from sorting according to how it is told. In this somewhat oblique sense, the realism here in question depends upon the subject matter, upon the told rather than upon the telling.“ (ibid.)

Die bisherige Analyse gilt ausschließlich der literalen Anwendung von künstlerischen labels. Nehmen wir die Möglichkeit metaphorischer Denotation hinzu, ergibt sich:

> ”A fantastic allegory, though an unrealistic fictive-person-story when read literally, may be a realistic real-person-story when taken metaphorically.“ (Goodman 1983: 271–272)

Die Konklusion Goodmans ist dann auch:

> ”Realism, like reality, is multiple and evanescent, and no one account of it will do.“ (Goodman 1983: 272)

In diesem Sinne kann mir ein ‚phantatischer‘ Roman (z. B. ein Roman E.T.A. Hoffmans oder Jean Pauls oder Italo Calvinos) mehr über die ‚Wirklichkeit‘ sagen als ein ‚naturalistischer‘ Roman z. B. Zolas oder ein ‚realistischer‘ Roman z. B. Balzacs oder Fontanes oder eines ihrer Epigonen. Und ein ‚mystisches‘ Gedicht Blakes oder ein ‚abstraktes‘ Gedicht Brechts kann der ‚Wirklichkeit‘ näher kommen als ihre Konkurrenten ‚materialistischer‘ oder ‚sozialistischer‘ Provenienz. Und die folgende Passage aus *Finnegan's Wake* gibt vielleicht eine tiefere Einsicht in die Suche nach der Beschaffenheit der Materie als die neueste physikalische Theorie. (Es ist das Verdienst Murray Gell-Manns, uns auf diese Möglichkeit aufmerksam gemacht zu haben – auch wenn er das vielleicht gar nicht beabsichtigte.)

”– Three quarks for Muster Mark!
Sure he hasn't got much of a bark
And sure any he has it's all beside the mark.
But O, Wreneagle Almighty, wouldn't un be a sky of a lark
To see that old buzzard whooping about for uns shirt in the dark
And he hunting round for uns speckled trousers around by Palmerstown Park?
Hohohoho, moulty Mark!
You're the rummest old rooster ever flopped out of a Noah's ark
And you think you're cock of the wark
Fowls, up! Tristy's the spry young spark
That'll tread her and wed her and bed her and red her
Without ever winking the tail of a feather
And that's how that chap's going to make his money and mark!

Overhoved, shrillgleescreaming. That song sang seaswans. The winging ones. Seahawk, seagull, curlew and plover, kestrel and capercallzie. All the birds of the sea they trolled out rightbold when they smacked the big kuss of Trustan with Usolde.“

(Joyce 1975: 383)

1.3.9 Verständiges Verstehen

Wie werden wir literarische Texte zu verstehen haben, wenn Fiktion Wirklichkeit wird und Realismus relativ? Werden unsere Interpretationen nicht verarmen?

Wenden wir uns noch einmal dem Mann William Blake zu und der Interpretation, die Samuel Levin seinem Gedicht "Holy Thursday" gibt. In meinem Exemplar der *Songs of Innocence* (auf Seite 54 bis 71 von Blake 1971) erscheint das Gedicht als Nr. „IX". (In dieser Ausgabe der *Songs of Innocence* fehlen leider die Stiche und Illustrationen, die Blake den Einzelausgaben beigegeben hat.) Werfen wir einen Blick auf die Gedichte, die das Gedicht Nr. IX umgeben, so sehen wir, wenn wir nicht nur für die ‚Welt des Gedichts', sondern auch für die Welt der Kinder ein Auge haben, daß es dem Mann Blake darum ging, den Leser (oder Hörer) seiner Gedichte teilhaben zu lassen an seiner Vision des Lebens von Kindern zu seiner Zeit. In einer Anmerkung zu "Holy Thursday" sagt der Herausgeber meiner Ausgabe:

> "The emotional effect of the singing of perhaps 6,000 children, evidently felt by B.[lake], is testified to by a number of observers." (Blake 1971: 60)

Die dem Text beigegebenen Illustrationen zeigen Kinder in Prozession (vgl. ibid.). Für Blakes Bekümmernis mit Kindern lassen sich weitere Belege anführen, aus ‚poetischen' wie aus ‚nicht-poetischen', aus verbalen wie aus nicht-verbalen Quellen. "Holy Thursday" erscheint nicht nur in den *Songs of Innocence*, sondern auch in (dem früheren) *An Island in the Moon* (vgl. Blake 1971: 50). Ein Gedicht mit dem gleichen Titel erscheint in (den späteren) *Songs of (Innocence and) Experience*, in meiner Ausgabe als Nummer „XVII" (vgl. Blake 1971: 219).

Is this a holy thing to see
In a rich and fruitful land –
Babes reduced to misery,
Fed with cold and usurous hand?

Is that trembling cry a song?
Can it be a song of joy –
And so many children poor?
It is a land of poverty!

And their sun does never shine,
And their fields are bleak and bare,
And their ways are filled with thorns;
It is eternal winter there!

For where'er the sun does shine,
And where'er the rain does fall,
Babe can never hunger there,
Nor poverty the mind appal.

Die folgenden Illustrationen waren dem Text beigegeben:

> "Above, a clothed woman, under a tree, against a lakeland background, looks down at the body of a child. On the right of the text, children clinging to their mother, all weeping; in the bottom left corner, the body of another child." (Blake 1971: 219, Anm.)

In seiner Einleitung zu meiner Ausgabe der *Songs of Experience* sagt der Herausgeber:

> "The *Songs of Experience* arise from a desire to set the adult experience of real life against the innocent presuppositions of children who have not experienced it – and against the less innocent indoctrination they receive from their parents." (Blake 1971: 208)

Dies erklärt nach ihm auch die Parallelität der beiden Sammlungen von *Songs*, sowie die Tatsache, daß Blake die *Songs of Experience* immer zusammen mit den *Songs of Innocence* publizierte.

Ich denke, daß die Prozedur deutlich wird, die mir als ‚natürlich' für einen Leser (oder Hörer) erscheint, dem es um die Besonderheiten des (der) Gedichts (Gedichte) und der Welt(en) geht, die es (sie) schöpft (schöpfen). Fragen, die für Levin irrelevant sind, bzw. die Levin für Leser für irrelevant hält, können für einen Leser, der das (die) Gedicht(e) und seine eigene(n) Welt(en) verstehen will, von eminenter Bedeutung sein. Oder noch stärker: Gerade die Fragen um Information, die Levin vom Verständnis unseres Gedichts ausschließen will, sind vielleicht die eigentlichen Schlüssel zu seinem Verständnis. Was wir von dem Gedicht verstehen, hängt ab von dem, was wir mitbringen: ‚das Gedicht' spricht nicht von sich aus. Der Bereich der Versionen, die wir aus dem Gedicht ableiten können, wird jedoch damit keineswegs eine Sache interpretativer Willkür. Er wird – im Alltag wie in der Wissenschaft – von strikten Regeln abgesteckt, die die zulässigen Texte über (die literarischen) Texte kontrollieren. (Wir werden uns im nächsten Kapitel ausführlich mit diesen Regeln zu beschäftigen haben.)

Auch hier gilt: Nicht jede Version schöpft eine Welt. Nur die Versionen sind richtig, die die zutreffenden Referenz-Ketten enthalten – die Referenz-Ketten, die zu dem (den) Gedicht(en) und zu der (den) Welt(en) passen, die wir als unsere ‚Welt', als die ‚Welt des Mannes Blake', als die ‚Welt der Kinder (zur Zeit des Mannes Blake)', usf. ansehen. In wissenschaftlichen Interpretationen geht es nicht zuletzt um die Optimierung der aufzufindenden Referenz-Ketten – eine Optimierung, die eine Funktion der optimalen Information ist, die wir zum Verständnis der Texte mitbringen können. Auch hierfür lassen sich Regeln angeben (vgl. §§ 2.7 ff. und § 3.9, unten).

Wenden wir uns zur vorläufigen Illustration dieser Bemerkungen einigen Einzelheiten von "Holy Thursday" (aus den *Songs of Innocence*) zu. Wie verstehen wir die Artikel in den beiden ersten Zeilen? Ohne weitere Information müssen wir eine Abweichung von der Normalstruktur für die Einführung von Individuen und Ereignissen konstatieren (vgl. Ihwe 1972: 274; Ihwe 1979: 220, Anm. 8; und unten, § 2.3 und § 3.9, Anmerkung 103). Der unbestimmte Artikel "a" in der ersten Zeile, der mit "Holy Thursday" eine Nominalkonstituente bildet, soll sich offensichtlich (vgl. die Schreibung mit Großbuchstaben) auf ein wiederholt wiederkehrendes Ereignis beziehen. Sprachlich gesehen haben wir jedoch keine vorangehende Information über dieses Ereignis, das es uns zu identifizieren erlaubte. Erst wenn wir wissen, daß "Holy Thursday" jene ersten Donnerstage im Mai (mit Ausnahme von Himmelfahrt) bezeichnet, an denen (im 18. Jahrhundert) die jährlichen Gottesdienste für alle Charity Schools in London abgehalten wurden, können wir diese komplexe Nominalkonstituente *sprachlich* verstehen. Das Maß dieses Verständnisses ist nicht unabhängig von der sprachlichen Formulierung der Information und von ihren Quellen. (Sie kommt im vorliegenden Fall wiederum aus der Anmerkung zu "Holy Thursday" in meiner Ausgabe der *Songs of Innocence*, vgl. Blake 1971: 60.) Wir können hier allerdings ein gewisses Maß von Variation in der Formulierung unter Aufrechterhaltung von Koextensivität annehmen. (Meine Übersetzung der Information kann als koextensive Paraphrase des ursprünglichen Texts in der Anmerkung gelten.)

Eine ähnliche Argumentation ergibt sich für den bestimmten Artikel "the" in der zweiten Zeile, der mit "children" eine Nominalkonstituente bildet. Die Abweichung wird hier noch spürbarer, da der Gebrauch des bestimmten Artikels vorangehende Einführung der Individuen voraussetzt, die durch das Nomen bezeichnet werden. Im Gedicht wird indessen nicht vorangehend und einführend über Kinder gesprochen. Wohl ist Sprache von Kindern in den vorangehenden Gedichten der *Songs of Innocence*.[16] Und da wir auch wissen, was "a Holy Thursday" bezeichnet, können wir schließen, daß "the children" in Zeilen 2 ff. eine *bestimmte* Gruppe von Kindern denotiert, nämlich die Kinder der Charity Schools von London, das heißt von Schulen für arme und notleidende Kinder, deren Unterhalt aus den freiwilligen Zuwendungen der Reichen kam (vgl. Anmerkung zu Blake 1971: 60).

Daß die im Gedicht beschriebenen Ereignisse sich am Holy Thursday abspielen, ist keineswegs unerheblich, wie Levin meint (Levin 1977: 129). Die vom Dichter ‚vorgestellten' Kinder sollten nicht zu den Spielzeugen einer Vorstellungskraft werden, die sie frei mit allem sonstigen verbinden will, das wir uns beim Lesen (oder Hören) des Gedichts vorstellen können. Das Gedicht ist Blakes Version einer Welt, in der sehr konkrete Kinder – Kinder, die sehr wohl durch „Raumkoordinaten oder die Zeitdimension definiert" sind (vgl. Levin 1977: 130) – an einem Ereignis teilhaben, das (zumindest im Gemüt des Mannes Blake) nicht nur ihr Elend, sondern auch ihre Glorie evident macht – oder, wie er sagt, ihre "innocence" und "radiance". Auch ist es nicht unerheblich (*versus* Levin 1977: 129), daß die Kirche, in die sie einziehen, St. Paul's ist (der Holy Thursday wurde 1782 zum ersten Mal in St. Paul's gefeiert, unser Gedicht erschien 1784 zum ersten Mal in *An Island in the Moon*, vgl. Anmerkung zu Blake 1971: 60); daß diese Kirche im London des 18. Jahrhunderts steht; und daß dieses London an der Themse liegt.

Wenn wir in Zeile 2 lesen (oder hören):

"The children walking two and two in red and blue and green;"

dann heißt das nicht, daß wir zu mehr nicht in der Lage sind (sein sollen) als ihnen eine ‚implizite Definition' zu geben, indem wir ihnen bestimmte Farben zuordnen. Was sollte das auch heißen? Wir könnten allenfalls schließen, daß die genannten Farben sich auf ihre Kleidung beziehen, um der Zeile eine nicht-abweichende Lesung zu geben. Aber wissen wir dann viel mehr über "the children"? Erst wenn wir erfahren, daß es Charity Schools gab, deren Farben für die Kleidung der Kinder Rot, Blau, Grün und Grau waren (vgl. Anmerkung zu Blake 1971: 60), wissen wir etwas Besonderes über diese Kinder zu dieser Gelegenheit. In der Fassung unseres Gedichts in *An Island in the Moon* lesen wir:

"The children walking two and two in grey and blue and green; "

Die Farben sind bis auf eine gleich in den beiden Fassungen, sie bleiben im Rahmen von vier Farben. Wie sollte ich diese leichte Variation ohne die gegebene Information verstehen? (Natürlich ist damit die referentielle Funktion der Farbausdrücke nicht erschöpfend beschrieben. Ich könnte auch auf Zeile 1 des vorangehenden "Nurse's Song" verweisen, die in Reimposition ebenfalls "green" aufweist; vgl. Anmerkung 16. Die Farbausdrücke fungieren so auch in der Paarbeziehung, in der die beiden Gedichte in den *Songs of Innocence* stehen.)

Wenden wir uns abschließend der Metaphorik unseres Gedichts zu. Die Metaphern, die Levin in Zeilen 4, 5 und in Zeile 7 annimmt, erscheinen eng verwoben (in direkter syntaktischer Konstruktion) mit Termen, die denotieren. Dies ist kein Zufall. Was der Mann Blake seinen Mitbürgern im London seiner Zeit über die Kinder der Charity Schools sagen will, könnte ihnen sonst entgangen oder in seiner wahren Bedeutung nicht deutlich geworden sein. Wenn er von ihnen als "multitudes of lambs" spricht (Zeile 7), dann spricht er metaphorisch. Aber wenn von "thousands of little boys and girls" die Rede ist, dann spricht er weder metaphorisch noch rhetorisch! Auch mit den "aged men" in Zeile 11 wird nicht (oder nicht nur und vor allem) ein Topos eingeführt; es handelt sich (auch und vor allem) um einen Term, der denotiert, ebenso wie im Falle der "greyheaded beadles" von Zeile 3. Und wie sollte ich den Imperativ von Zeile 12 verstehen, wenn er nicht in einer (aktualen) Welt gilt, die durch Raum- und Zeitkoordinaten definiert ist? Verstehe ich ihn in einer phänomenalistisch konstruierten Welt, bedeutet er als „Ausruf" nichts – denn wie sollte jemand in einer solchen Welt handeln können? Und doch richtete der Mann Blake seinen Aufruf an jemanden, der in der richtigen Weise handeln konnte – z. B. die Reichen zu seiner Zeit. Vielleicht tat es not, daß er sie an die Anwesenheit von Engeln erinnerte; daß er sie daran erinnerte, daß eine Version, in der diese Kinder Engel *sind*, die richtige Version ist. Und daß es bessere Handlungen gibt als die, einen Engel von seiner Tür zu jagen. Brauchten sie – oder brauchen wir – erst eine phänomenalistische Konstruktion um zu verstehen, was es heißt, Mitleid zu hegen?

Kapitel 2
Konversationen über Literatur

2.1 Fragen um eine Erläuterung

Fragen über literarische Texte ergeben sich in sehr unterschiedlichen Situationen. Ganz allgemein lassen sich diese Situationen wie folgt charakterisieren:

(1) Person A fragt Person B um eine Erläuterung eines literarischen Textes T.

In (1) kommt der Begriff der Interpretation nicht vor. Der Begriff der Interpretation ist zwar der zentrale Begriff der textbezogenen Literaturwissenschaft, jedoch keineswegs unproblematisch. Im Folgenden werde ich auch eine Explikation von ‚Interpretation' vorschlagen – diese Explikation ist jedoch nicht der eigentliche Gegenstand des vorliegenden Kapitels. Sie ist eher Nebenprodukt der Explikation des Begriffs der Konversation über literarische Texte, um die es mir hier vor allem geht. Mein Gegenstand sind verbale Interaktionen einer spezifischen Art: Konversationen *über* literarische Texte. In den Begriff der Konversation über literarische Texte gehen zunächst keinerlei Restriktionen hinsichtlich der Gesprächsteilnehmer und des Verlaufs des Gesprächs ein. Ich lasse es bewußt dahingestellt, ob es sich um eine Konversation zwischen Experten oder um eine Konversation zwischen z. B. Eltern und Kindern handelt, ob es sich um eine zielbewußte Diskussion handelt oder um einen zufälligen Meinungsaustausch, usf. Wir werden sehen, daß Relativierung auf solche Faktoren zu einer Klassifikation vorfindlicher Konversationen führt. Hier geht es mir indessen darum, den Blick auf die ganze Vielfalt vorfindlicher Konversationen zu öffnen und eine Begrifflichkeit einzuführen, die die grundlegenden Gemeinsamkeiten festhält. Insbesondere geht es mir darum, eine einseitige Gewichtung, z. B. aus der Sicht literaturwissenschaftlicher Interpretationen, auszuschließen.

Literaturwissenschaftliche Interpretationen erscheinen so als eine der Varietäten von Konversationen über literarische Texte – und keineswegs als maßgebliche oder besonders zentrale. Damit ist nicht ausgeschlossen, daß die Eigenschaften von Konversationen über literarische Texte zwischen Experten für diese nicht von besonderer Bedeutung sind. Wohl ist ausgeschlossen, daß für solche Eigenschaften ein besonderer Status *vis-à-vis* von Konversationen über literarische Texte zwischen Nicht-Experten beansprucht werden kann. Diese Überlegungen haben dazu geführt, in (1) den gegenüber von Varietäten von Konversationen neutralen Ausdruck ‚Erläuterung' zu wählen.

Neben dem Begriff der Erläuterung erscheint in (1) ein weiterer nicht ganz unproblematischer Begriff, der Begriff des literarischen Textes. Es könnte so scheinen als wären wir durch ihn gezwungen, doch, sozusagen durch die Hintertür, literaturwissenschaftlichen Interpretationen eine besondere Stellung einzuräumen. Nur sie, so könnte man meinen, zielen auf die typisch ‚literarischen' Eigenschaften von Texten ab. Wir haben bereits gesehen (vgl. § 1.1.2), daß die ‚typisch literarischen Eigenschaften' eines Textes abhängig sind von der Tradition, in der sie als solche Geltung haben. Sie sind ‚gemacht' wie alle anderen Eigenschaften, die man an Texten entdecken kann. Keine Menge von labels, die auf einen Text Anwendung findet, ist die einzig mögliche – wenn es oft auch sehr schwer ist, von einer eingebürgerten Klassifikation Abstand zu gewinnen. Es ist nicht zuletzt deshalb so schwer, weil Klassifikationen von Texten, und insbesondere von literarischen Texten, eine evaluative Ladung haben. Wenn die ‚literarischen' Eigenschaften literarischer Texte der Expertise vorbehalten zu sein scheinen, so besagt das zunächst nicht mehr, als daß der Umgang mit ihnen durch besondere Normen reguliert ist. Ich will diese Normen keineswegs ausschließen. Das Bestehen von Normen schließt indessen nicht aus, daß die Texte auch andere, *ebenso wichtige* Eigenschaften aufweisen (können), daß ihnen auch andere, *ebenso zulässige* labels zuerkannt werden (können). Und genau das geschieht, unter anderem, in den vielen ‚nicht-literaturwissenschaftlichen' Situationen, in denen über literarische Texte gesprochen wird – ebenso wie es in denjenigen ‚literaturwissenschaftlichen' Situationen geschieht, in denen mit der (den) eingebürgerten Klassifikation(en) gebrochen wird.

Wenn also in (1) von ‚literarischen Texten' die Rede ist, dann folgt daraus nicht, daß ich gezwungen bin, für diese Texte wesentliche Eigenschaften zu postulieren – Eigenschaften, die nur den Experten zugänglich sind. Die Besonderheit literarischer Texte liegt nicht in ihren ‚essentiellen' Eigenschaften, sondern in der Besonderheit der labels, die auf sie Anwendung finden. Nehmen wir an, daß auf die Menge der künstlerischen Objekte eine (offene) Menge von labels anwendbar ist, die zu ihren Eigenschaften paßt, dann ist die Menge der literarischen Texte durch eine (offene) Teilmenge dieser labels charakterisiert. Diese Teilmenge ist, ebenso wie die Menge als Ganze, nicht abschließend definierbar, auch nicht im Rahmen einer nominalistischen Semiotik. Diese kann nur die Richtung angeben, in der die ‚passenden' labels zu suchen sind bzw. gefunden werden. Welche labels passen, läßt sich nicht abschließend beantworten; die Antwort ist immer und notwendig abhängig von pragmatischen Makro- und Mikrofaktoren wie Kultur, Zeit, Ort, Person, usf. Die symboltheoretischen Eigenschaften von literarischen Texten weisen uns, zusammen mit den relevanten ästhetischen Symptomen, den Bereich an, in dem wir mithilfe von spezifischen labels spezifische Aussagen über spezifische Texte machen (wollen).

Auf diese Weise wird deutlich, daß die Menge der ‚literarischen' Texte eine sehr umfassende Menge von Texten darstellt – eine Menge, die ständig fluktuiert und wohl nur in Ausnahmefällen scharf umrissene Konturen aufweist. Ich möchte es bei diesen Überlegungen belassen, da mein Gegenstand nicht eine Redefinition des Begriffs ‚literarischer Text' ist. Es geht mir um die Besonderheit einer Klasse von Konversationen, nicht um die Besonderheit der Objekte, die Elemente einer Klasse ‚literarische Texte' sind.

Die Teilmenge der labels, deren wir uns bedienen, wenn wir über literarische Texte sprechen, darf man sich ebenfalls nicht allzu stabil und konturiert vorstellen. Es ist bekannt, wie allgemein und vage die zentralen ästhetischen Prädikate sind: Ein Term wie „perfekt“ zum Beispiel erhält nur im jeweiligen Kontext eine spezifische Bedeutung. Auch ist bekannt, wie Terme aus den verschiedenen ästhetischen Disziplinen hin und her wandern, importiert und exportiert werden. Vieles spielt sich hier in metaphorischer Rede ab (vgl. das Prädikat „atmet ein Gefühl von Glorie“, § 1.1.2, oben); erst passende Modifikationen relativ zum Medium und Symbolsystem geben dem Term seine Kontur, grenzen seinen Anwendungsbereich ein. Aus dem allgemeinen ästhetischen Term „perfekt“ wird durch Hinzufügung der (auf verbale Äußerungen einer bestimmten Länge relativen) Modifikation „metrisch“ das label „metrisch perfekt“ – wobei „metrisch“ notabene zuvor aus einer anderen ästhetischen Disziplin importiert werden mußte. Ein disziplininterner, nicht-metaphorischer Term wie „Reim“ ist eher Ausnahmefall – und doch zu unspezifisch, isoliert genommen. Denn ‚Reime‘ finden wir in literarischen wie in nicht-literarischen Texten. Es wird immer eine Konstellation von Termen sein, die für die Zuerkennung des Prädikats ‚literarisch‘ verantwortlich ist – und auch hier gilt, daß es keine absolute Antwort auf die Frage geben kann, welche Terme wie zusammenkommen müssen, damit Sprache von einem literarischen Text ist.

Galt unser Bestreben im Vorangehenden, den Bereich literarischer Texte weiter zu fassen als in den normativen Literaturbegriffen der verschiedenen literaturwissenschaftlichen Richtungen, so muß jetzt darauf gesehen werden, daß er nicht zu unspezifisch wird. Es geht mir ja um Konversationen *über literarische Texte* als spezifischen Gegenstandsbereich, und damit darum, eine spezifische Klasse von Konversationen von anderen Sorten von Konversationen abzugrenzen. Dies läßt sich erreichen, wenn wir die folgende Zusatzbedingung einführen:

(2) Wir nennen einen Text T einen literarischen Text, wenn Teilnehmer an einer Konversation über T *in starkem Maß* Gebrauch von Termen aus V^{ℓ} machen.

‚V^{ℓ}‘ soll hier die (offene) Teilmenge der labels andeuten, die auf literarische Texte Anwendung finden. Im Folgenden wird es darum gehen, die Wendung ‚in starkem Maß‘ zu analysieren. Bevor wir uns dieser Aufgabe zuwenden, möchte ich noch auf die folgende Verfeinerung von (1) zu sprechen kommen. Eine Frage um eine Erläuterung von *T* wird oft nicht den ganzen Text, sondern Teile von ihm betreffen. Wir können also (1) ersetzen durch (1′):

(1′) Person A fragt Person B um eine Erläuterung der Teile Z eines literarischen Textes T.

Unter ‚Teile Z‘ können Worterklärungen, Erklärungen von Sätzen, Abschnitten, Strophen und Kapiteln fallen, aber auch Erklärungen von Aussprache und Schreibung, Etymologie und Metapher, Herkunft und Gebrauch eines Eigennamens, ebenso wie Aufhellung anaphorischer und/oder referentieller Beziehungen, Auflösung syntaktischer Ambiguitäten, Überprüfung des Verständnisses einer Passage, usf. Das heißt, der Ausdruck ‚Teil von‘ ist so neutral wie möglich gehalten, da es mir hier nicht um die Einführung eines theoretischen Begriffs geht, sondern um die Andeutung des Bereichs von Fragen um Erläuterungen. (Im Folgenden wähle ich den Ausdruck ‚Lexem', wenn ich von den Einheiten sprechen will, die die Wortbedeutung tragen. Vgl. § 3.1 für eine Präzisierung des grammatiktheoretischen Rahmens, der dieser Redeweise zugrunde liegt.)

2.2 Die Prozedur: Von deskriptiven Aussagen und vom rationalen Kern

Fragen um eine Erläuterung ergeben sich, wenn *A* in seinem Umgang mit literarischen Texten auf eine Schwierigkeit stößt, die sein Verständnis von *T* behindert, und er das Gefühl hat, diese Schwierigkeit nicht selbst beheben zu können. (‚*T*' steht hier zunächst für jeweils einen konkreten Text, kann aber ebensogut für mehrere Texte stehen. Ich komme darauf zurück, vgl. § 2.5, unten.) Wenn *A* nun eine andere Person *B* um eine Erläuterung bitten will, dann versucht er eine Rationalisierung und Verbalisierung seiner Schwierigkeit. Überdies geht er davon aus, daß *B* die Antwort auf seine Frage geben kann. Für die Form, in der die Bitte von *A* erscheint, sind somit eine Reihe von Faktoren verantwortlich, die man grob wie folgt auflisten kann:

(3) (a) Alter von A und B
(b) (soziale) Rollen von A und B
(c) psycho-soziale Entwicklung und kultureller Hintergrund von A und B
(d) sprachliche Entwicklung und Fertigkeiten von A und B
(e) Kontext der Konversation
(f) augenblickliche Konstitution (‚Gestimmtheit') von A und B

Natürlich kann diese Liste keinen Anspruch auf Vollständigkeit erheben. Sie soll einen Hinweis auf die komplexe Situation geben, in der jede Frage um Erläuterung eingebettet ist. Ich gehe davon aus, daß *A* mehr oder weniger bewußt und so gut wie er kann seine Frage auf die Umstände von *B* abstimmt, ebenso wie *B* seine Antwort auf die Umstände von *A*. (Die ‚Umstände' von *A* bzw. *B* lassen sich in Termen von (3) (a)–(f) ausdrücken.) Damit ist natürlich nicht gesagt, daß die Einschätzung von *A* bzw. *B* zutreffend sein muß.

Wesentlich ist nun, daß in einer Analyse von Konversationen *über Literatur* der Nachdruck weniger auf diesen Faktoren liegt als darauf, daß *A* und *B* sich auf Eigenschaften eines bestimmten Objekts, eines literarischen Textes, beziehen. Die Bedingungen für Konversationen, um die es mir geht, betreffen diesen Aspekt. Ich bin der Meinung, daß damit der *rationale Kern* von Konversationen über Literatur gegeben ist. Natürlich will ich damit nicht behaupten, daß die Rationalität einer Konversation über Literatur nur in den Aussagen über Eigenschaften von *T* liegt. Konversationen über Literatur weisen – wie Konversationen im allgemeinen – ungleich mehr Züge von Rationalität auf. Wohl möchte ich behaupten, daß ihre Rationalität zu einem wesentlichen Teil darin besteht, daß sie in einem starken Maß Aussagen *über T* enthalten. Daß Aussagen über *T* dazu dienen, Aussagen über ganz andere Gegenstände zu ermöglichen, daß sie z. B. in Aussagen eingehen, die die ganz persönlichen Umstände von *A* (und *B*) betreffen, steht auf einem anderen Blatt. Worum es mir hier geht, ist die Textbezogenheit des ‚Redens-über', die die Besonderheit von Konversationen über Literatur ausmacht.[17]

Daß Aussagen über *T* vorliegen, und in welchem Maß sie vorliegen, kann ich jedoch nur sehen, wenn ich über eine Sprach- und Grammatiktheorie verfüge. Denn nur eine Theorie der Sprache und eine (von dieser abhängige) Theorie der grammatischen Struktur der natürlichen Sprache, in der *T* geschrieben (oder tradiert) ist, erlauben es mir, die Unterscheidungen vorzunehmen, die meine Urteile über das Vorliegen oder Nicht-Vorliegen von (in diesem Sinne) deskriptiven Aussagen in der Konversation von *A* und *B* über *T* begründen. Dies gilt zunächst auf der Meta-Ebene, auf der meine Überlegungen angesiedelt sind: Sie betreffen ja vorfindliche Konversationen. Es gilt aber auch für *A* und *B* während der aktuellen Konversation. Der rationale Kern ihrer Konversation besteht ja nicht zuletzt darin, daß sie die sprachlichen Fertigkeiten ausüben, die Gegenstand der Sprachtheorie und der Theorie der grammatischen Struktur der Sprache(n) sind, in der *T* verfaßt ist, und in der sie über *T* sprechen. (*T* kann in der gleichen Sprache verfaßt sein, in der *A* und *B* über ihn sprechen, muß es aber nicht. Wohl müssen *A* und *B* kompetent in der Sprache sein, in der *T* verfaßt ist. Dies gilt sowohl für den Fall, daß *A* und *B* in der gleichen natürlichen Sprache über *T* sprechen, in der *T* verfaßt ist, als auch für den Fall, daß sie in einer anderen natürlichen Sprache über ihn sprechen, als der, in der er verfaßt ist.)

Meine Urteile (bzw. die Urteile von *A* und *B*) über das Vorliegen bzw. Nicht-Vorliegen von deskriptiven Aussagen betreffen Aussagen, in denen in starkem Maße von Termen aus Ve Gebrauch gemacht wird. Das heißt aber, daß eine Theorie der Sprache und der grammatischen Struktur natürlicher Sprachen im klassischen Format einen wesentlichen Teil der Unterscheidungen nicht zu machen erlaubt, um die es hier geht. Unter einer Theorie der Sprache und der grammatischen Struktur natürlicher Sprachen im klassischen Format will ich ja die Theorie verstehen, die mit dem Namen Noam Chomskys verbunden ist, und die in seinen *Aspects of the Theory of Syntax* ihre am bekanntesten gewordene Formulierung gefunden hat. In § 3.1 komme ich ausführlich auf die Gründe für diese Entscheidung zu sprechen. Worum es mir hier geht, ist eine Entscheidung für einen bestimmten *Typ* der Theoriebildung, nämlich den ‚generativen'. Eine Theorie des generativen Typs erlaubt – zumindest im Prinzip, dazu im Folgenden – eine systematische Strukturierung derjenigen Eigenschaften von literarischen Texten, auf die sich die deskriptiven Aussagen von Konversanten beziehen. Die Theorie der *Aspects* ist nun auf die Syntax beschränkt. Und auch wenn man sie in der dort anvisierten Weise in die Phonologie und Semantik ausbreitet, und selbst wenn man versucht, ihre Beschränkung auf den Satz aufzuheben (vgl. dazu den Überblick bei Ihwe 1972, § 2.4), bleibt die Tatsache bestehen, daß sie diejenigen Eigenschaften von Texten außeracht läßt, auf die sich die Terme von V^e ganz wesentlich beziehen. Was erforderlich ist, ist eine Integration der Ergebnisse systematischer Erforschung der ‚poetischen' Eigenschaften von Texten.

Ich will hier nicht auf Einzelheiten der Erforschung ‚poetischer' Eigenschaften von Texten im Sinne einer ‚generativen' Theorie der poetischen Struktur natürlicher Sprachen zu sprechen kommen. (Vgl. den Überblick in Ihwe 1972, Teil II.) Worum es mir geht, ist, daß eine Theorie (oder doch zumindest die Skizze einer Theorie) poetischer Eigenschaften von Texten zur Verfügung steht, die sich in geeigneter Weise an die generative Theorie der grammatischen Struktur natürlicher Sprachen anschließen läßt. Durch den Zusammenschluß dieser beiden Theorien sollen – im Prinzip zumindest – alle die Unterscheidungen getroffen werden können, die für die Teilnehmer an Konversationen über einen literarischen Text relevant sind, sofern es die deskriptiven Aussagen betrifft, die sie zu machen wünschen.

Aus dem Vorangehenden wird deutlich, in welchem Maße eine Analyse vorfindlicher Fälle von Konversationen über Literatur theorieabhängig ist. Die jeweils gewählte Theorie der grammatischen und poetischen Struktur natürlicher Sprachen gibt den Rahmen ab, innerhalb dessen relevante Unterscheidungen getroffen werden können. Diese Theorieabhängigkeit betrifft nicht zuletzt die Form, in der wir uns den Zusammenschluß der Theorie der grammatischen und der Theorie der poetischen Struktur zu denken haben. Oft erscheint es, als ob diese Theorien einen unterschiedlichen Gegenstandsbereich hätten – Sprache einerseits und Literatur andererseits. Nach meiner Meinung ist diese Auffassung unzutreffend (vgl. Ihwe 1972, Teil I). Es geht nicht um eine Integration zweier Theorien mit unterschiedlichem Gegenstandsbereich im Sinne einer Supertheorie; es geht um die Realisierung der Tatsache, daß grammatische und poetische Strukturen einer natürlichen Sprache unauflöslich miteinander verquickt sind. Nur wenn man diese Tatsache nicht aus den Augen verliert, ist eine Aufspaltung in Grammatik einerseits und Poetik andererseits zu analytischen Zwecken statthaft.

Wenn ich im vorliegenden und im folgenden Kapitel von ‚linguistischen' bzw. ‚poetischen' Eigenschaften von literarischen Texten spreche, so ist diese Sprechweise, die oft durch die Sprechweise meiner Konversanten aufgedrängt wird, immer mit einem entsprechenden Vorbehalt zu verstehen. Auf der (Meta-)Ebene der Analyse von Konversationen über Literatur gehe ich davon aus, daß uns zumindest eine Skizze der Theorie der Eigenschaften von literarischen Texten zur Verfügung steht, die ein homogenes Bild derjenigen Eigenschaften von literarischen Texten entwirft, über die in Konversationen gesprochen wird.

Wir können die Prozedur der Analyse von Konversationen über Literatur wie folgt zusammenfassen. Aus dem Gesamt einer verbalen Interaktion isolieren wir diejenigen Elemente, die als deskriptive Aussagen über den Text (die Texte) *T* angesehen werden können, über den (die) während der Interaktion gesprochen wird. Als deskriptive Aussagen sehen wir diejenigen Aussagen an, die sich im Rahmen einer Theorie der grammatischen und poetischen Struktur der Sprache, in der *T* verfaßt ist, rekonstruieren lassen. Diese Theorie entscheidet über den Bereich deskriptiver Aussagen, ebenso wie sie ihnen auch eine bestimmte Ordnung auferlegt. Sie unterscheidet Einheiten (‚Phonem', ‚Lexem', ‚Wort', ‚Satz', ‚Text', usf.), ebenso wie sie Strukturen, in die die Einheiten eingehen (‚Silbenkonstituente', ‚Satzkonstituente', ‚Textkonstituente', usf.), und (syntaktische, phonologische, semantische) Beziehungen zwischen solchen Strukturen (Anaphorik/Ko-Referentialität, ‚Parallelismus' zwischen Silben- oder Satzkonstituenten, ‚Präsuppositionen' zwischen Sätzen, usf.) unterscheidet.

Weiterhin fragen wir nach den Bedingungen, unter denen das Machen von deskriptiven Aussagen über einen literarischen Text als rationale Handlung angesehen werden kann. Das heißt, wir fragen nach den Bedingungen, unter denen von einer *Konversation* die Rede ist. Wir sehen hier, daß das Aufstellen einer Theorie der grammatischen und poetischen Struktur von Texten in einer natürlichen Sprache und das Zuschreiben einer grammatischen und poetischen Struktur an einen bestimmten, konkreten Text zwei unterschiedliche Handlungen sind. Es ist die letztere Handlung, die uns in all ihren Varietäten beschäftigen soll.

2.3 „Wer aber ist die Partei?“ Vom Schließen

Wenn *B* auf die Frage von *A* eingeht, dann gilt nach den Überlegungen von § 2.2 minimal die folgende Bedingung dafür, daß seine Antwort als die gewünschte Erläuterung gelten kann:

(4) B gibt eine Erläuterung (der Teile Z) von T, wenn er auf seine linguistisch-poetische Kompetenz zurückgreift.

Ich gebrauche in (4) den Ausdruck ‚Kompetenz‘ wie er allgemein in den Humanwissenschaften verwendet wird, das heißt, nicht in der spezifischen Interpretation, die Chomsky ihm in den *Aspects* gegeben hat. In diesem Sinn ist auch die folgende Erweiterung von (4) zu verstehen (die also nicht unbedingt als Erweiterung des Kompetenz-Begriffs von Chomsky zu verstehen ist):

(4′) B gibt eine Erläuterung (der Teile Z) von T, wenn
(a) er auf seine linguistisch-poetische Kompetenz zurückgreift;
(b) er auf seine logisch-argumentative Kompetenz zurückgreift.

Die Tragweite dieser Erweiterung möchte ich durch ein Beispiel veranschaulichen. Dafür gehe ich davon aus, daß die Komponenten von (4′b) in ähnlicher Weise wie die Komponenten von (4′a) zu behandeln sind. Ich nehme also an, daß z. B. die Schlußweisen, über die *B* (und *A*) verfügen, nicht auf deduktive Schlüsse beschränkt sind, daß es lediglich analytisch zulässig ist, zwischen deduktiven Schlüssen und anderen logisch-argumentativen Schlüssen zu unterscheiden. (Zumindest soll das im Rahmen einer Untersuchung des Schließens gelten, die natürliche Sprachen zum Gegenstand hat; vgl. hierzu Wunderlich 1974: § 6, Blau 1977 und Alexy 1978, Kap. AI3.) Wir werden später, in §§ 2.6 und 2.9 sehen, wie die ‚logisch-argumentative Kompetenz‘ im Falle von Konversationen über Literatur im einzelnen zu strukturieren ist.

Ein Leser (oder Hörer) des Gedichts „Wer aber ist die Partei?“ von Brecht, der mit dem isolierten Text in Berührung kommt, wird sich fragen, wer der Referent der Nominalkonstituente „die Partei“ ist, nach deren Identität in Zeile 1 gefragt wird. Die Frage nach dem Denotatum von „die Partei“ ist nicht zu verwechseln mit der thematischen Frage von Zeile 1. An der Identität ‚der‘ Partei kann nur zweifeln, wer weiß, auf welches Objekt sich „die Partei“ bezieht. Für einen Sprecher des Deutschen funktioniert der bestimmte Artikel in Kombination mit einem Nomen normalerweise anaphorisch; das heißt, er stellt den Rückbezug des Nomens auf das zuvor identifizierte Individuum her, das durch das Nomen bezeichnet wird. Die zweite Strophe des Gedichts gibt zwar eine Reihe von Antworten auf die Fragen nach den Eigenschaften der Partei, erlaubt aber ebenfalls nicht, die zu ihrem Verständnis erforderliche elementare Operation der Referentialisierung von „die Partei“ auszuführen. (Das heißt, das durch „die Partei“ bezeichnete Individuum kann auch nicht kataphorisch, durch Bezug auf den nachfolgenden Text, erschlossen werden.) Ich gebe hier den Text von Strophen I und II in der Version des Gedichts, die ich als ‚T_1‘ bezeichne. (Für eine ausführliche Diskussion der Frage der ‚Versionen‘ von „Wer aber ist die Partei?“ vgl. unten, § 3.3):

I 1 Wer aber ist die Partei?
2 Sitzt sie in einem Haus mit Telefonen?
3 Sind ihre Gedanken geheim, ihre Entschlüsse unbekannt?
4 Wer ist sie?

II 5 Wir sind sie.
6 Du und ich und ihr – wir alle.
7 In deinem Anzug steckt sie, Genosse, und denkt in deinem Kopf.
8 Wo ich wohne, ist ihr Haus, und wo du angegriffen wirst, da kämpft sie.

Für einen Leser (oder Hörer), der auf die ihm zur Verfügung stehende linguistisch-poetische Kompetenz des Deutschen beschränkt ist, muß – so die Vorhersage der von mir angenommenen Theorie der grammatischen und poetischen Struktur des Deutschen – eine semantische Anomalie entstehen. Mit anderen Worten: Er wird das Gedicht an dieser Stelle nicht verstehen können. Versteht er indessen das Gedicht an dieser Stelle nicht, wird er auch Schwierigkeiten im Verständnis der beiden restlichen Strophen haben. Bevor ich auf diese Schwierigkeiten zu sprechen komme, gebe ich zunächst den Text von Strophen III und IV von T_1:

III 9 Zeige uns den Weg, den wir gehen sollen, und wir
10 Werden ihn gehen wie du, aber
11 Gehe nicht ohne uns den richtigen Weg
12 Ohne uns ist er
13 Der falscheste.
14 Trenne dich nicht von uns!
15 Wir können irren, und du kannst recht haben, also
16 Trenne dich nicht von uns!

IV 17 Daß der kurze Weg besser ist als der lange, das leugnet keiner
18 Aber wenn ihn einer weiß
19 Und vermag ihn uns nicht zu zeigen, was nützt uns seine Weisheit?
20 Sei bei uns weise!
21 Trenne dich nicht von uns!

Im Rahmen seiner linguistisch-poetischen Kompetenz – so die Vorhersage meiner Theorie – wird unserem Leser (Hörer) nichts anderes übrigbleiben, als die Frage nach dem Referenten von „die Partei“ auf sich beruhen zu lassen. Die in Zeilen 5 ff. gegebenen Antworten des Gedichts wird er dann in sehr allgemeiner Weise verstehen als Thematisierung der Inklusionsverhältnisse von ‚Ich‘, ‚Du‘ und ‚Ihr‘ in ‚Wir‘ und von ‚Wir‘ in ein umfassendes ‚Sie‘. Die Aussagen von Strophen III und IV wird er nicht anders verstehen können, da sich für die Nominalkonstituente „den Weg“ der gleiche Befund einer semantischen Anomalie ergibt: Eine spezifischere Lesung der Strophen ist offensichtlich abhängig von der vorangehenden Identifikation des durch „den Weg“ bezeichneten Objekts. Die einzige Spezifität, die unser Leser (Hörer) für Strophen III und IV feststellen kann, ist – so die Vorhersage meiner Theorie – die folgende. Das in Strophen I und II angeschlagene Thema der Inklusion wird in diesen Strophen fortgesetzt als Thema der möglichen (drohenden?) Separation bzw. Exklusion des ‚Du‘ von ‚Wir‘.

Ich lasse es bei dieser sehr verkürzenden Darstellung der Reaktionen unseres Lesers (Hörers). Mir geht es hier nicht um die Einzelheiten, die von Leser (Hörer) zu Leser (Hörer) verschieden sein werden. Mir geht es um die Andeutung einer Grenze meiner Theorie, die sich abzeichnet. Denn offensichtlich *kann* unser Leser (Hörer), auch wenn er auf den isolierten Text von „Wer aber ist die Partei?“ trifft, mehr deskriptive Aussagen machen als meine Theorie, die auf seine linguistisch-poetische Kompetenz beschränkt ist, anzugeben erlaubt. Diese Grenze kann nun keinesfalls als Manko der zugrundegelegten linguistisch-poetischen Theorie angesehen werden, wie Opponenten einer ‚linguistischen Analyse‘ von literarischen Texten zu behaupten geneigt sind. Sie ist eine Funktion der analytischen Konzepte, mit denen ich bislang arbeitete. Ziehe ich nämlich (4′b) heran, erweitert sich der Bereich der deskriptiven Aussagen, die ich theoretisch rekonstruieren kann, beträchtlich.

Wie sieht diese Erweiterung aus? Nehmen wir an, unser Leser (Hörer), *A*, ist mit einer schematischen Lesung von T_1 der Art, die ich im Vorangehenden angedeutet habe, unzufrieden. Nehmen wir weiterhin an, daß er nach jemandem Ausschau hält, der die semantischen Anomalien auflösen kann, die einem genaueren Verständnis von Strophen I und II und von Strophen III und IV im Weg stehen. (Ob unser *A* die Schwierigkeiten, auf die er gestoßen ist, als ‚semantische Anomalien‘ umschreibt, soll im Augenblick irrelevant sein.) Ganz offensichtlich erwartet *A* von *B*, daß dieser über Ressourcen verfügt, die ihm nicht zur Verfügung stehen. Diese Ressourcen können nicht seine linguistisch-poetische Kompetenz als solche betreffen. Denn ich bin *per suppositionem* davon ausgegangen, daß *A* über eine ausgebildete linguistisch-poetische Kompetenz verfügt. (Diese Annahme ist wohlgemerkt nicht inhaltlich, à la Chomsky, zu verstehen, sondern lediglich im Zusammenhang des Arguments, das ich entwickeln will.) Ressourcen, über die *A* nicht verfügt, sind, kurz gesagt, im Zusammenspiel von (4′a) und (4′b) in konkreten (Gesprächs-)Situationen zu suchen.

So kann derjenige, den *A* um eine Erläuterung der Zeilen 1 („die Partei“) und 9 („den Weg“) von T_1 gebeten hat, antworten, daß „die Partei“ sich auf die KPD, die Kommunistische Partei Deutschlands, zu einem bestimmten Zeitpunkt in ihrer historischen Entwicklung (etwa um 1930) bezieht. In seiner Antwort begründet *B* die Behauptung, daß die KPD zu Zeitpunkt *t* das Denotatum von „die Partei“ ist, wie folgt. Brecht schrieb das Gedicht um 1930. Zu diesem Zeitpunkt hatte er enge Beziehungen zu Mitgliedern der KPD, obwohl er selbst kein Mitglied war. Aus dieser Information folgt, so *B*, mit großer Wahrscheinlichkeit, daß er mit „die Partei“ nur die KPD meinen konnte. Diesen Schluß kann *A* sich zu eigen machen; das heißt, im Rahmen der gegebenen Konversation über T_1 gilt der Aussage, daß „die Partei“ sich auf die KPD zum Zeitpunkt *t* bezieht, als deskriptive Aussage. *Daß A* sich den Schluß zu eigen machen kann, können wir dadurch erklären, daß er im Rahmen seiner logisch-argumentativen Kompetenz zulässig ist.

Nun könnte man einwenden, daß die Prämissen, auf denen der Schluß von *B* beruht, auch für *A* gegolten haben müssen – daß meine Auffassung der linguistisch-poetischen Kompetenz von *A* zu restriktiv sei, zu sehr den Auffassungen Chomskys folge. Wenn nun aber gilt, so der Einwand, daß die Informationen, die *B* herangezogen hat, auch zu dem ‚praktischen Wissen‘ von *A* gehören (Teil seines ‚enzyklopädischen Lexikons‘ sind), dann wäre von Anomalien gar keine Rede. Dies mag der Fall sein für „die Partei“. Ich bezweifle jedoch, ob es möglich ist, für „den Weg“ ein ähnliches Argument zu konstruieren. (Dazu im Folgenden.)

Aber selbst wenn wir annehmen, daß *A* für Zeile 1 keine semantische Anomalie konstatiert hat, daß für ihn die Denotation von „die Partei“ problemlos ist, bleibt sein Verständnis des isolierten Texts sehr allgemein. Dies zeigt sich daran, daß es für ihn die Pronomina von Zeilen 5 und 6 sein werden, wo seine Verständnisschwierigkeiten beginnen werden – auch wenn die Verständnisschwierigkeiten, die sich durch „sie“ ergeben könnten, wegfallen.

Ohne ein Verständnis der Referenz des Sprechers – „wir“ – und des/der Angesprochenen – „du“, „ich“, „ihr“, „wir alle“, Zeile 6 – kann *A* nicht verstehen, was gesagt wird, wenn in Zeile 5 gesagt wird, daß „wir“ die Partei („sie“) sind. *A* kann in Zeile 7 allenfalls verstehen, daß es einen Anzug gibt, in dem die Partei steckt; daß es einen Kopf gibt, in dem sie denkt. Er kann in Zeile 8 allenfalls verstehen, daß die Wohnung von jemanden ihr Haus ist; daß sie dort kämpft, wo jemand angegriffen wird. Die figürliche Sprechweise von Zeilen 7 und 8 (vgl. Anm. 19), so kann man pointiert sagen, stellt für einen Sprecher des Deutschen keine Schwierigkeit dar – sie ist im Rahmen seiner linguistisch-poetischen Kompetenz auflösbar. Was Schwierigkeiten darstellt, ist die Tatsache, daß die soeben gegebene Version von Zeilen 7 und 8 mit Existenzquantor nicht extensionsgleich ist mit dem ursprünglichen Text. Die Besonderheit, die in den expliziten Personalpronomina der ersten und zweiten Person in Zeile 8 und in dem Possessivpronominen der zweiten Person und dem impliziten Personalpronomen der ersten Person in Zeile 7 steckt, geht dabei verloren. Gebrauch der Personalpronomina der ersten und zweiten Person setzt normalerweise im Deutschen voraus, daß der Sprecher und der/die Angesprochene(n) identifizierbar sind. Und genau das ist hier nicht der Fall. Anomalie also auch hier – und zwar eine lexikalisch unaufhebbare Anomalie.

Wenden wir uns nun zur Illustration der Erweiterung des Bereichs deskriptiver Aussagen der offen gebliebenen Frage nach der Erläuterung von Zeile 9 („den Weg“) zu. Wir lassen es dahingestellt, ob *A* um eine Erläuterung von Zeile 1 („die Partei“) gebeten hat oder nicht. Wir gehen davon aus, daß die Aussage

(A1) Mit „die Partei“ ist die KPD zum Zeitpunkt *t* gemeint.

zu den für ihn gültigen Aussagen über T_1 gehört. Die Antwort von *B* auf die Frage von *A* lautet dann (*B* kann dabei, muß aber nicht die gleiche Person sein wie im Falle einer Frage um Erläuterung von Zeile 1), daß zum Zeitpunkt *t* die KPD in heftige interne Auseinandersetzungen sowohl praktischer als theoretischer (‚ideologischer‘) Natur verwickelt war; und daß diese Auseinandersetzungen auf dem Hintergrund sowohl der politischen, intellektuellen und ökonomischen Situation der Weimarer Republik als auch der Entwicklung der KPdSU, der Kommunistischen Partei der Sowjetunion, zu sehen sind. Nach einer Skizze der Auseinandersetzungen und ihres Hintergrunds verbindet *B* seine Information mit der thematischen Frage und Entwicklung des Gedichts von den ersten zwei Strophen zur dritten und vierten Strophe. „Der Weg“ verweist, so *B*, auf den weiteren Weg der KP(D), und das Gedicht thematisiert „Solidarität in schwierigen Situationen“ – ein Thema, das in Brechts Produktion seit Anfang der 30er Jahre immer wieder auftaucht. *B* begründet seine Behauptung, daß „der Weg“ auf den Weg der KP(D) verweist, unter anderem mit einem Hinweis auf den Erscheinungsort des Gedichts, erst in der Sammlung *Lieder Gedichte Chöre* (1934), dann in der Sammlung *Hundert Gedichte* (1951). In *Lieder Gedichte Chöre*, so *B*, folgt das Gedicht „Wer aber ist die Partei?“ auf das Gedicht „Lob des Kommunismus“. (Dazwischen steht nur noch das Gedicht „Lob der Partei“; vgl. zu den Einzelheiten § 3.3, S. 148.)

Auch dieser Schluß von *B* ist für *A* ohne weiteres nachvollziehbar und akzeptabel – obwohl die Prämissen, auf denen er beruht, sicherlich nicht mehr in den Bereich seines Lexikons fallen. Erscheinen *A* die Prämissen als wahr, so gibt es für ihn keinen Anlaß, an der Wahrheit der Aussage

(A2) Mit „der Weg“ ist der Weg der KP(D) zum Zeitpunkt *t* gemeint.

zu zweifeln. In welcher Weise *A* zu der Entscheidung kommt, daß die Prämissen wahr sind, soll uns hier nicht beschäftigen. Sie können z. B. in Übereinstimmung mit seinem Wissen um die Geschichte der Weimarer Republik, mit seinem Wissen um das Werk und die Biographie Brechts, sein; er kann aber auch einfach in die Glaubwürdigkeit der Aussagen von *B* vertrauen. Entscheidend ist, daß er davon überzeugt ist, daß (A2) – zusammen mit (A1) – die gewünschte Erläuterung darstellt. Der eigentliche Test für die ‚Wahrheit‘ von (A2) – und (A1) – ist für ihn das Ausmaß, in der die Aussage(n) zu seinem Verständnis des Gedichts beitragen. Oder anders: Daß sie zur Gewinnung von passenden deskriptiven Aussagen über T_1 beiträgt/beitragen, die zuvor nicht in seiner Reichweite waren.

Wir sehen hier, welchen Bedingungen die ‚Welten‘ unterworfen sind, die als ‚relevante Information‘ zum Verständnis eines literarischen Textes *T* gelten. *Sie müssen als Prämissen in Schlüssen fungieren können, die in der Reichweite der logisch-argumentativen Kompetenz der Teilnehmer an einer Konversation über* T *liegen;* und *die Konklusionen dieser Schlüsse müssen als deskriptive Aussagen über* T *gelten, d. h. als Aussagen, die in der Reichweite der linguistisch-poetischen Kompetenz der Teilnehmer liegen.* In dieser Reichweite ist das ‚Zusammenspiel‘ von (4'a) und (4'b), von dem oben die Rede war, näher bestimmt.[18] Im Prinzip ist das Ausmaß ‚relevanter Information‘ ebenso wie das Ausmaß deskriptiver Aussagen über *T* keinen weiteren Bedingungen unterworfen. Die Begrenzungen, die in jeder konkreten Konversation auftreten, ergeben sich aus den konkreten Umständen der jeweiligen Teilnehmer. Wir können unser Beispiel einer Konversation über T_1 noch ein wenig weiter verfolgen um zu sehen, welche weiteren Wendungen im Prinzip möglich sind. Wie im Vorangehenden können dabei *A* und *B* variabel sein. Das heißt, die genannten Verständnisschwierigkeiten sind nicht die ganz individuellen Schwierigkeiten eines bestimmten Lesers (Hörers) des Gedichts. Wenn ich hier *A* konstant halte, dann geschieht das vor allem, um deutlich zu machen, in welchen Wendungen (oder ‚Zügen') sich eine Konversation über einen literarischen Text entwickeln kann.

Nehmen wir an, daß *A* trotz der Überzeugung, daß (A1) und (A2) ‚passend' sind, noch stets das Gefühl hat, das Gedicht als Ganzes, in seiner Besonderheit, nicht richtig zu verstehen. Die Lesung, die (A1) und (A2) ermöglichen, bleibt ihm zu allgemein, da er auch nach Auflösung der semantischen Anomalien von „die Partei" und „den Weg" Schwierigkeiten mit der pronominalen Struktur des Gedichts hat.

Auch wenn mit (A2) die Schwierigkeiten wegfallen, die sich zunächst mit dem Pronomen „er" (bzw. seiner obliquen Form „ihn") in Zeilen 10 ff. ergeben hatten, bleiben die Schwierigkeiten im Verständnis der Pronomina der ersten und zweiten Person, auf die ich oben zu sprechen kam. Wer soll wem „den Weg" zeigen? Wer soll mit wem zusammen „den richtigen Weg" gehen? Wer soll sich nicht von wem trennen? Wer kann irren, wer kann recht haben? Wer vermag es nicht, wem „den kurzen Weg" zu zeigen? Wer ist weise, aber nicht bei wem? Dies sind die Fragen, die sich *A* stellen, wenn er das Gedicht in seiner Besonderheit verstehen will – und die sich einstellen, obwohl das Denotatum von „der Weg" unproblematisch geworden ist, und obwohl für ihn als Sprecher des Deutschen die Bedeutung und die Verknüpfung aller vorkommenden Lexeme keine Schwierigkeiten mit sich bringt. (Das heißt, es liegt, zumindest in Strophen III und IV, auf lexikalischer Ebene keine ‚Abweichung' vor.)[19]

Da die Sätze von Strophen III und IV von Imperativen dominiert sind („Zeige", Zeile 9; „Gehe", Zeile 11; „Trenne", Zeile 14, 16, 21; „Sei weise", Zeile 20), verschärfen sich die Verständnisschwierigkeiten von *A* entsprechend. Nicht nur bleibt ihm unverständlich, welches „wir" mit welchen „du" über „den (richtigen) Weg" spricht. Es bleibt ihm auch unverständlich, in welcher Beziehung das „du" zum „wir" steht; welche Handlungen das „wir" vom „du" erwartet (fordert); und welche Handlungen das „du" überhaupt ausführen will, auf die sich die Argumente und Imperative des „wir" beziehen, die das „wir" zu verhindern trachtet.

Eine entsprechende Frage um Erläuterung nimmt offensichtlich eine relativ komplexe Form an – und auch diese Tatsache, daß Fragen um Erläuterung sehr unterschiedlicher Natur sein können, soll unser Beispielsfall verdeutlichen. In seiner Antwort weist *B* auf die Tatsache, daß das Gedicht zuerst in einem Lehrstück Brechts, der *Maßnahme*, enthalten war. In *Die Maßnahme* erscheint der Text des Gedichts nicht als eine selbständige Einheit. Teile des Textes sind als Rede unterschiedlichen Protagonisten des Stücks zugeordnet. Zeilen 1 bis 4 (Strophe I) sind

Rede des „Jungen Genossen“, Zeilen 5 bis 21 (Strophen II bis IV) sind Rede der „Drei Agitatoren“. Diese Reden gehören zu einem bestimmten Punkt in der Entwicklung der Handlung. „Der junge Genosse“, einer der „Vier Agitatoren“, die durch die KPdSU nach China gesandt sind, hat eine von den übrigen drei Agitatoren abweichende Einschätzung der Lage der Arbeitslosen und Unterdrückten in „der Stadt Mukden“ und der Möglichkeiten einer „direkten Aktion“ entwickelt. Der Abschnitt des Stücks, der dem Text unmittelbar vorangeht, der dem Gedichttext entspricht, enthält eine Gegenüberstellung der beiden Positionen:

DER JUNGE GENOSSE
Hört was ich sage: mit meinen zwei Augen sehe ich,
daß das Elend nicht warten kann. Darum widersetze
ich mich eurem Beschluß zu warten. Heute nacht noch
besetze ich an der Spitze der Arbeitslosen das Stadthaus.
DIE DREI AGITATOREN
Wir wissen, daß das Stadthaus voll von Soldaten ist.
Aber selbst wenn es nicht bewacht wäre, was soll uns
das Stadthaus nützen, wenn die Bahnhöfe, die Tele-
graphenstationen und die Kasernen in den Händen der
Regierung sind? Du hast uns nicht überzeugt. Geh also
zu den Arbeitslosen und überzeuge sie, daß sie nicht
allein losschlagen dürfen. Dazu fordern wir dich jetzt
auf im Namen der Partei.

B weist darauf hin, daß „die Partei“ in Zeile 153 von Szene VI von *Die Maßnahme* (= Zeile 1 des Gedichts) in regulärer Weise auf „die Partei“ in Zeile 151 zurückverweist. Und daß das Vorkommen von „die Partei“ in Zeile 151 und in davorliegenden Zeilen in regulärer Weise — d. h. durch eine Kette von anaphorischen Gliedern — mit einer Einführungssituation verbunden ist, durch die das Denotatum eindeutig identifizierbar ist (vgl. Szene I von *Die Maßnahme*, sowie § 3.2, S. 131)[20]:

DER JUNGE GENOSSE
Wer aber ist die Partei?
Sitzt sie in einem Haus mit Telefonen?
Sind Ihre Gedanken geheim, ihre Entschlüsse
unbekannt?
Wer ist sie?
DIE DREI AGITATOREN
Wir sind sie.
Du und ich und ihr — wir alle.
In deinem Anzug steckt sie, Genosse, und denkt in
deinem Kopf
wo ich wohne, ist ihr Haus und wo du angegriffen
wirst, da kämpft sie.

Zeige uns den Weg, den wir gehen sollen und wir
werden ihn gehen wie du, aber
gehe nicht ohne uns den richtigen Weg
ohne uns ist er
der falscheste.
Trenne dich nicht von uns!
Wir können irren und du kannst recht haben, also
trenne dich nicht von uns!
Daß der kurze Weg besser ist als der lange, das leugnet
keiner
aber wenn ihn einer weiß
und vermag ihn uns nicht zu zeigen, was nützt
uns seine Weisheit?
Sei weise bei uns!
Trenne dich nicht von uns!

In dieser Wendung der Konversation ist somit keine Sprache von Anomalie (oder lexikalischen Inferenzen) hinsichtlich „die Partei". Das Denotatum ist die KPdSU oder die KP im allgemeinen, auf jeden Fall ein eindeutig identifizierbares Individuum. Ähnliches gilt nach *B* von „den Weg", obwohl sich im vorangehenden Text kein weiteres Vorkommen findet und das Denotatum nicht in der Weise eingeführt wird wie das Denotatum von „die Partei". Es läßt sich jedoch nach *B* aus dem vorangehenden Text erschließen. (Und zwar durch Schlüsse, die prinzipiell im Bereich der linguistisch-poetischen Kompetenz liegen.) Seinen Schluß, daß das Denotatum von „der Weg" die zu wählende Strategie zum Zeitpunkt *t* in der Handlung von *Die Maßnahme* ist, begründet *B* u.a. mit der Rekurrenz von „gehen" in Zeile 148 und Zeilen 165 ff.

Auch die Verständnisschwierigkeiten der Personalpronomina der ersten und zweiten Person lösen sich nach Ansicht von *B* auf, da durch die Redesituation ein eindeutiger Bezugsrahmen ('frame of reference') gegeben ist. „Wir" in Zeile 5 und Zeilen 9 ff. bezieht sich auf die „vier Agitatoren", „du" in Zeilen 6 ff. auf den „Jungen Genossen". Und ganz offensichtlich ist das „ich" in Zeile 6 und Zeile 8 *pars pro toto* von „wir", während „ihr" den „Jungen Genossen" und „die Arbeitslosen" (vgl. Zeile 149, *Die Maßnahme*) umfaßt.

Soweit die Erläuterung von *B*. (Ich fasse seine auf die pronominale Struktur bezüglichen Aussagen im Folgenden als (A3) zusammen.) Wir werden in Kapitel 3 sehen, warum diese Erläuterung nicht als ‚wissenschaftliche Interpretation' im Rahmen einer nominalistischen Semiotik der Literatur gelten kann (vgl. §§ 3.3 und 3.4). Sie geht nämlich in unzulässiger Weise davon aus, daß es sich bei dem Text des Gedichts und bei dem Text des Stücks um den gleichen Text handelt. Lassen wir hier indessen diese Korrektur zunächst außeracht, da wir noch nicht über die besonderen Bedingungen verfügen, denen eine *wissenschaftliche* Interpretation eines literarischen Textes unterliegt. Wesentlich ist, daß die Schlüsse von *B* für *A* nachvollziehbar sind; daß sie im Bereich seiner logisch-argumentativen

Kompetenz liegen; und daß sie zu deskriptiven Aussagen führen, nämlich (A3), die im Bereich seiner linguistisch-poetischen Kompetenz liegen. Ob sie nach Meinung von *A* zu T_1 ‚passen‘, ob (A3) und die Prämissen, auf denen sie beruhen, wahr sind, steht auf einem anderen Blatt. Nehmen wir an, daß *A* der Ansicht ist, daß sie nicht passen: Nach seiner Meinung ergibt sich für T_1 aufgrund von (A3) und aufgrund einer Bestimmung des Denotatums von „der Weg“ im Rahmen der Handlung von *Die Maßnahme* eine Lesung, die zu stark auf eine einmalige Situation beschränkt ist. Die nächste Wendung in der Konversation könnte dann sein, daß *A* seinen Einwand *B* vorlegt, und daß *B* entweder auf ihn eingehen kann (oder will) oder nicht. Ob *B* darauf eingehen kann (oder will), wird nicht zuletzt auch von der Form abhängen, in der *A* seinen Einwand formuliert. Diese Feststellungen gehen indessen schon über den konkreten Beispielsfall hinaus, und ich möchte mich ihnen in den folgenden Abschnitten in allgemeiner Weise zuwenden.

Verlassen wir hier also unseren *A*; haben wir ihn bislang zu Illustrationszwecken kennengelernt, werden wir ihm in Kapitel 3 als Person aus Fleisch und Blut wieder begegnen. Was *B* betrifft, so ging es mir in diesem Abschnitt um einen ersten Einblick in die besondere Rationalität, die von ihm gefordert ist, wenn er auf eine Frage um Erläuterung eingeht. Wir können festhalten, daß es nicht auf die Menge der Information ankommt, die er beitragen kann; auch nicht in erster Linie darum, ob die Information ‚relevant‘ ist, d. h. nach Ansicht von *A* ‚paßt‘. In erster Linie kommt es darauf an, daß seine Erläuterung im Bereich von (4′a) und (4′b) liegt. Nicht umsonst hat (4′) die Form einer Implikation: Was als ‚Erläuterung‘ gilt, soll abhängig sein von einem besonderen Verhalten von *B*, von der Erfüllung von besonderen Anforderungen an ihn. Wie verhält es sich dann mit der bekannten Interpretation von T_1 durch Roman Jakobson? Es ist Jakobsons Absicht, die besondere Struktur des Gedichts in allen seinen Aspekten zu beschreiben. Er begreift alle Aussagen, die er macht, als deskriptive Aussagen. (Daß er dabei den Text des Gedichts mit dem Text des Stücks gleichsetzt, sei hier nur angemerkt; ich komme darauf ausführlich in Kapitel 3 zu sprechen.) Für viele seiner Aussagen beruft er sich auf den Text der *Maßnahme*, sowie auf andere poetische und theoretische Texte Brechts. So beginnt er seine Analyse mit der Behauptung, daß das Gedicht ein

> „Musterbeispiel jener künstlerischen Neuerungen des Dichters [sei], die in seinem Aufsatz ‚Über reimlose Lyrik mit unregelmäßigen Rhythmen‘ eine klare Charakteristik erhielten.“ (Jakobson 1976: 111)[21]

Und er beschließt seine Analyse mit einem Zitat aus eben jenem Aufsatz – ein Zitat, das ganz offensichtlich seine eigene Interpretation der Handlung des Gedichts stützen soll:

> „Die verlockende Bitte – $_{9}$*Zeige uns den Weg, den wir gehen sollen* – klingt in Wirklichkeit wie eine hemmende Frage – ‚sollen wir den gehen?‘ – und das feierliche Gelöbnis – $_{9}$*und wir/Werden ihn gehen wie du* – wandelt sich zu einem unerbittlichen Verbot, den eingeschlagenen Weg fortzusetzen. ‚Das sichere ist nicht sicher‘, sagt der Dichter im *Lob der Dialektik*. Aus der Prämisse $_{15}$*Wir können irren, und du kannst recht haben*, folgert keineswegs die

Annahme deines richtigen Weges, sondern der Befehl: 15*also/Trenne dich nicht von uns!* Der Wanderer, der dieses dreifache Gebot überhörte, ist damit unwiederbringlich verurteilt: *Dann muß er verschwinden, und zwar ganz* (347).

‚Ich hielt es nicht für meine Aufgabe, all die Disharmonien und Interferenzen, die ich stark empfand, formal zu neutralisieren', schrieb Brecht über die Quellen seiner dramatischen Poesie (*Über reimlose Lyrik* ..., 138): ‚Es handelte sich, wie man aus den Texten sehen kann, nicht nur um ein ‚Gegen-den-Strom-Schwimmen' in formaler Hinsicht, einen Protest gegen die Glätte und Harmonie des konventionellen Verses, sondern immer doch schon um den Versuch, die Vorgänge zwischen den Menschen als widerspruchsvolle, kampfdurchtobte, gewalttätige zu zeigen'." (ibid.: 126–127)

Für Jakobson scheint es hinreichend, Passagen wie diese zu zitieren, um sie bereits als Stütze für die von ihm gemachten Aussagen anzusehen. Dieses Verfahren ist durch (4′) ausgeschlossen. (4′) verlangt, daß jede deskriptive Aussage aus nachprüfbaren Operationen folgt, die im Bereich der genannten Kompetenzen liegen.

2.4 Von Interpretationen

Unser nächster Schritt besteht darin, die Erläuterung von *B* als einen Text *sui generis* anzusehen. Wir erhalten dann die folgende vorläufige Definition einer ‚Interpretation':

(5) Wir sprechen von einer Interpretation eines literarischen Textes T genau dann, wenn ein Teilnehmer, B, an einer Konversation über T einen Text T′ als Antwort auf eine Frage um Erläuterung von T durch einen anderen Teilnehmer, A, produziert, und wenn T′ in starkem Maße deskriptive Aussagen über T enthält.

Die Bedingung ‚in starkem Maß' soll nun nicht so verstanden werden, daß *T′* ausschließlich aus deskriptiven Aussagen bzw. Äußerungen mit deskriptiver Kraft besteht. Vielmehr geht es darum, solche Texte über *T* als Interpretationen zu klassifizieren, die *im Rahmen einer Konversation über einen literarischen Text* entstehen, d.h. Texte, die bewußt darauf angelegt sind, deskriptive Aussagen eines bestimmten Typs zu machen, nämlich solche, die sich auf bestimmte Eigenschaften von (bestimmten Teilen von) *T* beziehen. Natürlich wird *T′* auch nicht-deskriptive Aussagen enthalten bzw. Äußerungen, die einem anderen Zweck dienen als das Äußern von deskriptiven Aussagen. Das heißt, nicht Eigenschaften des ‚Oberflächentextes' von *T′* oder Eigenschaften des aktuellen Konversationsverlaufs entscheiden darüber, ob eine Interpretation vorliegt oder nicht, sondern das Ausmaß, in dem sich aus dem Oberflächentext bzw. dem aktuellen Konversationsverlauf in starkem Maß deskriptive Aussagen erschließen lassen.

Auf der Meta-Ebene läßt sich so ein Prinzip der Abstrahierbarkeit festlegen, das auf der Ebene aktueller Konversationen zur Anwendung kommt. Es besagt, daß eine Interpretation von *T* vorliegt, wenn sich eine hinreichende Menge von deskriptiven Aussagen aus *T'* isolieren läßt. Die Bedingung ‚in starkem Maße' besagt dann, daß diese Menge nicht nur genügend groß, sondern auch spezifisch oder ‚gerichtet' genug sein muß; daß heißt, sie muß auf die Fragen bezogen sein, die *A* bezüglich (Teilen *Z* von) *T* gestellt hatte. Ich deute diese Menge durch das Symbol ‚I^D' an (mit ‚D' für ‚deskriptiv'). Weiterhin besagt ‚in starkem Maße', daß ‚I^D' eine geordnete Menge darstellt. Die Ordnung von ‚I^D' enthält eine Hypothese über die Struktur von *T* – eine Hypothese, die ebenfalls im Bereich der linguistisch-poetischen und der logisch-argumentativen Kompetenz von *A* liegen muß.

Wir können nach diesen Klärungen (5) ersetzen durch:

Def. 1 (Interpretation)

Wir sprechen von einer Interpretation eines literarischen Textes T genau dann, wenn ein Teilnehmer, B, an einer Konversation über T einen Text T' als Antwort auf eine Frage um Erläuterung von (Teilen Z von) T durch einen anderen Teilnehmer, A, produziert; und wenn T' als die Erläuterung gelten soll, um die A gefragt hatte, derart daß A imstande ist, aus T' die geordnete Menge derjenigen deskriptiven Aussagen I^D zu erschließen, die relevant bezüglich seiner Fragen über (Teile Z von) T sind.

Aus *Def. 1* folgt, daß *T'* auch deskriptive Aussagen enthalten kann, die nicht zu I^D gehören. *B* kann die Frage um eine Erläuterung von *A* zum Anlaß nehmen, über Eigenschaften (Teile) von *T* zu sprechen, die ihm wichtig sind. Seine Aussagen können wahr sein – aber sie können nichtsdestotrotz nicht-relevant sein, da sie andere Eigenschaften (andere Teile) von *T* betreffen als die, um die es *A* in seiner Frage um Erläuterung ging. Damit ist nicht gesagt, daß alle Aussagen über Eigenschaften (Teile) von *T*, die *A* in seiner Frage nicht erwähnt hatte, irrelevant sein müssen. Relevanz und Nicht-Relevanz ist abhängig von der Reaktion von *A* auf die gegebene Erläuterung. Hält *A* eine Aussage von *B*, die Eigenschaften (Teile) von *T* betrifft, die in seiner Frage nicht zur Sprache gekommen waren, für relevant bezüglich seiner Frage, dann gehört diese Aussage zu I^D.

Wenden wir uns dem ‚Prinzip der Abstrahierbarkeit' zu, auf dem die Etablierung von I^D beruht, dann ist deutlich, daß eine eins-zu-eins Korrespondenz zwischen den Äußerungen von *B* und deskriptiven Aussagen, die in I^D eingehen, eher die Ausnahme als die Regel darstellt. Oft enthält eine Äußerung mehr als eine deskriptive Aussage, oft enthält eine Äußerung nur die Fragmente einer deskriptiven Aussage, und oft enthält eine Äußerung Aussagen eines anderen Typs als die Satzform, in der sie gegeben wird, vermuten läßt. Die Aussagen, aus denen I^D besteht, sind nicht immer anweisbare Teile von *T'*, sondern müssen im Normalfall erschlossen werden. Wir benötigen ein geeignetes analytisches Instrumentarium, um diese Schlüsse von Teilnehmern an einer Konversation über literarische Texte zu rekonstruieren. Wir können dafür auf eine lange Tradition in der analytischen Sprachphilosophie zurückgreifen, insbesondere wenn es darum geht, die deskriptive Komponente von Äußerungen von evaluativen und normativen, aber auch von emotiven, affektiven, usf. Komponenten zu isolieren (vgl. den Überblick bei Alexy 1978, Teil A).

Eine Darstellung dieser Tradition würde hier zu weit führen. Es geht mir ja auch nicht um die Eigenschaften von *T'* und die Natur der Differenz zwischen *T'* und

I^D, sondern um die Herauspräparierung des rationalen Kerns von Konversationen über literarische Texte; das heißt, es geht mir um die Eigenschaften von I^D und die Rolle, die I^D in solchen Konversationen spielt. Damit ist nicht gesagt, daß ich die Tatsache verkennen will, daß ganz andere Eigenschaften von T' für die Teilnehmer an einer Konversation eine ungleich größere Rolle spielen können als (Teile von) I^D, ebenso wie ich die Tatsache nicht verkennen will, daß auch Werte, Normen und Gefühle in den Bereich des Rationalen fallen (können). Normative und evaluative Aussagen über T z. B. lassen sich ebenso erschließen wie deskriptive Aussagen; und sie lassen sich im Rahmen von Norm- und Wertsystemen von Gruppen und Kulturen rekonstruieren, ebenso wie deskriptive Aussagen im Rahmen der grammatischen und poetischen Struktur von den natürlichen Sprachen rekonstruierbar sind, die diese Gruppen und Kulturen sprechen. Wohl möchte ich jedoch behaupten, daß in Konversationen über Literatur Normen, Werte und Gefühle an sich, ohne Bezug auf – im präzisierten Sinne – deskriptive Eigenschaften von literarischen Texten wenig Anlaß geben, von Rationalität im Umgang mit literarischen Texten zu sprechen. In diesem Sinne, so meine ich, zielt erst eine Analyse, die die Rolle von deskriptiven Aussagen in Konversationen über Literatur untersucht, auf den rationalen *Kern* dieser Konversationen ab.

Diese Überlegungen betreffen wohlgemerkt *alle* Konversationen über literarische Texte. Sie sind keineswegs auf Konversationen beschränkt, deren Teilnehmer ‚von Amts wegen' nach einem Maximum von deskriptiven Aussagen streben. Solche Konversationen, die auf eine ‚wissenschaftliche Interpretation' von T abzielen, lassen sich vielmehr durch eine geeignete Verschärfung der semantischen und pragmatischen Bedingungen an die Erläuterungen von B charakterisieren. Auf die Art dieser Verschärfung werde ich im Folgenden ausführlich einzugehen haben, da sie alles andere als deutlich ist. Zu betonen ist jedoch, daß sie von einem Begriff der Interpretation ausgeht, der die grundlegende Gemeinsamkeit aller Varietäten von Interpretationen eines literarischen Textes festzustellen erlaubt. Im folgenden Abschnitt sollen die Möglichkeiten einer Typologie von Interpretationen besprochen werden, die sich im Rahmen einer Analyse von Konversationen über literarische Texte ergeben.

Auf den aktuellen Prozeß der Gewinnung von I^D will ich nicht weiter eingehen. Er läßt sich ganz allgemein als trial-and-error Prozedur der Zuordnung von Teilen von T' zu Aussagen von I^D beschreiben – eine Prozedur, die wesentlich auf Rearrangement, Ergänzung, Ersetzung und Elimination von Teilen von T' beruht. Was als eine ‚Interpretation' gilt, ist nicht durch den Prozeß ihrer Gewinnung bestimmt, sondern durch die semantischen und pragmatischen Bedingungen, die sie erfüllt. (Hier liegt dann auch ein wesentlicher Unterschied zu Wienolds Charakterisierung von ‚Interpretationen' im Rahmen seiner Theorie der Textverarbeitung; vgl. Wienold 1972, § 3.2.)

Es sei noch angemerkt, daß die Charakterisierung von I^D als ein Sub-Text von T', der aus einer geordneten Menge von deskriptiven Aussagen besteht, zunächst eine Rekonstruktion auf der Meta-Ebene darstellt. Zu fordern, daß jeder B in einer Konversation über T einen solchen Text produziert, wäre eine zu restriktive Bedingung. Wir werden sehen, daß diese Bedingung eine der Bedingungen darstellt, die ‚wissenschaftliche Interpretationen' von anderen Interpretationen unterscheidet. Wohl kann es durchaus in jeder Konversation der Fall sein, daß *A* seinen Partner *B* auf Lücken, Inkonsistenzen und andere Mängel in der Formulierung aufmerksam macht, die die gegebene Erläuterung nach seiner Ansicht aufweist. Und *B* kann in dem Bestreben, seine Erläuterung für *A* annehmbar zu machen, diese stets mehr so zu formulieren suchen, daß ihr deskriptiver Gehalt so klar wie möglich wird. In einer solchen Situation sind zahllose Wendungen in einer Konversation möglich. Das heißt auch, daß eine Analyse von Konversationen, die sie als lediglich aus einem Paar – Frage um Erläuterung und Geben der Erläuterung – bestehend rekonstruiert, ein viel zu statisches Bild vermittelt. (Man vergleiche bereits die Wendungen in dem schematischen Beispielsfalle einer Konversation über „Wer aber ist die Partei?".)

2.5 Von Typen und Situationen

Im Definiens von *Def. 1* lassen sich eine Reihe von Komponenten angeben, die als Faktoren einer Typologie von Interpretationen dienen können. Die Teilnehmer an der Konversation, *A* und *B*, sowie die Texte *T* und *T'*, sind Faktoren, die auf der Hand liegen. Sie sind auch die Faktoren, auf denen die vorfindlichen, meistens implizit bleibenden, Klassifikationen von Interpretationen (oder Interpretationssituationen) beruhen. Der Gebrauch dieser Komponenten von *Def. 1* als Faktoren erscheint mir indessen erst dann interessant, wenn sie mit einer geeigneten Spezialisierung der zentralen konversationellen Prädikate im Definiens verbunden werden, d. h. mit den Komponenten „eine Frage um Erläuterung" und „produziert ... als Antwort auf —". Beide Prädikate sind ja als möglichst allgemeine Andeutung der besonderen Varietät von Konversationen gemeint, um die es sich bei Konversationen über einen literarischen Text handelt.

Wir können „fragen" in dem Kontext „A fragt B um eine Erläuterung E" ersetzen durch Prädikate, die für spezifische Situationen charakteristisch sind:

(6) A {bittet B um E, verlangt E von B, drängt auf E durch B, erhofft sich E von B, fleht B um E an, versucht B zu E zu bewegen, gibt B sein Bedürfnis nach E zu verstehen, ...}

Die Prädikate unter (6) lassen sich ihrerseits weiter modifizieren, z. B. durch „bescheiden" in:

(6a) A bittet B bescheiden um E

oder durch „hartnäckig" in:

(6b) A drängt hartnäckig auf E durch B

usf.

Da „eine Frage um Erläuterung" in *Def. 1* in „produziert ... als Antwort auf —" eingebettet ist, entsteht eine typische Situation erst durch eine geeignete Ersetzung von „produziert ... als Antwort auf —" durch spezifische Prädikate wie z. B. die folgenden:

(7) B {legt E an A vor, schlägt A E vor, versucht A von E zu überzeugen, gibt A E zu bedenken, nötigt A E auf, fertigt A mit E ab, suggeriert A E, ...}

Auch diese Prädikate lassen sich weiter modifizieren, so daß z. B. entsteht:

(7a) B versucht schrittweise, A von E zu überzeugen

Mit (6) und (7) läßt sich dann eine spezifische Situation z. B. des folgenden Typs charakterisieren:

(8) B schlägt E unter Vorbehalt als Antwort auf die eindringliche Frage von A nach E vor

Wenn in solche Situationstypen geeignete Konstanten für die Variablen – *A, B, E* – eingesetzt werden, gewinnen wir eine konkrete Situation. (Unter ‚*E*' sollen die Eigenschaften von *T* und *T'* subsumiert sein, um die es in der jeweiligen Konversation geht.)

Bei (6), (7) und (8) bin ich davon ausgegangen, daß die Teilnehmer an Konversationen über literarische Texte ein geeignetes verbales Verhalten an den Tag legen – ein Verhalten, das von den Konversanten eindeutig als Ausdruck einer bestimmten Haltung verstanden werden kann. (Die Prädikate in (6) und (7) sind ja labels für Haltungen eines bestimmten Typs.) *A* verbalisiert seine Verständnisschwierigkeiten (von *Z*) von *T* so, daß *B* erkennen kann, daß seine Frage um eine Erläuterung eine eindringliche Frage nach *E* darstellt. Und *B* formuliert seine Erläuterung so, daß *A* aus *T'* deutlich wird, daß *B E* unter Vorbehalt vorschlägt.

Die durch Prädikate wie „A gibt B sein Bedürfnis nach E zu verstehen" und „B suggeriert A E" bezeichneten Situationen können noch in dieser Weise aufgefaßt werden. Sie stehen jedoch auch am Übergang zu Situationen, wo *A* und/oder *B* kein eindeutiges verbales Verhalten an den Tag legen. Solche Situationen lassen sich durch Prädikate wie die folgenden charakterisieren:

(6') B {schließt, vermutet, nimmt an, rät, stellt sich vor, ...}, daß A um E {fragt, fragen will, vor hat zu fragen, fragen möchte, zu fragen intendiert, ...}

Man könnte geneigt sein, parallel dazu, durch Vertauschung von *B* und *A*, das entsprechende Pendant zu (7) zu bilden:

(7')* A {schließt, vermutet, nimmt an, rät, stellt sich vor, ...} , daß B E {vorlegt, vorschlägt, zu bedenken gibt, ...}

Ich bin jedoch der Meinung, daß (7')* unzulässig ist, insofern die derart umschriebenen Situationen genau die Situationen sind, die durch semantische oder pragmatische Bedingungen ausgeschlossen sind (vgl. (4'b) und *Def. 1*, den zweiten Teilsatz). Die Haltungen, die *A* (7')* zufolge annimmt, blockieren die Bedingung, daß *A* imstande ist, I^D aus *T'* zu erschließen. Nur in einer Lesung, die diese Bedingung nicht blockiert, ist auch das Prädikat „B suggeriert A E" als (teilweise) Charakterisierung einer spezifischen Situation zulässig.

Während also (7')* keine Interpretationen charakterisiert (und deshalb in meiner Analyse ausscheidet, was ich durch einen Asterisk andeute), charakterisiert (6') ebenso wie (8) Interpretationen. Oder anders: Erst (6') und (8) zusammen charakterisieren die Menge der vorfindlichen und möglichen Interpretationen. Daß nach meiner Auffassung (7')* keine Interpretationen charakterisiert, macht im übrigen deutlich, in welcher Weise meine Explikation des Begriffs von der vorfindlichen Praxis abweicht. (7')* charakterisiert nämlich nach meinen Beobachtungen in typischer Weise die Haltungen, die Lesern (oder Hörern) durch eine Vielzahl von Texten aufgezwungen werden, die in institutionalisierten Kontexten als ‚Interpretationen' gelten sollen.

In (6), (7) und (8) kommt jeweils zweimal die Variable *E* vor. Natürlich soll damit nicht gesagt werden, daß die Erläuterung, um die *A* fragt, und die Erläuterung, die *B* gibt, identisch sind. Andererseits kann eine solche Situation auch nicht gänzlich ausgeschlossen werden. Es kann z. B. der Fall sein, daß *A* um eine Erläuterung fragt, indem er versuchsweise deskriptive Aussagen bildet, die er *B* vorlegt, und die *B* ohne weiteres als zutreffend bestätigt. Ich gehe davon aus, daß eine solche Situation, in der die I^D von *A* und *B* identisch sind, eher die Ausnahme als die Regel ist.

Wir haben oben bereits die Tatsache erwähnt, daß *B* sich in seiner Erläuterung auf andere Eigenschaften (Teile) von *T* beziehen kann als die, die *A* in seiner Frage um eine Erläuterung erwähnt hatte. Dies gilt *mutatis mutandis* auch für *T* als Ganzes. Wenn *T* aus *einem* Text besteht, kann *B* Eigenschaften (Teile) von einem (oder mehreren) anderen Text(en) in seiner Erläuterung heranziehen. Und *A* kann diese Erweiterung der Extension seiner Frage als relevant annehmen oder zurückweisen. Entsprechendes gilt für Fälle, in denen *T* aus *n* Texten (mit $n > 1$) besteht. In dieser Weise wird die Entscheidung darüber, ob ein Bezug auf z. B. das Genre von *T* noch als in den Bereich der Interpretation von *T* fallend zählen kann, eine Frage der Konstruktion im jeweiligen konkreten Fall. Wenn solche Bezüge als Bezüge auf Entitäten wie z. B. auf ‚die Ballade' oder ‚die Tragödie' zu verstehen sind, sind sie vom (Gegenstands-)Bereich der Interpretation von *T* ausgeschlossen. Wenn sie als Frage nach oder als Erläuterung von bestimmten Eigenschaften von *T* (mit $T = n > 1$) zu verstehen sind, fallen sie in den (Gegenstands-) Bereich der Interpretation von *T*. Diese Überlegungen erlauben es auch, den Begriff des *literarischen Repertoires* der Teilnehmer an einer Konversation über literarische Texte in unsere Analyse einzubeziehen. Es geht mir dabei wohlgemerkt nicht um ihr literarisches Repertoire als solches, sondern um die Texte, die in einer konkreten Konversation eine genau angebbare Rolle bei der Frage um eine Erläuterung von *T* und bei dem Geben einer Erläuterung von *T* spielen. Wir werden in Kapitel 3 auf Beispiele für solche literarische Repertoires zu sprechen kommen (vgl. § 3.1, Seite 125).

2.6 Semantische Bedingungen

Semantische Bedingungen betreffen die Wahrheit von I^D, d. h. die Wahrheit derjenigen deskriptiven Aussagen, die in I^D enthalten sind. Der Begriff der Wahrheit, der hier zur Geltung kommt, bezieht sich auf die Überzeugung der Teilnehmer an konkreten Konversationen über konkrete literarische Texte. *B* muß davon überzeugt sein, daß die deskriptiven Aussagen seiner Erläuterung wahr sind, und *A* muß die Überzeugung von *B* teilen. Wir sehen hier, wie der Begriff der Wahrheit auch in seinem eigentlichen Anwendungsbereich als 'rightness of fit' einer besonderen Art erscheint.

Als weitere Bedingung an das Vorliegen einer Erläuterung erhalten wir somit:

(4″) B gibt eine Erläuterung (der Teile Z) von T, wenn

(a) & (b) von (4′);

(c) B glaubt, daß I^D wahr ist;

(d) A glaubt, daß I^D wahr ist.

Durch (4″d) wird deutlich, daß das Vorliegen einer Erläuterung an das ‚Gelingen' der Konversation gebunden ist. Es genügt nicht, daß *A* seine Frage so formuliert, daß *B* ihn begreift und daß *B* bei seiner Antwort von der Wahrheit seiner deskriptiven Aussagen überzeugt ist. *A* muß imstande sein, I^D zu erschließen, und *A* muß die Aussagen aus I^D für wahr befinden. Bedingung (4″d) ist vielleicht etwas zu strikt formuliert, da es vielleicht zu weit geht zu fordern, daß *alle* Aussagen aus I^D (für *A*) wahr sein müssen. Da ich aber nicht sehe, wie und wo hier eine unterste Grenze zu ziehen ist – in dem Sinne, daß zumindest *i* der *n* Aussagen aus I^D wahr sein müssen, damit von einer Erläuterung die Rede sein kann –, belasse ich (4″d) in dieser strikten Form.

Es dürfte deutlich sein, daß (4″) nicht in dem Sinn zu lesen ist, daß das Gelingen der Konversation in einer einzigen konversationellen Wendung vor sich geht. Bis (4″d) erfüllt ist, kann die Konversation in sehr vielen Wendungen verlaufen sein. Sowohl *A* wie *B* können wiederholt zurückfragen; sie können den ursprünglichen Bereich der Frage von *A* ausdehnen oder einengen; sie können die Frage revidieren, präzisieren, reformulieren und transformieren. Und nicht jede Konversation muß auf Anhieb gelingen. *A* kann seine Frage zurücknehmen – sei es durch Verlust an Aktualität, sei es durch (von *B* bewirkte) Einsicht in ihre Unbeantwortbarkeit. *B* kann seine Erläuterung (nach *n* Wendungen) zurücknehmen und eine andere geben. *A* kann seine alte Frage durch eine neue an seinen alten Partner *B* ersetzen; er kann aber auch für seine alte Frage einen neuen Partner suchen.

Eine Grenze zu ziehen derart, daß man allgemein sagen kann, wann es sich um eine neue Wendung in einer alten Konversation handelt und wann eine neue Konversation beginnt, erscheint mir äußerst schwierig. Konversationen können einen sehr komplexen Verlauf nehmen. *A* kann z. B. die Konversation mit seinem ursprünglichen *B* beenden, eine neue Konversation mit einem anderen *B* beginnen, um dann von neuem in die alte Konversation einzutreten. *B* kann z. B. die Konversation mit *A* verlassen, um seinerseits als *A* einem *B* eine auf die ursprüngliche Frage von *A* bezügliche Frage um Erläuterung vorzulegen, um dann mit der erhaltenen Erläuterung die Konversation mit *A* wieder aufzunehmen.[22] Handelt es sich in diesen Fällen um zwei verschiedene, ineinandergeschachtelte Konversationen, oder um eine komplexe Wendung der gleichen Konversation?

(4″c) und (4″d) sind zwar gleichlautend, jedoch unabhängig voneinander formuliert. Erst wenn *A* glaubt, daß I^D wahr ist, liegt eine Erläuterung von (*Z* von) *T* vor, ist die Konversation über *T* ‚gelungen'. Und *daß A* glaubt, daß I^D wahr ist, folgt nicht einfach aus der Tatsache, daß *B* glaubt, daß I^D wahr ist. Eine Analyse, die auf die Herauspräparierung des rationalen Kerns von Konversationen über Literatur abzielt, muß sorgfältig zwischen einer Manipulation (oder Indoktrination) von *A* durch *B* und einer Überzeugung von *A* durch Argumente von *B* unterscheiden. Wenn „glauben" in (4″c) heißt, daß *B* bereit und imstande ist, seine Überzeugung von der Wahrheit der deskriptiven Aussagen aus I^D durch Argumente zu begründen und zu verteidigen, so heißt „glauben" in (4″d), daß *A* aufgrund von Argumenten von *B* zu der Überzeugung gelangt ist, daß sie wahr sind. *A* wird also auf die ***Argumente*** von *B* verweisen, wenn er nach den Gründen gefragt wird, warum er eine Verständnisschwierigkeit bezüglich (*Z* von) *T* für aufgelöst hält.

„Glauben" in (4″c) soll somit ausschließen, daß *B lügt* oder ***betrügt***; „glauben" in (4″d), daß *A* blindlings ***einer Autorität folgt***. Damit will ich keineswegs ausschließen, daß in Konversationen über Literatur manipuliert und indoktriniert wird, und daß Ansichten über Literatur das Produkt von Autorität, Gewohnheit und Gehorsam sind. Leider ist es so, daß eher Manipulation und Indoktrination, Habituation, Unterwerfung und Autorität das Bild unseres Umgangs mit Literatur prägen als Argumentation. Umso wichtiger erscheint es mir, das Element der Rationalität zu betonen, das – sei es auch nur im Verborgenen oder aufgrund bewußter Bemühung um seine Rehabilitation und Amelioration – ein Sprechen über Literatur zu einer Konversation macht.

Wir erhalten somit die folgende Definition einer Erläuterung:

Def. 2 (Erläuterung)

B gibt eine Erläuterung (der Teile Z) von T genau dann, wenn

(a) er auf seine linguistisch-poetische Kompetenz zurückgreift;
(b) er auf seine logisch-argumentative Kompetenz zurückgreift;
(c) B glaubt, daß I^D wahr ist;
(d) A glaubt, daß I^D wahr ist;
(e) B für die Wahrheit von I^D Argumente angeführt hat derart, daß der Glaube von A an die Wahrheit von I^D das Ergebnis dieser Argumentation ist.

Def. 2 schließt keineswegs aus, daß *B* und *A irren* (können), wenn sie glauben, daß I^D wahr ist. Einer oder beide von ihnen können entdecken (zu der Überzeugung gelangen), daß I^D (oder Teile von I^D) unwahr ist (sind); daß die Argumentation von *B* auf falschen Prämissen beruhte usf., ohne daß damit nachträglich eine Verletzung von Bedingung (e) gegeben ist und *E* als Erläuterung ausscheidet. Es ergibt sich lediglich für *A* und/oder *B* die Notwendigkeit, die falsche I^D (oder die falschen Teile von I^D) durch eine wahre I^D (die wahren Teile von I^D) zu ersetzen. Sollte es sich dagegen zeigen, daß die Falschheit von (Teilen von) I^D auf fehlerhafte Schlüsse von *B* zurück zu führen ist – ‚fehlerhaft' im Sinne der logisch-argumentativen Kompetenz von *B* und *A* –, dann ist eine Verletzung von (b) gegeben und scheidet *E* als Erläuterung aus (und zwar ganz unabhängig davon, ob *B* und/oder *A* imstande sind, *E* durch eine andere Erläuterung zu ersetzen).

‚Wahrheit' und ‚Falschheit', so läßt sich konkludieren, folgen dem Maße des 'fit', das *A* und *B* jeweils anlegen – und da dieses Maß normaler Weise in ständiger Entwicklung ist, werden sich auch Zuschreibungen von Wahrheit und Falschheit ständig ändern. Demgegenüber werden Zuschreibungen von Fehlerlosigkeit und

Fehlerhaftigkeit in der Argumentation ungleich weniger fluktuieren – es sei denn, man weicht den entsprechenden Kompetenzbegriff in analoger Weise auf. In meiner Analyse gehe ich davon aus, daß die Kompetenzen *sub* (a) und (b) zwar ebenfalls in Entwicklung begriffen sind, daß jedoch diese Entwicklung relativ homogen ist, d. h. relativ allgemeingültig und auf Gesetzmäßigkeiten (des Sprechens und Denkens) zurückführbar.

2.7 Vom Gelingen einer Konversation: Orientierung an der optimalen maßgeblichen Kompetenz

Auch wenn die Zuschreibungen von Wahrheit und Falschheit an die deskriptiven Aussagen von Erläuterungen in ständiger Fluktuation begriffen sind, wäre es voreilig, daraus abzuleiten, daß ‚alles möglich ist'. Ein wesentliches Kennzeichen von Konversationen über Literatur ist in der Überzeugung der Teilnehmer gegeben, daß die deskriptiven Aussagen in Übereinstimmung mit den ‚Fakten' des Textes sein müssen. Der Text ist hier die ‚Wirklichkeit', die letztlich über Wahrheit und Falschheit einer deskriptiven Aussage entscheidet. Und das Streben nach deskriptiv wahren Aussagen ist – sicherlich wenn wir an der Existenz eines rationalen Kerns festhalten wollen – ein entscheidendes Motiv für den Beginn und den Verlauf einer jeden Konversation über Literatur. Hier wie auch sonst (vgl. oben, § 2.2) gilt, daß das Gefühl, eine deskriptiv wahre Aussage erreicht zu haben, wesentliches Ingredienz der ‚ästhetischen Genugtuung' ist, die als für den Umgang mit Literatur charakteristisch angesehen wird.

Auch wenn die Rede von ‚Fakten' des Textes oder vom Text als letztlich gegebener ‚Wirklichkeit' einer kritischen Analyse nicht standhält (vgl. oben, § 1.2.3), müssen und können wir dennoch dieses grundlegende Streben der Teilnehmer in unsere Analyse aufnehmen. Ein erster Schritt besteht in der Würdigung der Theoriegebundenheit deskriptiver Aussagen. In meiner Analyse heißt das, daß die Teilnehmer an der Konversation über einen literarischen Text diejenigen Eigenschaften an ihm unterscheiden werden, die sowohl im Rahmen ihrer linguistisch-poetischen Kompetenz im allgemeinen als auch im Rahmen der jeweiligen Aktualisierung ihrer Kompetenz liegen, das heißt im Rahmen des für sie verfügbaren, verbalisierbaren und argumentativ einsetzbaren, *Wissens* über linguistisch-poetische Eigenschaften von literarischen Texten.

Der nächste Schritt besteht dann darin, daß wir das Vorliegen einer Erläuterung im Sinne von *Def. 2* auf die Überzeugung der Teilnehmer zurückführen, daß die Erläuterung von *B* auf einer ‚optimalen relevanten Kompetenz' beruht. Die Kompetenz von *B* ist ‚optimal' in dem Maße wie sie es *B* ermöglicht, *A* die gewünschte Erläuterung tatsächlich zu geben. Sie ist optimal ‚relevant' in dem Maße wie ihre Optimalität gänzlich auf die Erläuterung bezogen ist, um die *A* gefragt hatte.

Nehmen wir an, daß eine der Wendungen, die zum Gelingen der Konversation geführt haben, darin bestand, daß *B* die Konversation zeitweilig suspendierte, um ein Handbuch nachzuschlagen oder eine Spezialabhandlung aufzusuchen, einen

Kollegen zu befragen oder eine systematische Analyse (z. B. der metrischen Struktur von *T*) auszuführen. Aufgrund der gewonnenen Information kann *B* die Konversation wieder aufnehmen und zu einem ‚glücklichen Ende' führen. Diese Wendung der Konversation läßt sich dahingehend beschreiben, daß *B* auf eine Kompetenz zurückgegriffen hat, die optimal ist in bezug auf mehr als eine Konversation – eine Kompetenz, die im Prinzip relevant ist in bezug auf jede Konversation. Wir können sie deshalb als ‚optimale maßgebliche Kompetenz' umschreiben.

Das Bestehen einer solchen Kompetenz ist entscheidend für das ‚Gelingen' von Konversationen über literarische Texte – auch dann, wenn ihre Präsenz im aktuellen Fall keine wahrnehmbare Rolle spielt. Denn nach *Def. 2* ist es Sache des ‚Glaubens' von *A*, wann eine Konversation als gelungen gilt. Und *A* kann durch eine Erläuterung von *B* überzeugt sein, die nicht auf die optimale maßgebliche Kompetenz zurückgreift: Sie gibt ihm keinen Anlaß, nach ihrer Abstützung in der optimalen maßgeblichen Kompetenz zu fragen. Wo indessen die Konversation nicht in dieser Weise gelingt, oder wo ein Gelingen gleichzeitig (durch weitere Teilnehmer) oder nachträglich (durch die ursprünglichen Teilnehmer selbst) infrage gestellt wird, wird der Bezug auf die optimale maßgebliche Kompetenz für den Verlauf der Konversation entscheidend – immer vorausgesetzt natürlich, daß es *A* und *B* weiterhin um deskriptiv wahre Aussagen geht. *B* kann Zweifel von *A* an der Wahrheit von (Teilen von) I^D zurückweisen, indem er auf ihre Stützung in K^{om} verweist. (Ich verwende im Folgenden die Abkürzung ‚K^{om}' für *o*ptimale *m*aßgebliche *K*ompetenz.) Und *A* kann seine Zweifel an der Wahrheit von (Teilen von) I^D begründen, indem er nach ihrer Stützung in K^{om} fragt.

In dieser Weise wird deutlich, daß die grundlegende *Orientierung* von Konversationen über Literatur an einer optimalen Kompetenz die Fluktuation in der Zuschreibung von Wahrheit und Falschheit an die deskriptiven Aussagen reguliert. Es ist eben doch nicht ‚alles möglich' – vor allem, wenn es um Bedingungen für das Gelingen einer verbalen Interaktion geht.

Die optimale maßgebliche Kompetenz kann sich in verschiedenen *Standards* manifestieren, die je nach Kontext festlegen, was als optimale Kompetenz zu gelten hat. Es muß jedoch, wie im Falle der optimalen relevanten Kompetenz, prinzipiell möglich sein, auch diese Standards durch die Frage nach der optimalen *maßgeblichen* Kompetenz zu relativieren.

Auch hier will ich keineswegs abstreiten, daß ich idealisiere. Aber auch hier bestehe ich auf der Notwendigkeit der Idealisierung, um zu dem rationalen Kern hinter der Reglementierung von Wahrheit und Falschheit durch Situationen und Standards vorzustoßen. Denn trotz der noch so drückenden Reglementierung durch Situationen und Standards gibt es immer wieder ein *A*, der daran festhält, daß die Wahrheiten von *B* nicht die ganze Wahrheit über die Eigenschaften von *T* sein können – ein *A*, der so lange weiterfragt, bis er die wirklichen Grenzen des verfügbaren Wissens über die linguistisch-poetischen Eigenschaften von literarischen Texten erreicht hat. Und auch vor diesen Grenzen braucht er nicht zurückschrekken, auch bei diesen Grenzen muß er nicht haltmachen. Sie sind, was sie sind: Grenzen, die von Menschen gezogen sind, und damit Grenzen, die von Menschen neu gezogen werden können. (Ein Beispiel zweier solcher *A* wird uns in Kapitel 3 begegnen.)

Im Vorangehenden sind die wesentlichen Bestandteile des Begriffs der optimalen maßgeblichen Kompetenz genannt. Es handelt sich um das Wissen der Experten – ein Wissen jedoch, das nicht an sie gebunden ist, sondern im Prinzip jedem Teilnehmer an einer Konversation über Literatur zur Verfügung steht. Im folgenden Abschnitt werde ich auf die Einzelheiten dieser Begriffsbestimmung näher zu sprechen kommen. Hier will ich zwei Dinge festhalten. Einmal darf auch der Begriff der optimalen maßgeblichen Kompetenz nicht in dem Sinne verstanden werden, daß Experten einen unmittelbaren Zugang zu den Eigenschaften literarischer Texte haben. Ihre expliziten Theorien mit Wissenschaftlichkeitsanspruch haben den gleichen (onto-)logischen Status wie die impliziten oder expliziten Theorien des Alltags. Der einzige Unterschied besteht darin, daß der Anspruch auf Wissenschaftlichkeit neue und andersartige Verpflichtungen und Bedingungen mit sich bringt. Zum anderen wird der Begriff der optimalen maßgeblichen Kompetenz allenfalls in glücklichen Ausnahmefällen mit dem (in Theorien festgelegten) systematischen Wissen einer bestimmten Gruppe von Experten zusammenfallen. Auch er stellt eine Idealisierung dar, eine Idealisierung allerdings, auf die hin Fragen nach dem verfügbaren Wissen orientiert sind. (Das Bild eines Vektors im geometrischen Raum stellt sich hier ein.)

Die grundlegende Bedingung der Orientierung an der optimalen maßgeblichen Kompetenz für das Gelingen von Konversationen über Literatur will ich durch die folgende Erweiterung von (2) festlegen:

(2′) Wir nennen einen Text T einen literarischen Text, wenn Teilnehmer {A, B, ...} an einer Konversation über T in starkem Maß Gebrauch von Termen aus V^{ℓ} machen; und wenn es eine ausgezeichnete Menge von Teilnehmern {..., P, Q, ...} gibt derart, daß diese Teilnehmer das mithilfe von V^{ℓ} ausdrückbare Wissen bezüglich der linguistisch-poetischen Eigenschaften von T zur Verfügung stellen können.

Ein ‚Experte' sei dann ein Teilnehmer aus der Menge {..., P, Q, ...}, der über eine optimale maßgebliche Kompetenz verfügt.

2.8 Vom Experten und seinen Verpflichtungen

Wir haben in den vorangehenden Abschnitten die grundlegenden Gemeinsamkeiten von Konversationen über Literatur herausgearbeitet, indem wir einen allgemeinen Begriff der Interpretation definiert und den Begriff der Erläuterung einer detaillierten Analyse unterworfen haben. Mit dem Begriff der optimalen maßgeblichen Kompetenz haben wir den Begriff des Experten eingeführt und damit in der Menge der Teilnehmer an Konversationen über Literatur eine Teilmenge ausgezeichnet. An dieser Stelle wird der systematische Platz der Literaturwissenschaft im Rahmen einer Analyse von konkreten Konversationen deutlich. Wir haben jedoch damit keineswegs der Konversation zwischen oder mit Experten eine besondere Stellung eingeräumt. Konversationen mit wissenschaftlichem Anspruch sind eine Varietät von Konversationen im allgemeinen; ihre Besonderheit wird sich aus einer geeigneten Analyse des ihnen zugrundeliegenden Erläuterungsbegriffs ergeben (vgl. unten, § 2.9). Da in dieser Analyse die Orientierung an der optimalen maßgeblichen Kompetenz eine systematische Rolle spielt, soll hier dieser Begriff im einzelnen beleuchtet werden.

Halten wir zunächst die Tatsache explizit fest, daß K^{om} nicht an Personen gebunden sein darf:

(9) Eine Kompetenz im Sinne von (4'a) ist die optimale maßgebliche Kompetenz, wenn sie
(a) das verfügbare Wissen über die linguistisch-poetischen Eigenschaften von literarischen Texten umfaßt;
(b) in systematischer Form in Termen von V^e gegeben ist;
(c) allen Teilnehmern {A, B, ...} zugänglich ist derart, daß {A, B, ...} entweder Experten sind oder ihnen Strategien zur Verfügung stehen, die ihnen im Prinzip den Zugang zu ihr ermöglichen.

Die Klausel „im Prinzip" *sub*(c) soll der Tatsache Rechnung tragen, daß Teilnehmern der Zugang zu K^{om} aufgrund aktueller Umstände nicht möglich ist. Ich werte solche Situationen – die häufig genug gegeben sind – als Anzeichen dafür, daß entweder die Behauptung vom Vorliegen einer optimalen maßgeblichen Kompetenz unzutreffend ist – und dann ist es Sache der Experten, Abhilfe zu schaffen; oder daß {A, B, ...} die geeigneten Strategien nicht zur Verfügung stehen – und dann ist es Sache der Ausbildungsinstanzen, die für die linguistisch-poetische Erziehung der Mitglieder einer Sprachgemeinschaft verantwortlich sind, Abhilfe zu schaffen. Diese Anforderungen sind einfacher hingeschrieben als erfüllt. Sie beanspruchen auch nicht mehr, als Hinweise auf die Ursachen dafür zu sein, wann bezüglich Bedingung (c) eine Kompetenz nicht als optimale maßgebliche Kompetenz gelten kann.

Daß es Sache der Experten ist, Abhilfe zu schaffen, gilt für Situationen, bei denen auch beim Vorliegen geeigneter Strategien der Zugang zu K^{om} prinzipiell versperrt ist. Dafür kann es unterschiedliche Gründe geben. Zum Beispiel kann die sprachliche Form, in der K^{om} gegeben ist, derart sein, daß K^{om} nicht allen Teilnehmern zugänglich ist. Damit sage ich nicht, daß K^{om} so formuliert sein muß, daß sie *unmittelbar* allen Teilnehmern zugänglich ist. Zu fordern ist jedoch, daß die Form, in der K^{om} gegeben ist, im Prinzip übersetzbar ist in eine Form, die allen Teilnehmern verständlich ist. Auch wenn K^{om} hochgradig formalisiert gegeben wird, muß ihre Übersetzbarkeit in die Umgangssprache garantiert sein, derart daß unter geeigneter Einführung in die fachsprachliche Terminologie jeder Teilnehmer aus der für ihn geeigneten Übersetzung die gewünschte Information ableiten kann.

Bedingung (b) besagt, daß Teilnehmer ausschließlich systematische Information erhalten – d. h. Information über literarische Texte im allgemeinen. Bedingung (a) besagt, daß jede K^{om} nur eine begrenzte Menge systematischer Information zur Verfügung stellt. Die Feststellung, daß K^{om} keine Information über die besonderen Eigenschaften von *T* enthält, kann ebensowenig zur Widerlegung von K^{om} benutzt werden wie die Feststellung, daß K^{om} nichts über Eigenschaften von literarischen Texten sagt, die nicht in ihrem Bereich liegen. Die letztere Feststellung kann allenfalls Anlaß sein, die behauptete Eigenschaft im Rahmen von K^{om} zu rekonstruieren.

Die Verpflichtung des Experten läßt sich dahingehend zusammenfassen, daß er auf jede vernünftige Frage nach den linguistisch-poetischen Eigenschaften von literarischen Texten im allgemeinen eine vernünftige Antwort zu suchen hat – die Antwort, die im Rahmen von K^{om} möglich ist. Natürlich beherrscht nicht jeder einzelne Experte die ganze K^{om}. Seine Verpflichtung ist eine Verpflichtung, die auf dem Prinzip der ‚Arbeitsteilung' beruht. Hinzu kommt noch, daß der Begriff der optimalen maßgeblichen Kompetenz, wie zu Ende von § 2.7 bemerkt, eine Idealisierung darstellt. Das heißt, die Verpflichtung des Experten ist nicht nur eine arbeitsteilige Verpflichtung, sondern immer auch eine Verpflichtung ‚nach bestem Wissen und Gewissen'.

Eine weitere Relativierung wird ebenfalls an dieser Stelle nötig. Nicht nur ist das ‚verfügbare Wissen' verteilt und ein Wissen ‚nach bestem Wissen und Gewissen'; auch hinsichtlich dessen, was überhaupt als ‚verfügbares Wissen' zu gelten hat, sind die Gemüter geteilt. Wissenschaftsgeschichtliche und -systematische Untersuchungen à la Kuhn und Sneed untermauern den Relativismus Goodmans in dem Sinn, daß auch in den ‚exakten' Wissenschaften niemals eine Theorie ‚das' verfügbare Wissen systematisiert, sondern miteinander konkurrierende Theorien unterschiedliche Versionen des verfügbaren Wissens geben. Auch wenn in einer Wissenschaft wie der Literaturwissenschaft erst ansatzweise von Theorien im strikten Sinne des Wortes gesprochen werden kann (keine ‚ausgereiften' Theorien vorliegen), gilt dieser Befund *mutatis mutandis* auch hier. Das heißt, wir haben nicht nur mit einer Distribution von K^{om} über (Gruppen von) Experten zu rechnen; wir haben auch mit einer unaufhebbaren Variation von K^{om} von ‚Paradigma' zu ‚Paradigma' zu rechnen. Diese Variation muß ebenfalls in der Erweiterung von (2) zum Ausdruck kommen. Wir erhalten somit:

(2″) Wir nennen einen Text T einen literarischen Text, wenn Teilnehmer {A, B, …} an einer Konversation über T in starkem Maß Gebrauch von Termen aus V^{ℓ} machen; und wenn es eine ausgezeichnete Menge von Teilnehmern {…, P, Q, …} gibt derart, daß diese Teilnehmer – im Rahmen ihres Paradigmas – über die für T gültige optimale maßgebliche Kompetenz bezüglich seiner linguistisch-poetischen Eigenschaften verfügen.

2.9 Wissenschaftliche Erläuterungen

Wird eine Erläuterung mit Anspruch auf Wissenschaftlichkeit verbunden, unterliegt sie der folgenden zusätzlichen Bedingung:

(4‴) B gibt eine Erläuterung (der Teile Z) von T, wenn
(a) & (b) von *Def. 2*;
(c′) B glaubt, daß I^D wahr bezüglich K^{om} ist;
(d′) A glaubt, daß I^D wahr bezüglich K^{om} ist;
(e) von *Def. 2*

Aus (4‴) (c′)–(e) folgt, daß in einer solchen Konversation über *T* die Argumentation von *B* explizit Bezug auf die optimale maßgebliche Kompetenz nimmt. „Glauben" heißt hier, daß *B* davon überzeugt ist, daß seine deskriptiven Aussagen über (Teile von) *T* mit K^{om} in Übereinstimmung sind. Und eben diesen Glauben teilt *A* mit *B*, wenn die Konversation gelingt.

Die Bedingung, daß *B* Bezug auf K^{om} zu nehmen hat, wenn er mit seiner Erläuterung einen Anspruch auf Wissenschaftlichkeit verbindet, erscheint einerseits als natürliche Fortsetzung der bisherigen Explikation einer Erläuterung, unterwirft *B* andererseits aber besonderen Verpflichtungen. Seine Argumentation hat nicht allein ‚rational' in einem allgemeinen Sinn von ‚rationaler Rede' zu sein; es gelten die besonderen Regeln für rationale Rede im wissenschaftlichen Kontext. Auch wenn wir einen korrespondenztheoretischen Begriff der Wahrheit verwerfen, bleiben die Anforderungen an wissenschaftliche Rede nicht minder strikt. (Vgl. hierzu auch die Ausführungen in Kapitel 7 von Kamlah & Lorenzen 1967.) Im Folgenden will ich diesen Anforderungen im Falle der wissenschaftlichen Rede über literarische Texte nachgehen.

In die Bedingung, daß *B* Bezug auf K^{om} zu nehmen hat, gehen all die Relativierungen ein, von denen in den vorangehenden Abschnitten die Rede war. Das heißt, daß von *B* nicht gefordert werden kann, daß er sich in jedem Fall direkt an derjenigen Version von K^{om} zu orientieren hat, die nach Konsensus der Experten ihre maßgebliche Formulierung (im Rahmen ihres Paradigmas) darstellt. Es genügt im Normalfall, daß *B* glaubt, daß I^D wahr bezüglich K^{om} ist. Seine Argumentation kann (und wird auch im Normalfall) im Rahmen des *Standards* bleiben, dem er folgt, und den er auch für *A* als gültig annimmt. (Zum Begriff des Standards vgl. oben, § 2.7.) Oder er ‚begibt' sich in den Standard, den *A* für gültig annimmt und stimmt seine Erläuterung darauf ab, usf. Auch für das Gelingen einer Konversation mit wissenschaftlichem Anspruch wird die Verständlichkeit der Erläuterung ebenso wichtig sein wie ihre Orientierung an der optimalen maßgeblichen Kompetenz.

Im übrigen gelten für „glauben" die gleichen Kriterien wie im Falle einer Erläuterung ohne wissenschaftlichen Anspruch. *B* und *A* können irren, ohne daß der erkannte (oder behauptete) Irrtum zur Disqualifikation der Erläuterung führt. I^D wird ‚falsch', aber nicht aus dem Bereich aktualer Erläuterungen ausgeschlossen. Auch führt die nachträgliche Erkenntnis (oder Behauptung) von *A*, daß (Teile von) I^D ‚falsch' sind, nicht dazu, daß (die entsprechenden Teile von) I^D auch für *B* falsch werden muß (müssen). Zwar erweist sich die Konversation nachträglich als nicht gelungen, aber die ‚Schuld' dafür kann nicht bei *B* gesucht werden. Vorausgesetzt natürlich, daß er nicht gegen die gültigen Regeln des Argumentierens verstoßen hat. Dazu gehört, daß er bereit und imstande war, seine Behauptung, daß I^D wahr bezüglich K^{om} ist, zu verteidigen. Anders als im Falle von Erläuterungen ohne wissenschaftlichen Anspruch sind im Falle von Erläuterungen mit wissenschaftlichem Anspruch diese Regeln auch explizit festgelegt. Wir erhalten somit:

(4'''') B gibt eine Erläuterung (der Teile Z) von T, wenn
(a) – (e) von (4''');
(f) B bereit und imstande ist, die Wahrheit von I^D bezüglich K^{om} im Rahmen der gültigen Regeln der Argumentation zu verteidigen.

Daß die ‚gültigen Regeln' der Argumentation explizit festgelegt sind, soll nun nicht so verstanden werden, daß sie unbedingt in Regelsystemen vorliegen. Es wird oft schwierig sein festzustellen, was die ‚gültigen Regeln' des Argumentierens im Einzelfall sind, insbesondere dann, wenn es sich um Regeln handelt, die über den Rahmen der Argumentationsweisen hinausgehen, die in logischen Systemen kanonisiert sind. Es muß jedoch im Prinzip für gegebene Teilnehmer an Konversationen über Literatur möglich sein, sich auf Regeln des Argumentierens zu berufen, die für willkürliche *A* und *B* gültig sind, d. h. auf Regeln, die nicht von (einem von) ihnen *ad hoc* eingeführt werden.[23] (Hier wirkt sich Bedingung (c) von (9) aus.)

Mutatis mutandis gilt das soeben Gesagte auch für die folgende weitere Bedingung an Erläuterungen mit Anspruch auf Wissenschaftlichkeit:

(4''''') B gibt eine Erläuterung (der Teile Z) von T, wenn
(a) – (f) von (4'''');
(g) B sich in bezug auf I^D einer geeigneten Theoriesprache bedient.

Ebenso wie ‚gültig' in (4''''f) soll die Modifikation ‚geeignet' in (4'''''g) der Tatsache Rechnung tragen, daß *B* innerhalb bestimmter Grenzen über einen erheblichen Spielraum verfügt. Ebenso wie im Falle der Regeln des Argumentierens wird es oft schwierig sein festzustellen, welcher Art die Theoriesprache ist, die *B* verwendet – insbesondere dann, wenn es sich um wenig entwickelte Theorien handelt und um Sprachen, die nicht auf Formalisierungen zurückgreifen. Es muß jedoch in jedem Fall für Teilnehmer an Konversationen mit wissenschaftlichem Anspruch möglich sein auszumachen, auf welche Theorie *B* sich bezieht. (Hier wirkt sich Bedingung (b) von (9) aus.)

An (4''''') läßt sich unmittelbar die folgende Bedingung anschließen:

(4'''''') B gibt eine Erläuterung (der Teile Z) von T, wenn
(a) – (g) von (4''''');
(h) B eine geeignete systematische Exposition von I^D gibt.

Diese Bedingung hält fest, daß *A* in einer Konversation mit wissenschaftlichem Anspruch so wenig wie möglich auf sein Abstraktionsvermögen zurückgreifen sollte, um I^D aus T' zu gewinnen. Oder anders: Im Falle einer Erläuterung mit Anspruch auf Wissenschaftlichkeit ist *B* verpflichtet, einen Text T' zu produzieren, der einzig und allein auf das Machen von deskriptiven Aussagen abzielt. Diese Verpflichtung trennt Erläuterungen mit und Erläuterungen ohne wissenschaftlichen Anspruch am deutlichsten voneinander. (Hier wirkt sich Bedingung (a) von (9) aus.)

Eine Erläuterung, die außer Bedingungen (a) und (b) auch Bedingungen (c′) – (h) von (4‴) – (4‴‴) erfüllt, nenne ich eine ‚wissenschaftliche Erläuterung‘:

Def. 3 (wissenschaftliche Erläuterung)

B gibt eine wissenschaftliche Erläuterung (der Zeile Z) von T genau dann, wenn

(a) er auf seine linguistisch-poetische Kompetenz zurückgreift;
(b) er auf seine logisch-argumentative Kompetenz zurückgreift;
(c) B glaubt, daß I^D wahr bezüglich K^{om} ist;
(d) A glaubt, daß I^D wahr bezüglich K^{om} ist;
(e) B für die Wahrheit von I^D Argumente angeführt hat derart, daß der Glaube von A an die Wahrheit von I^D das Ergebnis dieser Argumentation ist;
(f) B bereit und imstande ist, die Wahrheit von I^D bezüglich K^{om} im Rahmen der gültigen Regeln der Argumentation zu verteidigen;
(g) B sich in bezug auf I^D einer geeigneten Theoriesprache bedient;
(h) B eine geeignete systematische Exposition von I^D gibt.

2.10 Von wissenschaftlichen Interpretationen

Unter Verwendung des Begriffs der wissenschaftlichen Erläuterung läßt sich eine ‚wissenschaftliche Interpretation‘ wie folgt bestimmen:

Def. 4 (wissenschaftliche Interpretation)

Wir sprechen von einer wissenschaftlichen Interpretation eines literarischen Textes T genau dann, wenn

(a) ein Teilnehmer, B, an Konversationen über T eine wissenschaftliche Erläuterung (von Z) von T vorschlägt; und
(b) B die Komposition von I^D unter Verweis auf Verständnisfragen F bezüglich (Z von) T durch Teilnehmer {A, B, ...} an Konvervationen über T motiviert, mit A = B als Grenzfall.

Im Vergleich mit (5) und *Def. 1* fällt auf, daß die Erläuterung, die *B* gibt, nicht mehr als Antwort auf eine diesbezügliche Frage von *A* erscheint. Teil (a) von *Def. 4*, so könnte man sagen, trägt dem ‚monologischen‘ Charakter von wissenschaftlichen Interpretationen Rechnung; Teil (b) bewahrt demgegenüber den prinzipiell ‚dialogischen‘ Charakter auch von wissenschaftlichen Interpretationen. Übersehen wir indessen nicht, daß der dialogische Charakter bereits in dem Begriff der wissenschaftlichen Erläuterung verankert ist, der in Teil (a) eingeht: Aus *Def. 3*, (d) und (e), folgt ja, daß eine wissenschaftliche Erläuterung erst dann vorliegt, wenn zumindest eine konversationelle Wendung erfolgreich verlaufen ist.

In Teil (a) von *Def. 4* erscheint nun das Prädikat „vorschlagen“ aus (7), um eine Situation anzudeuten, in der das Gelingen der Konversation noch unbestimmt ist. Denn anders als im Falle von *Def. 1* gibt dieses Prädikat hier nicht die Matrix ab, in der Prädikate aus (6) eingebettet sind, um eine spezifische Situation etwa des Typs (8) zu bilden. Aus Teil (b) geht hervor, daß wir es im Falle von wissenschaftlichen Interpretationen eher mit Situationen des Typs (6′) zu tun haben.

Der Unterschied zu Situationen des Typs:

(8') B schließt, daß A um E fragen will und schlägt (daraufhin) A E vor

liegt nun darin, daß es *B* im Falle von wissenschaftlichen Interpretationen nicht, oder doch nicht in erster Linie, um eine Antwort auf eine vermutliche Frage von konkreten *A* geht. Es geht ihm um die *allgemeine Geltung* seiner Erläuterung. *Def. 4* ist mit der Präsupposition von *B* verbunden, daß jeder {A, B, ...} , der *T in der richtigen Weise* verstehen will, Fragen *F* stellen muß, auf die seine Erläuterung eine Antwort gibt. Teil (b) besagt dann auch, daß eine wissenschaftliche Interpretation erst dann vorliegt, wenn *B* seine Erläuterung durch *expliziten* Verweis auf diese Fragen *F* ergänzt. (Auf die Frage, wann eine wissenschaftliche Interpretation von *T* zu einer gelungenen Konversation über *T* führt, komme ich weiter unten zu sprechen.) In dieser Weise wird die ‚normative Kraft' von wissenschaftlichen Interpretationen an eine Pflicht zur Rechenschaft gebunden, die *B* nicht aus dem Bereich deskriptiver Aussagen läßt.[24]

Wie haben wir uns die Rechenschaft, zu der *B* verpflichtet sein soll, vorzustellen? Die Antwort muß notgedrungen allgemein sein. Die Motivierung der Komposition von I^D muß zumindest das ‚Was' der Erläuterung enthalten – die Teile *Z* von *T*, auf die sich die deskriptiven Aussagen beziehen. Sie muß aber auch das ‚Warum' der Erläuterung enthalten; denn erst dann wird deutlich, warum *B* aus der unendlichen Vielzahl von möglichen deskriptiven Aussagen eben diejenigen ausgewählt hat – und zwar in dieser und nicht in jener Anordnung –, die er ausgewählt – und so und nicht anders angeordnet – hat. Das ‚Bedürfnis nach Verstehen' von *A*, das sich in seiner Frage um eine Erläuterung äußert, kann aus dem Begriff der wissenschaftlichen Interpretation nicht durch den Hinweis darauf ausgeschlossen werden, daß wissenschaftliche Interpretationen allein auf die deskriptiv feststellbaren Eigenschaften von *T* ausgerichtet sind. Wir haben gesehen, daß das Zuschreiben von labels eine Sache des 'fit' ist und nicht eine Sache einer endlichen Menge deskriptiv feststellbarer Eigenschaften von *T*. Ein label paßt, wenn es das Verstehen fördert. Zwar wird das Zuschreiben von labels in unserer Kultur in starkem Maße reguliert; aber dieser Aspekt des ‚literarischen Lebens' sollte auf der Ebene der Analyse nicht ideologisch fixiert werden. In diesem Sinn ist das ‚Warum' der Erläuterung wesentlicher Bestandteil der Erläuterung – auch wenn die gegebene Interpretationspraxis in hohem Maß gegen diese Bedingung verstößt. (Wir werden im folgenden Kapitel sehen, daß auch die linguistisch-strukturalistisch orientierte Interpretationspraxis hier keine Ausnahme bildet; vgl. §§ 3.4–3.5.) ‚Was' und ‚Warum' in einer Frage um eine Erläuterung und im Geben einer Erläuterung lassen sich nicht trennen.

Wenn in Teil (b) von *Def. 4* gefordert wird, daß *B* die Fragen *F* bezüglich (*Z* von) *T* nennt, die er in seiner Erläuterung beantwortet derart, daß jeder beliebige {A, B, ...} versteht, über welche (Teile *Z* von) *T B* spricht, dann wird zugleich auch gefordert, daß jeder beliebige {A, B, ...} versteht, in welcher Weise *B* diese Fragen verstanden hat. Erst (b) schließt aus, daß Situationen des (oben, § 2.5, diskutierten) Typs (7')* entstehen können.

Aus diesen Überlegungen wird deutlich, warum der Fall, in dem *A* = *B* ist, einen Grenzfall darstellt. Wer eine Interpretation mit Anspruch auf Wissenschaftlichkeit geben will, verbindet damit einen Anspruch, der weiter reicht als die Beantwortung der eigenen Fragen. Diese Tatsache findet ihren Ausdruck in der weitgehenden Institutionalisierung des Gebens von wissenschaftlichen Interpretationen, die u. a. mit besonderen Eigenschaften ihrer schriftlichen Präsentation verbunden ist. Das Geben einer wissenschaftlichen Interpretation ist in unserer Kultur eine öffentliche Handlung. Wissenschaftliche Interpretationen, die einen persönlichen, intimen Stil pflegen, sind eher Ausdruck einer initiierenden und/oder elitären Haltung gegenüber Literatur als Ausdruck selbstgenügsamer Exposition der eigenen Verständnisschwierigkeiten. (Dies gilt für viele der verschiedenen Spielarten ‚werkimmanenter' Interpretation, für einen Cleanth Brooks ebenso wie für einen Emil Staiger.) Auch wenn ich die Menge der ***verständigen*** Teilnehmer an einer Konversation über *T* für (notgedrungen) klein erachte, ist mein Verständnis (der Teile *Z*) von *T*, das ich in meiner Interpretation niederlege, ein ***Exemplum*** des rechten Verstehens (der Teile *Z*) von *T*. Die Notation für die Menge der Teilnehmer an einer Konversation über *T* erlaubt es, diese Sachverhalte wiederzugeben. Einmal ist *B* in der Mengenandeutung {A, B, ...} enthalten – *B* selbst ist einer der Teilnehmer an einer Konversation über *T*, auf die er abzielt, ohne daß damit sogleich eine Begrenzung auf *B* im Sinne von jedes {A, C, ...} = *B* verbunden ist. Zum anderen ist die Menge der Teilnehmer offen. Sie kann jederzeit mehr Teilnehmer umfassen als die, auf die *B* ursprünglich abzielte.

Hier liegt das nach meiner Meinung wesentliche unterscheidende Merkmal von ***wissenschaftlichen*** Interpretationen. Sie sind nicht wie Interpretationen im allgemeinen an das Gelingen einer konkreten Konversation mit konkreten Teilnehmern {A, C, ...} gebunden. Die Konversation, die *B* mit dem Geben einer wissenschaftlichen Interpretation eröffnet, ist in diesem Sinn eine ‚hypothetische'. Wohl ist er gehalten, die Fragen *F* von {A, B, ...} zu nennen und I^D entsprechend zu motivieren. {A, B, ...} können, müssen jedoch keineswegs, konkrete Teilnehmer sein. Es ist Sache von *B*, die Teilnehmer {A, B, ...} vorzustellen, von denen er annimmt, daß sie Fragen *F* stellen müßten, wenn sie (Teile *Z* von) *T* in der rechten Weise verstehen wollten.

Das ‚Gelingen' einer wissenschaftlichen Interpretation ist einmal – wie das von Interpretationen im allgemeinen – an das Einhalten von Bedingungen gebunden – Bedingungen, die für Erläuterungen im allgemeinen und für wissenschaftliche Erläuterungen im besonderen gelten. Da aber die Erläuterung im Falle von wissenschaftlichen Interpretationen nur „vorgeschlagen" ist, gibt es kein Maß für ihr Gelingen. Sie kann wiederholt gelingen, und sie kann bis zum jetzigen Zeitpunkt, t_i, noch keinmal gelungen sein, ohne daß sie dadurch als Interpretation ausscheidet. Denn es ist immer möglich, daß sie zu zukünftigen Zeitpunkten, t_{i+n}, gelingt. Eine wissenschaftliche Interpretation (von *Z*) von *T* ist nicht besser, wenn sie öfter als eine andere Interpretation (von *Z*) von *T* gelungen ist – selbst dann nicht, wenn diese andere noch keinmal gelungen ist. Vorausgesetzt ist natürlich, daß alle beide die Bedingungen an eine wissenschaftliche Interpretation erfüllen.

Da im Falle einer wissenschaftlichen Interpretation „vorschlagen" das unspezifische Prädikat „geben" in *Def. 3* ersetzt, werden die Bedingungen im übrigen entsprechend modifiziert. Insbesondere werden Bedingungen (d) und (e) von *Def. 3* dahingehend modifiziert, daß sie prinzipiell – für alle ‚hypothetischen' Teilnehmer – gelten. *Eine* Voraussetzung für das Gelingen einer wissenschaftlichen Interpretation ist dann auch, daß Bedingungen (d) und (e) für konkrete Teilnehmer erfüllt sind. Aber erst wenn auch Bedingung (b) von *Def. 4* erfüllt ist – d. h., wenn konkrete Teilnehmer $\{A_1, B_1, \ldots\}$ die Fragen *F* als *ihre* Fragen verstehen und I^D als auf *ihre* Fragen bezügliche wahre Aussagen annehmen –, kann vom Gelingen einer wissenschaftlichen Interpretation die Rede sein.

Darin, daß eine wissenschaftliche Interpretation weder mit *einem* Gelingen noch mit *n* Gelingen ihre Funktion erschöpft hat, kann man ihren ‚kreativen' Aspekt erblicken. Diese Deutung eröffnet den Weg zu einem Maß der Kreativität von wissenschaftlichen Interpretationen. Eine wissenschaftliche Interpretation ist umso kreativer je öfter sie gelungen ist. Ein solches Maß kann auch zu Vergleichen von konkurrierenden Interpretationen herangezogen werden. Daß das Gelingen hier ein Gelingen ist, das mit erheblicher zeitlicher und räumlicher Verzögerung verbunden sein kann (gerechnet vom Geben der Interpretation an), ändert nichts an dem grundlegend konversationellen Charakter von wissenschaftlichen Interpretationen, der durch dieses Maß in den Vordergrund tritt.

Der konversationelle Charakter von wissenschaftlichen Interpretationen, der durch den monologisierenden und individualisierenden Präsentationsmodus der fertigen Interpretation überdeckt wird, tritt ebenfalls hervor, wenn man sich der Genese der fertigen Interpretation zuwendet. *B* erscheint hier als Teilnehmer an einer Vielzahl von Konversationen, sowohl in der Rolle eines *A* als eines *B*, sowohl in nicht-institutionalisierten (‚privaten') wie in institutionalisierten (‚öffentlichen') Kontexten. Seine Interpretation (von *Z*) von *T* fällt nicht vom Himmel, entspringt nicht fertig seinem Kopf, wie Pallas Athene dem Kopf von Zeus. Sie ist das Produkt seiner Konversationen über Literatur im allgemeinen und über *T* im besonderen. Nur auf diese Weise kann *B* erfahren, welches die Fragen *F* von {A, C, ...} – und welches die von B! – sind.

Wissenschaftliche Interpretationen erfüllen in unserer Kultur eine besondere Funktion – es wäre indessen eine ungebührliche Verzerrung dieser Funktion, sie aus ihrem konversationellen Zusammenhang zu lösen. Das monologische Moment ihrer Präsentation sollte nicht als fundamentales Merkmal gesehen werden. Und es sollte in keinem Fall zum Modell für unseren Umgang mit literarischen Texten überhaupt erhoben werden.

Kapitel 3
Zur wissenschaftlichen Interpretation von Gedichten Bertolt Brechts

3.1 Text und Theorie: Die Konversationen mit Roman Jakobson und Ursula Oomen

Die in § 2.3 angekündigte Auseinandersetzung mit Jakobsons Interpretation von „Wer aber ist die Partei?" sehe ich als Teil einer Konversation mit ihm über diesen Text. Im Folgenden wird es darum gehen zu prüfen, inwiefern sie die Bedingungen an eine wissenschaftliche Interpretation erfüllt. Oder genauer: Auf welche Fragen *F* gibt sie eine Antwort? Sind das die Fragen *F*, die ich oder du an diesen Text stellen (möchten)? Welche Fragen *F* sind nach meiner und deiner Meinung sinnvolle Fragen? Und welche Ressourcen stehen nach Jakobsons Ansicht ihm, mir, dir und allen weiteren {A, B, ...} zur Verfügung, die sinnvolle Fragen *F* stellen (möchten)? Genügt seine Charakterisierung dieser Ressourcen für mich, dich und alle weiteren {A, B, ...}, die ich und du bedenken können?

Im Folgenden wird es also um die Entfaltung einer sehr komplexen Konversation über diesen T_1, „Wer aber ist die Partei?", gehen. Es ist deutlich, daß diese Konversation sich auf mehreren Ebenen abspielen wird. Die Rekonstruktion der *F*, auf die Jakobsons Interpretation eine Antwort gibt, ebenso wie die (Re-)Konstruktion anderer *F*, handelt *über* Konversationen. Voraussetzung dieser (Re-) Konstruktion(en) wird die (Re-)Konstruktion der deskriptiven Aussagen sein, die Jakobson macht, die ich, du und andere {A, B, ...} machen wollen. Beide Formen der Rekonstruktion handeln indessen nicht nur *über* Konversationen: Auch die (Re-)Konstruktion von *F* und der Aussagen von I^D kann – wie sich zeigen wird – eine integrale Form der Teilhabe an einer Konversation sein.

An die Konversation über T_1 will ich eine Konversation über einen weiteren Gedichttext von Brecht, „Die Ballade vom Weib und dem Soldaten", anschließen. Daß ich diesen Text, T_2, zum Gegenstand einer wissenschaftlichen Interpretation werden lassen will, ergibt sich aus dem Umstand, daß er Gegenstand einer Beispielanalyse durch Ursula Oomen ist (in Oomen 1973). Ebenso wie Jakobsons Interpretation von „Wer aber ist die Partei?" hat Oomens Interpretation der „Ballade vom Weib und dem Soldaten" für mich im Lauf der Jahre einen paradigmatischen Charakter gewonnen. Ich habe beide immer wieder in Einführungsveranstaltungen für Studenten der (Allgemeinen) Literaturwissenschaft gebraucht um zu zeigen, welche Praxis mit den methodologischen Prinzipien und den analytischen Mitteln einer Poetik auf linguistischer Grundlage verbunden werden kann. Oomens Analyse eignet sich dafür besonders gut, da sie einerseits an die Begrifflichkeit Jakobsons anschließt, andererseits aber auch bemüht ist, methodologische Prinzipien und analytische Mittel der generativ-transformationellen Linguistik der 60er Jahre zu integrieren. Der Konversation über T_2 kommt insofern eine besondere Rolle zu als sie darauf abzielt, die Theoriekomponente, über die bislang nur auf Meta- (oder analytischer) Ebene gehandelt worden ist, am konkreten Beispiel zu belegen. In Kapitel 2 sagte ich, daß mir eine Theorie des generativen Typs am geeignetsten erscheint (vgl. § 2.2). Im Anschluß an die Beispielanalyse Oomens möchte ich – in Korrektur ihres Gebrauchs methodologischer Prinzipien und analytischer Mittel der generativ-transformationellen Linguistik – vorführen, was damit gemeint ist. Dabei wird auch zur Sprache kommen, wie die Begrifflichkeit Jakobsons hinsichtlich einer Poetik auf linguistischer Grundlage zu bewerten ist. Auch hier erscheinen mir Korrektur und weiterführende Exploration des üblichen Bildes, das man sich von seiner Begrifflichkeit macht, dringend notwendig.

In beiderlei Hinsicht will ich mich vor allem mit phonologisch-metrischen und syntaktischen Eigenschaften von literarischen Texten beschäftigen. Wie die Darlegungen in Kapitel 1 gezeigt haben, nehme ich in Fragen der Bedeutung eine sehr vorsichtige, ja abwartende Haltung ein. Goodmans (Re-)Analyse des ‚Welt'- und des ‚Wahrheits'-Begriffs sowie meine kritische Exposition der Arbeiten von Levin und Pavel deuten die Richtung an, in der eine Semantik auf nominalistischer Grundlage zu suchen wäre. Ich möchte im Rahmen des vorliegenden Buches nicht darauf eingehen, inwieweit das Programm einer solchen Semantik bereits geschrieben ist, welche Probleme dabei aufgetaucht, welche Lösungen vorgeschlagen worden sind. Dies würde in eine schwierige Detaildiskussion sowohl allgemein-logischer wie speziell-linguistischer Fragen führen. Auch müßte zum Verständnis des Lesers die Entwicklung der Theorie der Semantik seit der Version der generativ-transformationellen Sprach- und Grammatiktheorie, die Chomsky in den 60er Jahren entwickelt hat, vorgeführt werden. In Sachen Semantik sind die Beiträge aller Konversanten meines Buches – Jakobson, Oomen, Levin und Pavel – mehr als revisions- und ergänzungsbedürftig. Wie im Falle Levins und Pavels werde ich es auch im Falle Jakobsons und Oomens so halten, daß ich ihre entsprechenden Äußerungen relativiere und da, wo es mir für die Konversation nötig erscheint, meine Sicht der von ihnen angeschnittenen Fragen gebe. Ich hoffe, daß es dem Leser auf der Grundlage der Darlegungen in Kapitel 1 möglich sein wird, sehr komplexe Fragen der Bedeutung durch die Einkleidung der Beispielsanalyse in eine so einfach wie möglich gehaltene logische Terminologie unmittelbar zu erfassen.

Ein ähnliches Bestreben soll auch für die Erörterung syntaktisch-phonologischer Fragen gelten. Auch hier hat seit Chomskys Version der generativ-transformationellen Sprach- und Grammatiktheorie in den 60er Jahren eine heftige, detaillierte und noch keineswegs abgeschlossene Diskussion stattgefunden. Auch ist anzumerken, daß die TGG (wie ich im Folgenden abkürzend Chomskys Version der 60er Jahre bezeichnen will) keineswegs aus der Luft gefallen ist. Sie hat ihren Platz in einem intensiven Bemühen um eine Theorie der Syntax und Phonologie, und zwar in einem strengen Sinne des Begriffs Theorie. Und dieses Bemühen hat gleichzeitig mit und nach der Blüte der TGG in den 60er Jahren in unverminderter

Intensität angehalten. (Es genügt, an den Beitrag von z. B. Lucien Tesnière, Zellig Harris und Richard Montague zu erinnern.) Hinzu kommt noch, daß auch Chomskys eigene Position sich in den letzten Jahren erheblich verändert hat – eine Tatsache, die in die öffentliche Debatte der Medien – aber auch in die stillere, jedoch dafür keineswegs minder heftig geführte Debatte der linguistisch-literaturwissenschaftlichen Seminare und Zirkel – noch kaum durchgedrungen ist.

Ein nicht unwesentlicher Bestandteil dieser Debatte ist die Abgrenzung – oder gerade: die Integration – von Syntax und Semantik. Wahre Bewegungen, ja Glaubenskriege sind aus der erbitterten Debatte dieser Frage unter Linguisten und anderen Sprachforschern (einschließlich der Philosophen unterschiedlicher Provenienz) entstanden. Eine Darstellung dieses Getümmels möchte ich dem Leser ersparen; auch hier geht es mir weniger um die Darlegung meines linguistisch-logischen und philosophischen Glaubensbekenntnisses als um die Darlegung der Prinzipien dessen, was in einer Konversation über Literatur geschieht. Vielleicht ist es dennoch gut, an dieser Stelle zu sagen, daß ich im Folgenden der von Chomsky in den 60er Jahren entwickelten Theoriesprache der Syntax folgen werde. Und zwar aus rein expositorischen Gründen. Wie sich zeigen wird, ist schon der Abstand zwischen der Theoriesprache der TGG und der Sprache, die meine Konversanten, Roman Jakobson und Ursula Oomen, gebrauchen, recht groß. Ich möchte diesen Abstand nicht unnötig vergrößern. Die Sprache der TGG kann – trotz aller Mängel – als Beispiel einer Theoriesprache im Sinne von Bedingung (g) von *Def. 3* gelten. Und sie erlaubt eine einfache Übersetzung – und da, wo es nötig ist, Erweiterung – der Sprache von Jakobson und Oomen in dem Maße, wie es der eigentliche Gegenstand meiner Konversation mit ihnen, die Exploration der Ressourcen von {A, B, ...} und des Bereichs der deskriptiven Aussagen, die wir machen (wollen), erfordert.

Die Orientierung an der Sprache der TGG bedeutet jedoch keineswegs, daß ich Chomskys Bestimmung des Verhältnisses von Syntax und Semantik im allgemeinen folgen will. In dieser Frage nehme ich einen Standpunkt ein, der mit einem Standardstandpunkt der logischen Semantik übereinkommt und mit dem nominalistischen Rahmen von Kapitel 1 verträglich ist.[25]

Mutatis mutandis gilt das für die Theoriesprache der Syntax Gesagte auch für die technische Sprache der Phonologie. Dabei möchte ich anmerken, daß auch die Bestimmung des Verhältnisses von Syntax und Phonologie in der TGG keineswegs problemlos ist. Die Debatte um das Verhältnis von Syntax und Phonologie verlief und verläuft zwar minder spektakulär als der Streit um die semantische Komponente der TGG. Sie wurde und wird aber nicht minder heftig geführt. Das ist insofern nicht verwunderlich als der phonologischen Komponente der TGG eine Art Modellfunktion für den Anspruch auf Theoriebildung zukam. Daß die ‚generative Phonologie' im wesentlichen aus der Zusammenarbeit von Chomsky mit Morris Halle entstand, ist in diesem Zusammenhang keine wissenschaftshistorische Anekdote. Morris Halle war ein Schüler und Mitarbeiter Roman Jakobsons – des Roman Jakobsons, der wohl wie kein anderer dazu berufen war, die sich entwickelnde kontinentale Theorie der Phonologie in die USA einzuführen.[26] Zudem intervenieren auch in die Theorie der Phonologie – und sei es nur über die Theorie der

Syntax – Fragen der Bedeutung in einem Maße, daß auch von der Phonologie her das dreigliedrige Modell der TGG infrage gestellt wurde.

Was mich und meinen Leser an dieser komplexen und verwirrenden Geschichte der Phonologie interessieren muß, ist, daß als Kind der generativen Phonologie auch eine Theorie der Metrik das Tageslicht erblickte. Auch bei der Geburt dieses Kindes spielte Morris Halle eine wesentliche Rolle. Schnell wurde das Kind getauft: Als ‚generative Metrik' mußte es gegen die alteingesessenen metrischen Traditionen antreten und seine Tugenden beweisen.[27] Ob es dazu gegen Ende der 60er/Anfang der 70er Jahre bereits gerüstet war, kann man mit Recht bezweifeln. Auch im Falle der generativen Metrik (und Phonologie) soll es mir indessen keineswegs um Vollständigkeit in der Darstellung der Entwicklungsgeschichte „von den Anfängen bis Heute" oder um Integration „des letzten Standes der Forschung" gehen. Ich werde mich auf einen Beispielsfall, auf eine Probe, beschränken, die nach meiner Meinung sehr gut die Möglichkeiten einer Metrik auf theoretischer Grundlage als Teil einer allgemeinen Theorie des Versbaus verdeutlicht.[28]

Diese Probe soll zugleich die Grundlagen für die Exploration der Ressourcen liefern, die {A, B, ...} für deskriptive Aussagen hinsichtlich des Laut- (oder Klang-) Aspekts literarischer Texte zur Verfügung stehen (können). Die Probe ist der Beschreibung einfacher Versformen entnommen, genauer noch: Der Beschreibung von Nursery Rhymes – Kinderversen oder Versen für Kinder –, die Jacqueline Guéron im Rahmen der metrischen Theorie Morris Halles versucht hat. Die Probe ist insofern aufschlußreich, als sie ein relativ gut abgrenzbares Korpus betrifft – ein Korpus zudem, das nicht (oder doch nicht übermäßig) ‚literarisiert' ist. Mit ‚nicht-literarisiert' meine ich, daß seine metrische Form nicht – oder doch nicht in dem Maße – Gegenstand kontinuierlicher dichterischer Experimente und kritisch-ästhetischer Reflexion gewesen ist wie z. B. der jambische Pentameter (im Englischen), der in Halles (und anderer) Bemühen um den Nachweis der Vorteile der generativen Metrik eine paradigmatische Rolle spielt.

Nach meiner Meinung gehen in die Diskussion von lyrischen Formen wie des jambischen Pentameters viel zu viele ästhetische, literaturhistorische und literaturproduktive Wertungen ein als daß es möglich wäre, an ihnen die Theoretisierung der Metrik und im gleichen Atemzug noch die Nutzanwendung einer Theoretisierung für die Analyse konkreter Formen in ihrer geschichtlichen Entwicklung zu demonstrieren. Dies jedenfalls scheint mir der Grund für den unbefriedigenden Ertrag der Diskussion der ‚generativen Metrik' am Beispiel des jambischen Pentameters (im Englischen) zu sein.[29] Eine Form ‚hoher Dichtung' wie der jambische Pentameter läßt sich nicht definieren als eine metrisch bestimmte Form: Sie ist ein komplexes Gebilde, das durch metrische, ästhetische, literaturhistorische und Produktions-Komponenten zugleich bestimmt ist – ein Genre eher als eine Form.

Nun ist auch der Nursery Rhyme – sicher zumindest in der anglo-amerikanischen Tradition – eher ein Genre als eine Form. Indessen ist hier das genrespezifische Merkmal vor allem durch den Gebrauch bestimmter festliegender metrischer Formen gegeben, die in keiner Weise dem Prozeß kontinuierlicher Normierung, Anti-Normierung, reetablierter und/oder modifizierter Norm unterworfen sind wie im Falle des jambischen Pentameters. Zur Erklärung dieser Tatsache kann man u. a. auf das Ergebnis der Untersuchung des Nursery Rhyme durch Guéron verweisen – daß nämlich das Metrum der Nursery Rhymes eine deutliche Affinität mit den Akzentmustern englischer Sätze aufweist; daß es – anders gewendet – tief in der phonologischen Struktur (des Englischen) eingewurzelt ist. Auf dieses Ergebnis und die damit verbundenen Konklusionen für die Untersuchung metrischer Formen will ich noch ausführlicher in der Konversation über T_2 zu sprechen kommen (vgl. unten, §§ 3.6–8).[30] Hier möge genügen, daß meine Probe es erlaubt, zwanglos den Übergang zu dem Gedicht Brechts herzustellen, das im Mittelpunkt der Konversation steht, um die es mir hier geht. Die wesentlichen metrischen Eigenschaften von T_2 lassen sich *grosso modo* mit denselben Mitteln beschreiben wie Kinderverse im Deutschen. Anders gewendet (und unter Vorwegnahme des Ergebnisses von § 3.7 und § 3.8): Brecht erscheint hier als ein Verseschreiber, der die in seiner Sprache verankerten Möglichkeiten gereimter Lyrik mit regelmäßigen Rhythmen ebenso beherrscht wie die in ihr verankerten Möglichkeiten reimloser Lyrik mit unregelmäßigen Rhythmen. Es wird gut sein, sich davon Rechenschaft abzulegen, um die Beispiele des letzteren Typs – in meinem Fall vertreten durch T_1 – richtig einzuschätzen.

Das im Vorangehenden Gesagte kann auch dazu dienen, den Begriff des Repertoires, den ich in Kapitel 2 eingeführt habe (vgl. § 2.5), näher zu erläutern. Mein Repertoire besteht zunächst aus einer Reihe von Gedichten Brechts, nämlich T_1 und T_2, sowie den ihnen korrespondierenden ‚Versionen' in *Die Maßnahme* bzw. *Mutter Courage*. (Wie sich zeigen wird, umfaßt überdies T_1 wie T_2 mehr als einen Text.) Dieses Repertoire ist zwar durch die Liste der Gedichte genau umschrieben, jedoch keineswegs geschlossen. Es ist offen sowohl hinsichtlich weiterer Gedichte Brechts als auch hinsichtlich des zu diskutierenden Korpus von englischen und deutschen Kinderversen. Dies sind zumindest bereits jetzt erkennbare Erweiterungen des Repertoires. Andere sind nahelegend, wie z. B. die dramatischen Werke Brechts – oder doch zumindest diejenigen, in denen die T_1 und T_2 korrespondierenden ‚Versionen' erscheinen. Im Prinzip sind die möglichen Erweiterungen unbegrenzt – ebenso wie die möglichen 'moves' von Konversationen im Prinzip unbegrenzt sind. Tatsächliche Konversationen und die ihnen zugeordneten Repertoires sind indessen Restriktionen unterworfen – Restriktionen, die sich aus den jeweiligen Besetzungen der in (3) von Kapitel 2 aufgelisteten Faktoren (vgl. § 2.2, oben) ergeben, ebenso wie aus dem 'measure of fit', das für eine gegebene Konversation gilt oder sich in ihrem Verlaufe entwickelt.

Mit dem so bestimmten Repertoire von Texten Brechts ist auch angegeben, in welchem Sinn und in welchem Maß die Konversationen dieses Kapitels einen Beitrag zur Brechtforschung darstellen. Sie tragen nicht nur demonstrativen Charakter. Sie tragen zwar in erster Linie zur Ergänzung der allgemeinen Explikation von Konversationen über Literatur im zweiten Kapitel bei – und zwar so, daß mit ihrer Hilfe diese allgemeine Explikation nachvollziehbar und operationalisierbar wird. (Dies jedenfalls ist meine Absicht.) Zugleich aber tragen sie ihre eigene Existenzberechtigung in sich – wie jede andere Konversation über z. B. die Gedichte Brechts. Und da alle Konversationen des vorliegenden Kapitels auf wissenschaftliche Interpretationen abzielen, reihen sie sich ein in das Korpus wissenschaftlicher Texte, die man als Brechtforschung anspricht. Allerdings hoffe ich, daß ich deutlich machen kann, daß es mir nicht um die *Texte* der Interpretation von T_1 bzw. T_2 geht, sondern um die *Konversation* über T_1 bzw. T_2. Insofern wünsche ich mir, daß diese Konversationen nicht mit diesem Buch enden, sondern weitergeführt werden, mit neuen (wie auch den alten) {A, B, ...}.[31]

Damit ist der Gang dieses Kapitels in groben Zügen umrissen. Sein Rahmen ist ihm durch Kapitel 2 vorgegeben. Die Standpunkte, die mich in wesentlichen Fragen der Methodologie, der Theorie und der Praxis leiten werden, sind durch Kapitel 1 und die soeben gegebenen Erörterungen umschrieben. Wenden wir uns jetzt der Konversation mit Roman Jakobson zu, und damit auch der Ausführung und Ergänzung der Annahmen bezüglich dessen, was {A, B, ...} über „Wer aber ist die Partei?" sagen woll(t)en.

3.2 „Wer aber ist die Partei?" Von Fragen und von Bedürfnissen

Ein *A* – lassen wir für den Augenblick im ungewissen, wann, wie und wo dieser *A* im einzelnen lebt(e) – hat das Gedicht „Fragen eines lesenden Arbeiters" von Brecht gelesen. Das Gedicht (im Folgenden unser T_0) spricht ihn an, weil es andere Fragen stellt als die, die er im Geschichtsunterricht des Gymnasiums zu lernen hatte. (Ich gebe den Text von T_0 nach *Hundert Gedichte*, in meiner Ausgabe S. 103–104:)

FRAGEN EINES LESENDEN ARBEITERS

Wer baute das siebentorige Theben?
In den Büchern stehen die Namen von Königen.
Haben die Könige die Felsbrocken herbeigeschleppt?
Und das mehrmals zerstörte Babylon –
Wer baute es so viele Male auf? In welchen Häusern
Des goldstrahlenden Lima wohnten die Bauleute?
Wohin gingen an dem Abend, wo die chinesische Mauer fertig war
Die Maurer? Das große Rom
Ist voll von Triumphbögen. Wer errichtete sie? Über wen
Triumphierten die Cäsaren? Hatte das vielbesungene Byzanz
Nur Paläste für seine Bewohner? Selbst in dem sagenhaften Atlantis
Brüllten in der Nacht, wo das Meer es verschlang
Die Ersaufenden nach ihren Sklaven.

Der Junge Alexander eroberte Indien.
Er allein?
Cäsar schlug die Gallier.
Hatte er nicht wenigstens einen Koch bei sich?

Philipp von Spanien weinte, als seine Flotte
Untergegangen war. Weinte sonst niemand?
Friedrich der Zweite siegte im Siebenjährigen Krieg. Wer
Siegte außer ihm?

Jede Seite ein Sieg.
Wer kochte den Siegesschmaus?
Alle zehn Jahre ein großer Mann.
Wer bezahlte die Spesen?

So viele Berichte.
So viele Fragen.

Die Ereignisse, die das Gedicht erwähnt – und die im Gedicht als bekannt vorausgesetzt werden, wie die vorherrschende Verbindung bestimmter Artikel + Nominalgruppe bzw. die Verwendung von Eigennamen zeigt –, sind ihm in der Tat bis zum Überdruß vertraut. Also eher ein Grund, diesen Text nicht zu lesen. Aber daß sie in Fragen einer Art auftauchen, die er bisher nicht kennt, läßt sie wieder interessant werden. Oder ist es eher ein Interesse an der Art und Weise, *wie* diese Ereignisse ihm vermittelt wurden? Begreift *A* zum ersten Mal, daß Geschichte nicht ein fixer Lehrstoff ist, sondern entsteht, indem Ereignisse so oder so berichtet werden, und indem eine bestimmte Weise des Berichtens zur vorherrschenden geworden ist? Und begreift *A* vielleicht zum ersten Mal, daß die Geschichte, die er gelernt hat (lernen mußte), eher Aufschluß gibt über die, die diese Geschichte beibringen, als über die vergangenen Ereignisse, von denen die Geschichtsbücher und die Geschichtslehrer sprechen? Wessen Geschichte ist dann die Geschichte, die er auf dem Gymnasium zu lernen hatte? Ist es Zufall, daß die Fragen von T_0 Fragen eines lesenden *Arbeiters* sind? Eines Lesers von Geschichtsbüchern, den das Los der ‚Arbeiter' vergangener Zeiten interessiert?

Diese Fragen werden zu denen gehören, die die weiteren Wege von *A* begleiten und bestimmen. Und wir verstehen, daß unser *A* noch recht jung ist, etwa am Ende seiner mittelmäßigen Karriere als Schüler eines Gymnasiums.

Wir finden *A* wieder als beginnenden Studenten der Literatur und Geschichte. In einer Veranstaltung, die Bertolt Brecht gewidmet ist (war es Zufall, daß er sie belegte?), trifft er auf *Die Maßnahme*. Für die *Maßnahme* – wie generell für die „Stücke" Brechts, die damals zugänglich waren – wird ihm die Frage gestellt, was es mit der Individualität ihrer Figuren auf sich hat. Ist die Auffassung, die der „Junge Genosse" in *Die Maßnahme* von seiner Individualität hat, berechtigt; ist sie eine falsch verstandene, ja sogar eine für andere (die übrigen Agitatoren, aber auch die Aufständischen „Chinas") gefährliche Individualität? Was ist die Lehre dieses Lehrstücks?

Die Antworten, die in der Sekundärliteratur zu finden sind, sind eher verwirrend als daß sie weiterhelfen. Sie verlagern die Fragestellung von den Figuren des Lehrstücks in die Psyche Brechts; in Stellungnahmen pro und contra KP im allgemeinen und KPdSU und KPD im besonderen; in sittliche und moralische Betrachtungen; in Erörterungen quasi religiöser Natur.[32] Ist es verwunderlich, daß *A* seine Aufgabe immer unfaßbarer wird? Sagen wir noch, daß der Zeitpunkt der Veranstaltung früh in den 60er Jahren lag. Womit auch gesagt ist, daß Bertolt Brecht noch kaum Gegenstand ernsthafter philologisch-literaturwissenschaftlicher Kleinarbeit war. Sein akademischer Marktwert war noch ungewiß, seine Rolle als Klassiker erst im Entstehen. Noch lebten er und seine Texte vor allem von ihrer Brauchbarkeit in politischer, sozialer und kultureller Kontroverse.

Gespräche mit einem anderen *A*, in etwa vergleichbarer Lage, brachten nun eine Wende in *A*'s Bemühen um Verständnis der *Maßnahme*. (Ein Bemühen im übrigen, das zeitlich gebunden war – um es euphemistisch zu sagen –, insofern es beurteilbare Ergebnisse zu erbringen hatte. *A* hatte seine Karriere als Student der Literatur und Geschichte ja noch vor sich, das lernte er jedenfalls auch noch bei dieser Gelegenheit.) A_1 und C_1 – unser *A* will ich im Folgenden mit A_1 andeuten, seinen Gesprächspartner aus Gründen, die noch deutlich werden sollen, als C_1 – entschlossen sich, der Komposition des Texts nachzuspüren, in allen ihren Einzelheiten – und zwar sowohl mikrostrukturell als auch makrostrukturell. Mikrostrukturell, indem sie der Abfolge der Zeilen Zeile für Zeile, der Abfolge der Szenen Szene für Szene, der Abwechslung von Prosa und Lyrik Passage für Passage, dem Wechsel von Ebenen zwischen Kommentar und Spiel Wort für Wort und Satz für Satz nachgingen und ihre Ergebnisse besprachen und protokollierten. Makrostrukturell, indem sie ein gleiches taten für die übrigen Lehrstücke Bertolt Brechts und die von Brecht nicht als Lehrstücke bezeichneten Theaterstücke, die vor, gleichzeitig mit und nach den Lehrstücken entstanden waren.

Dies Unternehmen überschritt den Rahmen der Veranstaltung, den Rahmen dessen, was sich zu dieser Zeit als Brechtforschung darstellte, aber auch den Rahmen dessen, was die Literaturwissenschaft an Mitteln bereitstellte. Eine Lebensaufgabe zeichnete sich ab, ohne daß A_1 und C_1 sich dessen recht bewußt wurden. Der erste Schritt war getan, als sich aufgrund der Erschließung der theoretischen Äußerungen Brechts zum Lehrstück *Die Maßnahme* als ein Exemplar des Lehrstücktyps beschreiben ließ. *Die Maßnahme* war ein Text, in dem die Frage nach der Individualität des „Jungen Genossen" nur dadurch beantwortet werden konnte, indem man sie am eigenen Leibe erfuhr, nämlich dann, wenn man die Rolle des „Jungen Genossen" spielte. Der Lehrstücktyp bestimmt die Anlage des Stücks – wobei ‚Anlage' hier wörtlich zu nehmen ist. Brecht wollte eine Experimentsituation aufbauen, die er zum damaligen Zeitpunkt sowohl politisch wie künstlerisch als notwendig und brauchbar betrachtete. Und wie T_0 war *Die Maßnahme* ein Text, der Arbeiter betraf – diesmal nicht als Leser, sondern als Agierende in einer Konstellation, die ihre eigene Sache betraf. Modellhaft in „China", praktisch überall, z. B. auch im Berlin zu Anfang der 30er Jahre. Jeder Teilnehmer der Aufführung war auch Mitspieler. Im Prinzip spielte jeder den „Jungen Genossen" durch, wie jeder auch als „Agitator" und Mitglied des „Kontrollchors" spielte bzw. sang. Zuschauer gab es – zumindest im Prinzip – für *Die Maßnahme* nicht.[33]

Was bedeutete der Text dann für A_1, für C_1? Die Antwort auf diese Frage war ja nicht damit gegeben, daß sie mit philologischer Akuratesse der Chronologie und der Typologie der Brechtschen Dramaturgie nachspürten, daß sie die Vielfalt und die Konsequenz der dramaturgischen Strategie Brechts für die Forschung erschlossen. Denn je mehr die Einsicht in die Besonderheiten der Stücketypen wuchs, in ihre Anlage und Durchführung, in ihre Funktion und Funktionalisierung (durch ständigen Umbau für eine, und ständiges Ausprobieren an einer, sich ständig ändernden Wirklichkeit), desto mehr erfuhren sie von dem Bemühen des Stücke-, Geschichten-, Gedichte- und Theorieschreibers Brecht, schreibend und probend Wirklichkeit aufzudecken, begreifbar und veränderbar zu machen. Die Individualität des „Jungen Genossen" ist keine Konstante, die sich in der Handlung des Stücks dramatisch entfaltet. Im Part des „Jungen Genossen" sollten nach ihrer Auffassung der Absicht Brechts Auffassungen von Individualität auf ihr Potential geprüft werden, wenn es darum ging, in genau bestimmten kritischen Situationen so zu handeln, daß mehr als den Bedürfnissen und Gefühlen *eines* Individuums Rechnung getragen wurde; geprüft werden sollte, ob in diesen Auffassungen von Individualität Platz war für die Bedürfnisse und Gefühle aller derer, die in dieser bestimmten Situation leben. Geprüft werden sollte also der Wirklichkeitsgehalt dieser Auffassungen von Individualität.

Zwei Fragenkomplexe waren es dann, um die die Konversation von A_1 und C_1 anläßlich dieses Stücks kreiste. Das war einmal die Konstruktion der Wirklichkeit, die Brecht für die Anlage der *Maßnahme* vornahm – denn wie konnte sonst von einer ‚Prüfung des Wirklichkeitsgehalts' gesprochen werden, wenn da keine Basis war, an der geprüft wurde? Diese Frage konnte offensichtlich eine einfache Antwort erhalten. Wenn man mit einem Schlagwort zufrieden war, konnte man auf Brechts ‚Bekenntnis zum Kommunismus' verweisen, wie es z. B. auch in der *Maßnahme* zum Ausdruck kommt, man vgl. etwa den Titel „Lob des Kommunismus". Sieht man aber diesen Text an, so wird diese einfache Antwort schwierig. Ein Bekenntnis zu ‚dem Kommunismus' (etwa der offiziellen Position der KPD zur Zeit der ersten Aufführung der *Maßnahme*) läßt sich darin nicht finden. Und so wird es immer gehen, wenn man Brechts Konstruktion der Wirklichkeit auf einzelne Worte, Parolen, Sätze und Titel festlegen will, die er verwendet, mit denen er aber beginnt und nicht endet.

War es nicht so, daß A_1 und C_1 die Begegnung mit den Texten Brechts suchten, weil in ihnen ‚die Wirklichkeit' nicht auf eine Formel – oder auf eine Lehre – gebracht ist? Lernten sie nicht, mit ihnen Aspekte ihrer eigenen Wirklichkeit zu entdecken, z. B. dadurch, daß sie – wenn auch zunächst nur ‚im Geiste' – die Rolle des „Jungen Genossen" einnahmen – unabhängig davon, ob der Text der *Maßnahme* nun gerade in Bann, halb in Bann, halb außer Bann, oder vom Bann der offiziellen Lehre ‚des Kommunismus' verschont war; aber auch unabhängig davon, ob er nun eine ‚Tragödie des Kommunismus', die ‚Auslöschung der Individualität' oder just ihre ‚Unauslöschlichkeit' enthalten sollte?[34] So mündete die philosophische und abstrakt-politische Frage nach der Konstruktion der Wirklichkeit in die praktische Frage nach dem Gestus, der Haltung, die ‚man' in Situationen eines bestimmten Typs einnehmen wird, wenn ‚man' bestimmten Auffassungen von sich und ‚der Wirklichkeit' verpflichtet ist.

Daß diese Frage durch und durch politischer Natur ist, das war A_1 und C_1 durch das Studium der Rolle des „Jungen Genossen" deutlich. Aber waren sie dann eigentlich gerüstet, waren sie eigentlich bereit, die Rolle des „Jungen Genossen" einzunehmen, bzw. die Rollen der anderen „Agitatoren" und die Rolle im „Kontrollchor"? Was bedeutete es eigentlich, die „Rolle des Jungen Genossen einzunehmen", wenn die Anlage des Lehrstücks/der Lehrstücke so bestimmt war, wie es den Intentionen Brechts entsprach? Denn in dieser Weise mußte sich nun für A_1 (und C_1) die Frage nach der ‚Bedeutung' des Textes stellen. Hier begann der zweite Fragenkomplex in den Konversationen von A_1 und C_1. Er teilte sich erkennbar auf in zwei Fragenstränge, die aufeinander bezogen blieben, aber auch auf unterschiedliche Antworten im Leben, in der Wirklichkeit von A_1 und C_1 hinführten.

Für C_1 sollte sich – nach umfänglichen philologisch-literaturwissenschaftlichen Vorarbeiten – das Bedeutungspotential der *Maßnahme* (und anderer Lehrstücke) vor allem im Spiel, durch das agierende Einnehmen der Rollen erschließen. In unterschiedlichen Konstellationen, in unterschiedlich zusammengesetzten Gruppen, zu unterschiedlichen Gelegenheiten mit unterschiedlichen Fragestellungen, erprobte C_1 seit Anfang der 70er Jahre die Anlage dieses (und anderer) Lehrstücke auf seine (ihre) Erfüllbarkeit und Aktualität hin.[35]

Für A_1 war es das, was Brecht den (Sprach-)‚Gestus' nannte, was ihn nicht losließ: Welchen sprachlichen Ausdruck gab Brecht der Individualität des „Jungen Genossen" in den entscheidenden Szenen der *Maßnahme*? Welcher sprachliche Zug erlaubte es, die *Maßnahme* zu der Anlage werden zu lassen, mit der Auffassungen von Individualität in kritischen Situationen der Geschichte prüfbar werden? Es war deutlich, daß eine Antwort nur durch das rechte Verständnis der Mikrostruktur des Stückes gefunden werden konnte. Aber was bedeutete ‚Verständnis der Mikrostruktur' des Stückes? Aufmerksames Lesen von vorne bis hinten, Szene für Szene, Zeile für Zeile, Wort für Wort, unter Heranziehen aller Varianten und Entstehungsstufen? Was aber mußte beim Lesen beachtet werden, was hervorgehoben? Was mußte wie notiert, beschrieben, eingeordnet werden? Verzweiflungsvoll deutlich machte sich das Fehlen von geeigneten Kategorien der Beobachtung, von Beschreibungsverfahren, von Darstellungsformen bemerkbar.

Das vorfindliche (oder doch das A_1/C_1 angebotene und erreichbare) Arsenal von Mitteln der Beobachtung und Beschreibung führte eher zu Verformungen als zum passenden Ausdruck dessen, was sich aus ihren Konversationen über *Die Maßnahme* (und andere Lehrstücke und Stücke) ergab. Wenn es darum ging, die wirkliche Anlage der *Maßnahme* zu verstehen, war eine Beschreibung mit den Mitteln des philologisch-literarischen Essays, wie sie zu Beginn der 60er Jahre zur Verfügung standen, denkbar ungeeignet. Für A_1 mußte es aber darum gehen, genau zu verstehen, in welchen Situationen der „Junge Genosse" sich befand, um entscheiden zu können, inwiefern es für ihn, als A_1 des jetzigen Augenblicks, sinnvoll war, seine Rolle einzunehmen, zu erfüllen. Nur im sprachlichen Detail waren sowohl die Konstruktion der Wirklichkeit, an der er in der Rolle des „Jungen Genossen" teilhatte (teilhaben sollte), als auch die Haltungen zur Individualität, die er in der Rolle des „Jungen Genossen" einnahm (einnehmen sollte), gegeben.

An diesem Punkt der Konversation mit C_1 wurde A_1 deutlich, daß ein wirkliches Verständnis des Textes ein Verständnis seiner eigenen Wirklichkeit bedeutete; und daß dieses Verständnis ein Verständnis der Sprache voraussetzte, die er, A_1, die C_1, der „Kontrollchor", die „Agitatoren", der „Junge Genosse", ... sprachen. Um zu verstehen, was der „Junge Genosse" exemplifizierte, wenn er, A_1, jetzt seine Rolle durchnahm, mußte er verstehen, was er oder C_1 oder A_i exemplifizierte, wenn er die Rolle des „Jungen Genossen" einnahm. Der Begriff der Exemplifikation stand A_1 (und C_1) zu diesem Zeitpunkt indessen nicht zur Verfügung.

Betrachten wir den Anfang der *Maßnahme*. In Szene I berichten die „Vier Agitatoren", wie der „Junge Genosse", Sekretär des letzten Parteihauses „nach der Grenze", ihnen entgegentritt:

> „*Mein Herz* schlägt für *die Revolution*. Der Anblick des Unrechts trieb *mich* in die Reihen der Kämpfer. Der Mensch muß dem Menschen helfen. *Ich* bin für *die Freiheit*. *Ich* glaube an *die Menschheit*. Und *ich* bin für *die Maßnahmen* der kommunistischen Partei, welche gegen Ausbeutung und Unkenntnis für die klassenlose Gesellschaft kämpft."
> (Zeilen 14–21 von Szene I in der Version V in der kritischen Ausgabe von Steinweg Hrsg. 1972: 106; meine Herv.)

Wenn der „Junge Genosse" sagt, er sei „für die Maßnahmen der kommunistischen Partei", was tat er dann eigentlich? Und wenn er sein „Einverständnis mit der Auslöschung seines Gesichtes" bekundete (Zeile 58 von Szene II, ibid.: 110), wenn er mit den Agitatoren aus Moskau „ja sagte" zur Veränderung ihrer Individualitäten in „unbekannte Arbeiter, Kämpfer, Chinesen, geboren von chinesischen Müttern, gelber Haut, sprechend in Schlaf und Fieber chinesisch" (Zeilen 47–49 von Szene II, ibid.: 109), was tat er dann?

Die Anlage seiner Rolle ist abzulesen aus der Häufigkeit, mit der das Personalpronomen der ersten Person zusammen mit abstrakten Begriffen wie „die Menschheit" und „die Freiheit", aber auch „die Revolution" und „die Maßnahmen der kommunistischen Partei" auftritt. Wie aber läßt sich diese Beobachtung[36] angemessen erfassen, so daß sie weiterhilft auf der Suche nach dem Verständnis der Sprache, die der „Junge Genosse" und ähnlich die anderen (konstruierten) ‚Individualitäten' in den Lehr- wie den ‚frühen' und ‚späten' Stücken Brechts sprechen? Half der sprach- und literaturtheoretische Begriff der ‚Aktualisierung' hier weiter? Diesem Begriff war A_1 auf der verzweiflungsvollen Suche nach einer angemessenen Begrifflichkeit begegnet, als er auf die Tradition der modernen, linguistisch orientierten Literaturwissenschaft stieß, die mit den ‚Russischen Formalisten' begonnen hatte. (Zum Begriff selbst vgl. unten, § 3.3.)

Mit welcher Spannung wurde die Nachricht empfangen, daß Roman Jakobson – beinahe schon *grand old man* der Russischen Formalisten, Prager Strukturalisten, Französischen Semiotiker, ... – eine Analyse von Brechts „Wer aber ist die Partei?" veröffentlicht hatte.[37] Was würde seine Analyse erbringen? Wie würde Jakobson die Frage nach der Wirkungsweise der Sprache in einem literarischen Text im allgemeinen und dem von T_1 im besonderen beantworten? *Das* war für A_1 zu diesem Zeitpunkt eine Lebensfrage. Auch wenn seine Wirklichkeit nicht sehr klar bestimmt war – aber war sie überhaupt klarer bestimmbar? –, hing von der Antwort auf die Fragen, die seine Konversationen mit C_1 über T_1 und die *Maßnahme* bestimmten, viel für ihn ab. Wie weit sollte er sich einlassen auf „den Weg" des „Jungen Genossen" und der „Agitatoren"? Denn das war deutlich: Die Rolle des „Jungen Genossen" war (für ihn) mehr als eben einmal ein wenig Theater spielen oder das ABC der Linguistik und Philologie lernen. War es nicht einer der Schritte zum/im „Kommunismus"? Aber was war dann „der Kommunismus"? War es der „Kommunismus" Brechts? Und was war „die Partei"? War es die „Partei" Brechts? Aber zu welcher Zeit? War es die Partei zur Zeit der Entstehung von T_1 und der *Maßnahme* oder zur Zeit seines Wirkens im Theater am Schiffbauerdamm? Einer Partei, der er selber nie angehört hatte? Welche Partei war es dann? Eine der Zukunft, eine der (idealisierten?) Vergangenheit? Was war „der Kommunismus" heute, nach Brecht, nach all dem, was A_1 davon in der DDR, in der BRD zu sehen und zu hören bekommen hatte?

In dieser Hinsicht mußte T_1 für A_1 ein zentraler Text sein. Er stellte für ihn jedoch zu hohe Anforderungen an die Analyse, da dem Gedicht viele, ja eigentlich alle der deutlichen, anweisbaren Merkmale der Organisation von Poesie fehlten: Reim, Metrum, Strophik, Bildlichkeit. An solchen Merkmalen eine Interpretation anzuknüpfen, mit ihrer Hilfe die ‚Bedeutung' eines Textes zu ‚entdecken' – das war das, was A_1 auf der Schule und an der Universität gelernt hatte. So blieb A_1 nach noch so oft wiederholtem Lesen, Zeile für Zeile, Satz für Satz, Wort für Wort, T_1 gegenüber im Grunde ratlos – und, wie er bemerkte, ging es ihm (und C_1) nicht allein so. Auch die Verfahrensweisen der modernen Linguistik halfen nicht viel weiter – jedenfalls nicht die, die er bislang angetroffen hatte. Wohl schaffte es einige Erleichterung, die komplexe Satzstruktur auf sinnvolle Weise in ihre Bestandteile zerlegen zu können. Waren damit aber die wesentlichen Eigenschaften des Textes erfaßt? Ohne damals bereits etwas von der Semantik der Pronomina, oder von Referenz im allgemeinen, zu verstehen, war es A_1 doch intuitiv deutlich, daß es die Verweisstruktur war – und zwar die interne und externe –, die für das Verständnis von T_1 vor allem wichtig war.

War der ‚Text' als linguistische Kategorie das erlösende Zauberwort? War nicht die linguistische Struktur des Textes die sichere Basis, von der man zu der ‚Bedeutung' des Textes vorstoßen konnte – einer Bedeutung, von dem die philologisch-literarischen Essayisten mystifizierend handelten? Aber was verbarg sich hinter diesem Zauberwort? Was wußte ‚man' in der modernen Linguistik über Pronomina und ihre Rolle in der satzübergreifenden bzw. -umspannenden Struktur eines Textes?

A_1 begann eine wahrhafte Odyssee – jede Idee schien eine Gegenidee zu erzeugen, jeder Vorschlag brachte eine eigene, neue Technik der Darstellung und Schreibweise mit sich, deren Voraussetzungen und Konsequenzen (für A_1) nicht abzusehen waren. Und dann noch die Anwendung auf einen umfangreichen Text wie den der *Maßnahme*. Noch nicht einmal der T_1 korrespondierende Text, dieser kleine Ausschnitt der *Maßnahme*, war ein „einfacher Satz", auch keine „Konjunktion" von solchen. Und wie sollte er je darauf zurückgeführt werden können? Und was brachte es, was half es, seine Erzeugung mit einem neuen Symbol, „T(ext)", beginnen zu lassen? Erwartete A_1 zu viel von der neuen Lehre der modernen Sprachwissenschaft? Oder verstand er sie nur nicht richtig? Auch das wurde beinahe eine Lebensfrage, zumal A_1 darauf bestand, daß Sprach- und Literaturwissenschaft von einem untrennbaren Gegenstand handelten. Wollte er vielleicht zuviel auf einmal? Mußte man nicht mehr Zeit lassen, reifen lassen? Aber wieviel Zeit, und was sollte eigentlich reifen? So wuchsen seine Versuche der Analyse ins Uferlose. Blatt auf Blatt füllte sich mit Baumdiagrammen, Klammerungen, Indizierungen und Listen; Schreibweisen wurden aufgenommen, angepaßt, verworfen. Die wissenschaftliche Analyse eines einzelnen Texts machte das Schreiben, oder zumindest Adaptieren, einer Grammatik des Deutschen unumgänglich. Und wie erging es A_1 mit anderen Texten, mit denen er sich im Laufe seines Studiums zu beschäftigen hatte? Mit Texten von Wolfram von Eschenbach und Heinrich von Kleist stellten sich die gleichen Fragen, nur noch etwas verwickelter, begann die gleiche Odyssee, häuften sich die Aufzeichnungen und Überlegungen, wurde die Sekundärliteratur verzweifelt nach Daten, nach Aufschluß und Einsicht gesichtet. Wo war da ein Ende abzusehen?

Das war ungefähr der Rahmen von Fragen, innerhalb dessen A_1 und C_1 die Konversation mit Roman Jakobson als ihrem B_1 über T_1 begannen und über einen langen Zeitraum hinweg führten. Erst indem ich diese Zeilen schreibe, ist aus A_1 ein möglicher Partner B für eine Konversation über T_1 geworden. Und wenn ich jetzt als B_2 in die Konversation mit dem B_1 von A_1 (und C_1) eintrete, dann als einer, der mit seiner Erläuterung die Fragen angeben kann, auf die er eine Antwort geben will. Wenn damit auf mich der Fall $A = B$ zutrifft, so ist die vorangehende Darstellung der Entwicklung der Konversation über T_1 und *Die Maßnahme* von mir nicht so gemeint, daß sie allein für A_1 (und eventuell C_1) gilt. Im Gegenteil: Ich bin davon überzeugt, daß die Fragen, die ich A_1 (und C_1) zugeschrieben habe, für manchen A_i damals und jetzt gelten – wenn auch nicht in der Form (den Worten), die ich ihnen soeben gegeben habe. Diese Sicherheit nehme ich nicht zuletzt aus der Tatsache, daß sowohl *Die Maßnahme* als auch die Frage, die im Titel von T_1 gestellt wird, ihre Aktualität nicht verloren haben. Wie die Edition der *Maßnahme* durch Reiner Steinweg bezeugt, gilt Brechts Einschätzung vom Frühjahr 1956, daß *Die Maßnahme* eine Probe des „Theaters der Zukunft" sei (Steinweg Hrsg. 1972: 265), mehr denn je – trotz und gerade angesichts Brechts Weigerung zu seinen Lebzeiten, sie zur Aufführung freizugeben. Er hatte dafür gute Gründe, da dem Stücktypus die Aufführungspraxis des vorfindlichen Theaters (noch) nicht gewachsen war. Die Versuche Reiner Steinwegs und einiger anderer, diese Aufführungspraxis zu durchbrechen, oder auch nur zu umgehen, machen zwar ebenfalls die lähmende Wirkung dieser Aufführungspraxis, aber auch das befreiende Potential deutlich, das in der *Maßnahme* wie in den anderen Lehrstücken liegt (vgl. hierzu die in Anmerkung 35 genannten Arbeiten Steinwegs).

Die Aktualität der Titelfrage von T_1, eingebettet in die Vielfalt der Fragen und Antworten des Umfelds dieser Frage im gesamten Werk Brechts, steht wohl außer Frage. Solange „der Kommunismus" unser aller Leben, vor allem auch die Entwicklung der jeweils ‚jungen' Generation mitbestimmt, stellt sie sich mit immer neuer Dringlichkeit. Worum es einem A, der im Laufe seiner Entwicklung zu einem B geworden ist, gehen muß, ist darum, nach Antworten auf Fragen um eine Erläuterung von T_1 zu suchen, die diesem so bestimmten Bedürfnis entsprechen.

Der Weg, der A_1 zu B_2 werden ließ, soll hier nicht mehr im einzelnen beschrieben werden.[38] Auch im Vorangehenden ging es ja nicht um die (wissenschaftliche) Biographie von A_1 bzw. B_2. Es ging um die exemplarische Darstellung von Fragen um eine Erläuterung hinsichtlich eines T (oder eines Repertoire von T_i); um die exemplarische Darstellung der Hintergründe dieser Fragen; um die exemplarische Darstellung schließlich der Dynamik dieser Fragen und der ihnen zugrundeliegenden Bedürfnisse. Den Übergang von A zu B darf man sich dabei nicht mit einem fixen Zeitpunkt oder Ereignis verbunden vorstellen, wie es die Lebensläufe haben wollen. Oder war die Einladung und die Entscheidung, für die geplante Fortsetzung von *Mathematik und Dichtung* einen Beitrag zu schreiben, solch ein Ereignis? Denn dieser Beitrag sollte (so mein Exposé gegen Ende des Jahres 1969) „auf eine Auseinandersetzung und Weiterführung der Analyse von Brechts „Wir sind sie" (bzw. „Wer aber ist die Partei?") durch Jakobson hinauslaufen." Im einzelnen sollte der Beitrag enthalten: „1. Textkritik des Brecht-Textes; 2. Darstellung der Methode Jakobsons; 3. Ergebnisse Jakobsons; 4. Kritik der Ergebnisse und der Methode; 5. Revision und Ausbau der Analyse." Unter 5. sollte es insbesondere darum gehen, „die transformationellen Beziehungen der Sätze des Texts herauszuarbeiten, seine unterliegende Struktur zu ermitteln, verschiedene neuere linguistische Beschreibungsmöglichkeiten in ihrer Anwendbarkeit zu erörtern, und damit insgesamt eine Möglichkeit zu gewinnen, die Interpretation auf eine bessere Grundlage zu stellen."

War es Zufall, daß die geplante Fortsetzung von *Mathematik und Dichtung* nie erschien? Daß der Beitrag nicht geschrieben wurde (nicht geschrieben zu werden brauchte)? Es sollte noch weitere zehn Jahre dauern, es sollten noch viele Beiträge „zur Entwicklung der modernen Literaturwissenschaft" geschrieben und gesammelt werden, bis die Fragen von A_1 reif für eine Antwort waren. Zumindest gilt das für die Fragen hinsichtlich T_1. Das große Projekt einer Antwort auf die Fragen, die durch den Vergleich des Lehrstücktyps mit den anderen Typen des Theaters Bertolt Brechts vor, gleichzeitig und nach den Lehrstücken beantwortet werden sollten – so kühn durch C_1 in seiner Exploration des Lehrstückstyps angekündigt (vgl. Steinweg 1972a, Vorwort, IX) –, ist immer noch Fragment, Schubladenwerk. Und auch die Fragen hinsichtlich der *Maßnahme* sind, trotz aller Bemühungen von C_1, noch keineswegs beantwortet.

Es war kein Zufall, daß in dem Beitrag zur Entwicklung der modernen Literaturwissenschaft, in dem ich zum ersten Mal den Begriff der wissenschaftlichen Interpretation in einem konversationellen Rahmen explizieren konnte (vgl. Ihwe 1980), Fragen über T_1 als Beispiel erschienen. Und mit der Klärung des Begriffs der Fiktion im Rahmen einer allgemeinen Theorie referentieller Beziehungen war der zweite Schritt getan, der eine Antwort auf die Fragen von A_1 ermöglichte.

Der erste Schritt betrifft vor allem die in Kapitel 2 aufgeworfene Frage nach dem Bereich deskriptiver Aussagen. Was eine deskriptive Aussage ist, und wie deskriptive Aussagen zu gewinnen sind, das war der Punkt, um den sich im Übergang von A_1 zu B_2 die Auseinandersetzung mit den dominierenden literarisch-philologischen Interpretationspraktiken drehte. Diese Auseinandersetzung nahm für all die literarischen Texte, denen A_1 im Laufe seiner linguistisch-literarischen Ausbildung begegnete, zwar jeweils besondere Formen an und wurde von ihm in unterschiedlicher Intensität und mit unterschiedlichem Aufwand geführt (oft gegen den Druck der Zeit und der Umstände). Im Grunde waren es aber immer wieder die gleichen Fragen, die sich A_1 angesichts der Behandlung der Texte durch die unterschiedlichsten Interpreten, im Rahmen der unterschiedlichsten Schulen und Traditionen, stellten.

Auch die vielfältigen Interpretationen, die Roman Jakobson allein oder in Zusammenarbeit mit anderen nach seinen grundlegenden Arbeiten der 50er Jahre (vgl. besonders Jakobson 1956 und 1972) vorlegte, bildeten keine Ausnahme für dieses beunruhigende Gefühl, das A_1 niemals verließ. Dieses Gefühl war dann wohl am stärksten, wenn er selbst versuchte, sinnvolle Aussagen über ein T zu formulieren. Denn mußte er nicht zeigen, was eine „Interpretation auf besserer Grundlage" nun ist? Und warum er, bei aller Würdigung der Verdienste Roman Jakobsons, in Jakobsons Analysen eher wieder die Grenzen der literarisch-philologischen Interpretationspraxis antraf als die Befreiung davon, die die Integration von Sprach- und Literaturwissenschaft versprach? Was waren dann genau diese Grenzen? Und wie konnten sie dann überstiegen werden, wenn das selbst einem Roman Jakobson nicht gelang? Es lag wohl nicht in erster Linie an der Beschränkung, die Jakobsons linguistische Methodologie und seine Analysetechniken mit sich brachten. Denn der Schritt von seiner Spielart des Strukturalismus zur transformationell-generativen Sprach- und Grammatiktheorie war doch nicht so groß, wie es die Polemik wollte (vgl. dazu McCawley 1977). Zum anderen förderte die Anwendung der Methodologie und der Analysetechnik der TGG zwar eine gewisse strukturierte Komplexität und Systematik der Analyse, führte aber, jedenfalls in den Augen von A_1/B_2, keineswegs zur Aufhebung der Grenzen – weder im Falle der Versuche linguistischer Analysen, die andere vorlegten, noch im Falle seiner eigenen Versuche.

Wohl zum ersten Mal fühlte sich A_1/B_2 frei von dieser lähmenden Unzufriedenheit, als sich seine Fragen über T_1 in die Konzeption des konversationellen Rahmens einpaßten. Und dies um so mehr noch als sich zeigte, daß dieser konversationelle Rahmen mit Nelson Goodmans allgemeiner Symboltheorie zusammenpaßte und damit die Barriere des Fiktionsbegriffs abgebaut werden konnte. Wie wir in

Kapitel 1 gesehen haben, ist es mit Goodmans Begriff der Exemplifikation im Prinzip möglich, die Bedeutung literarischer Texte in der gewünschten Komplexität zu erfassen: als Referenz im Sinne von ‚Welt-Schöpfung'. Dieser Rahmen erlaubte es, in meiner exemplarischen Darstellung der Fragen von A_1 und ihres Hintergrunds, ebenso wie in der Exploration der ihnen zugrundeliegenden Bedürfnisse durch B_2, immer wieder Formulierungen zu gebrauchen, die im Rahmen der Methodologie und der Analyseverfahren sowohl der TGG als der logischen Semantik exotisch anmuten; betreffen sie doch eher existentielle Fragen als wissenschaftliche.

Goodmans Exploration der tatsächlichen Vielzahl referentieller Beziehungen neben Denotation, und insbesondere sein Nachdruck auf der referentiellen Beziehung der Exemplifikation, wirkt hier ebenso erhellend wie befreiend. Sie ermöglicht, auch solche Fragen wie die von A_1 (und C_1) als genuine Fragen der Bedeutung zu behandeln, und zwar in einer Sprache, die den rigorosen Bedingungen analytischer Philosophie genügt. Freie Spekulation, verbunden mit hermetischer Sprache, auf die sich A_1/B_2 pertinent nicht einlassen wollte, war nicht die einzige Wahl. Außer dieser Sackgasse gab es doch einen anderen Weg. Im Rahmen einer nominalistischen Semiotik läßt sich eindeutig und überprüfbar über die Bedeutung von Literatur so (miteinander) sprechen, wie es der konversationelle Rahmen erfordert. Es war nicht länger nötig, *die* Aspekte der Bedeutung wegzuschneiden, auf die es in der Konversation möglicherweise ankommt; es war nicht länger nötig, den Begriff der Bedeutung so zu abstrahieren, daß wenig von dem übrigbleibt, was für die Konversation möglicherweise von Bedeutung ist.

Ich möchte jedoch betonen, daß die exemplarische Darstellung der Fragen von A_1, die exemplarische Exploration der ihnen zugrundeliegenden Bedürfnisse durch B_2, nicht im Hinblick auf den Begriff der Exemplifikation geschrieben ist. Vielmehr wollte ich am konkreten Beispiel von T_1 und der *Maßnahme* zeigen, wie der Begriff der Exemplifikation, angewandt auf Fälle von Konversationen über Literatur, einen lange fälligen Durchbruch in der Konzeptualisierung der Literaturwissenschaft und Linguistik ermöglichte bzw. zu Ende zu führen gestattete. Die Explikation des konversationellen Rahmens und die Explikation des Begriffs der Exemplifikation sind unabhängig voneinander entstanden. Sie passen, im Falle der Literatur, zueinander. Und es waren diese beiden Schritte im Meilenstiefelformat, die B_2 nehmen mußte, um sich gerüstet zu fühlen, an die Beantwortung der alten wie der neuen Fragen von A_1 zu gehen; und um dort als B auftreten zu können, wo er jetzt kompetent (geworden) war. In der Konversation mit Roman Jakobson werden wir sehen, was es bedeutet, diese Schritte zu nehmen (genommen zu haben). Auch hier steckt, soviel sei vorweggenommen, die Entscheidung über Gut oder Schlecht im Detail.

3.3 „Wer aber ist die Partei?" Von Texten und von Ausgaben

Auf den ersten Blick ist es verwunderlich, daß Jakobson ausgerechnet einen Text wie T_1 für eine Fallanalyse wählte. All die Eigenschaften, an denen sich die „Grammatik der Poesie" so gut demonstrieren läßt – all die Erscheinungsformen des Parallelismus –, sind in T_1 wenig prominent.[39] Eher im Gegenteil: Es ist keine ins Auge springende Gliederung vorhanden. Eine Strophik ergibt sich allein aus der Typographie der Zeilen und wird durch keine der in kanonischer Weise Strophen bildenden Verfahren getragen. Die Zeilen sind ungleich lang; ihr Enjambement läßt kein System erkennen, ist auch nicht an bestimmte prominente syntaktische Grenzen gebunden (vgl. Z. 9/10 gegenüber Z. 10/11). Reime kommen nicht vor – es sei denn, man zählt die Wiederholung von „sie" (Z. 4, 5, 8) oder „uns" (Z. 14, 16, 21) als Reim. Ein durchgehendes Metrum zu entdecken, würde Gruppierungen von Silben erzwingen, die abstrus anmuten. Außer dem Bild vom „Weg" gibt es keine rekurrente, auffallende Bildlichkeit. Was auffällt, ist eher die Abwesenheit von Bildern, die Monotonie in der Wiederkehr der Rede vom „Weg". Hinzu kommt die Unverständlichkeit, die durch das Vorherrschen der Personalpronomina erzeugt wird (vgl. oben, § 2.3). „Wir" und „du" – offensichtlich die Protagonisten des Gedichts – lassen sich für den Leser von T_1 nicht referentialisieren.

Jakobson beginnt indessen auch seine Analyse von T_1 mit der Hervorhebung der zentralen Rolle des „grammatischen Parallelismus". Dieser bestimmt nach ihm alle poetischen Formen oder Versifikationssysteme, auch solche, „in denen der grammatische Parallelismus nicht zu den obligatorischen Regeln zählt" (1976: 110). Jakobson zufolge läßt „die Unterdrückung des Reims und der metrischen Norm (...) die grammatische Architektonik des Verses im ganzen Gedicht besonders deutlich hervortreten" (1976: 111). Wir können diese These als eine Anwendung des Prinzips der ‚Aktualisierung' von Verfahren lesen, das in der Poetik und Ästhetik der Russischen Formalisten und Prager Strukturalisten eine zentrale Stellung einnimmt.[40] Um welche Verfahren handelt es sich dann; und wie aktualisiert T_1 die „Grammatik der Poesie" bzw. die „Poesie der Grammatik"?

Auffallend ist in Jakobsons Antwort das Springen vom Text des Gedichts (unser T_1) zum korrespondierenden Text der *Maßnahme*. So sagt er, daß das Gedicht aus vier Strophen besteht, „entsprechend der Zahl der ‚vier Agitatoren' in Brechts Lehrstück" (ibid.). Diese Kontamination zweier Texte ist für Jakobson offensichtlich problemlos, da er davon ausgeht, daß das Gedicht, das er auf 1930 datiert, „ursprünglich" in der *Maßnahme* „enthalten [war]" (1976: 109). Er verweist dabei auf den Abdruck der *Maßnahme* in *Versuche* 1–12, Heft 1–4 „in der Berliner Neuausgabe vom Jahre 1963", von ihm zitiert nach den *Gesammelten Werken* Brechts in der Ausgabe des Suhrkamp Verlags (Abteilung I: *Stücke*, Frankfurt/M., 1967). Das Gedicht wurde dann, so Jakobson, „später selbständig im Gedichtband *Lieder Gedichte Chöre* (Paris 1934) veröffentlicht" (Jakobson 1976: 109). *Lieder Gedichte Chöre* (im Folgenden abgekürzt als *LGC*) wird von Jakobson nach den *Gesammelten Gedichten* Brechts in der Ausgabe des Suhrkamp-Verlags (Frankfurt/M., 1976) zitiert. Der Version von 1976 seines Aufsatzes stellt Jakobson zudem eine Kopie des Blattes 460/33 des Bertolt-Brecht-Archivs (im Folgenden abgekürzt als BBA) voran, das ebenso wie ein anderes Blatt (BBA 401/32–33), das ihm zur Verfügung stand, „Varianten" des „gleichen Textes" enthalten soll (1976: 112).

Jakobson benutzt diese vier Texte um zu zeigen, worin sich „die usprüngliche Phrasierung des Textes von der späteren Redaktion (...) unterschied" (ibid.) Dabei geht es ihm vor allem um Unterschiede in der Interpunktion am Zeilenende und um eine Tilgung in Vers 18. Beides ist Jakobson für den Nachweis der „grammatischen Architektonik" relevant, um die es ihm in diesem Zusammenhang geht. Bevor wir uns diesem Nachweis zuwenden, ist indessen eine Klarstellung der entstehungsgeschichtlichen und editorischen Details nötig. Bei dieser Klarstellung geht es mir um den unterschiedlichen Status von T_1 und den mit T_1 korrespondierenden Text der *Maßnahme*, auf den ich im Vorangehenden nur beiläufig eingegangen bin. Die Schritte auf eine nominalistische Semiotik der Literatur zu erfordern indessen äußerste Genauigkeit in diesem Punkt. Insbesondere muß mich der inskriptionalistische Teil einer solchen Semiotik beschäftigen, die Frage also, ob und unter welchen Bedingungen völlig oder doch größtenteils miteinander ‚korrespondierende' Texte (Inskriptionen) ‚Varianten des gleichen Texts' genannt werden können. Dabei handelt es sich keineswegs nur um ein ‚theoretisches' Problem. Wir werden sehen, daß die praktischen Probleme, die damit angesprochen sind, nicht minder schwer wiegen als die theoretischen.

Es geht im Folgenden also nicht um philologische Kleinkrämerei, um die Überprüfung von Jakobsons Aussagen über Punkte und Kommata am Zeilenende oder Klein- oder Großbuchstaben am Zeilenanfang. Es geht mir allererst darum, in Erinnerung zu bringen, daß Brechts Schreibweise den Begriff ‚Variante des gleichen Textes' ausschließt.

Die Edition Brechtscher Texte ist nicht deshalb so kontrovers und wenig vorangeschritten, weil der Textbestand kontrovers und unübersichtlich ist – wie es die offizielle Legende seines westdeutschen Verlegers will.[41] Die Edition Brechtscher Texte sieht sich vielmehr einem Werk gegenüber, das den Begriff eines fertigen, endgültigen Textes bewußt und (in der Praxis) konsequent zurückweist. Die ständige Arbeit an einem Text wie z. B. dem der *Maßnahme* – oder, noch spektakulärer, dem des *Baal* oder dem des *Galileo Galilei* – galt keinesfalls der Herstellung des endgültigen Textes – des Textes, dessen Idee dem Autor ‚vorschwebte'.[42] Die Textgestalt war für Brecht eine Funktion seines aktuellen Gebrauchswerts, wie viele seiner Äußerungen aus allen Perioden seines Schaffens, insbesondere aus der Theaterarbeit des Berliner Ensembles, belegen. Ausdruck dieser Haltung ist auch die Tatsache, daß die Herstellung der jeweiligen Textgestalt sehr oft eine kollektive Arbeit war, ganz abgesehen noch von der integralen Einbeziehung von Komponisten wie Hanns Eisler. *Die Maßnahme* bildet hier keine Ausnahme, wie ein Blick in die Dokumentation Reiner Steinwegs in seiner kritischen Ausgabe von 1972 zeigt. Will man der Schaffensweise Brechts Gerechtigkeit widerfahren lassen – was doch wohl das erklärte Ziel einer Interpretation sein sollte –, muß man nicht romantisierende oder klassizistische Ideen vom ‚Urtext‘ (so Jakobson 1976: 112), dem vom ‚Autor gewollten Text‘, dem ‚Text letzter Hand‘ oder ähnliche Fiktionen anwenden und durchsetzen wollen. Vielmehr gilt es, einen Modus der Darstellung der Entstehungsgeschichte und Gebrauchsweise von Texten als ‚Reihen‘ zu finden. Brecht wählte selbst sehr früh den Begriff des ‚Versuchs‘, um den vorläufigen, anwendungsorientierten, probenden Charakter seiner Produktion zu kennzeichnen. (Vgl. etwa die Äußerung D 35/1, in Steinweg Hrsg. 1972: 249–250, die das Lehrstück als „Kette von Versuchen“ beschreibt.)[43]

Gerhard Seidel hat bereits 1966 in seiner Greifswalder Dissertation in diesem Sinne grundlegende „Studien zur Edition poetischer Werke von Bertolt Brecht“ vorgelegt (Seidel 1966). Als Buch waren seine Studien, „geringfügig überarbeitet“, 1970 unter dem sprechenden Titel „Die Funktions- und Gegenstandsbedingtheit der Edition, untersucht an poetischen Werken Bertolt Brechts“ erschienen (Seidel 1970). Die (im BBA zugängliche) Dissertation enthielt als Kapitel 4.1.3 auch ein Modell der Edition von „Wer aber ist die Partei?“, unserem T_1 (Seidel 1966, Band 2, S. 51–63). Dieses Modell hat Seidel leider nicht in sein Buch aufgenommen; dafür findet sich darin, als Kapitel 4.1.3 – neben paradigmatischen Modellen der „Kinderhymne“ (4.1.1), der „Teppichweber von Kujan-Bulak“ (4.1.2), Brechts Versifizierung des „Manifests“ (4.1.4), des „Leben des Galilei“ (4.1.5) –, ein Überblick über die Editionsgeschichte der *Hundert Gedichte* (im Folgenden abgekürzt als *HG*).

In seiner Dissertation sagt Seidel (ähnlich wie Jakobson), daß T_1 „als ein Text innerhalb der Szene 6 (Der Verrat) des Stückes *Die Maßnahme* [entstand]“, der „später aus dem ursprünglichen Zusammenhang gelöst [wurde] und (...) Selbständigkeit [gewann]“ (Seidel 1966: 51). Nach Seidel entstand die Stückfassung 1930, die „erste Gedichtfassung vermutlich 1933–1934 bei der Vorbereitung der Sammlung *Lieder Gedichte Chöre*“ (ibid.). Wir sehen hier – außer der Korrektur, die sich für die Datierung ‚des Gedichts‘ ergibt – einen kleinen, aber entscheidenden Unterschied zu Jakobsons Ausdrucksweise, indem Seidel zwischen einer Stückfassung und einer „ersten Gedichtfassung“ unterscheidet. Das von Jakobson in der Fassung von 1976 reproduzierte Blatt BBA 460/33 bietet nach Seidel die „älteste erhaltene Niederschrift des Werkes“ (in seiner Siglierung: H1) – in der ‚der Text‘ den „3 Agitatoren“ (!) zugeordnet ist. Seidels Ausdrucksweise ist bewußt vorsichtig: Nach ihm ist erst „H3, ein stark und wiederholt korrigierter Durchschlag eines Teiles von H2, (...) der älteste überlieferte Zeuge, der die Gedichtfassung bietet“ (ibid.). H3 korrespondiert mit dem Blatt BBA 406/16. H2 ist nach Seidel eine unmittelbar an H1 anschließende Abschrift, in der der „Junge Genosse“ die ersten vier Fragen stellt (V. 1–4), während die „Drei Agitatoren“ in den folgenden Versen die Antwort geben. H2 korrespondiert mit Teilen von BBA 401/32–33.

Ebenso wie H1 ist H2 keineswegs ein fertiger Text. Vielmehr überlagern sich bei beiden Inskriptionen unterschiedlichster Art, wie der Versuch einer detaillierten Aufschlüsselung von H1 bei Seidel zeigt (Seidel 1966: 52–55). Wichtig ist für uns das Folgende. Einmal handelt es sich bei BBA 460/33 um ein Blatt, das aus einem mehrfachen Klebevorgang entstanden ist. Die „erste Niederschrift“ des Textes muß, so vermutet Seidel, „eine andere Gestalt gehabt haben" (Seidel 1966: 52). Eine Rekonstruktion ist nach ihm allerdings „vorerst nicht möglich" (ibid.). Dann sind die Inskriptionen, die sich unterscheiden lassen (und die mit unterschiedlichen Schreibmaschinen, Blei- und Rotstiften ausgeführt sind), keineswegs alle ‚dem Autor', Brecht, zuzuordnen. Eine stammt selbst von einem unbekannten Schreiber. Schließlich ist die Abfolge der Korrekturen „teilweise unsicher" (Seidel 1966: 53). Kurzum, wir haben es hier mit einem ‚Werk' zu tun, das zwar ein notationelles Symbolschema (nämlich das der deutschen Sprache) verwendet, jedoch nicht als Skript angesehen werden kann, da sein Symbolschema nicht die eindeutige theoretische Identifikation des ‚Werks' garantiert (vgl. oben, §§ 1.1.4–1.1.5).

Eine Herstellung von Notationalität wäre allein möglich, wenn es gelingen könnte, die Textarbeit genau zu rekonstruieren. Trotz der Fortschritte, die Reiner Steinwegs kritische Ausgabe der *Maßnahme* gebracht hat (dazu im Folgenden), muß diese Möglichkeit indessen als praktisch ausgeschlossen gelten, Utopie bleiben. Aber auch wenn wir rein theoretisch annehmen, daß es möglich wäre, die komplexe Inskription, die BBA 460/33 bietet, in aufeinanderfolgende (oder parallele) Inskriptionen mit jeweils eindeutigem Symbolschema aufzulösen, dann wären auch alle diese unterschiedlichen Inskriptionen, ebenso wie die komplexe Inskription BBA 460/33, noch immer keine ‚Varianten des gleichen Textes'! Wir beschäftigen uns wohlgemerkt bei H1 mit einem Text innerhalb der *Maßnahme*. Dies zeigt sich aus der Fotokopie bei Jakobson (1976: 108) bzw. Seidel (1966: 54), wo der Text, um den es geht, eingerahmt ist von Text, der dem Stück zugehört. *Mutatis mutandis* gilt das Gleiche für H2, die *Teil* ist *von* BBA 401/32–33, wie auch Seidel zu recht schreibt (Seidel 1966: 55). Auch H2 ist aus einem Klebevorgang entstanden, enthält mehrfache Inskriptionen, deren Zuordnung und Abfolge unsicher ist.

H1 und H2 sind aber nicht nur keine ‚Varianten' von T_1, sie sind auch keine ‚Varianten' des mit T_1 korrespondierenden Textes in *Die Maßnahme*, den ich im Folgenden mit T_1' andeuten will. Der Text der *Maßnahme*, aus dem ich in § 2.3 zitiert habe, ist der Text der Fassung V in der Zählung der kritischen Ausgabe von Reiner Steinweg. In dieser Fassung ist T_1' in der Tat in der Szene VI, die die Überschrift „Der Verrat" trägt, enthalten. Diese Fassung der *Maßnahme* wird zum ersten Mal 1938 in Band II der im Malik Verlag erschienenen *Gesammelten Werke* Brechts geboten. Sie ist, wenn man so will, die ‚Ausgabe letzter Hand'. Aus der Textgeschichte und Zeugenbeschreibung der *Maßnahme* bei Steinweg (Hrsg. 1972: 175 ff.) ergibt sich nämlich, daß Brecht 1955 für die Ausgabe der *Stücke* im Suhrkamp bzw. Aufbau-Verlag „zunächst die alte Fassung der *Versuche* (...) vorgezogen, dann aber anscheinend eine mündliche Anweisung gegeben [hat], bei späteren Auflagen der *Stücke* den Text von 1938 zu nehmen (...). Das ist im Aufbau-Verlag seit der 3. Auflage (1958) geschehen, im Suhrkamp Verlag erst in der Ausgabe der *Gesammelten Werke* von 1967" (Steinweg Hrsg. 1972: 178).

In der Fassung seines Aufsatzes von 1976 bezieht sich Jakobson auf diese letztere Ausgabe, d.h. auf einen Text, der 1938 zum ersten Mal vorlag, und der keinesfalls identisch ist mit dem Text, der in der „alten Fassung der *Versuche*" enthalten war! Mit der „alten Fassung der *Versuche*“ ist bei Steinweg auch nicht die erste *Versuche*-Fassung von 1930 gemeint, sondern die 1931 im Kiepenheuer Verlag erschienene „reguläre“ Ausgabe des vierten Heftes der *Versuche*. (Diese Fassung wird in der Ausgabe von Steinweg als Fassung III geboten.) Die erste Fassung der *Maßnahme* in den *Versuchen* erschien demgegenüber als Sonderdruck des vierten *Versuche*-Heftes im Herbst 1930, als *Versuch* 9. (In der regulären Ausgabe wurde daraus *Versuch* 12.) Sie wird in der Ausgabe von Steinweg als Fassung II geboten. Fassung II und Fassung III unterscheiden sich deutlich voneinander, wie ein Vergleich der beiden Fassungen zeigt. (Vgl. auch das Deszendenzschema bei Steinweg Hrsg. 1972: 174 und Steinwegs Erläuterungen dazu auf Seite 176, sowie die Zeilensynopsis auf Seite 162.)

Für unseren Zusammenhang wichtig ist die Tatsache, daß Fassung II den Text, um den es uns geht, noch gar nicht enthält. In der dort mit „Empörung gegen die Lehre“ überschriebenen Szene IV folgt auf die Rede des „Jungen Genossen“ (in der Zählung von Fassung V: Zeilen 139–142), die allerdings teilweise unterschiedlichen Wortlaut hat (vgl. Steinweg Hrsg. 1972: 57), als Replik der „drei Agitatoren“ direkt ein Text, der als ‚Variante‘ des wenig später wiederholten und dann ausdrücklich so überschriebenen „Lobes der Partei“ dahingehen mag (ibid.):

„Sieh nicht nur mit deinen Augen!
Der Einzelne hat zwei Augen
Die Partei hat tausend Augen.
Die Partei sieht sieben Staaten
Der Einzelne sieht eine Stadt.
Der Einzelne hat seine Stunde
Aber die Partei hat viele Stunden.
Der Einzelne kann vernichtet werden
Aber die Partei kann nicht vernichtet werden.
Denn sie beruht auf der Lehre der Klassiker
Welche geschöpft ist aus der Kenntnis der Wirklichkeit
und bestimmt ist, sie zu verändern, indem sie, die Lehre
Die Massen ergreift.“

Danach erst folgt die Auseinandersetzung über „die Klassiker“, die in Fassung V *vor* der von mir in Kapitel 2 zitierten Passage erscheint, und die in Fassung II von dem „Kontrollchor“ mit dem „Lob der Partei“ abgeschlossen wird (Steinweg Hrsg. 1972: 58, Zeilen 122–134). Dabei handelt es sich, wie bereits bemerkt, um eine Wiederholung der Zeilen 81–92, unter Hinzufügung des Titels (Zeile 122) und eines „Denn“ zu Beginn von Zeile 123 bzw. 81.

Erst in Fassung III erscheint eine Abfolge der Ereignisse, die der von Fassung V entspricht. ‚Unser‘ Text erscheint hier in Szene VI, jetzt mit „Der Verrat“ überschrieben, nach der Rede der „drei Agitatoren“, die allerdings einen anderen Wortlaut hat als sowohl in Fassung II wie auch in Fassung V, jedoch ebenfalls mit dem Satz schließt: „Dazu fordern wir dich jetzt auf im Namen der Partei.“ (Steinweg Hrsg. 1972: 89, Zeilen 129–130). Ich lasse den Text der Zeilen 131–176 zum Vergleich mit T_1' und seinem Kontext folgen:

„DER JUNGE GENOSSE

Wer aber ist die Partei?
Sitzt sie in einem Haus mit Telefonen?
Sind ihre Gedanken geheim, ihre Entschlüsse unbekannt?
Wer ist sie?

DIE DREI AGITATOREN

Wir sind sie.
Du und ich und ihr – wir alle.
In deinem Anzug steckt sie, Genosse, und denkt in deinem Kopf
Wo ich wohne, ist ihr Haus und wo du angegriffen wirst, da kämpft sie.
Zeige uns den Weg, den wir gehen sollen und wir
Werden ihn gehen wie du, aber
gehe nicht ohne uns den richtigen Weg
Ohne uns ist er
Der falscheste.
Trenne dich nicht von uns!

Wir können irren und du kannst recht haben, also
Trenne dich nicht von uns!

Daß der kurze Weg besser ist wie der lange, das leugnet keiner
Aber wenn ihn einer weiß
Und vermag ihn uns nicht zu zeigen, was nützt uns seine Weisheit?
Sei weise bei uns!
Trenne dich nicht von uns!

DER JUNGE GENOSSE

Weil ich recht habe, kann ich nicht nachgeben. Mit meinen
zwei Augen sehe ich, daß das Elend nicht warten
kann.

DER KONTROLLCHOR

LOB DER PARTEI

Denn der Einzelne hat zwei Augen
Die Partei hat tausend Augen.
Die Partei sieht sieben Staaten
Der Einzelne sieht eine Stadt.
Der Einzelne hat seine Stunde

Aber die Partei hat viele Stunden.
Der Einzelne kann vernichtet werden
Aber die Partei kann nicht vernichtet werden
Denn sie ist der Vortrupp der Massen
Und führt ihren Kampf
Mit den Methoden der Klassiker, welche geschöpft sind
Aus der Kenntnis der Wirklichkeit."

Erst im Übergang von Fassung II zu Fassung III spielt H1 eine Rolle. Nach Steinweg ist BBA 460/33 die „vermutlich erste schriftliche Reaktion auf die Kritik am Text der Uraufführung" (Steinweg Hrsg. 1972: 176).[44] Damit ergibt sich eine leichte Korrektur der Datierung von H1 durch Seidel, auf dessen Edition Steinweg ansonsten hier verweisen kann. (Vgl. auch Steinweg Hrsg. 1972: 184 für seine Aufschlüsselung der Inskriptionen von H1.) Die „erste Stückfassung" Seidels entstand nicht 1930, sondern im Januar 1931. Nach Steinweg hat Brecht sich dazu „offensichtlich von einer Formulierung in der Kritik von Otto Biha anregen lassen, die im Januar 1931 in der *Linkskurve* erschienen war" (Steinweg Hrsg. 1972: 176).

In seiner ausführlichen Kritik (die Steinweg als „Zeugnis der Rezeption" in Abt. G seiner kritischen Ausgabe abdruckt) begrüßt Biha Brecht als einen Schiller mit umgekehrter Entwicklung, „vom Wortführer eines resignierten, skeptischen Kleinbürgertums, das über den Hohlraum seiner eigenen Verwirrung mit nihilistischen Seiltänzen hinweg zu balancieren versuchte, zum revolutionären Proletariat, zum Schöpfer eines Lehrstückes, das die Methoden des Kampfes der revolutionären Partei zu gestalten versucht" (Steinweg Hrsg. 1972: 352). Die grundsätzliche Anerkennung des „hohen Werts" der *Maßnahme* – die nach Biha vor allem darin liegt, daß „Brecht und Eisler (...) es zum ersten Mal unternommen [haben], den 375 000 Arbeitersängern Deutschlands ein politisches Lehrstück zu geben" (Steinweg Hrsg. 1972: 352 bzw. 353) – geht gepaart mit Einwänden, die nach Biha durch die „idealistische Konzeption" des Stückes nötig werden (id.: 354).

Nach Biha hat in Szene VI nicht der „Junge Genosse" versagt, sondern die „drei Agitatoren", da sie ihm, trotz seines ständigen Versagens, immer neue, wichtige Aufgaben übertragen haben: „Dies entspricht nicht der revolutionären Praxis" (ibid.). Insgesamt ist nach Biha „die reale Gestaltung der Partei" falsch (ibid.):

> „Für Brecht ist sie eine fremde, fast geheimnisvolle Großmacht, ein Orden der Revolutionäre, der losgelöst, fast isoliert, im Raum der Zeit steht." (ibid.)

Dem stellt er gegenüber:

> „Die Partei sind wir – ich und du, Genosse. Sie kämpft vor den Augen der Welt und selbst in der strengsten Illegalität noch unter der Kontrolle der revolutionären Massen. (...) Die Partei ist kein Geheimnis. Sie ist der fortgeschrittenste und bewußteste Teil der Klasse. Ihre Handlungen sind offen und verständlich, aber um ihre Bewegungsgesetze zu begreifen, muß man neben den klassischen Werken ihrer Theorie das Alltagsleben ihrer Praxis kennen." (ibid.: 355)

Diese Zitate haben mehr als nur entstehungs- und datierungsgeschichtliche Relevanz. Indem C_1 (bzw. A_1 als B_2) diesen Text in ihr Repertoire für die Konversation über T_1 bzw. T_1' aufnehmen, ergibt sich – zusätzlich zu den in § 2.3 vorgeführten möglichen Wendungen in einer Konversation über T_1 – eine weitere Wendung, die es A erlaubt, die Referenz von „die Partei" zu verstehen, ebenso wie die ‚pronominale Struktur' und die Referenz von „Genosse" (aber auch Ausdrücke im „Lob der Partei" – eines Textes, dessen letzte Zeilen von Fassung II nach Fassung III ebenfalls verändern!) Daß Biha die Fragen von A_1 (und C_1) hinsichtlich der Rolle des „Jungen Genossen" nicht beantwortet (also kein B für sie geworden ist), dürfte nach der Darstellung der Fragen von A_1 (und C_1) in § 3.2 deutlich sein. Biha weiß zu gut, wer „die Partei" ist, nämlich die KPD des Jahres 1931, deren Mitglied er ist, Brecht aber nicht. Da in seiner Welt (der Welt der von der KPD vertretenen Standpunkte) die Rolle des „Jungen Genossen" nicht vorkommen kann (darf), muß es sich dabei um die Schöpfung einer (falsch verstandenen?) „Theorie" handeln, nicht der „Erfahrung" (vgl. die Ausführungen Bihas, in: Steinweg Hrsg. 1972: 354). Die parteioffizielle Rezeption der *Maßnahme* ist lange diesem Muster gefolgt, das vor allem durch Alfred Kurella seine dogmatische Fassung erhielt. (Vgl. den Abdruck von Kurellas Kritik aus der *Literatur der Weltrevolution* von 1931 bei Steinweg Hrsg. 1972: 378 ff., sowie die Anmerkungen zum Bruch in der Beziehung von Brecht und Kurella – nach der Publikation von Kurellas Kritik – bei Steinweg 1972a: 101.)

Auch H2, Teil von BBA 401/32–33, läßt sich als Ergebnis der Untersuchungen von Steinweg einordnen. BBA 401/32–33 gehört zu einem Typoskript, das „zunächst anscheinend als Vorlage für den zweiten Druck ([...], Ende 1931 in den *Versuchen*, Text: A3 [Fassung III]) geschrieben (...), dann aber in der Emigration als Grundlage für die Herstellung einer völlig neuen Druckvorlage (...) verwendet worden [ist]" (Steinweg Hrsg. 1972: 176). Dies Typoskript ist damit eine wichtige editionsgeschichtliche Verbindung zwischen Fassung III und Fassung V. (Fassung IV unterscheidet sich von III bzw. V nur in der hier nicht zu diskutierenden Szene 8.) Das Blatt BBA 401/32–33, und damit H2, lassen sich jedoch aufgrund von Papiertypenvergleichen auf einen Zeitraum datieren, der die ersten sechs Monate von 1931 umfaßt (vgl. Steinweg Hrsg. 1972: 176 und 184, zu Typoskript T 20).

Damit ist der Befund, der sich bereits aufgrund von Seidels Edition von H1 und H2 ergab, noch deutlicher geworden: H1 und H2 sind auf keinen Fall ‚Varianten des gleichen Textes'. Sie sind weder Varianten *eines* Textes, der Teil ist von *einem* größeren Text, *Die Maßnahme* – mithin auch keine ‚Varianten' von T_1'.[45] Noch sind sie – und dies mit noch weniger Recht als im Falle der „Stückfassung*en*" – Varianten eines Textes, den Jakobson „das Gedicht" nennt. Bevor ich auf die Konsequenzen dieses Befund für die Frage nach der Wissenschaftlichkeit der Interpretation Jakobsons zu sprechen komme, möchte ich deshalb die Frage nach der „Gedichtfassung" zu Ende verfolgen.

Seidel beginnt seine Erörterungen zur „Gedichtfassung" mit der Feststellung, daß „die weitere Entwicklung des Textes [nach H2], wie er im Zusammenhang des Stückes *Die Maßnahme* überliefert wurde, (...) auf die Gedichtfassung keinen Einfluß [hat]" (Seidel 1966: 51). H3 bietet indessen keineswegs „das Gedicht" (oder eine ‚echte Kopie' des Gedichts), wie die Sprechweise Seidels hier besagt, wenn er feststellt, daß „in H3 (...) das Gedicht (...) nur acht Verse [besitzt]" (ibid.). Diese acht Verse sind nach ihm die ersten acht Verse. Auch die weiteren erhaltenen ‚Vorstufen' der Druckfassung in *LGC* (darunter der Druckabzug) enthalten nur die Verse 1–8 (vgl. Seidel 1966: 55). Ebenso wie im Falle von H1 und H2 handelt es sich bei H3 um eine komplexe Inskription, mit „Korrekturen", die nach Seidel auf einen unbekannten Schreiber zurückgehen, nicht auf Brecht selbst. Erst die Druckfassung, so Seidel, „bietet (...) das Gedicht vollständig" (ibid.).

Für seine Modelledition legt Seidel den Druck in *LGC* von 1934 zugrunde. Der von ihm gebotene Text (Seidel 1966: 56) entspricht dem Text, den ich in § 2.3 abgedruckt habe, abgesehen von externen Indikatoren wie Zeilenzähler und Strophenzähler. Strophenzähler verwendet Seidel nicht, auch enthält sein Text kein Spatium, das Strophen markiert. Das Spatium zwischen Zeile 4 und 5 in seinem Text ergibt sich durch die Tatsache, daß sein Text simultan „Stückfassung" (mit Rollenbezeichnungen) und „Gedichtfassung" berücksichtigt. Die Frage der Stropheneinteilung spielt eine nicht unerhebliche Rolle im Apparat der Edition (S. 57–62) – eine Rolle, die Seidel dazu führt, an das Ende seiner Edition (S. 63) eine „Tabelle zur Gliederung" zu fügen.

Bevor ich auf die Stropheneinteilung eingehe, muß erst noch die Frage geklärt werden, inwiefern Seidels Text und unser T_1 – abgesehen von Fragen der Strophenmarkierung – ‚echte Kopien' voneinander sind. Seidel entscheidet sich für den Druck in *LGC* als „vollständige Gedichtfassung", da „die letzte, den Druck in den *Hundert Gedichten* betreffende Phase der Textentwicklung (...) von zahlreichen Überfremdungen gekennzeichnet wird" (Seidel 1966: 51–52).

In seinem Buch geht Seidel in Kapitel 4.1.3 der Editionsgeschichte der *HG* als „Beispiel für die editorische Behandlung einer Werksammlung" (vgl. Seidel 1970: 241) nach. Entsprechend der Arbeitsweise Brechts sind sowohl das Typoskript für den ersten Druck (1951) als auch die weiteren Editionen das Ergebnis kollektiver Produktion. Wenn Seidel in diesem Zusammenhang von „Überfremdungen" spricht, so meint er damit in Korrekturbogen und Editionen erscheinende „Änderungen, die Brechts Gewohnheiten widersprechen", wie – hinsichtlich T_1 – die Änderung des Titels in „Wir sind sie" und Kommata am Versende (Seidel 1966: 52). In der 5., postumen Auflage der *HG* im Aufbau-Verlag (1958) hat, so Seidel, die Mitarbeiterin Brechts, Elisabeth Hauptmann, „mit Recht einige dieser Veränderungen (...) rückgängig gemacht" (ibid.).[46]

Der Text, der in meiner Ausgabe der *HG*, 1962 als Taschenbuch im Aufbau-Verlag erschienen, auf Seite 224 geboten wird, entspricht T_1, auch in der Strophenmarkierung durch Spatium zwischen den Zeilen 4 und 5, 8 und 9, 16 und 17. Er entspricht damit dem Text aus dem Nachdruck von *LGC* in der Ausgabe der *Gedichte*, Band III, Suhrkamp Verlag 1961, den ich als Vorlage für T_1 benutzt habe.[47] Ob der Text der *HG* deswegen bereits als synonym mit T_1 angesehen werden kann (vgl. zum Begriff der Synonymie Anmerkung 45, oben), soll zum Abschluß dieses Abschnitts diskutiert werden. Ich gehe jedoch davon aus, daß der

Text, den Jakobson auf S. 109/110 bietet, eine ‚echte Kopie' von T_1 ist – mit Ausnahme von Zeile 16, wo am Zeilenende ein Punkt statt eines Ausrufezeichens erscheint. Aus Jakobsons Ausführungen zur Interpunktion (dazu im folgenden Abschnitt), ergibt sich indessen, daß es sich dabei um einen Druckfehler handeln muß.[48]

Ich möchte diese lang geratene, aber die Konsequenzen einer nominalistischen Semiotik der Literatur erhellende, Klarstellung mit einigen Bemerkungen zur Stropheneinteilung von T_1 abschließen, die notwendig werden aufgrund der Bedeutung, die Jakobson der Strophik beimißt. Wie die Kopie von BBA 460/33 bei Seidel bzw. Jakobson zeigt, bietet H1 keine eindeutig erkennbaren Indikatoren für eine Stropheneinteilung. In H2 wird – durch eine Korrektur bzw. Inskription Brechts – „die dramatische Person zwischen die beiden Halbverse eingeschoben" (Seidel 1966: 58). Daß Seidel von dem Text, der in T_1 den Zeilen 4–5 entspricht, als ‚Halbversen' spricht, ergibt sich aus der typographischen Anordnung in H1: Dort stehen sie, aufgrund einer Inskription (Einfügung von Brechts Hand) von „Wer ist sie?", in einer Zeile. In H3 ist die dramatische Person getilgt, ab *LGC* erscheint Spatium nach Zeile 4 (vgl. Seidel 1966: 59). Nach Zeile 8 enthalten H1 und H2 kein Spatium. Wir sahen bereits, daß H3 mit Zeile 8 endet. *LGC* bietet erstmals Spatium zwischen Zeile 8 und 9.

Hinsichtlich Zeile 13–14 ergibt sich ein komplexer Befund. Wie die Kopie von BBA 460/33 zeigt, ist in H1 nach Zeile 13 ein deutlich erkennbarer Wechsel in der Art der Inskription gegeben (Wechsel von Schreibmaschine zu Handschrift). Seidel interpretiert diesen Wechsel als ‚Absatz' „in der Grundschicht" (Seidel 1966: 60), der, auch in H2, durch weitere Inskriptionen um eine Zeile verschoben oder wiederhergestellt wird (ibid.). Dies hängt deutlich zusammen mit der inskriptionalen Geschichte von Zeile 14, auf die ich hier nicht weiter eingehen möchte (vgl. dazu Seidel, ibid.). In *LGC* erscheint nach Zeile 13 kein Spatium, wohl aber – und zwar bereits ab einer Inskription durch Brechts Hand in H1 – nach Zeile 16.

Damit kann die Strophenmarkierung von T_1 wie auch seiner ‚echten Kopie' in Jakobson 1976 als gesichert gelten. Andererseits liegt damit auch die Datierung des Textes, über den Jakobson spricht – und über den A_1/B_2 (und C_1) mit Jakobson sprechen wollen –, fest: Es ist der Text, der 1934 in *LGC* erschienen ist – und jede ‚echte Kopie' dieses Textes, wie T_1 und der Text, den Jakobson 1976 auf S. 109/110 abdruckt. Von einem ‚Urtext' dieses Textes (Jakobson 1976: 112) kann keine Rede sein. Wir können wohl entstehungs- und editionsgeschichtliche Beziehungen zwischen unterschiedlichen Texten herstellen; wir können Texte aufgrund von (mehr oder minder großer) Homonymie zusammengruppieren. Aber wir sollten nicht in den Irrtum verfallen, solche Beziehungen und solche Gruppierungen mit Variation ein und desselben Textes, mit Synonymie, zu verwechseln.

Der Begriff der Variante sollte auf den Apparat einer kritischen Edition von Texten beschränkt bleiben – und auch dort muß er, wie das Beispiel Brechtscher Texte zeigt, gründlich von eingebürgerten Philosophemen und Ontologisierungen ‚des Texts' gereinigt werden. Wir können hier sehen, daß die theoretische Dimension in unserer Rede über Literatur bis in die philologischen Details von Editionen literarischer Texte reicht. Oder anders gewendet, denn ein solcher Befund wird nur den erstaunen, der allein was mit der Philologie literarischer Texte zu tun hat als ein seriöses Handwerk ansieht, bei dem Theoretiker gottseidank nichts zu suchen haben: Erst aufgrund einer allgemeinen Theorie der Symbole, angewendet auf Schrift als gewachsene symbolische Praxis, sind wir imstande, die Feinheiten entstehungs- und editionsgeschichtlicher Beziehungen – die vielfältigen Möglichkeiten, (partiell) homonyme Texte zusammenzugruppieren – befriedigend auszudrücken. Diese Feinheiten, diese Vielfalt gehen verloren in dem einzigen Bestreben danach, die (immer fragliche) Legitimation zu finden, eine Vielzahl von Texten zu einer Entität wie ‚das Gedicht' oder ‚das Stück' zusammenzupatschen. Solche Entitäten stehen natürlich im Dienst einer anderen, weiterreichenden abstrakten Idee: ‚die Interpretation' des Gedichts (oder Stücks, ...) zu geben.

Was dagegen ein konsequenter Inskriptionalismus an bisher kaum ausdrückbaren, aber wesentlichen Unterscheidungen zu erfassen vermag, wird sehr deutlich an der folgenden Frage: Ist der Text, der auf Seite 224 meiner Ausgabe der *HG* geboten wird, synonym mit T_1? (Unter T_1 fasse ich im Folgenden, allein zu Zwecken der Abkürzung, die drei Texte zusammen, die wir bislang als ‚echte Kopien' voneinander klassifiziert haben: der Text, der auf Seite 69 der Ausgabe von *LGC* in *Gedichte*, Band III, Suhrkamp Verlag 1961, erscheint; der Text, den Jakobson 1976 auf Seite 109/110 abdruckt; der Text, der oben, in § 2.3, abgedruckt ist.)

Auf den ersten Blick mag diese Frage unsinnig erscheinen. Wie ich soeben festgestellt habe, ist der Text auf Seite 224 meiner Ausgabe, der der 5. Auflage der *HG* im Aufbau-Verlag folgt, homonym mit T_1. Fasse ich indessen diesen Text und T_1 als (echte) *Teile von* den Ausgaben auf, in denen sie erscheinen, sind sie keineswegs synonym. Im Hinblick auf die Unterscheidung dieser zwei Texte gilt damit die gleiche Argumentation wie für die Unterscheidung von T_1' und T_1 einerseits; andererseits wiederholt sie im Hinblick auf T_1 die Unterscheidung von T_1' von den teilweise homonymen Texten, die z. B. in H1, H2 und Fassung III erscheinen. Ebenso wie allein *die* Texte synonym mit T_1' sind, die (echte) *Teile* sind *von* ‚echten Kopien' der Ausgabe der *Maßnahme*, die 1938 in Band II der *Gesammelten Werke* Brechts erschien (wie z. B. Fassung V in Steinweg Hrsg. 1972), so sind allein *die* Texte synonym mit T_1, die (echte) *Teile* sind *von* ‚echten Kopien' der Ausgabe von *LGC*, die 1934 in den *Editions du Carrefour* erschien. (Diese Feststellungen sind, wie bereits angemerkt, mit der nötigen Toleranz hinsichtlich Unterschieden zu lesen, die sich z. B. durch Druckfehler(korrekturen) oder den Gebrauch anderer externer Indikatoren wie Zeilen- und Strophenzähler, usf. ergeben.)

In diesem Sinn sind zwar alle Texte mit dem Titel „Wer aber ist die Partei?", die in Ausgaben von *HG* stehen, die der 5. Auflage von 1958 im Aufbau-Verlag folgen, synonym miteinander; sie sind jedoch nicht synonym mit den einschließlich Titel homonymen Texten, die in Ausgaben von *LGC* stehen, die der Ausgabe von 1934 folgen. Dies wird sofort deutlich, wenn wir einen Blick auf die Zusammenstellung von *HG* und *LGC* werfen, also auf den (verbalen) Kontext, in dem T_1 bzw. T_1'' stehen. (Ich wähle T_1'' als Symbol für alle die Texte, die in diesem Sinn ‚echte Kopien' des Textes mit dem Titel „Wer aber ist die Partei?" sind, der in der 1958 erschienenen, 5. postumen Auflage von *HG* im Aufbau-Verlag erscheint. Das heißt, wiederum abkürzend verwende ich T_1'' zur Andeutung der Klasse aller so bestimmter Texte aus den verschiedenen Editionen von *HG*, einschließlich des in meiner Ausgabe von *HG* erscheinenden Textes.)

LGC enthält vier Abteilungen, die wie folgt überschrieben sind: „1919–1933", „1933", „Lieder und Chöre aus den Stücken *Die Mutter* und *Die Maßnahme*", „Anhang". T_1 erscheint in Abteilung 3, nach drei „Liedern"/„Chören" aus der *Mutter*, sowie dem „Lob des Kommunismus" und dem „Lob der Partei" aus der *Maßnahme* (um es in unzulässiger, aber bequemer Weise auszudrücken). Auf T_1 folgen in dieser Abteilung noch: „Lob der illegalen Arbeit", „Bericht über den Tod eines Genossen", „Lob des Revolutionärs" und „Lob der Dialektik". *HG* enthält sieben Abteilungen, die wie folgt überschrieben sind: „Lieder/Betrachtungen/ Kinderlieder", „Balladen", „Berichte/Chroniken", „Deutsche Kriegsfibel (1938)", „Pamphlete und Loblieder", „Zeitgedichte und Marschlieder", „Gedichte im Exil". T_1'' erscheint in der fünften Abteilung, „Pamphlete und Loblieder", nach sechzehn anderen Texten, die nicht chronologisch geordnet sind. Die zwei unmittelbar vorangehenden Texte sind hier „Lob der Dialektik" (mit Datierung im Titel: „1932") und „Lob der Partei". Auf T_1'' folgen: „Lob der illegalen Arbeit", „Lob des Lernens" und „Lob des Kommunismus". Das „Lob des Lernens" erscheint in *LGC* direkt vor dem „Lob des Kommunismus".

Die einzige Konstante im Kontext von T_1 bzw. T_1'' besteht darin, daß das „Lob der Partei" in beiden Sammlungen unmittelbar vor, das „Lob der illegalen Arbeit" in beiden Sammlungen unmittelbar nach „Wer aber ist die Partei?" erscheint. In keiner von beiden Sammlungen ist die Reihenfolge der Lieder/Chöre aus der *Maßnahme* gegeben. Am auffallendsten ist, daß in beiden das „Lob der Partei" *vor* „Wer aber ist die Partei?" erscheint. Wir sehen, unter Konzentration auf „Wer aber ist die Partei?", daß die jeweiligen Ganzen, *HG* und *LGC*, von denen „Wer aber ist die Partei?" Teil ist, sehr unterschiedlich organisiert sind – und zwar sowohl hinsichtlich der Texte, die sie enthalten, als auch hinsichtlich der Organisation der Texte in Abteilungen.

Schon diese sehr oberflächlichen Beobachtungen genügen, um T_1 und T_1'' als nicht-synonyme Texte anzusehen. Sie sind in dem Maße nicht-synonym (haben – in hergebrachter Redeweise – in dem Maße ‚unterschiedliche Bedeutung') als sie unterschiedliche Beziehungen zum Ganzen der Sammlung bzw. zu Teil-Ganzen (wie den Abteilungen) unterhalten. Diesen unterschiedlichen Beziehungen nachzugehen, überschreitet – wie im Falle der Beziehungen von T_1' zum Teil-Ganzen der Szene VI und dem Ganzen des Textes der *Maßnahme* – den Rahmen dieses Buches.

3.4 „Wer aber ist die Partei?" Die Konversation mit Roman Jakobson, enthaltend: Bemerkungen zum Strukturalismus in der Gedichtinterpretation

Die „grammatische Architektonik" des Verses in T_1 zeigt sich nach Jakobson, wenn man der Verteilung der Satztypen per Strophe nachgeht:

„Gemäß der skurrilen und aufdringlich konsequenten Interpunktion Brechts enthalten die Strophen mit der geringsten Verszahl, nämlich die beiden ersten Strophen, je vier Gesamtsätze (*sentences*), die Strophen mit mehr als vier Versen, nämlich die beiden letzten, je drei. Auf die vier Fragesätze der ersten Strophe, die je einen Vers einnehmen, antwortet die zweite Strophe mit Aussagesätzen zu wiederum je einem Vers. Sowohl die dritte als auch die vierte Strophe enden auf je zwei Ausrufesätze, wobei der Fragesatz der vierten Strophe an die vier Fragesätze der ersten Strophe anklingt. Der erste Satz der dritten Strophe ist seinerseits mit den vier Aussagesätzen der zweiten Strophe durch seine Aussageform innerlich verwandt." (Jakobson 1976: 111–112)

Diese „syntaktischen Entsprechungen innerhalb der Strophen" faßt Jakobson in dem folgenden Schema zusammen (1976: 112):

I ????	II ....
IV ?!!	III .!!

Offensichtlich beruht dieser „syntaktische Zug", aus dem sich unter anderem die „geschlossene Komposition des Gedichts" offenbaren soll (ibid.), allein auf der Verteilung von Interpunktionszeichen am Zeilenende. Wie sonst könnte Jakobson behaupten, daß die Verse 9–13 Aussageform aufweisen? Die beiden dominierenden Verben dieser Verse stehen beide in der Imperativform. Die als deskriptiv gemeinte Aussage:

(A1) Satz 1 von Strophe III (von T_1) ist durch seine Aussageform innerlich verwandt mit den vier Aussagesätzen von Strophe II (von T_1)

ist in dieser Form nicht akzeptabel für A_1/B_2. (Ganz abgesehen noch von dem interpretationsbedürftigen Ausdruck ‚innerlich verwandt', den ich hier, der Einfachheit halber, als auf die Gleichheit des Satztyps Bezug nehmend auffasse.) Dieser Zweifel an der Haltbarkeit von (A1) beeinflußt natürlich den deskriptiven Wert des Schemas und die daran geknüpften Verallgemeinerungen, die alle auf den Nachweis eines symmetrischen Rasters von ‚Entsprechungen' zwischen den Strophen und in den Strophen abzielen (vgl. Jakobson 1976: 112–113).

Nach Jakobson zeigt nun nicht allein die Verteilung der Satztypen, „sondern vor allem die Verteilung der grammatischen Kategorien innerhalb der vier Strophen (...) eindeutig, daß das Gedicht in zwei *Paare* von Strophen gegliedert ist, in ein Anfangspaar und in ein Endpaar" (1976: 113). Wieder geht es Jakobson um den Nachweis von „grammatischen Übereinstimmungen". Grammatische Übereinstimmung zwischen den Strophen eines Strophenpaars nennt er „Binnenpaar-Entsprechungen"; zwischen Strophen aus den beiden Paaren „Zwischenpaar-Entsprechungen". Gelten letztere für die Strophen I und IV, dann spricht Jakobson von „peripheren" Entsprechungen; gelten sie für die Strophen II und III, von „mittleren" Entsprechungen. In dieses Raster paßt er dann die Ergebnisse ein, die sich beim Nachspüren des Kompositionsprinzips (oder Verfahrens) „Gegenüberstellung gleichförmiger syntaktischer Konstruktionen (...) unter Ausnützung gleichartigen Wortmaterials" (1976: 114) ergeben.

Die Auflistung dieser Gegenüberstellungen, die bis in die phonetisch-phonologische Mikrostruktur verfolgt werden, bildet den Hauptteil des Aufsatzes (Seiten 114–124). Gegen Ende des Aufsatzes kommt Jakobson auf ein zweites „Gliederungsprinzip" zu sprechen, das mit dem ersten zusammen die grammatische Architektonik des Gedichts bestimmt. Dieses zweite Prinzip setzt, „im Unterschied zum vorangehenden, kein Vielfaches voraus (...)" (1976: 124). Es stellt ein „Zentrumsprinzip" dar:

> „Die erste, zweite und vierte Strophe enthalten je vier unabhängige Elementarsätze (*clauses*) mit finitem Verb, während die dritte Strophe vier solcher Elementarsätze im ersten Gesamtsatz (Vers III_1–III_5) und vier in den beiden folgenden Gesamtsätzen (Vers III_6–III_8) enthält." (ibid.)

Dieses Gliederungsprinzip läßt mithin das Gedicht in „fünf symmetrische syntaktische Gruppen mit je vier unabhängigen Elementarsätzen" zerfallen, die Jakobson wie folgt darstellt (ibid.):

1) sie [ist] – sitzt – sind – ist
2) sind – steckt und denkt – ist – kämpft
3) *zeige* – werden gehen – *gehe nicht* – ist
4) *trenne dich nicht* – können – kannst – *trenne dich nicht*
5) leugnet – nützt – *sei* – *trenne dich nicht*

Auffallend in dieser Darstellung ist die Betonung der ‚Imperativsätze', die nach Jakobson nur in den letzten drei Gruppen auftreten (und deren Verbkonstituente er durch Unterstreichung hervorhebt). Wir sehen hier, daß Jakobson sich nicht an der Interpunktion, sondern an syntaktischen Kriterien orientiert. Ich möchte nicht von einem Widerspruch zwischen dieser Darstellung und der Darstellung im Rahmen des ersten Gliederungsprinzips sprechen; wohl aber scheint mir (A1) endgültig unhaltbar geworden.

Warum Jakobson an dieser Stelle die Imperativsätze in Strophe III betont, wird deutlich, wenn wir ihre Rolle für die Interpretation betrachten, die sich an seine syntaktische Analyse anschließt. Die Interpretation gipfelt in den abschließenden Passagen seines Aufsatzes, die bereits zu Ende von § 2.3 zitiert wurden.

Bevor wir uns dieser Interpretation zuwenden, möchte ich auf Jakobsons Ausführungen zur Verteilung der grammatischen Kategorien eingehen. Dieser Teil seiner Analyse ist ausschließlich an den syntaktischen Oberflächenstrukturen orientiert, während die Zerlegung der Sätze in Elementarsätze erste Ansätze einer weitergehenden syntaktischen Analyse enthält. Allerdings ist deshalb noch keineswegs die Rede von einer syntaktischen Tiefenstruktur im Sinne der TGG Chomskys. Letztere ist eine theoretische Konstruktion, wohingegen Jakobsons Rede von *sentences* vs. *clauses* eher auf eine Adaption von *kernel sentences* oder ‚einfachen Sätzen' im Sinne des (amerikanischen) Distributionalismus schließen läßt. Das heißt, daß auch die Elementarsätze als gegebene Sätze anzusehen sind, nicht als Konstrukte. Jakobsons Schema stellt nicht mehr dar als eine Reorganisation der in T_1 vorkommenden Sätze zum Zwecke der Aufdeckung bestimmter Züge ihrer Organisation. Auf die Vorteile und die Grenzen eines solchen Verfahrens bin ich an anderer Stelle – in meiner Korrektur von Bierwischs Einschätzung der *Discourse*

Analysis von Zellig S. Harris – ausführlicher eingegangen.[49] Ich möchte es deshalb hier bei diesen Bemerkungen belassen.

Der auffallendste Zug von T_1 besteht nach Jakobson in der

> „Wiederholung einzelner Wörter oder ganzer Wortgruppen (...), oder der Variation einzelner Wörter, d.h. der Ausnützung verschiedener Glieder eines Paradigmas bzw. verschiedener Bildungen von ein und derselben Wurzel: $_2$„ in einem Haus" – $_8$„ihr Haus", $_{9,11}$„den Weg" – $_{17}$„der Weg", $_{9,15}$„wir" – $_{11,12}$„ohne uns" – $_{14,16}$„von uns", $_9$„gehen sollen" – $_{10}$„werden gehen" – $_{11}$„gehe", $_9$„zeige" – $_{19}$„zu zeigen"; $_3$„Gedanken" – $_7$„denkt", $_{11}$„richtigen" – $_{15}$„recht haben", $_{18}$„weiß" – $_{19}$„Weisheit" – $_{20}$„weise." (1976: 114–115)

Dieser Befund erinnert sofort an seine Bestimmung des „empirischen linguistischen Kriteriums für die poetische Funktion" eines Textes, die auf dem Begriff der ‚Äquivalenz' basiert:

> „Die Selektion [von Wörtern beim Sprechen] vollzieht sich aufgrund von Äquivalenz, Ähnlichkeit und Unähnlichkeit, Synonymie und Antinomie, während die Kombination, die Herstellung der Sequenz [von Wörtern], auf Kontiguität beruht. *Die poetische Funktion projiziert das Prinzip der Äquivalenz von der Achse der Selektion auf die Achse der Kombination.*" (Jakobson 1972: 110; Herv. im Original)[50]

In der später entstandenen Interpretation von T_1 beläßt Jakobson es zwar dabei, auf die Wirkung von ‚Polyptoton' und ‚Paregmenon' hinzuweisen (vgl. Jakobson 1976: 115). Vergleichen wir indessen die Generalisierung im Aufsatz von 1960 mit dem, was Jakobson über die Verteilung der grammatischen Kategorien in T_1 sagt, so wird jetzt deutlich, warum seine Wahl auf einen Text wie T_1 fiel:

> „In der Dichtung wird eine Silbe mit jeder anderen Silbe der gleichen Folge äquivalent; Wortakzente werden Wortakzenten gleichgesetzt, ebenso das Fehlen eines Akzents einem Fehlen; prosodische Längen mit prosodischen Längen, Kürzen mit Kürzen; Wortgrenzen mit Wortgrenzen, das Fehlen der Grenzen mit deren Fehlen; syntaktische Pausen mit syntaktischen Pausen, das Fehlen einer Pause entspricht wiederum dem Fehlen. Silben werden in Maßeinheiten verwandelt, und dasselbe gilt für Moren und Akzente." (Jakobson 1972: 110)

Auch hinsichtlich T_1 geht es ihm vor allem um den Nachweis eines Gefüges von Äquivalenzen – denn um nichts anderes handelt es sich bei den „grammatischen Übereinstimmungen". Wesentlich ist dabei die ‚Entsprechung' von Äquivalenzen auf der semantischen, syntaktischen und der phonologisch-phonetischen Ebene. Denn streng genommen zählen erst die Äquivalenzen, die sich in ein Raster von ‚Entsprechungen' zwischen den einzelnen Ebenen einfügen, als nicht-triviale Äquivalenzen. Diese Bedingung wurde in der kritischen Diskussion des von Jakobson bei der Analyse poetischer Texte angewandten Äquivalenzbegriffs oft übersehen. Wenn Oomen schreibt, daß sich

> „ein Minimum von Übereinstimmungen, das vorhanden sein müßte, damit von zwei äquivalenten Ausdrücken gesprochen werden kann, (...) theoretisch nicht fixieren [läßt]" (Oomen 1973: 54),

dann ist das theoretisch wohl richtig. Wenn sie aber damit die Behauptung verbindet:

> „Je größer die Menge der Äquivalenzkriterien ist, die sich auf ein Paar von Ausdrücken anwenden lassen, desto strenger sind die Ausdrücke determiniert." (ibid.),

dann geht sie an Jakobsons Fassung des Äquivalenzbegriffs vorbei. Dieser ist nicht (oder doch nicht wesentlich) quantitativer Art, sondern funktionaler Natur. Dies kommt am deutlichsten zum Ausdruck in Jakobsons Äußerungen zur Korrelation von Klang und Bedeutung in Texten mit dominanter poetischer Funktion. So sagt er 1958 in seiner Replik auf Wimsatt, daß unter anderem das Beispiel der Folklore, wie mündlicher Tradition überhaupt, die folgende Feststellung erlaubt:

> „Sobald der Parallelismus zum Kanon erhoben wird, hören die Wechselwirkung von Versmaß und Bedeutung und die Anordnung der Tropen auf, ‚die freien, individuellen und nicht vorhersehbaren Bestandteile von Dichtung' zu sein." (1972: 124)

Noch mehr verallgemeinernd sagt er, das Beispiel von Poe's „Raven" anführend:

> „In der Dichtung wird jede *auffällige* Ähnlichkeit im Klang hinsichtlich einer Bedeutungsnähe und/oder Bedeutungsferne ausgewertet." (1972: 128; meine Herv.)

In dieser Hinsicht weicht Dichtung – oder vorsichtiger formuliert: ein Text mit dominanter poetischer Funktion (vgl. unten, § 3.5, zur Begründung dieser Formulierung) – von de Saussures Regel der ‚Willkürlichkeit' der Beziehung zwischen *significans* und *significatum* ab:

> „Die Wichtigkeit der Beziehung zwischen Klang und Bedeutung ist [im Falle eines Textes mit dominanter poetischer Funktion] die einfache Folge der Überlagerung von Kontiguität durch Similarität." (ibid.)

Klangsymbolik ist für Jakobson nur ein besonders hervorstechender Beleg für diese These. Die „auffällige Ähnlichkeit im Klang zweier oder mehrerer Ausdrücke", um die es im Regelfall geht, kommt zustande durch die

> „überdurchschnittliche Häufung einer bestimmten Klasse von Phonemen oder eine kontrastierende Ansammlung zweier gegensätzlicher Klassen in dem Klanggefüge eines Verses oder einer Strophe in einem Gedicht." (1972: 129)

Allerdings warnt Jakobson selbst sofort davor, die „Betonung der Wiederholung in Dichtung" auf „numerische Kunstgriffe" zu beschränken:

> „Ein Phonem, das nur einmal erscheint, doch in einem Schlüsselwort und in relevanter Position vor einem kontrastierenden Hintergrund, kann eine verblüffende Bedeutung erhalten." (1972: 130)

Worum es schließlich geht, ist die Stellung des Klanggefüges des jeweiligen Textes in den beiden zentralen Koordinaten der literarischen Evolution, in die die Russischen Formalisten und die Prager Strukturalisten jede Aussage über einen literarischen Text einpaßten. Jakobson formuliert diese radikale Absage an die ‚textimmanente' Analyse hier so:

> „Jede Analyse des poetischen Klanggefüges muß die phonologische Struktur der gegebenen Sprache konsequent berücksichtigen und neben dem umfas-

senden, allgemeinen Kode auch die Hierarchie der phonologischen Unterscheidungsmerkmale innerhalb der gegebenen poetischen Konvention." (ibid.)

Jakobsons Ausführungen zu den „verstärkenden Anklängen" der „pronominalen Bezeichnungen der Helden" von T_1, die sich im Mittelfeld seines Aufsatzes finden (Seiten 121–123), fügen sich in diesen theoretischen Rahmen. Die ‚Anklänge', die er behandelt, ergeben sich aus seiner vorangehenden Interpretation syntaktischer und semantischer Beobachtungen, bzw. verstärken die Interpretation und führen sie weiter aus. Nicht die Suche nach Äquivalenzen gibt Anlaß zur Kritik, sondern die Interpretation, die die Suche ausrichtet. Die Interpretation geht nämlich keineswegs zwanglos oder sogar logisch aus den syntaktischen und semantischen Beobachtungen hervor.

Jakobson beginnt seine Ausführungen zur Verteilung der grammatischen Kategorien mit der Beobachtung, daß „das quantitative Verhältnis zwischen den einzelnen Wortklassen eine Reihe charakteristischer Eigentümlichkeiten [zeigt]" (1976: 115). Ohne hier im einzelnen auf Jakobsons Klassifizierung der Wortklassen einzugehen, möchte ich nur das Ergebnis seiner Auflistung anführen: Über 70% der 142 Wörter des Gedichts, nämlich 101 Wörter, entfallen auf „formale, grammatische Wörter" (ibid.). Solche Wörter

„besitzen (...) keinerlei Morpheme mit lexikalischer Bedeutung (...). Ein formales Wort (...) nennt weder noch beschreibt es irgendwelche Erscheinungen an sich; es zeigt bloß die Beziehungen an, die zwischen den Erscheinungen bestehen, und bestimmt sie." (1976: 115–116)

Ein gutes Drittel aller vorkommenden Wörter sind Pronomina. Nur 13 der vorkommenden Wörter sind Nomina, wobei „Weg" dreimal vorkommt und „Haus" zweimal. Häufiger als Nomina, Adjektive (8 Vorkommen) und lexikalische Verben (20 Vorkommen) sind auch die ‚Partikel' (Konjunktionen, Präpositionen, Modalpartikel – darunter vor allem die Negation): nach Jakobson 27 Vorkommen.

Von den zehn Nomina weist nur eines, „Genosse", die „Kategorie der Belebtheit" auf (Jakobson 1976: 117):

„Von den übrigen zwölf [vorkommenden] Substantiven treten vier im ersten, zwei im zweiten Strophenpaar im Nominativ auf, ebensoviel (4 + 2) im merkmalhaltigen, d. h. obliquen Kasus." (ibid.)

An Beobachtungen wie dieser, in denen komplexe, morphologisch-syntaktisch-semantische Kategorien die zentrale Rolle spielen, knüpft Jakobson eine inhaltliche Deutung. Aus der Beobachtung, daß die

„drei abstrakten Substantive ($_2$„Gedanken", „Entschlüsse", $_{19}$„Weisheit") und ein Kollektivum ($_1$„Partei") nur im Nominativ [stehen], wobei sie ausschließlich den peripheren Strophen angehören, während die eigentlichen unbelebten Dingnamen entweder nur in präpositionalen Verbindungen im Dativ und nur im *ersten* Strophenpaar stehen, oder aber sie stehen erst in einem obliquen Kasus und nehmen beim Übergang in die folgende Strophe die Nominativform an" (ibid.),

schließt er:

„Dies ist das *statische Bild* des Anfangspaares $_2$„in einem Haus" – $_8$„ist ihr Haus", und das *dynamische Bild* des Endpaares $_9$„den Weg", $_{11}$„den richtigen Weg" – $_{17}$„der kurze Weg"." (ibid.; meine Herv.)

Solche inhaltliche Deutung grammatischer Kategorien durchzieht den ganzen Aufsatz, nicht nur diesen Teil. So sagt Jakobson an anderer Stelle, daß

„den Präpositionalfügungen der Anfangsstrophen (...) jedwede *Dynamik* [fehlt]: $_2$„in einem Haus mit Telephonen", $_7$„in deinem Anzug ... in deinem Kopf". Demgegenüber sind in den beiden Endstrophen fast alle Kasusformen durch das *ablativische Motiv der Trennung* zusammengefaßt: $_{11}$„ Gehe nicht von [?] uns"; $_{12}$„ohne uns; „$_{14,16,21}$Trenne dich nicht von uns"." (1976: 119–120; meine Herv.)

Solche inhaltliche Deutung erfreut sich zwar im Rahmen umgangssprachlicher Überlegungen zur Sprache großer Beliebtheit, ist aber im wissenschaftlichen Gebrauch von grammatischen Kategorien wiederholt und mit vollem Recht als unzulässig zurückgewiesen worden. Grammatische Kategorien sind Teile des wissenschaftlichen Vokabulars, gehören zu Theorien, mit denen wir unsere Beobachtungen, unser Wissen über Sprache ausdrücken und systematisieren. Sie beziehen sich auf Erscheinungsformen von Sprache, auf sprachliche Ausdrücke, nicht auf damit spekulativ verbundene Inhalte. Solche Inhalte sind ihrerseits Ergebnis der Interpretation sprachlicher Ausdrücke. Auch ihr Entstehen und ihr Aufbau kann nur wissenschaftlich – unter Zuhilfenahme einer geeigneten (semantischen) Wissenschaftssprache – untersucht werden. Sie sind uns nicht als solche, unabhängig von (semantischen, oder semantisch-pragmatischen) Wissenschaftssprachen – und in solchen Wissenschaftssprachen formulierten Theorien – ‚gegeben' oder zugänglich.

Dieser gravierende methodologische Fehler findet sich leider oft in strukturalistischen und/oder semiotischen Betrachtungen zur natürlichen Sprache. Hier hat erst die TGG Deutlichkeit geschaffen, indem sie mit Nachdruck den wissenschaftssprachlichen und hochgradig theoretischen Charakter der grammatischen Terminologie herausstellte. (Was allerdings nicht verhindern konnte, daß selbst ihre oft komplexe, technische und formalisierende Begrifflichkeit inhaltlich ausgedeutet wurde, wie wir z. B. in Kapitel 1 am Beispiel Levins gesehen haben).

Am aufdringlichsten macht sich das deutende Verfahren Jakobsons im Herzstück seines Aufsatzes bemerkbar, das dem Nachspüren der ‚pronominalen Manier' Brechts (1976: 116) im Falle von T_1 gewidmet ist. Im Anschluß an seine Charakterisierung der ‚formalen Wörter' sagt Jakobson von den Pronomina, daß sie „die Verbindung zwischen der bezeichneten Erscheinung mit dem Kontext und dem Redeakt herstellen" (ibid.). Und er zitiert an dieser Stelle abermals aus Brechts Aufsatz „Über reimlose Lyrik mit unregelmäßigen Rhythmen" aus dem Jahr 1938:

„Ich dachte immer an das Sprechen. Und ich hatte mir für das Sprechen (sei es der Prosa oder des Verses) eine ganz bestimmte Technik erarbeitet. Ich nannte sie gestisch. Das bedeutete: die Sprache sollte ganz dem Gestus der sprechenden Person folgen." (Brecht 1964: 80–81)

Allerdings verschweigt er, daß Brecht diese Passage mit dem Satz einleitet:

> „Man muß dabei im Auge behalten, daß ich meine Hauptarbeit auf dem Theater verrichtete." (Brecht 1964: 80)

Und der ganze Absatz, in dem die Passage erscheint, beginnt mit einer Aussage Brechts über seine Produktion ab etwa 1930:

> „In der Folge schrieb ich außer Balladen und Massenliedern mit Reim und regelmäßigem (oder doch nahezu regelmäßigem) Rhythmus mehr und mehr Gedichte ohne Reim und mit unregelmäßigem Rhythmus." (ibid.)

Ich denke, es ist inzwischen deutlich, worauf meine Kritik hinausläuft: daß Jakobson in unzulässiger Weise Aussagen über T_1 mit Aussagen über einen anderen Text vermischt. Aber welcher Text könnte das sein? Ist es T_1'? Diese Möglichkeit ist nach dem Befund in § 3.3 ausgeschlossen. Jakobsons generalisierende Aussagen sind an dieser Stelle logisch gesehen unerfüllbar: Ihr Anwendungsbereich ist unbestimmt. Auch wird nicht deutlich, was aus dem Zitat aus Brechts ‚poetologischem Text' nun eigentlich folgen soll. Stellen T_1 bzw. T_1' bzw. ein unbestimmt bleibendes T_1^i Exemplifikationen der gestischen Sprechweise dar? In welcher Hinsicht dann? Jakobson gibt weiter keine Erläuterungen, er sagt nur:

> „In der Sprache kommt die deiktische Natur des Pronomens dem Gestus am nächsten." (1976: 116)

Diese Aussage ist A_1/B_2 noch heute unbegreiflich: Brecht spricht ja hier nicht über ‚den' Gestus, sondern über den *jeweiligen* Gestus ‚der sprechenden Person'. Und wer sich die Mühe nimmt, Brechts vielfältige Äußerungen zur gestischen Sprechweise zur Kenntnis zu nehmen, wird schnell feststellen können, daß dieser zentrale Begriff immer nur für den jeweiligen Text (eines Stücks), ja die jeweilige Aufführung eines Textes, bestimmbar ist. Er ist Teil der Theaterarbeit.

Jakobsons Beobachtungen über die Verteilung der Personalpronomina (1976: 118–119) zielen vor allem auf die Rolle ab, die „die pronominalen Mitwirkenden am Sujet des Gedichts" (1976: 119) spielen. Die „pluralistischen Substantive" der ersten Strophe

> „bereiten gleichsam den Platz für den Plural der Personalpronomina vor, den sie dann in den Strophen II–IV an diese abtreten, insbesondere an die Formen „wir" (II–III) und „uns" (III–IV)." (1976: 118)

Die Variabilität in der Anwendung des Personalpronomens der 1. Person Plural – je nach Anwendung ist die Menge der bezeichneten Personen anders bestimmt, und zwar nicht nur hinsichtlich Inklusion oder Exklusion *eines* oder *mehrerer* Angesprochener, sondern auch hinsichtlich der Extension der Sprecher – erfährt folgende dramatisierende Ausdeutung:

> „In der zweiten Strophe sind sowohl das „ich" als auch das „du" Teile des kollektiven „wir alle"; dabei ist hier „wir" gleichgesetzt mit jedem dieser Teile, ja mehr noch, „wir" ist unabtrennbarer Teil sowohl des „ich" als auch des „du"." (ibid.)

Ich nehme an, daß die Formulierung „unabtrennbarer Teil" von Jakobson als Folgerung aus den Formulierungen der Verse 7 und 8 gemeint ist. Aus „stecken in",

„denken in", aus dem Zusammenfall des „Wohnens" und des „Kämpfens" von Partei und „ich" bzw. „du" folgt offensichtlich eine Beziehung der Teilhabe eines Mehrfachen an einem Einfachen, die aus der gewohnten asymmetrischen Beziehung „Teilsein von" eine symmetrische macht. Was ich mir darunter vorzustellen habe, wird mir allerdings durch diese Rekonstruktion auch nicht deutlicher. Jakobson fährt indessen auf dieser Grundlage fort und sagt:

> „Ist aber das „du" in dieser Strophe ein *pars pro toto* und „wir" ein *totum pro parte*, so ändert sich dieses Verhältnis kraß in den folgenden
> (A2) Strophen: der innere, synekdochische Zusammenhang verwandelt sich mit einem Schlag in eine metonymische äußere Affinität und steigert sich zu einem tragischen Konflikt zwischen dem Einzelnen und dem Kollektiv (...)." (ibid.)

Sehen wir den zusammengesetzten Satz nach dem Doppelpunkt als deskriptiv gemeinte Aussage (A2) an. Wie haben wir dann (A2) zu verstehen? Drei kritische Punkte machen für A_1/B_2 diese Aussage unverständlich. Einmal werden Ausdrücke der Rhetorik deutend auf syntaktische Strukturen angewandt. Nehmen wir an, Jakobson sieht Ausdrücke wie ‚synekdochisch' und ‚metonymisch' als wohleingeführte Terme eines wissenschaftlichen Vokabulars, z. B. der Rhetorik, an (was sie keineswegs sind). Sie fungierten dann (idealiter) in einer Semantiksprache. Aber nicht nur bleibt die Beziehung zwischen dieser Semantiksprache und der Syntaxsprache – die Terme wie ‚(Personal-)Pronomen' enthält – völlig unklar; Jakobson gebraucht Terme wie ‚synekdochisch' und ‚metonymisch' darüber hinaus, wie ihre Verbindung mit ‚der innere (...) Zusammenhang' und ‚eine (...) äußere Affinität' zeigt, metaphorisch, personifizierend. Damit komme ich zum zweiten kritischen Punkt: Es ist unklar, welche Ereignisse mit Formulierungen wie „verwandelt sich" und „steigert sich" gemeint sind, auf welchen Zeitpunkt „mit einem Schlag" zu beziehen ist. Drittens kommt in dem zweiten Teilsatz von (A2), beginnend mit „und steigert sich ...", der Ausdruck „tragischer Konflikt" vor. Dieser Ausdruck ist nicht nur notorisch viel- bzw. nichtssagend. Es ist überdies, aufgrund der metaphorischen, personifizierenden Redeweise auch völlig unklar, wie er mit den syntaktisch-semantischen Beobachtungen zu verbinden ist.

Für A_1/B_2 ist (A2) ein typisches Beispiel für die Verfahrensweise der philologisch-literarischen Interpretation: Sie bewegt sich in Sprüngen vorwärts, die man ‚nachzuvollziehen' hat oder von denen man meint, sie ‚nachvollziehen' zu können oder zu müssen – denen aber leider keine Regel unterliegt (oder unterlegbar ist), wie z. B. im Falle des Springers. (A2) ist damit ein typisches Beispiel für eine Situation im Sinne von (7')* aus § 2.5 oben – eine Situation, in der die Bedingungen für das Vorliegen einer (wissenschaftlichen) Interpretation verletzt sind.

An diese drei Punkte der Kritik schließt sich ein weiterer an, der die Fortsetzung von (A2) betrifft. In Jakobsons Text schließt (A2) mit einem weiteren Doppelpunkt und danach steht zu lesen:

> „(...): es kommt zum ‚Verrat', wie Brecht die ganze Szene mit diesen Versen in seinem Stück genannt hatte." (1976: 118–119)

Kein Kommentar.

Für Jakobson ist (A2) indessen hinreichend um zu schließen:

„Das inklusive „wir", welches den Angesprochenen einschließt, wird abgelöst vom exklusiven „wir", welches der zweiten Person gegenübergestellt ist." (1976: 119)

Rollenverteilungen werden hier auf dem Rücken eines homonymen Wortes, „Person", auf grammatische Kategorien übertragen; die semantisch-pragmatischen Eigenschaften grammatischer Kategorien werden interpretatorisch aufgebläht, gipfelnd in solchen Formulierungen wie der von der „semantischen Labilität" und „inneren Widersprüchlichkeit", die dem Personalpronomen der 1. Person Plural „innewohnen" soll (ibid.).

Die anhand von (A2) dargelegte Verfahrensweise ist typisch für die Art und Weise, in der Jakobson seine Beobachtungen syntaktischer und phonologischer Eigenschaften von T_1 bzw. T_1' bzw. T_1^i präsentiert. Ich werde noch zwei weitere Beispiele solcher deskriptiv gemeinter, jedoch der Interpretation bedürftiger und der eindeutigen Interpretation unzugänglicher Aussagen anführen. Hingewiesen sei hier besonders auf die folgenden Beobachtungen Jakobsons zur Verteilung der Pronomina. Immer noch in der dramatisierenden und personifizierenden Redeweise schreibt er auf Seite 120:

(A3) „Und wenn das betont unpersönliche anaphorische „sie" ($_4$„Wer ist sie?") in der zweiten Strophe vom persönlichen „Wir" abgelöst wurde, so ist andererseits das persönliche „du" in der vierten Strophe polemisch durch den entpersonifizierenden Nominativ $_{18}$„einer" ersetzt."

Eine fast gleichlautende Passage findet sich auf Seite 122. Wir könnten, wenn wir wollten, diese so nachdrücklich vorgebrachte Aussage als Aussage (A3) einer ähnlichen Kritik unterziehen wie (A2). Sehen wir davon ab und merken wir an, daß Jakobson auf Seite 122 noch Beobachtungen zur Verteilung der ‚universalen Pronomina' – unter die er $_{18}$„einer" fallen läßt – anschließt:

„Nur in den geraden Strophen treten universale Pronomina auf: das positive [sic!] „alle" in II und das negative [sic!] „keiner" in IV – wohl das einzige Beispiel einer direkten Symmetrie innerhalb der Strophenpaare des Gedichts (...)."

Wieder schließt sich an die – allerdings schon deutend vorgeformte – Beobachtung in einem Sprung die Interpretation an, auf deren Tenor wir inzwischen schon zur Genüge eingestimmt sind:

(A4) „Doch im Gegensatz zur Solidarität zwischen dem „wir" und dem „alle" der zweiten Strophe bilden die Pronomina „keiner" und „einer" (...) eine tiefe Antinomie. Die Entzweiung zwischen dem jungen Genossen und der Partei, die in der ersten Strophe die Frage nach der Entfremdung der Partei bewirkt hatte, suggeriert gegen Schluß die fatale Folgerung über die Entfremdung des Genossen selbst." (1976: 122–123)

Wenn wir den zweiten zusammengesetzten Satz dieses Zitats als deskriptiv gemeinte Aussage (A4) ansehen, so ist deutlich, daß sich (A4) nicht auf T_1 beziehen kann – die Rollenandeutung „Junger Genosse" kommt in T_1 nicht vor. Weiterhin führt (A4) einen Terminus ein, „Entfremdung", dessen Bedeutung ohne jede Erläuterung bleibt – ähnlich wie im Falle von „tragischer Konflikt" in (A2). Und schließlich ist es A_1 wie B_2 damals wie heute unverständlich, welcher Art die semantische Beziehung der „Suggestion" sein soll, die aufgrund der grammatischen Beziehungen von (A4) zwischen „die Entzweiung", dem logischen Subjekt von (A4), und der „fatalen Folgerung" besteht.

Was wir aus (A2) und (A4) sowie ähnlich lautenden weiteren Aussagen ablesen können, was sie suggerieren, ist, daß sich wohl auch für Roman Jakobson wie für A_1 und C_1 – und wie für manch anderes A_i – die brennende Frage gestellt hat: „Wer aber ist die Partei?" Daß die – mehr oder minder – große Bereitschaft, sich in die Lage (die Rolle) des „Jungen Genossen" zu versetzen, auch den Mann Roman Jakobson ‚gemacht' hat, wie sie den Mann Reiner Steinweg oder den Mann Jens Ihwe gemacht hat, und wie sie den Mann (oder die Frau) A_i ... gemacht hat oder machen kann. So gesehen löst sich die Unverständlichkeit von (A2) und (A4) sowie ähnlich lautender weiterer Aussagen teilweise auf. Sicher bleibt sie für Ausdrücke wie ‚tragisch' oder ‚Entfremdung' bestehen – während wir Ausdrücke wie ‚Konflikt' und ‚Entzweiung', ja selbst ‚fatale Folgerung', verstehen können. Sie lassen sich, wenn auch in sehr allgemeiner Weise, auf das Leben des Mannes Roman Jakobson, seine ‚Welt', beziehen. Allerdings können wir dann einwenden: Diese Beziehung ist so allgemein gehalten, daß sie fast nichtssagend ist. Auf welchen Zeitpunkt (welches Intervall von Zeitpunkten) im Leben des Mannes Roman Jakobson beziehen sie sich, auf welches Ereignis (welche Folge von Ereignissen)?

Eine solche Auflösung der Unverständlichkeit von deskriptiv gemeinten, aber der Interpretation bedürftigen und der eindeutigen Interpretation unzugänglichen Aussagen ist in der ‚modernen Literaturwissenschaft' weitgehend tabu. Sie ergibt sich indessen zwanglos aus dem konversationellen Rahmen. Oder stärker formuliert: Sie ist eine Konsequenz dieses Rahmens – eine Konsequenz, die auch das Selbstverständnis von B_2 als ‚moderner Literaturwissenschaftler' nicht unberührt läßt. Ich bin mit dieser Konsequenz, deren Tragweite mir jetzt erst deutlich wird, zufrieden, da sie endlich eine tiefe Überzeugung in befriedigender Weise auszusprechen – ja, mehr noch: zu explizieren – erlaubt: die Überzeugung nämlich, daß alle Aussagen über einen literarischen Text sich den Aussagenden – und zwar als Teilnehmer an einer Konversation über diesen Text – zuordnen wie die Eisenspäne zwischen den Polen in einem magnetischen Feld. Daß damit die Kriterien der ‚wissenschaftlichen Rede' für den Fall von Konversationen über Literatur nicht außer Kraft gesetzt sind, zeigen die Bedingungen in *Def. 3* und *Def. 4* von Kapitel 2.[51]

Die Anwendung der Bedingungen von *Def. 3* und *Def. 4* bedeutet im Falle von Aussagen wie (A2) und (A4) aber auch, daß Jakobson hier keine Ansprüche auf eine wissenschaftliche Interpretation von T_1 geltend machen sollte (oder kann). Es wäre angemessener und dem Verständnis seines Beitrags zur Konversation über T_1 förderlicher gewesen, wenn er auf diesen Anspruch für alle die Aussagen verzichtet hätte, die über linguistisch-poetologische Beobachtungen (und deren Systematisierung) hinausgehen. So muß sich sein Aufsatz – wie auch alle übrigen Aufsätze zur ‚Poesie der Grammatik' und ‚Grammatik der Poesie', in denen mehr oder weniger die gleiche Verfahrensweise anzutreffen ist – den Vorwurf der Unwissenschaftlichkeit gefallen lassen. Man muß diesen Vorwurf allerdings dahingehend präzisieren und nuancieren, daß Jakobson sich offensichtlich nicht bewußt ist, wann sein Beitrag zur Konversation über einen literarischen Text den Ansprüchen an eine wissenschaftliche Interpretation genügt (genügen soll), und wann nicht. Nur so erklärt sich auch sein für viele Teilnehmer an Konversationen über die von ihm analysierten Texte im allgemeinen, und für die Konversation über T_1 im besonderen, als ‚schwierig' empfundener Stil. Sein Stil ist deswegen schwierig, weil er – oft in einem einzigen Satz – das am Beispiel von (A2)–(A4) beobachtete Springen aufweist. Sein Stil ist nicht deswegen schwierig, weil er für seine poetologisch-linguistischen Beobachtungen (und deren Systematisierung) das Vokabular der modernen, strukturalen Linguistik verwendet.

Letzteres ist ein Vorwurf an die Adresse Jakobson (und anderer der Literatur zugetaner Linguisten), der oft von Vertretern der philologisch-literarischen Interpretationspraxis erhoben und von deren Opfern wiederholt wird. Einmal in diese Interpretationspraxis eingeübt, ist es in der Tat oft mühevoll, dazu (oder neu) zu lernen, wenn man Analysen wie die von Jakobson (und anderen) verstehen will. Das erste, was zu lernen ist, sind die Grundelemente der modernen Linguistik. Aber das ist nicht alles – wie so oft fälschlich behauptet wird. Sowohl in seinem grundlegenden Aufsatz von 1960 wie in den sich daran anschließenden Beispielanalysen ist Jakobson der Bewahrer und Fortsetzer der Tradition der modernen Literaturwissenschaft, an deren Entstehung im Russischen Formalismus, an deren Fortführung im Prager und all den anderen ‚Strukturalismen' er so wesentlich beteiligt war. Was man ihm vorwerfen könnte, wäre eher eine zu breite Orientierung – eine Orientierung, die bei aller Innovation doch noch zuviel vom Verfahren und von der Begrifflichkeit der literarisch-philologischen Interpretationspraxis bewahrt. Dies gilt sowohl für den poetologischen wie den linguistischen Aspekt seiner linguistisch-poetologischen Arbeiten im engeren Sinn, auf die ich diese kritischen Bemerkungen beschränken will.

In dieser Hinsicht ist Klaus Baumgärtner beizupflichten, wenn er 1965 in *Mathematik und Dichtung* die folgende Kritik an Jakobsons Verfahrensweise formuliert:

> „Man erhält auf diese Weise oberflächlich assoziierte, dem offenliegenden Text angepaßte Beziehungsmuster, die lediglich das Elementarste erfassen. Mit dieser Beschreibungsform, die ganz der Abfolge des Textes unterworfen bleibt, lassen sich zwar alle einfachen, schon auf den ersten Blick ähnlichen Strukturen korrelativ deuten, keinesfalls aber das gesamte, hinter dem offenliegenden Text bestehende Relationsgefüge." (Baumgärtner 1972: 214)

Diese Kritik gilt auch, wie wir bereits gesehen haben, für das „zweite Gliederungsprinzip", das Jakobson in T_1 unterscheidet. Der Begriff des ‚Elementarsatzes' dient nicht dazu, die „Abfolge des Textes" zu verlassen, zu dem „hinter dem offenliegenden Text bestehenden Relationsgefüge" vorzustoßen. Er dient

Jakobson allein dazu, die „parallelistischen Beziehungen" des Textes (Baumgärtner 1972: 213) zu verdeutlichen. Für Baumgärtner (und andere Kritiker, wie etwa Manfred Bierwisch in seinem Beitrag zu *Mathematik und Dichtung*) ist Jakobsons (oben zitiertes) Theorem über die poetische Funktion von 1958

> „nicht allgemein genug; es bleibt, wenn auch im weitesten Sinn, auf parallelistische Beziehungen beschränkt (...)." (Baumgärtner 1972: 213)

Insbesondere wird nach Baumgärtner das „Problem der sprachlichen Irregularität", die er „als eine wichtige poetische Funktion [ansieht], (...) von Jakobson nicht berührt" (ibid.).

Ich möchte hier nicht auf die Vorschläge eingehen, die Baumgärtner an seine Kritik anschließt. Sie zielen (wie die Vorschläge Bierwischs) auf den Entwurf einer (‚linguistischen') Poetik ab, die Jakobsons Ausgangspunkte und die aus seinem Theorem ableitbaren Verfahren bewahrt, diese jedoch in einen weiteren theoretischen Rahmen integriert bzw. überführt, der im Prinzip eine „erschöpfende Erklärung poetischer Texte" (Baumgärtner 1972: 214) ermöglicht. Die TGG in Chomskys Version von 1965 spielt in diesem Zusammenhang die zentrale Rolle (allerdings mehr noch für Bierwisch als für Baumgärtner). In meinem 1972 erschienenen Buch von 1970 bin ich dem Prospekt einer solchen Poetik im Detail nachgegangen; in meinem 1969 erstmals vorgelegten Aufsatz zum ‚Problem der poetischen Sprache' (Ihwe 1971) den Schwierigkeiten, die die Gleichsetzung von ‚sprachlicher Irregularität' mit der bzw. einer wichtigen ‚poetischen Funktion' mit sich bringt. Hier wollte ich auf Baumgärtners kritische Bemerkungen von 1965 aufmerksam machen, insofern sie aus Baumgärtners eigener Erfahrung resultieren. Bereits 1960 hatte er einen Versuch vorgelegt, Jakobsons Theorem bei der Analyse eines Gedichts – und zwar eines Gedichts von Brecht: „Die Literatur wird durchforscht werden" – in kritischer Auseinandersetzung mit der philologisch-literarischen Interpretationspraxis fruchtbar zu machen. 1965 mußte er indessen, auch angesichts ähnlicher Versuche von Samuel R. Levin, feststellen[52]:

> „Die Ergebnisse beider Versuche erwiesen sich nicht als besonders nützlich. Sie liefern Mittel für eine strengere Handhabung der literarischen Interpretation, sind als Texterklärung jedoch unzureichend." (Baumgärtner 1972: 213)

Nach Baumgärtner ist das weniger (der Beschränkung von) Jakobsons Theorem zuzuschreiben als dem Fehlen geeigneter linguistisch-poetologischer Theoriebildung. Ich fürchte, an dieser Situation hat sich seit 1965 nicht allzuviel geändert – eine Einschätzung, die vor allem auch aus der Erfahrung resultiert, wie wenig diese (und andere) Kritiken ernst genommen worden sind. Analysen à la Jakobson feiern Triumpfe, die semiotische Welle rollt nicht zuletzt unter Verweis auf den ‚Strukturalismus' Jakobsons.

Was mir dabei auffällt, ist zweierlei: Einmal, wie wenig auf die Einzelheiten und die Feinheiten der Analysen Jakobsons eingegangen wird. Vielleicht liegt das an mangelndem linguistischen Wissen, vielleicht noch eher an mangelndem philosophischen Rüstzeug. Erst Goodmans Explikation der referentiellen Beziehungen der Exemplifikation hat es A_1/B_2 z. B. möglich gemacht, die tieferliegende Bedeutungsdimension in Jakobsons Analyse von T_1 zu erkennen und auszudrücken.

Zum anderen fällt mir auf, wie wenig der integrative Aspekt von Jakobsons Analysen beachtet wird. Integration in das Gesamt der (diachronischen und synchronischen) Betrachtung der Sprache des jeweiligen Texts, wie Integration in das Gesamt der (diachronischen und synchronischen) Betrachtung der ‚literarischen Reihe', zu der der Text gehört, sind allerdings Aufgaben großen Formats. Es sind sicher auch nicht die Aufgaben, an deren Lösung die dem Essayismus verschriebene philologisch-literarische Interpretationspraxis zuerst denken wird. Ob sie aufgrund ihres Rüstzeugs überhaupt an die Lösung solcher Aufgaben denken kann, möchte ich dahingestellt sein lassen.

Anders als Baumgärtner 1965 bin ich deshalb davon überzeugt, daß die Analysen Jakobsons (und anderer der Literatur zugetaner Linguisten) einen wesentlichen Fortschritt darstellen – oder doch darstellen können. Es geht ihnen um mehr als „eine strengere Handhabung der literarischen Interpretation". Es geht um eine Einlösung und Fortsetzung des Programms für eine (moderne) Literaturwissenschaft, wie es zum ersten Mal von den russischen Formalisten aufgestellt wurde. (Das Ausmaß dieses Fortschritts würde durch eine kontrastierende Betrachtung von deskriptiv gemeinten Aussagen zur *Maßnahme* deutlich, die dem Bereich der philologisch-literarischen Interpretation entstammen. Empfehlenswert ist ein Aufsatz von Joachim Kaiser aus dem Jahr 1973, dem ich in Ihwe 1977 einige Aussagen entnommen habe.)

Kehren wir nun zu dem zweiten Gliederungsprinzip Jakobsons zurück. Ein Blick auf die „fünf Vierergruppen" von Elementarsätzen zeigt, daß

> „alle drei ungeraden Gruppen durch das Vorhandensein eines adversativen ‚aber' gekennzeichnet [sind], und nur innerhalb dieser ungeraden Gruppen erscheint in unmittelbarer Nähe der Konjunktion jedesmal der bestimmte Artikel." (Jakobson 1976: 125)

Mit dieser Beobachtung leitet Jakobson den Teil seiner Analyse ein, der auf den Nachweis der besonderen Stellung der „drei ungeraden Gruppen" für „die Bewertung" hinausläuft (vgl. 1976: 126). Einmal kann man wohl nur im Fall der ‚ersten Gruppe' von einer ‚unmittelbaren Nähe' des „aber" zum bestimmten Artikel sprechen. Zum anderen ist das Vorkommen des bestimmten Artikels sowohl im Falle von „die Partei" als auch im Falle von „der Weg" für Jakobson völlig unproblematisch. Er schreibt anschließend an das soeben gegebene Zitat:

> „Dieser Artikel hebt die beiden zentralen substantivischen Nomina des ganzen Gedichts (...) hervor und stellt sie zur Diskussion." (1976: 125)

Der bestimmte Artikel kann diese Funktion erfüllen, da er „mit dem analogen Demonstrativpronomen zusammen[fällt], indem er semantisch [sic!] dem lateinischen ‚ille' gleichkommt." (ibid.) Ich möchte nicht auf die (quasi-)semantische Deutung des bestimmten Artikels eingehen. Denn auch wenn er hier als Analogon zum Demonstrativpronomen funktionierte, könnte er das sinnvollerweise (also ohne daß es zu Anomalien kommt) nur, wenn wir nicht vom ‚Gedicht' ausgehen, sondern vom Text des Lehrstücks. Und genau das tut Jakobson dann auch, wie aus seiner Formulierung von den „Mitwirkenden des Lehrstücks" auf Seite 126 hervorgeht. Wieder stellt sich also die Frage für uns: Über welches *T* spricht Jakobson eigentlich?

Die Beobachtung, daß die acht ‚adjektivischen Nomina' des Gedichts – „geheim", „unbekannt", „richtig", „falsch", „kurz", „besser", „lang", „weise" – nur in den ‚ungeraden Gruppen' erscheinen, führt Jakobson zu der Feststellung, daß „die Bewertung aufs engste mit den ungeraden Abschnitten, den Knotenpunkten der Kontroverse, verbunden ist" (1976: 126). Der Begriff der ‚Bewertung' wird von ihm nicht weiter erläutert. Offensichtlich meint er damit eine Bewertung der Handlungen des „Jungen Genossen". Dies könnte man zumindest aus der Deutung schließen, die Jakobson der Beobachtung gibt, daß sich vier der Adjektive zu Antonympaaren ordnen lassen („richtig" vs. „falsch", „kurz" vs. „lang"); und daß aufgrund des zweiten Gliederungsprinzips Vers 11 den „zentralen Vers des ganzen Gedichtes bildet" (ibid.):[53]

> „Die Didaktik des Gedichts ist bewußt zweideutig und birgt einen unabwendbaren Konflikt in sich. (...) Es schien, als handle es sich hier lediglich um eines: Gehe nicht allein, sondern zeige uns deinen sicheren Weg! Die Mitwirkenden des Lehrstückes geben jedoch diesen Versen einen zutiefst vieldeutigen Sinn." (ibid.)

Im Falle der „drei Agitatoren" – oder „Ratgeber des Jungen Genossen", wie Jakobson hier sagt – verhält es sich nach ihm so, daß sie die Aufforderung „zeige uns den richtigen Weg" als einen Befehl interpretieren: „zeige, beweise uns die Richtigkeit des eingeschlagenen Weges". Diese Deutung beschließt Jakobson dann, in bester essayistischer Tradition, mit der Passage, die ich bereits in § 2.3 zitiert habe.

Mit einiger Mühe könnte man die soeben angeführte Deutung noch im Rahmen der Komposition der *Maßnahme* verstehen – obwohl ich nicht recht weiß, was ich mir unter einer „bewußt zweideutigen Didaktik" denken soll. Ganz sicher aber war es nicht Brechts didaktische Absicht, einen „unabwendbaren Konflikt" vorzuführen: eher das Gegenteil. Die in den Schlußpassagen Jakobsons vorherrschende Manier, Äußerungen des Autors aus poetischen und poetologischen Kontexten zu reißen und in die eigene Deutung einzukitten, ist jedenfalls, zusammen mit dem persuasiven Wortgebrauch – „verlockende Bitte" vs. „hemmende Frage", „feierliche Gelöbnis" vs. „unerbittliche Verbot" – eher eines Grimm, Kaiser oder Mittenzwei würdig als eines Jakobson. Wer sich mit dem „Jungen Genossen" identifiziert und seine Partei ergreift, oder wer die Partei „der Partei" ergreift, ergreift die Partei der ewig Gestrigen. Er hat ebensowenig von der Wirklichkeit des Stückes wie von den Absichten des Autors verstanden, auf die er sich – wie Jakobson – beruft, oder dem er – wie Biha – gute Ratschläge erteilt.

So gibt auch Jakobsons Analyse keine Antwort auf die Fragen von A_1 (und C_1) nach dem Stellenwert von T_1' im Gesamt der *Maßnahme*. Und noch weniger gibt sie Antwort auf die Fragen, die sich (für A_i) hinsichtlich T_1 stellen (können). Daß es sich dabei um sehr unterschiedliche Fragen handelt, ist, so hoffe ich, aus dem Vorangehenden deutlich geworden. Selbst für den Fall $A = B$ ist nicht zu erkennen, welche Fragen Jakobson eigentlich an T_1 bzw. T_1' bzw. T_1^i stellt. Meine Erwägungen anläßlich (A2) und (A4) sind ja notwendigerweise sehr tentativ und besagen nicht mehr, als daß sich auch der Mann Roman Jakobson die Frage gestellt hat: „Wer aber ist die Partei?"

Eine andere Frage, die sich Roman Jakobson als B_1 gestellt hat, ist besser zu erkennen. Es ist die Frage, inwiefern T_1 bzw. T_1' bzw. T_1^{i}

> „ein Musterbeispiel jener künstlerischen Neuerungen des Dichters [sind], die in seinem Aufsatz ‚Über reimlose Lyrik mit unregelmäßigen Rhythmen' eine klare Charakteristik erhielten." (Jakobson 1976: 111; vgl. oben, § 2.3)

Allerdings erscheint diese Frage bei Jakobson nicht als Frage, sondern als Feststellung einer Tatsache. Eine Beweisführung anhand der konkreten Ausführungen von Brecht fehlt, oder ist allenfalls rudimentär erkennbar.[54] Ziehen wir den Begriff der Exemplifikation heran, der ja auch durch Jakobsons Formulierung anklingt, dann müssen wir feststellen: Welche ‚Eigenschaften' T_1 bzw. T_1' bzw. T_1^{i} exemplifizieren sollen, bleibt unklar. Dies gilt sowohl für die linguistisch-poetologische Organisation des Textes (bzw. der Texte) wie auch für seine semantisch-pragmatische Dimension. (Ich gebrauche diese nicht sehr glückliche Unterscheidung hier *ad hoc* zur Andeutung der Bereiche, wo exemplifikatorische Relationen zu sehen wären.) Und doch hätte gerade dieser Text (bzw. hätten diese Texte) in vielfacher Hinsicht Anlaß für eine zwar nicht erschöpfende, wohl aber musterhafte Interpretation eines literarischen Textes sein können.[55]

Die Enttäuschung, die A_1 (und C_1) nach Kenntnisnahme von Jakobsons Interpretation befiel, kann ich jetzt so ausdrücken: Es war nicht die Enttäuschung darüber, daß Jakobson keine ‚erschöpfende' Textbeschreibung gab; oder daß sie nicht genügend ‚formal' war. Es war die Enttäuschung darüber, daß Jakobson es versäumte, die Besonderheit der poetischen Produktion Brechts, die sich modellhaft an T_1, mehr noch an der *Maßnahme* ablesen läßt, zu erkennen und darzustellen. Stattdessen entwickelte er *seine* Interpretation im Sinne der philologisch-literarischen Interpretationspraxis. Und das heißt, daß auch seine Interpretation von der Fiktion ausgeht, ‚die' Interpretation ‚des' Textes zu sein (oder diese anzunähern).

Aber mußte Jakobson nicht, nach allem was bisher zur Subjektbezogenheit gerade auch der wissenschaftlichen Interpretation gesagt worden ist, *seine* Interpretation geben? Was verlangten A_1 (und C_1) von ihm mehr/eigentlich? Wollten nicht auch sie *ihre* Interpretationen? Ja; aber was sie auch wollten, war eine Anerkennung der Absicht, die Brecht mit seinen Gedichten und den Lehrstücken im allgemeinen, und mit T_1, T_1' und der *Maßnahme* im besonderen, verbunden hatte – eine Absicht, die die Komposition der Gedichte wie der *Maßnahme* in allen Details bestimmt. Sie wollten deutlich zu erkennen geben und ausdrücken können, daß ihre Interpretation eine unter den vielen möglichen war; und zwar nicht als konkreter Fall einer allgemeinen Idee der ‚Polyinterpretabilität' von literarischen Texten, sondern als konkretes Resultat der Erfüllung eines Experiments (vgl. oben, § 3.2, sowie Steinwegs Rekonstruktion des Lehrstücks als Experiment, Steinweg 1972: 174 ff.). Sie wollten erkennen, welcher Art dieses Experiment war, worauf sie sich einließen; sie wollten erkennen, was mit ihnen während des Experiments geschah. Und insofern war ihnen die Erkenntnis jedes Details der spezifischen Experimentanordnung der *Maßnahme* ebenso wie der von T_1 wichtig.

Kurzum, sie wollten erkennen – und zwar in einem sehr weiten Sinn von ‚erkennen', etwa im Sinne von Goodmans ähnlich weitem Gebrauch von 'understanding' –, was ihre Welt war, wenn sie die Welt der Verhaltensweisen, der Reaktionsmuster betraten, die ihnen das Nachzeichnen des Gedichts eröffnete, das Nachspielen der Rollen der *Maßnahme* verdeutlichte bzw. verdeutlichen sollte. Und sie wollten erkennen, was sie daraufhin an ihrer Welt verändern könnten oder sollten. Die Beschäftigung mit der *Maßnahme*, und damit mit T_1' und – in einem minderen Maße – mit T_1, war für A_1 und C_1 deutlich eine gerichtete Intensivierung in ihrem Prozeß des ‚Welt-Schöpfens'. Er betraf einen nicht unwesentlichen Teil ihrer Welten (im Entstehen): Er betraf das Bewußtsein (hier wiederum in einem sehr weiten Sinn verstanden, ohne Aufteilung im Kognition, Emotion und Aktion) ihrer ‚politischen' Existenz. Die Erkenntnis, daß diese politische Existenz unabtrennbar ihre menschliche Existenz bestimmte, verdankten sie nicht zuletzt den Fragen, die sich ihnen hinsichtlich T_1' als Teil der *Maßnahme* stellten. Daß diese Fragen sich in einem ‚minderen Maße' hinsichtlich T_1 stellten, wird nun deutlich. Für T_1 kann nämlich gerade nicht gelten, was Jakobson in seiner Deutung für ‚das Gedicht' behauptet: daß es um Leben und Tod geht. Allerdings geht es auch in T_1' nicht nur (oder eher erst in zweiter Linie) um Leben und Tod für den „Jungen Genossen" – also für dich, C_1, und mich, A_1 –, sondern vor allem doch um Leben und Tod für die Unterdrückten, Verzweifelten, die – in der Anordnung der *Maßnahme* – von dem „Jungen Genossen" abhängig (gemacht worden) sind.

Es liegt nahe, das Studium der *Maßnahme* all denen dringend zu empfehlen, die ‚zur Aktion übergehen' wollen: Sie könnten so ihre Motive und Fähigkeiten vielleicht besser kennen lernen, bevor ‚der Lauf der Dinge' sie zu für sich und andere gefährlichem Handeln bringt.[56] An diese A_i jedenfalls muß ich denken, wenn ich (als B_2) über T_1, T_1' und die *Maßnahme* zu sprechen und zu schreiben beginne, sei es auch nur im Rahmen einer Abhandlung zu den Grundlagen der Literaturwissenschaft. T_1 ist mir in diesem Zusammenhang zu unbestimmt, auch wenn T_1 für mich nicht der isolierte Text ist, der auf Seite 69 meiner Ausgabe von *LGC* erscheint. (Für mich ist T_1, wie oben dargelegt, bestimmt als ‚Text *von* LGC', *in der dritten Abteilung von LGC*, mit den *n Vorgängertexten* T_{1-n} und den *n Nachfolgertexten* T_{1+n}.)

Demgegenüber kann ich T_1' im Hinblick auf das Thema des ‚Einverständnisses' lesen, das für mich *das* Thema der Lehrstücke ist[57]: Daß ich erst dann „einverstanden" bin, daß ich erst dann „ja" sage, wenn ich weiß, womit ich „einverstanden" bin, wozu ich „ja" sage. Und: Daß ein einmal gegebenes „Ja", ein einmal bekundetes „Einverständnis" zwar revidierbar ist (und bleiben muß), aber daß es auch Verpflichtungen schafft – nach Maßgabe der Verantwortlichkeit, die mein „Ja", mein „Einverständnis" mit sich gebracht hat. Die elementarste Verpflichtung ist die der Solidarität in Augenblicken, in denen es auf gemeinsames Handeln ankommt. Sind Strophen I und II von T_1' vor allem angesichts derer zu lesen, die – in ‚Ost' und ‚West' – wissen, wer die Partei ist, so sind Strophen III und IV für die zu empfehlen, die sich über das grundlegende ‚Bewegungsgesetz' der Partei (um die Formulierung Bihas aufzugreifen) im unklaren sind. Es besteht wohl nicht in der „sicheren und rückhaltlosen Führung (der Massen) dem Endziel entgegen", wie Biha im Anschluß an die Stelle sagt, die Brecht nach Steinweg zu den Zeilen 5 und 6 von T_1' bzw. dem damit homonymen Text von Fassung III brachte (Biha in Steinweg Hrsg. 1972: 355) – und wie auch der „Junge Genosse" meint. Es besteht wohl eher in der Verpflichtung des „ich", den „ihr" den Weg zu zeigen, auf dem „wir" gehen können und nicht nur „ich". Wobei T_1' offen läßt, wer „ich", wer „wir" und wer „der Weg" jeweils sind. Erst durch die Erfüllung des Kontextes der *Maßnahme* durch C_1, durch mich, durch dich, wird die Referenz der Personalpronomina und der bestimmten Artikel festgelegt. T_1' hat somit wie T_1 eine große Menge von möglichen Anwendungsfällen; im Gegensatz zu denen von T_1 läßt sich jedoch für T_1' eine Liste von tatsächlichen Anwendungen (‚Modellen') aufstellen.

3.5 „Die Ballade vom Weib und dem Soldaten". Die Konversation mit Ursula Oomen, enthaltend: Kritik der philologisch-literarischen Interpretationspraxis

Wenn wir uns jetzt der Konversation mit Ursula Oomen zuwenden, verändert sich das Gesichtsfeld in mancherlei Hinsicht. Einmal tritt A_1 nun als B_2 auf. B_2 beginnt die Konversation mit Ursula Oomen im Hinblick auf (mögliche) Fragen von A_i – von A_i, denen er jedes Jahr von neuem als kompetente Bezugsperson in einem institutionalisierten Kontext gegenübertritt. Dann geht die Konversation über ein Gedicht, das ein Beispiel von Lyrik ‚mit Reim und regelmäßigem Rhythmus' ist (vgl. Brecht 1964: 80). Aber auch T_2 fällt in jene Schaffensperiode Brechts, die nach Jakobson seine „Blütezeit" ist: „eingeleitet" durch die *Dreigroschenoper, Aufstieg und Fall der Stadt Mahagony* und „abgeschlossen" durch *Leben des Galilei* und *Mutter Courage und ihre Kinder* (Jakobson 1976: 110). Vielleicht hat diese Äußerung Jakobsons – der Brechts poetische Produktion hier in Parallele setzt zu Wolfgang Steinitz' bahnbrechenden Untersuchungen über die ‚Grammatik des Parallelismus' in der gleichen „Zeitspanne kämpferischen Suchens ‚unter schwierigen Umständen' " (ibid.) – Oomen veranlaßt, als Beispiel für ihre Ausführungen zum ‚syntaktischen Parallelismus' in Kapitel 7 ihres Buches T_2 zu wählen. Denn sonst fehlt jede Begründung zur Wahl gerade dieses Textes. (Ich komme darauf zurück.) Und schließlich ist es diesmal B_2, der von T_2, dem ‚Gedichttext', zu T_2', dem ‚Stücktext', springt.

Um meinen geneigten Leser nicht unnötig zu strapazieren, will ich ihn diesesmal mit entstehungs- und editionsgeschichtlichen Details der Texte unserer Konversation verschonen. Es möge der Hinweis auf die Tatsache genügen, daß es mir um zwei unterschiedliche Texte gehen soll, T_2 und T_2', die keineswegs die ‚Gedichtfassung' und die ‚Stückfassung' des ‚gleichen Textes' sind. Für Oomen spielt diese Unterscheidung keine Rolle: Sie geht ohne weiteres – und auch ohne Quellenangabe – von ‚Brechts „Ballade vom Weib und dem Soldaten" ' aus (Oomen 1973: 56 und 1973: 59). Warum ich demgegenüber auch T_2' in die Konversation über T_2 einbeziehen will, soll im Folgenden deutlich werden.

Mit T_2 beziehe ich mich auf den Text, der auf Seiten 69–70 meiner Aussage von *HG* erscheint, und damit auf alle die Texte, die ‚echte Kopien' von T_2 sind. Wie auch sonst ist hier indessen Toleranz geboten: Daß z. B. meine Ausgabe eine Taschenbuchausgabe der Ausgabe des Aufbau-Verlages ist, die anders aufgemacht ist und gegenüber der gebundenen Ausgabe eine andere Seitenzählung und eine andere ‚Nachbemerkung' aufweist, soll für die Frage der 'replicahood' irrelevant sein. Die Frage der 'replicahood' soll hier wie auch vorher den Wortlaut der Texte, die Frage der Synonymie ihre relative Position im Gesamt der Anthologie betreffen. T_2 steht in der Abteilung ‚Balladen', die vier Vorgänger- und acht Nachfolgertexte enthält. Allerdings weisen nicht alle Texte dieser Abteilung im Titel die Bezeichnung ‚Ballade' auf. So findet sich an zwölfter Stelle das „Lied einer deutschen Mutter". T_2 weist im Titel die Bezeichnung ‚Ballade' auf und hat als Zusatz, in runden Klammern: „Nach Kipling".

Mit T_2' beziehe ich mich auf den Text, der auf Seiten 28–29 meiner Ausgabe von *Mutter Courage und ihre Kinder* erscheint. Bei dieser Ausgabe handelt es sich um eine ‚Einzelausgabe', 1959 im Suhrkamp Verlag als ‚31.-45. Tausend dieser Ausgabe' erschienen. Das Copyright gibt das Jahr 1949. Auf der gleichen Seite, der ich diese Angaben entnehme (Seite 4), ist noch vermerkt: „1939. Mitarbeiter: Margarete Steffin/Musik: Paul Dessau". Auf den damit angesprochenen Aspekt – den der Gemeinschaftsproduktion im allgemeinen und den des Verhältnisses von Textproduktion zu Musikproduktion, der für die Frage nach dem notationellen Status der Partitur wesentlich ist, im besonderen – möchte ich – wie auch im Falle der *Maßnahme* – nicht weiter eingehen. Worum es mir hier gehen soll, ist, daß ich mich mit T_2' auch auf alle die Texte beziehe, die – mit der entsprechenden Toleranz – nicht nur als ‚echte Kopien' des Textes meiner Ausgabe gelten können, sondern auch mit ihm synonym sind; d. h. ich beziehe mich mit T_2' auf die Texte, die in Ausgaben von *Mutter Courage und ihre Kinder* vorkommen, die ‚echte Kopien' meiner Ausgabe sind.

Der Text, der in meiner Ausgabe der *Gedichte*, Band V, auf S. 176–177 erscheint (diesmal ist es die erste Ausgabe des Aufbau-Verlags von 1964), ist keine ‚echte Kopie' von T_2'. Und zwar nicht, weil es sich um die Ausgabe des Aufbau-Verlags handelt; und auch nicht, weil „Das Lied vom Weib und dem Soldaten" (so der Titel im Stück!) hier nicht im Kontext des Stückes erscheint. Diese sonst so schwerwiegende Tatsache wird durch die Tatsache aufgefangen, daß die Stelle, an der es hier erscheint, explizit markiert ist als: „Aus: *Mutter Courage und ihre Kinder*" und der ganze Band V der *Gedichte* explizit ‚In Sammlungen nicht enthaltene Gedichte/Gedichte und Lieder aus Stücken' aus der Zeit ‚1934–1941' enthält. Was gegen die Eigenschaft des Textes spricht, eine ‚echte Kopie' von T_2' zu sein, ist vielmehr die Tatsache, daß er die Rollenbezeichnungen (und damit die Strophenzuordnungen) von T_2' nicht enthält. Ich beziehe mich deshalb auf diesen Text – und damit auf alle die Texte, die in diesem Sinn ‚echte Kopien' von ihm sind – als T_2''.

Legen wir T_2 und T_2' nebeneinander, fällt die unterschiedliche Gruppierung der Zeilen auf. Ich gebe hier zunächst den Text von T_2 (die Zählung der Zeilen und Strophen ist wiederum meine Zufügung):

BALLADE VOM WEIB UND DEM SOLDATEN
(Nach Kipling)

I Das Schießgewehr schießt, und das Spießmesser spießt
Und das Wasser frißt auf, die drin waten.
Was könnt ihr gegen Eis? Bleibt weg, 's ist nicht weis'!
Sagte das Weib zum Soldaten.

II Doch der Soldat mit der Kugel im Lauf
Hörte die Trommel und lachte darauf:
Marschieren kann nimmermehr schaden!
Hinab nach dem Süden, nach dem Norden hinauf
Und das Messer fängt er mit Händen auf!
Sagten zum Weib die Soldaten.

III Ach, bitter bereut, wer des Weisen Rat scheut
Und vom Alter sich nicht läßt beraten.
Ach, zu hoch nicht hinaus, es geht übel aus!
Sagte das Weib zum Soldaten.

IV Doch der Soldat mit dem Messer im Gurt
Lacht' ihr kalt ins Gesicht und ging über die Furt
Was konnte das Wasser ihm schaden?
Wenn weiß der Mond überm Schindeldach steht
Kommen wir wieder; nimm's auf ins Gebet!
Sagten zum Weib die Soldaten.

V Ihr vergeht wie der Rauch, und die Wärme geht auch
Und uns wärmen nicht eure Taten!
Ach, wie schnell geht der Rauch! Gott behüte ihn auch!
Sagte das Weib vom Soldaten.

VI Und der Soldat mit dem Messer im Gurt
Sank hin mit dem Spieß, und mit riß ihn die Furt
Und das Wasser fraß auf, die drin waten.
Kühl stand der Mond überm Schindeldach weiß
Doch der Soldat trieb hinab mit dem Eis
Und was sagten dem Weib die Soldaten?

VII Er verging wie der Rauch, und die Wärme ging auch
Und es wärmten sie nicht seine Taten.
Ach, bitter bereut, wer des Weisen Rat scheut!
Sagte das Weib den Soldaten.

T_2 ist in sieben Strophen gegliedert, von denen jeweils die ungeraden (Strophen I, III, V, VII) vier Zeilen und die geraden (Strophen II, IV, VI) sechs Zeilen aufweisen. Insgesamt weist T_2 (ohne Titel) also vierunddreißig Zeilen auf.

T_2' weist demgegenüber neununddreißig Zeilen auf. Ich lasse hier den Text folgen (der rechte Zähler ist der Generalzähler des Textes, der linke der Zeilenzähler des „Lieds"):

EILIF: Es heißt: Das Lied vom Weib und dem Soldaten. 1′

Er singt es, einen Kriegstanz mit dem Säbel tanzend. 2′

1 Das Schießgewehr schießt, und das Spießmesser spießt 3′
2 Und das Wasser frißt auf, die drin waten. 4′
3 Was könnt ihr gegen Eis? Bleib weg, 's ist nicht weis! 5′
4 Sagte das Weib zum Soldaten. 6′
5 Doch der Soldat mit der Kugel im Lauf 7′
6 Hörte die Trommel und lachte darauf: 8′
7 Marschieren kann nimmermehr schaden! 9′
8 Hinab nach dem Süden, nach dem Norden hinauf 10′
9 Und das Messer fängt er mit Händen auf! 11′
10 Sagten zum Weib die Soldaten. 12′

11 Ach, bitter bereut, wer des Weisen Rat scheut 13′
12 Und vom Alter sich nicht läßt beraten. 14′
13 Ach, zu hoch nicht hinaus! Es geht übel aus! 15′
14 Sagte das Weib zum Soldaten. 16′
15 Doch der Soldat mit dem Messer im Gurt 17′
16 Lacht' ihr kalt ins Gesicht und ging über die Furt 18′
17 Was konnte das Wasser ihm schaden? 19′
18 Wenn weiß der Mond überm Schindeldach steht 20′
19 Kommen wir wieder, nimms auf ins Gebet! 21′
20 Sagten zum Weib die Soldaten. 22′

MUTTER COURAGE *in der Küche singt weiter, mit dem Löffel einen Topf schlagend:* 23′

21 Ihr vergeht wie der Rauch! Und die Wärme geht auch 24′
22 Und uns wärmen nicht eure Taten! 25′
23 Ach, wie schnell geht der Rauch! Gott behüte ihn auch! 26′
24 Sagte das Weib vom Soldaten. 27′

EILIF: Was ist das? 28′
MUTTER COURAGE *singt weiter:* 29′
25 Und der Soldat mit dem Messer im Gurt 30′
26 Sank hin mit dem Spieß, und mit riß ihn die Furt 31′

27 Und das Wasser fraß auf, die drin waten. 32′
28 Kühl stand der Mond überm Schindeldach weiß 33′
29 Doch der Soldat trieb hinab mit dem Eis 34′
30 Und was sagten dem Weib die Soldaten? 35′

31 Er verging wie der Rauch, und die Wärme ging auch 36′
32 Und es wärmten sie nicht seine Taten. 37′
33 Ach, bitter bereut, wer des Weisen Rat scheut! 38′
34 Sagte das Weib den Soldaten. 39′

Wir sehen hier einen weiteren Unterschied von T_2' zu T_2''. In T_2'' fehlen nicht nur die Rollenbezeichnungen (in T_2' ist der Titel und Zeile 1′, ebenso wie Zeilen 1–20, „Eilif“ zugeordnet; Zeilen 21–24 und 25–34 „Mutter Courage“); es fehlen auch die Regieanweisungen (Zeilen 2′, 23′, 29′) und die Frage von Eilif (Zeile 28′). Ich lasse hier zum Vergleich den Text von T_2'' folgen:

DAS LIED VOM WEIB UND DEM SOLDATEN

I 1 Das Schießgewehr schießt, und das Spießmesser spießt
2 Und das Wasser frißt auf, die drin waten.
3 Was könnt ihr gegen Eis? Bleib weg, 's ist nicht weis'!
4 Sagte das Weib zum Soldaten.
5 Doch der Soldat mit der Kugel im Lauf
6 Hörte die Trommel und lachte darauf:
7 Marschieren kann nimmermehr schaden!
8 Hinab nach dem Süden, nach dem Norden hinauf
9 Und das Messer fängt er mit Händen auf!
10 Sagten zum Weib die Soldaten.

II 11 Ach, bitter bereut, wer des Weisen Rat scheut
12 Und vom Alter sich nicht läßt beraten.
13 Ach, zu hoch nicht hinaus! Es geht übel aus!
14 Sagte das Weib zum Soldaten.
15 Doch der Soldat mit dem Messer im Gurt
16 Lacht' ihr kalt ins Gesicht und ging über die Furt
17 Was konnte das Wasser ihm schaden?
18 Wenn weiß der Mond überm Schindeldach steht
19 Kommen wir wieder, nimm's auf ins Gebet!
20 Sagten zum Weib die Soldaten.

III 21 Ihr vergeht wie der Rauch! Und die Wärme geht auch
22 Und uns wärmen nicht eure Taten!
23 Ach, wie schnell geht der Rauch! Gott behüte ihn auch!
24 Sagte das Weib vom Soldaten.

IV Und der Soldat mit dem Messer im Gurt
Sank hin mit dem Spieß, und mit riß ihn die Furt
Und das Wasser fraß auf, die drin waten.
Kühl stand der Mond überm Schindeldach weiß
Doch der Soldat trieb hinab mit dem Eis
Und was sagten dem Weib die Soldaten?

V Er verging wie der Rauch, und die Wärme ging auch
Und es wärmten sie nicht seine Taten.
Ach, bitter bereut, wer des Weisen Rat scheut!
Sagte das Weib den Soldaten.

Dem Anschein nach sind T_2 und T_2'' ähnlicher als T_2' und T_2''. Bis auf die unterschiedliche Verteilung des Spatiums und die unterschiedliche Genrebezeichnung im Titel, sowie drei unterschiedliche Interpunktionen (Zeilen 13, 19, 21) und die Variation im Numerus von „Bleibt" gegen „Bleib" (Zeile 3), sind die Texte homonym. Wie wir gesehen haben, täuscht der Anschein: Die Beziehung von T_2'' zu T_2' wird durch den Kontext (*Gedichte* V) hergestellt. Der Anschein von Homonymie ergibt sich aus einer editorischen Manipulation, nämlich der Herauslösung von T_2'' aus dem Kontext von T_2' (und *Mutter Courage*). Ich lasse es dahingestellt, ob diese Manipulation zulässig und gerechtfertigt ist, z. B. durch eine Anweisung Brechts, oder nicht. Was ich deutlich machen wollte, ist, daß T_2'' hinsichtlich T_2' ein Derivat darstellt. Allerdings läßt sich das nur dann erkennen, wenn man strikt inskriptionalistisch vorgeht und den Kontext berücksichtigt.

Will man bei den typographisch und durch Rollenzuordnung sowie Regieanweisung und Zwischentext abgesetzten Zeilenkomplexen von T_2' (also den Zeilen 3'–12', 13'–22', 24'–27', 30'–35', 36'–39') von ‚Strophen' sprechen, dann weist T_2' fünf Strophen auf. Diese Möglichkeit haben sich die Editoren von T_2'' zunutze gemacht; und in diesem Sinne können wir sagen, daß T_2' und T_2'' beide fünf Strophen aufweisen, von denen die erste und zweite jeweils zehn Zeilen umfassen, die dritte und fünfte jeweils vier Zeilen und die vierte Strophe sechs Zeilen. Die Rede von Strophen bezüglich T_2' (und demzufolge auch von T_2'' – wobei das Umgekehrte nicht gilt!) läßt sich auch durch die Einführung von Zeilen 3' ff. durch „Eilif" begründen. Um die Referenz des „es" in Zeile 1' zu verdeutlichen, gebe ich hier den unmittelbaren Vorgängertext von T_2':

„DER FELDHAUPTMANN: Ich wett, dein Vater war ein Soldat.
EILIF: Ein großer, hör ich. Meine Mutter hat mich gewarnt deshalb. Da kann ich ein Lied.
DER FELDHAUPTMANN: Sings uns! *Brüllend*: Wirds bald mit dem Essen!
[EILIF: Es heißt: Das Lied vom Weib und dem Soldaten.]"

Es handelt sich bei den Zeilen 3'–12', 13'–22', 24'–27', 30'–35', 36'–39' von T_2' um einen im Handlungsverlauf als Einheit markierten Text. Und zwar wird die

Einheit auf doppelte Weise markiert: durch die Nennung des Genres „Lied" und durch die Ausführung des Textes als Gesang und Tanz. Erlaubt uns diese Markierung als Einheit einerseits, den „Lied"-Text aus T_2' herauszulösen, so wird andererseits durch die Art der Markierung deutlich, daß der Text des „Lieds" und der Text der „Ballade" auf keinen Fall Varianten des ‚gleichen Texts' sein können. Dies würde sogar dann gelten, wenn sie die gleiche Enstehungsgeschichte hätten!

Leider ist es mir, wie bereits gesagt, im Rahmen dieses Buches nicht möglich, auf die Einheit von Text, Musik und Choreographie einzugehen – obwohl die Versuchung dazu sehr groß ist. T_2' könnte als Musterbeispiel eines komplexen Symbols dienen, für das sich die Frage der Notationalität als Frage nach der Notationalität seiner Teile wie des Ganzen von Text, Musik und Choreographie ausführen ließe.[58] Widerstehen wir der Versuchung, aber halten wir fest, daß Zeilen 1–34 von T_2' Teil-Ganze-Beziehungen nicht nur zum unmittelbaren (d. h. T_2') und mittelbaren verbalen Kontext (d. h. dem Text von *Mutter Courage*), sondern auch zum unmittelbaren (d. h. Musik, Dramaturgie und Choreographie von T_2') und mittelbaren extraverbalen Kontext (d. h. Musik, Dramaturgie und Choreographie von *Mutter Courage*) unterhalten. Insofern ist es angebracht, besser die Manipulation der Editoren von T_2'' nicht zu wiederholen und die umständliche Redeweise von ‚Zeilen 1–34 von T_2'' beizubehalten, anstelle etwa, was naheliegend erschiene, festzusetzen, daß wir diese Zeilen kurzweg als T_2' bezeichnen. (Für T_2'' ist diese Vorsicht nicht so angebracht, da wir T_2'' bereits aufgrund editorischer Erwägungen deutlich als Derivat von T_2' kennzeichnen können.) Merken wir jedoch an, daß die Redeweise ‚Zeile 1–34 von T_2'' keine Konzession an die Absicht des Vergleichs von T_2' mit T_2 ist: Die Durchzählung der Zeilen orientiert sich an ihrer Markierung als Text-Einheit und nicht an der – in diesem Zusammenhang zufälligen – Tatsache, daß T_2 vierunddreißig Zeilen zählt. Die Teil-Ganze-Beziehungen der Zeilen 1–34 von T_2' sollen uns, soweit sie den verbalen Kontext betreffen, im Folgenden vor allem unter semantischen Gesichtspunkten noch weiter beschäftigen (vgl. unten, § 3.9).

Wenn wir in diesem Sinn von den ‚fünf Strophen von T_2'' – und, davon abgeleitet, von den ‚fünf Strophen von T_2''' – sprechen, liegt es nahe, die folgende Beobachtung zu machen: Die Strophen V–VII von T_2 sind identisch mit den Strophen III–V von T_2' (und T_2''), während die Strophen I–IV von T_2 den Strophen I–II von T_2' (und T_2'') entsprechen. Von dieser ‚Beobachtung' ist es dann nur noch ein kleiner Schritt zu der Feststellung, daß die Strophe I von T_2' (und T_2'') identisch ist mit den Strophen I–II von T_2, und die Strophe II von T_2' (und T_2'') identisch mit den Strophen III–IV von T_2. Aufgrund der bisherigen Ausführungen sollte es deutlich sein, daß diese Redeweise unzulässig ist, daß die ‚Beobachtung' auf einer unzulässigen Verkürzung der Daten beruht. Ich führe diese ‚Beobachtung' indessen hier an, da sie noch einmal den fundamentalen Unterschied zur Haltung der literarisch-philologischen Interpretationspraxis verdeutlicht. Da dieser Unterschied im Detail begründet liegt, nehme ich gerne den Vorwurf der Pedanterie und der Haarspalterei in Kauf.

Im Folgenden gehe ich nun davon aus, daß Oomen, wenn sie über ‚Brechts „Ballade vom Weib und dem Soldaten"' spricht, über T_2 spricht. Allerdings gibt sie nirgendwo den ganzen Text der „Ballade"; aufgrund der Beispielfunktion, die die „Ballade" erfüllt, beschränkt sie sich auf einen „Textausschnitt". Ihr Textausschnitt umfaßt die Strophen I–IV, deren Zeilen sie mit den ersten zwanzig kleinen Buchstaben des lateinischen Alphabets zählt.

An Zeile 5 (Strophe II) und Zeile 15 (Strophe IV) von T_2 erläutert Oomen den Begriff des ‚syntaktischen Parallelismus', um den es ihr in Kapitel 7 ihres Buches geht. Nach ihr lassen sich beide Zeilen „durch die gleichen syntaktischen Regeln erzeugen" (1973: 51). Der Graph, den sie auf Seite 51 gibt, soll offensichtlich die Tiefenstrukturen von Z. 5 und Z. 15, also das Ergebnis der Anwendung der syntaktischen Basisregeln darstellen (Figur 1):

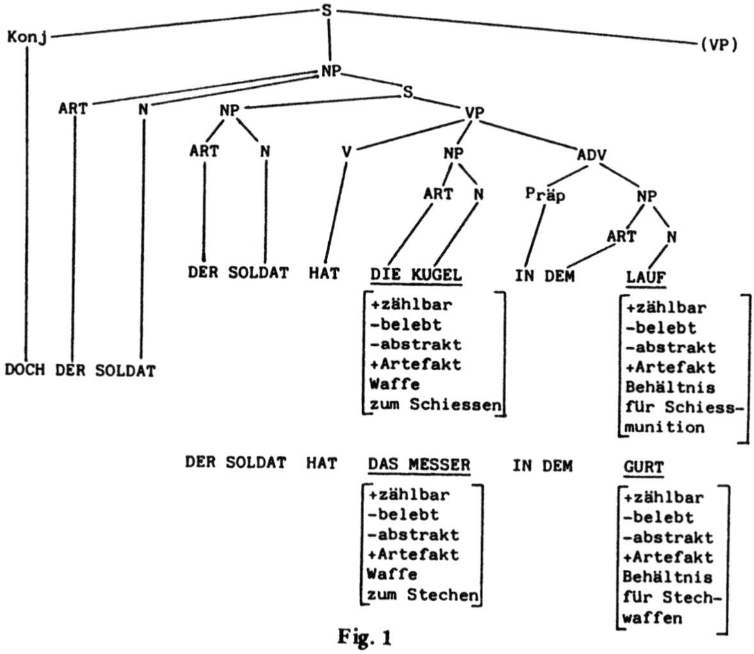

Fig. 1

Aus diesen Tiefenstrukturen soll dann „dieselbe Transformation" die Oberflächenstrukturen von Z. 5 und Z. 15 erzeugen, die Oomen mit ihrem Wortlaut gleichsetzt (vgl. 1973: 52). Diese Form der Darstellung ist offensichtlich sehr verkürzend; sie ist aber nicht nur verkürzend, sie ist auch irreführend. Tiefenstrukturen *und* Oberflächenstrukturen sind theoretische Konstruktionen und letztere keineswegs zu verwechseln mit Inskriptionen. (Für den Fall der ‚Tiefenstrukturen' von Z. 5 und Z. 15 sollen offensichtlich die Großbuchstaben in Figur 1 auf den Konstruktcharakter der ‚Formative' der Tiefenstruktur hinweisen.)

Da Oomen keine Basis- und Transformationsregeln des Deutschen gibt – § 2.2 ihres Buches enthält lediglich eine Skizze der *Form* der ‚syntaktischen Komponente' (im Anschluß an Chomsky, Stockwell & Schachter & Partie, Jacobs & Rosenbaum) –, sollen uns die Details ihrer Darstellung hier nicht weiter beschäftigen.

Ihre Darstellung besagt im wesentlichen auch nicht mehr, als daß die Apposition „mit der Kugel im Lauf" bzw. „mit dem Messer im Gurt" auf einen zugrundeliegenden Satz zurückgeführt wird. Dieser wird nach Art der Relativsätze in die Nominalkonstituente des ‚Hauptsatzes' oder ‚Matrixsatzes' eingebettet. (Die entsprechende Regel wird in § 2.2 von Oomen allerdings nicht gegeben; sie müßte offensichtlich bei der Expansion von ‚NP' optional das rekursive Element ‚S' einführen.) Es sei jedoch noch angemerkt, daß nicht nur die von ihr verwendeten semantischen Merkmale (die den Unterschied von „Kugel" vs. „Messer" und „Lauf" vs. „Gurt" ausdrücken sollen), sondern auch die syntaktischen Merkmale sehr problematisch sind. (Auf die semantischen Merkmale komme ich im Folgenden noch zu sprechen.) Außer den eindeutig syntaktischen Merkmalen, die sich von den verwendeten syntaktischen Kategorialsymbolen herleiten, oszillieren die übrigen Merkmale (wie z. B. ‚± belebt') zwischen ihrer Funktion im Rahmen der syntaktischen Komponente und ihrem semantischen Ursprung bzw. ihrer quasisemantischen Deutung.[59]

Jakobson folgend definiert Oomen den Begriff des syntaktischen Parallelismus durch den Begriff der ‚Äquivalenz'. Hinsichtlich Figur 1 sagt sie, daß ‚Äquivalenz' aufgrund von vier Kriterien vorliegt:

> „Identisch sind a. die syntaktische Tiefenstruktur beider Ausdrücke [d. h. von Z. 5 und Z. 15], b. die Oberflächenstruktur, c. die wörtlich wiederholte Konstituentenfolge „doch der Soldat", d. Teilkomplexe der semantischen Merkmale von „Kugel" und „Messer", „Lauf" und „Gurt". (1973: 52)

‚Äquivalenz' liegt dann vor, wenn die Ausdrücke, die durch die Äquivalenzrelation in Beziehung gesetzt werden, „hochgradig teilgleich" sind. Offensichtlich ist ‚Identität' dann die optimale Erfüllung der Bedingung für Äquivalenz. Wie Figur 1 zeigt, ist die Identität für Z. 5 und Z. 15 jedoch nicht vollständig: Die semantisch-syntaktischen Merkmale der vier ‚Lexeme' (wie Oomen die nicht-formalen Wörter bzw. Formative der Tiefenstruktur nennt) sind so angeordnet, daß sich die Differenzen, die die Differenz der Wortbedeutung ausmachen sollen, von oben nach unten in den komplexen Symbolausdrücken ablesen lassen. Nach Oomen sind die Differenzen indessen minimal: Die paarweise einander zugeordneten Lexeme unterscheiden sich lediglich durch das jeweils letzte semantische Merkmal.[60]

Lassen wir für den Augenblick diese Darstellungsform als angemessen gelten (was sie keineswegs ist), so ergibt sich für den *klassischen* syntaktischen Parallelismus die folgende Definition: Er

> „verbindet Elemente, die semantisch verwandt sind, durch die gleiche syntaktische Struktur." (ibid.)

Seine wesentliche Funktion ist eine semantische:

> „Verknüpft durch gleiche syntaktische Struktur wird das Ähnliche, aber damit gleichzeitig das Gegensätzliche." (ibid.)

Andere ‚Spielarten' des Parallelismus – die Oomen durch einen Beispielstext von Karl Krolow illustriert – lassen sich mit Bezug auf diese klassische Form charakterisieren (vgl. Oomen 1973: 53–54).

Im Falle von T_2 sind es nicht nur syntaktische und semantische ‚Entsprechungen', die den Parallelismus begründen. Auch die Lautstruktur und die Silbenzahl sind nach Oomen beteiligt (vgl. Oomen 1973: 54–55). Wir sehen hier, wie sehr Oomen dem Verfahren und den Beschreibungskategorien von Roman Jakobson verpflichtet ist.

In Zeile 1 haben „schießt“ und „spießt“ neben anlautendem |š| den gleichen Silbenkern und Silbenauslaut, den Oomen als |īst| darstellt.[61] „Schießgewehr“ und „Spießmesser“ zeigen außer anlautendem |š| „Übereinstimmung des Silbenkerns und -auslauts |īs| und des Wortauslauts |r|“ (Oomen 1973: 55). Entsprechungen in der Silbenzahl finden sich in den binnengereimten Zeilen ihres Textausschnitts: Strophe I, Z. 1 und Z. 3; Strophe III, Z. 11 und Z. 13 enthalten nach ihr jeweils elf Silben:

(A5) „Dabei gliedern sich die Anfangszeilen der ersten und dritten Strophe in 5 + 6, die übrigen in 6 + 5 Silben.“ (ibid.)

Halten wir diese Aussage als deskriptiv gemeinte Aussage (A5) fest. Über ihre Wahrheit oder Falschheit können wir offensichtlich befinden – allerdings nicht, indem wir die Silben (nach)zählen, sondern nur im Rahmen einer linguistischen Theorie, die (unter anderem) festlegt, was als ‚Silbe‘ gilt. So kann ich an der Wahrheit von (A5) zweifeln, indem ich darauf hinweise, daß Oomen „ ’s ist“ in Zeile 3, Strophe I, offensichtlich als *eine* Silbe zählt, um behaupten zu können, daß auch hier eine Gliederung in 6 + 5 Silben vorliege. „ ’s ist“ ist indessen eine graphematische Variante von „es ist“ – und in Z. 13, Strophe III, zählt Oomen die ausgeschriebene Form „es geht“ als *zwei* Silben, um auch hier die Anwesenheit einer Gliederung in 6 + 5 behaupten zu können! Eins von beiden kann nur wahr sein – es sei denn, ich treffe in meiner phonologischen Theorie *und* der Verstheorie, mit der ich meine phonologische Theorie zusammenschließe, entsprechende Vorkehrungen. Ich komme auf die Auflösung von Oomens Kontradiktion weiter unten (in § 3.8) noch ausführlich zurück.

Als weitere Entsprechung in der Silbenzahl notiert Oomen (ibid.), daß Strophe II und IV mit Parallelismen von je zehn Silben beginnen; daß die „erste Hälfte“ dieser Strophen (offensichtlich sind damit die Zeilen 7 und 17 gemeint) mit neunsilbigen parallelen Zeilen endet; und schließlich, daß die ‚Refrains‘ „durchweg“ acht Silben enthalten. Unter ‚Refrains‘ versteht Oomen Zeilen 4, 10, 14 und 20, wie aus dem Folgenden hervorgeht (1973: 56; dazu siehe unten). Ihre Aussage über die Silbenzahl der ‚Refrains‘ ist allerdings erst dann verständlich, wenn man Zeile 30 hinzunimmt, die als einzige Zeile der ‚Refrains‘ zehn Silben enthält, aber nicht in Oomens Textausschnitt enthalten ist. (Zeilen 24 und 34 enthalten acht Silben.)

Der klassiche (syntaktische und phonologische) Parallelismus ist nach Oomen eines der „Sprachmittel, durch das poetische Textstrukturen aufgebaut werden können“ (id.: 55). Poetische Texte weichen durch die Struktur, die der Parallelismus ihnen „aufprägt“, von der Struktur „alltagssprachlicher Texte“ ab. Anders als bei „Abweichungen“, die auf sprachliche Irregularität zurückgehen, handelt es sich beim (klassischen) Parallelismus nicht um das „Durchbrechen von gewöhnlich gültigen Einschränkungen“, sondern um die „Einführung neuer Einschränkungen“ (ibid.). Diese „wirken wie zusätzliche Regeln und prägen den Texten (...) eine besondere Ordnung auf“ (ibid.). An anderer Stelle spricht Oomen auch von „Sekundärstrukturen" (1973: 58). Es ist deutlich, daß sie hier Bierwischs Theoretisierung (und Weiterführung) von Jakobsons Theorem folgt[62] – allerdings ohne im weiteren der Rede von „zusätzlichen Regeln" oder „besonderen Regelmäßigkeiten" (ibid.) konkreten Inhalt zu geben. (Ich komme auf die Gründe dafür zurück.) Vielmehr geht sie auf die „doppelte Funktion" ein, die diese „besondere Ordnung" im Text hat: „sie verbindet und gliedert." (1973: 55)

Die ‚gliedernde Funktion' des (klassischen) Parallelismus illustriert Oomen an den ‚Refrains' ihres Textausschnitts von T_2. Nach ihr haben alle vier die gleiche Tiefenstruktur, die sie (1973: 56) wie folgt darstellt (Figur 2):

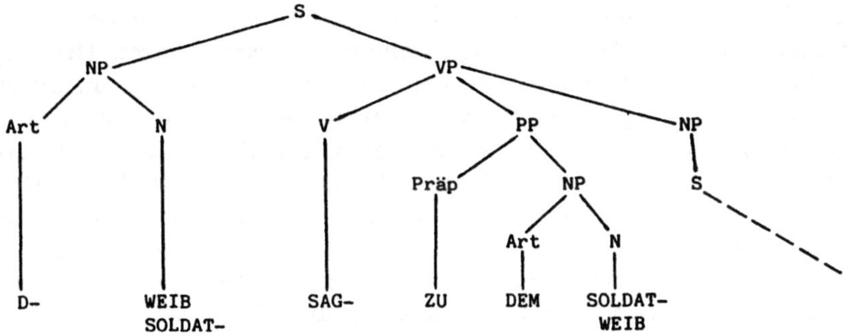

Fig. 2

Unter der Verbkonstituente ‚VP' erscheint diesmal eine Konstituente ‚NP', die das rekursive Element ‚S' einführt. Auf diese Weise will Oomen offensichtlich der Tatsache Rechnung tragen, daß die ‚Refrains' direkte Rede einleiten, obwohl sie in der Textabfolge der Rede nachgestellt erscheinen. Die zugrundeliegende Basisregel behandelt also die – direkte oder indirekte – Rede, die nach Verben wie „sagen" u. a. folgt, als Objektkomplement der Verbkonstituente. Oomen geht auf diese Basisregel indessen nicht ein; vielmehr ist sie hier an den (Wortstellungs-) Transformationen interessiert, die zwar die „spiegelbildliche Symmetrie der tiefenstrukturellen Sätze [sic!]" verdecken, aber zugleich „bewirken, daß die Lexeme überall in gleicher Reihenfolge auftreten" (ibid.). Wir können hinzufügen, daß dies auch für die restlichen ‚Refrains' von T_2 gilt; *mutatis mutandis* selbst für Zeile 30, obwohl die Syntax des ‚S'-Komplements hier anders zu beschreiben wäre. Insofern ließe sich Oomens Konklusion auf T_2 als Ganzes ausdehnen:

> „Die Wiederholung des Refrains signalisiert jeweils das Ende einer Einheit, die wir Strophe nennen." (ibid.)

„Besonders große Ähnlichkeit" besteht nach ihr zwischen Strophen I und III und Strophen II und IV, deren ‚Refrains' jeweils wörtliche Wiederholungen voneinander sind (ibid.). Nehmen wir den Rest von T_2 dazu, dann müßte diese Generalisierung auch für die anderen ungeraden bzw. geraden Strophen gelten; anders würde Oomen sich des unzulässigen Verfahrens bedienen, ihren Text*ausschnitt* als eigenen Text zu behandeln. Zeile 24, Strophe V, hat statt „zum Soldaten" jedoch „vom Soldaten"; Zeile 34, Strophe VII, statt „zum Soldaten" jedoch „den Soldaten". Zeile 30, Strophe IV, hat, wie bereits gesagt, die Variation, daß die

Reihenfolge „sagten zum Weib die Soldaten" eingeleitet wird durch „Und was"; zudem hat Z. 30 statt „zum Weib" – vergleichbar dem „den" von Z. 34, Strophe VII – „dem Weib". Diese Variationen in den restlichen drei Strophen erscheinen mir ebenso signifikant wie die Wiederholung in den ersten vier Strophen und dürften nach meiner Meinung in einer wissenschaftlichen Interpretation auf keinen Fall unerwähnt bleiben. Oomens Unterlassung wiegt um so schwerer als es ihr an dieser Stelle nachdrücklich um die „Textstruktur" von Brechts „Ballade" geht.

Halten wir Oomens Aussage über die ‚Ähnlichkeiten' zwischen den Strophen aufgrund der wörtlichen Wiederholung des Refrains als Aussage (A6) fest. Eine Erklärung für die Variation nach der vierten Strophe ist nach meiner Meinung bei Beschränkung auf T_2 allein schwierig, wenn nicht ausgeschlossen. Hebt man auf eine (implizite) Rollenverteilung ab, oder verweist man auf den ‚ursprünglichen' Erscheinungsort von T_2, nämlich *Mutter Courage* – ob das entstehungsgeschichtlich korrekt ist oder nicht, soll hier dahingestellt bleiben –, so verläßt man T_2, bewegt man sich auf T_2' zu. Und dann stellt sich wiederum die Frage: Über welchen Text redet man? Andererseits kann ich natürlich bei einer entsprechenden Frage von A_i von zwei (oder zumindest zwei) Texten, T_2 und T_2', ausgehen und in meiner Antwort explizit auf die Schwierigkeit der Erläuterung bei T_2 und die mögliche Auflösung dieser Schwierigkeit durch Einbeziehung von T_2' verweisen. Ich komme auf dieses Beispiel von Fragen, die A_i hinsichtlich T_2 stellen (können), noch ausführlicher zurück.

Oomen schließt an (A6) noch weitere Beobachtungen an, die die ‚Ähnlichkeit' der zwei Strophenpaare begründen. Strophe II und IV beginnen mit den oben behandelten parallelen Zeilen 5 und 15, die Oomen hier (1973: 56) als „Halbzeilen" bezeichnet. (Es bleibt allerdings unklar, aufgrund welcher Argumente.) Das „Ende der ersten Strophenhälfte" dieses Strophenpaares wird nach ihr „durch Zeilen mit weitgehend übereinstimmender Tiefenstruktur und mit ähnlicher semantischer Struktur [signalisiert]" (ibid.). Ein Nachweis für diese Behauptung fehlt allerdings. Ein letztes ‚Äquivalenzkriterium' für dieses Strophenpaar ergibt sich schließlich durch die Beobachtung, daß die jeweils zweiten Zeilen (Z. 6 und Z. 16) „aus zwei durch „und" verbundenen Sätzen [bestehen], von denen jeweils einer das Verb „lacht'(e)" enthält" (ibid.). An ‚Entsprechungen', die nach ihr als ‚Äquivalenzkriterium' für das andere Strophenpaar gelten, nennt sie, daß Strophen I und III mit einer binnengereimten Zeile beginnen; daß die „Strophenmitte" durch Reimwörter gekennzeichnet ist, die auf „Soldaten" reimen: „waten" (Z. 2) und „beraten" (Z. 12); und daß die jeweils dritten Zeilen „sich durch Binnenreim wiederum in jeweils zwei Halbzeilen [gliedern]" (ibid.).

Wiederum gilt hier der gleiche Einwand wie oben, daß nämlich diese Generalisierungen auf den Rest des Textes ausgedehnt werden können müssen. Für Strophe VI, Zeile 25, gilt in der Tat, daß – abgesehen von der Variation von „doch" zu „und" – Parallelismus vorliegt; ja sogar weitgehende Wiederholung (oder, genauer: Homonymie) mit Zeile 15, Strophe IV. Daß Zeile 27 das ‚Ende der ersten Strophenhälfte' im oben angegebenen Sinn ‚signalisiert', scheint mir trotz Rekurrenz von „Wasser" auch für Oomen zweifelhaft.[63] Und schließlich besteht auch Zeile 26 von Strophe VI aus zwei durch „und" verbundene Sätze, allerdings ohne Rekurrenz von „lacht'(e)". Da sich aber außerhalb von Strophen II, IV und VI Zeilen mit dieser Eigenschaft der Satzkonjunktion finden lassen – und zwar als ‚Entsprechung' in den Anfangszeilen der ungeraden Strophen außer bei Strophe III (vgl. Strophe I, Z. 1; Strophe V, Z. 21; Strophe VII; Z. 31) –, kann diese ‚Entsprechung' kaum als ‚Äquivalenzkriterium' gelten.

Mit den Möglichkeiten der Generalisierung von Oomens ‚Äquivalenzkriterien' für die ungeraden Strophen ist es besser gestellt. Auch Strophen V und VII beginnen mit einer binnengereimten Zeile. Entsprechendes gilt für die jeweils dritten Zeilen. Allerdings fällt bei Strophen V und VII zusätzlich auf, daß Zeilen 21 und 31 weitgehend homonym sind: Die Variation besteht zwischen den Personalpronomen „Ihr" und „Er" und dem Tempus von „vergehen". Diese Variation erklärt sich durch eine temporale Folge der Ereignisse: Erst die Vorhersage des „Weibs", dann die Erfüllung der Vorhersage. (Ich komme darauf noch zurück, vgl. unten, § 3.8.) Auffallend ist weiterhin, daß Zeile 33 (die *dritte* Zeile) von Strophe VII homonym ist mit Zeile 11 (der *ersten* Zeile) von Strophe III. Auch diese Beobachtung kann ihre Erklärung in der soeben angedeuteten temporalen Ordnung der Ereignisse finden. Daß Oomen diese ‚Entsprechung' nicht notiert – eine ‚Entsprechung', die sowohl für die ‚Textstruktur' als auch für die Struktur der Strophe III von wesentlicher Bedeutung ist –, erklärt sich wohl dadurch, daß sie für ihren Textausschnitt auf den Nachweis von Strophen*paaren* aus ist. Die Suche nach der ‚gliedernden' Funktion des Parallelismus scheint sie hier zur Verselbständigung ihres Textausschnitts verleitet zu haben. A lesson in (verbal) contextualism. Auch muß ein Parallelismus nicht notwendig für Paare gelten: Er kann für jedes beliebige *n*-tupel von Ausdrücken gelten (mit $n \geqslant 2$), die man aufgrund geeigneter Kriterien als parallel ansehen will.[64]

Was die Kennzeichnung der ‚Strophemitte' der ungeraden Strophen durch Reimwörter betrifft, die auf „Soldaten" reimen, so weisen Strophe V und VII in der Tat ein solches Reimwort auf: „Taten". Wichtiger als diese ‚Entsprechung' allerdings finde ich, daß die Zeilen 22 und 32 ebenfalls in die oben angedeutete temporale Ordnung der Ereignisse passen. Sie sind teilweise homonym. Die Wortfolge, die Personalpronomina und das Tempus variieren entsprechend der Ordnung: erst die Vorhersage, dann die Erfüllung. Die Rekurrenz des Reimworts „Taten" in diesen Strophen ist mithin funktional anders – und zugleich genauer, nämlich in ihrer semantischen Funktion – bestimmt in dieser Ordnung als durch den Hinweis darauf, daß es mit „waten" und „beraten" auf „Soldaten" reimt. Oder noch anders: „Taten" wie „Soldaten" reimen nicht nur aufeinander; sie gehören der gleichen syntaktischen Kategorie an; und sie weisen die von Oomen sonst so hervorgehobene ‚Ähnlichkeit der semantischen Struktur' auf – die ich allerdings lieber im Rahmen der angedeuteten temporalen Ordnung der Ereignisse explizieren möchte (vgl. unten, § 3.8). Demgegenüber gehören „waten" und „beraten" einer anderen syntaktischen Kategorie an als „Soldaten"; und es dürfte schwierig sein, zwischen den drei Lexemen Ähnlichkeiten in der semantischen Struktur zu entdecken.

Oomen schließt ihre Beobachtungen zur ‚gliedernden Funktion' des Parallelismus mit der folgenden Konklusion ab:

(A7) „Der Gesamttext gliedert sich so hierarchisch in Strophenpaare, Strophen, Strophenhälften, Zeilen und Halbzeilen." (1973: 57)

Halten wir diese Konklusion als deskriptiv gemeinte Aussage (A7) fest. Der Ausdruck „Gesamttext" ist hier besonders irreführend, da auch diesmal nicht T_2 als Ganzes damit gemeint ist, sondern Zeilen 1–20. Dies geht aus der „Liste" auf der gleichen Seite ihres Buches hervor, in der sie ihre Beobachtungen „schematisiert". Diese ‚Liste' ist von links nach rechts zu lesen. Sie führt erst die als ‚Äquivalenzkriterien' gedeuteten Beobachtungen von ‚Entsprechungen' auf, nennt dann die ‚Klasse äquivalenter Ausdrücke' (die entsprechenden Zeilen) und interpretiert diese Zuordnungen dann als ‚Gliederungssignal für' die genannten Einheiten.

Abgesehen von dem doppelten Einwand, daß das Zutreffen dieser Liste für T_2 als Gesamttext nachzuweisen wäre – was, wie wir gesehen haben, teilweise nicht gelingen kann;[65] und daß die als Äquivalenzkriterien gedeuteten ‚Entsprechungen' entweder auf unkorrekten Beobachtungen beruhen oder kaum ausreichen dürften, um eindeutig als ‚Gliederungssignal' gedeutet zu werden, läßt sich noch ein weiterer Einwand erheben. Er betrifft den Stellenwert der ‚Liste' und die Bedeutung des Begriffs ‚hierarchisch'. Keiner der Begriffe, die in die hierarchische Ordnung des Gedichts eingehen sollen (Halbzeile, Zeile, Strophenhälfte, Strophe, Strophenpaar) wird definiert. Oomen setzt sie entweder als bekannt voraus oder ist der Meinung, daß sie durch die ‚Äquivalenzkriterien' induziert werden. Beides ist unzulässig. Selbst wenn die Begriffe als aus der Tradition der Verslehre bekannt vorausgesetzt werden, muß angegeben werden, auf *welche* Definition hier abgehoben wird. Denn es ist ja keineswegs so, daß es eine allseits akzeptierte Standarddefinition gibt – eine Tatsache, die Oomen sicher nicht unbekannt ist. Und daß sich auf der Basis der angegebenen Äquivalenzkriterien allein eine hierarchische Ordnung von Begriffen der Verslehre induzieren ließe, dürfte Oomen ernsthaft wohl kaum behaupten wollen. Dieser Einwand hat wohlgemerkt nichts mit der Anzahl der ‚Äquivalenzkriterien' zu tun. Auch wenn sich mehr, oder besser gestützte ‚Äquivalenzkriterien' finden ließen, müßte ich ihn unvermindert aufrecht erhalten. Aus der allgemeinen Diskussion des Induktionsproblems ist bekannt, daß ‚passende Projizierungen' (um die Terminologie Nelson Goodmans in Erinnerung zu bringen) ohne expliziten theoretischen Rahmen in den Wissenschaften nicht gefunden werden können. (Vgl. das Vorgehen von Roman Jakobson und John Lotz beim Entwurf einer „Axiomatik" des mordwinischen Volkslieds, Jakobson & Lotz 1952/1971–72.)

Oomens Gebrauch von einer ‚Liste' anstelle von ‚Regeln' ist in diesem Zusammenhang aufschlußreich, und zwar sowohl hinsichtlich ihres Verzichts auf explizite Regeln des Deutschen wie hinsichtlich ihres Verzichts auf explizite Regeln des Versbaus (im Deutschen). Da die ‚Liste' offensichtlich für sich ‚spricht', gebraucht Oomen sie ebenfalls, um die ‚verbindende Funktion' des Parallelismus zu illustrieren:

> „Alle Einheiten, die in der mittleren Spalte als äquivalent aufgeführt werden [d.h. die Zeilen, die die ‚Klassen äquivalenter Ausdrücke' bilden], sind durch besondere sprachliche Relationen verknüpft." (1973: 58)

Ein Beispiel für ‚besondere' syntaktische Relationen ist die Relation ‚syntaktischer Gleichheit', die oben für Zeile 5 und 15 dargelegt wurde. Ein Beispiel für ‚besondere' semantische Relationen ist die Gemeinsamkeit der Komponente „angreifen", „verletzen", die die Lexeme „schießt", „spießt" und „frißt" von Zeilen 1 und 2 miteinander verbindet; oder die ‚Haben'-Relation, die „Schießgewehr" in Zeile 1 mit „Kugel im Lauf" in Zeile 5 verknüpft. Ein Beispiel für ‚besondere' phonologische Relationen ist die Wiederholung von Silbenkern und Silbenauslaut von „schießt" und „spießt" in Zeile 1 durch „frißt" in Zeile 2, mit Ausnahme des phonologischen Merkmals „gespannt" für den Vokal. Syntaktische, semantische und phonologische Relationen lassen so ein „Netz von Verknüpfungen" entstehen:

> „Es ist eben dieses Netz von interdependenten Komponenten, das als ‚Struktur' des Textes bezeichnet wird." (ibid.)

Oomens Gebrauch des Begriffs ‚Textstruktur' läßt zwei Dinge erkennen. Einmal ist sie offensichtlich davon überzeugt, daß das von ihr vorgeführte Verfahren zur Aufdeckung ‚der' Struktur jedes literarischen Textes führt. Alle Aussagen über die Textstruktur sind *eo ipso* deskriptive Aussagen. Wie die Rede von ‚Strukturen' und insbesondere von ‚grammatischen' und ‚Sekundärstrukturen' bereits suggeriert, ist Oomen zum zweiten offensichtlich davon überzeugt, daß ihre Aussagen im Rahmen einer Grammatik und Poetik des Deutschen anzusiedeln sind. Die Verwendung linguistischer Begriffe und Darstellungsverfahren (wie Graphen u.ä.) sieht sie als ausreichend für den Konnex mit Grammatikmodellen. Demgegenüber wird das Fehlen vergleichbarer „Beschreibungskategorien" für poetische Strukturen auf das Fehlen eines ‚weit genug ausgearbeiteten Textmodells' zurückgeführt, das diese Kategorien zu liefern hätte (vgl. 1973: 46–47). Dieser Umstand bringt es auch mit sich, daß ihre Beschreibung poetischer Strukturen einen „informellen" Charakter trage (ibid.).

Nach den in Kapitel 2 entwickelten Kriterien für wissenschaftliche Interpretationen können Oomens Aussagen jedoch keine deskriptive Aussagen sein. Und zwar aus den folgenden zwei Gründen. Einmal sind die Begriffe, die sie in ihren Aussagen verwendet, hinsichtlich ihrer Anwendung unbestimmt: Es fehlt der theoretische Rahmen, innerhalb dessen festgelegt ist, auf welche Gegenstände bzw. auf welchen Gegenstandsbereich ein Begriff bzw. ein System von Begriffen zutrifft. Wir haben am Beispiel von (A5) und am Beispiel von (A7) gesehen, daß sowohl der Begriff der ‚Silbe' als auch ein System von Begriffen wie ‚Halbzeile', ‚Zeile', ‚Strophenhälfte', usf. undefiniert sind. In dieser Hinsicht unterscheiden sich (A5) und (A7) nicht, auch wenn es sich im Falle von (A5) um eine ‚linguistische' Einheit, im Falle von (A7) um ‚poetologische' Einheiten handelt. Oomens Rekurs auf die TGG ist keine Garantie dafür, daß Aussagen, in denen ausschließlich (oder vor allem) der Linguistik entlehnte Begriffe vorkommen, *eo ipso* wohlbestimmte Begriffe darstellen. Im Gegenteil: Wir mußten bereits hinsichtlich der Begriffe, die Oomen der ‚syntaktischen Komponente' entlehnte, feststellen, daß die Verkürzungen oder Verzerrungen, die diese Begriffe (und die damit verbundenen Darstellungsverfahren) erfahren, so stark sind, daß sie nicht mehr von den Definitionen der gleichlautenden Begriffe der TGG gedeckt werden können. Dieser Befund gilt in noch stärkerem Maße für die Begriffe, die Oomen der ‚semantischen Komponente' der TGG entlehnt. (Auf die Begriffe, die Oomen der ‚phonologischen Komponente' der TGG entlehnt, will ich nicht weiter eingehen, da diese bei ihrer Explikation von T_2 eine untergeordnete Rolle spielen; vgl. indessen Anmerkung 60.)

Bevor ich auf Oomens Verwendung semantischer Konzepte der TGG eingehe, muß ich im Zusammenhang mit meiner Kritik an (A5) und (A7) noch anmerken, daß ich Oomens Unterscheidung zwischen ‚linguistischen' und ‚literaturwissenschaftlichen' (oder, in meiner Redeweise, ‚poetologischen') Beschreibungskategorien nicht folge. Wie oben, in § 3.1 und § 3.2, dargelegt, bin ich davon überzeugt, daß diese Unterscheidung nicht nur schwierig zu treffen, sondern auch konzeptuell verfehlt und empirisch hinderlich ist. Es wird deshalb nötig sein, auf Oomens Ausführungen zur ‚Textstruktur' einzugehen, um zu prüfen, welche Argumente sie für eine solche Unterscheidung anführt. Dies ist umsomehr erforderlich, als es mir ja nicht in erster Linie um die Frage geht, ob isolierte Aussagen wie die Aussagen (A1)–(A7) deskriptive Aussagen sind, sondern um die ungleich interessantere Frage, unter welchen Bedingungen deskriptive Aussagen zustande kommen. Auch muß es interessieren, warum Oomen, die sich so deutlich in Jakobsons Tradition der Textbeschreibung stellt, seinen ‚integrationistischen' Standpunkt nicht teilt.

Der zweite Grund für meine Auffassung, daß Oomens deskriptiv gemeinte Aussagen keine deskriptiven sind bzw. sein können, hängt ebenfalls mit der Frage nach den Bedingungen deskriptiver Aussagen zusammen. Wir haben gesehen, daß für eine wissenschaftliche Interpretation – und als Teil einer solchen will Oomen ihre Explikation der ‚Textstruktur' (eines Ausschnitts) von T_2 sicher verstanden wissen – u.a. die folgenden beiden Bedingungen gelten: Der Text der Interpretation muß (a) eine Angabe der Teile Z des Textes enthalten, auf die sich die Erläuterung bezieht; er muß (b) eine Angabe der Fragen von $\{A, B, \ldots\}$ enthalten, die die Erläuterung beantworten will. Meine Kritik an (A6) und an ähnlichen, sich daran anschließenden Aussagen Oomens zeigt, daß Oomen diese doppelte Bedingung nicht erfüllt. Ich lese dabei wohlgemerkt ihre irreführenden Bemerkungen zum von ihr behandelten ‚Text' oder ‚Gesamttext' immer noch als Kürzel für ‚bezüglich der Zeilen 1–20 von T_2'. Würde ich eine weniger tolerante Leseart wählen, müßte ich ihr gegenüber die in diesem Punkt an Jakobsons Interpretation von T_1 geübte Kritik noch verschärfen. Denn schwankte Jakobsons Interpretation zwischen zwei (u.a. editorisch) etablierten Texten, T_1 und T_1', so ist der ‚Text' von Oomen kein etablierter Text. Da sie einerseits ihre Aussagen nicht explizit auf den *Teil von* T_2 beschränkt, der durch ‚die ersten zwanzig Zeilen von T_2' angedeutet werden kann; und da sie andererseits die Gültigkeit ihrer Aussagen in keiner Weise an dem Ganzen des Textes von T_2 prüft, wären strikt genommen schon damit ihre Aussagen ohne deskriptiven Gehalt.

Gravierender als die (mögliche) Verletzung von Bedingung (a) erscheint mir indessen, daß bei Oomen jede Spur eines konversationellen Rahmens fehlt. Sie geht offensichtlich davon aus, daß der Text gegeben und es eine Sache geeigneter Beschreibungskategorien ist, seine Struktur festzustellen. Sie geht nicht von Fragen von A_i aus, sondern von ‚Eigenschaften' von Texten – und das heißt, von ‚Entsprechungen', die als Äquivalenzkriterien gelten können. In diesem Sinne werden in dem abschließenden Teil ihres Buches, der mit „Anwendungsbereiche" überschrieben ist, in einem eigenen Kapitel die einzelnen Schritte demonstriert, die „der Schüler" nacheinander im Rahmen dieser „ersten Stufe der Interpretation" (dazu im Folgenden) zu vollziehen hat. Das an sich begrüßenswerte Bestreben Oomens, literarische Texte durch Hinweis auf ihre sprachliche Machart aus der Aura des ‚Mystischen' herauszulösen (vgl. 1973: § 12.2.6, S. 96), beruht auf einer neuen (oder dem Wiederleben einer alten) Mystifikation: Daß ihre Struktur unabhängig von dem besteht, der sie beschreibt.

Wenden wir uns deshalb zunächst der Frage zu, was Oomen eigentlich unter ‚Textstruktur' versteht. Zu Beginn ihres Buches unterscheidet sie „die Sprache des Texts" von seinen „poetischen und ästhetischen Qualitäten" (1973: IX). Aufgabe „der Linguistik" sei es, „durch die Analyse der Sprache poetischer Texte eine Grundlage für die weitere Interpretation zu liefern" (ibid.). Wie haben wir uns diese zuliefernde Funktion ‚der Linguistik' vorzustellen? Welcher Art sind die ‚linguistischen Grundlagen' poetischer Texte? Und was ist deren ‚weitere Interpretation'?

In den vier Abschnitten ihres Buchs entwickelt Oomen ihre Antwort auf diese und ähnliche Fragen. So bescheiden ihr Anspruch zunächst klingt, verbirgt sich doch dahinter ein sehr ambitiöses Programm. Es läuft auf die Einlösung einer grundlegenden Maxime der philologisch-literarischen Interpretation hinaus, die besagt, daß man ‚die Sprache' des poetischen Textes ernst zu nehmen habe nach Maßgabe der Tatsache, daß er ein „Kunstwerk aus Sprache" ist (Oomen 1973: IX); daß man dann aber fortzuschreiten habe zu dem, was den Text zu einem poetischen mache.[66] Den Abschluß ihrer Interpretation der ‚Textstruktur' von T_2 (bzw. ihres Ausschnitts von T_2) bildet dann auch eine programmatische Besinnung auf „die Bedeutung der linguistischen Analyse für die literarische Interpretation" (so die Überschrift von § 7.3 ihres Buches). Sie stellt fest, daß „die Erwartungen, die sich auf die linguistische Analyse poetischer Texte richten, (...) nicht selten hochgespannt [sind]" (1973: 59). Demgegenüber möchte sie betonen, daß „die linguistische Analyse (...) weder eine besondere Form der literarischen Interpretation noch ein Ersatz für sie [ist]" (ibid.). Unter Verweisung auf ihre Beispielanalyse (ihres Textausschnitts) von T_2 sagt sie:

> „Aus der Analyse der gliedernden und verbindenden Sprachmittel geht die *literarische Funktion* des Textes nicht automatisch hervor, aus den Teilen nicht das Ganze." (ibid., meine Herv.)

Um die „literarische Funktion" von T_2 zu erkennen, wird ein ‚Wechsel der Perspektive' nötig, muß „nach dem Verhältnis der Teile zum Ganzen, der *Sprachmittel* zur *Mitteilungsfunktion* gefragt werden" (ibid., meine Herv.). Die „Sprachmittel" sind der „Mitteilungsfunktion" untergeordnet (1973: 60):

„Die Rolle der Textstruktur in jedem Einzeltext kann nur beschrieben werden mit Bezug auf die Nachricht, die der Text enthält.“ (ibid.)

Die ‚Nachricht‘ von T_2 (bzw. ihres Ausschnitts von T_2) umschreibt Oomen wie folgt:

„Es geht in diesem Text [sic!] um eine mehrfache Antithese: zwischen dem Weib und dem Soldaten, der Weisen und dem Unbesonnenen, der scheinbaren Macht militärischer Waffen und der Gewalt der Natur, usw.“ (1973: 59)

Dieser „antithetische Charakter des Gedichts“ [sic!] wird „bis in den Bau von Halbzeilen („Hinab nach dem Süden, nach dem Norden hinauf“)“ durch die Gliederung des Textes „gespiegelt“ (ibid.). Erst auf dieser Ebene kann mithin der „Zeichencharakter“ der Textstruktur „als Ganzes“ [sic!] erkennbar werden:

„Deshalb ist die Textstruktur mehr als ein Organisationsprinzip oder gar eine dekorative Zutat.“ (1973: 60)

Halten wir die deskriptiv gemeinte Aussage, daß die Gliederung des Textes bis in den Bau von Halbzeilen den antithetischen Charakter von T_2 spiegelt, als (A8) fest. Aussagen wie (A8) gehören nach Oomen in den „Aufgabenbereich der Literaturwissenschaft“, betrffen sie doch die „Einbeziehung der Textstruktur in die Interpretation einzelner Texte“:

„Die Linguistik beschränkt sich darauf, allgemeine Strukturmerkmale poetischer Texte festzustellen.“ (ibid.)

Hier nun wird Oomens Verständnis der Linguistik kritisch: Was haben wir eigentlich unter ‚der Linguistik‘ zu verstehen, die sich in dieser Weise beschränkt? Wir haben bereits diskutiert, warum Oomens Rekurs auf die Begrifflichkeit der ‚syntaktischen Komponente‘ der TGG ein Zerrbild ‚der Linguistik‘ gibt. Wir werden nun zu diskutieren haben, warum es sich im Falle der ‚semantischen Komponente‘ der TGG ebenso verhält. Dabei wird sich zeigen, daß ihre Auffassung der Semantik ihre Aussagen über die ‚Mitteilungsfunktion‘ und die ‚ästhetischen Qualitäten‘ literarischer Texte wesentlich beeinflußt.

Aus ihren allgemeinen Bemerkungen zur ‚semantischen Komponente‘ der Grammatik in Kapitel 2 ihres Buches geht hervor, daß sie die ‚Bedeutung‘ eines Satzes mit der ‚semantischen Interpretation‘ seiner syntaktischen Tiefenstruktur zusammenfallen läßt (1973: 8). Das heißt, sie übernimmt an dieser Stelle Katz' Vorschläge zur Rekonstruktion der Bedeutung im Rahmen der TGG. Auf Seite 9 ihres Buches geht sie sogar soweit, daß sie sagt:

„Die Tiefenstruktur gibt die Bedeutung eines Satzes an.“

Insofern „verweisen“ nach ihr Sätze mit unterschiedlicher Oberflächenstruktur, aber gleicher Tiefenstruktur „auf den gleichen Sachverhalt“ (ibid.). Die Baumdiagramme der TGG für die Darstellung der Tiefenstruktur von Sätzen mit unterschiedlicher Oberflächenstruktur – wie z. B. Figur 2 für die ‚Refrains‘ von T_2 – „drücken“ dann ihre gemeinsame Bedeutung „aus“ (ibid.). Diese Auffassung der Semantik erscheint nicht nur in der verkürzenden Wiedergabe Oomens äußerst naiv.

Katz' Version der (Funktion der) semantischen Komponente der TGG ist unter verschiedenen Aspekten Gegenstand ausführlicher Kritik und Korrektur gewesen. Sowohl sein (mehrfach revidierter, aber im Prinzip gleichbleibender) Begriff der ‚semantischen Interpretation' als auch seine Rede von ‚semantischen Merkmalen' haben sich als unhaltbar erwiesen. Ich kann dafür auf die zusammenfassende Darstellung bei Wunderlich 1974, Kapitel 9, verweisen. Beschäftigen soll uns hier nur der Status der ‚semantischen Merkmale' und die philosophische Position, die – sofern erkennbar – Oomens Version der ‚semantischen Komponente' der TGG zugrundeliegt.

Bei seiner Exploration der „sprachinternen Bedeutung sprachlicher Ausdrücke" (Kap. 9.II) kommt Wunderlich ausführlich auf den Charakter der verschiedenen Typen von semantischen Einheiten zu sprechen, die für die Darstellung von Bedeutungsrelationen von Logikern und Linguisten hauptsächlich gebraucht werden. Er unterscheidet im wesentlichen zwei Typen: ‚Bedeutungskomponenten', wie sie z. B. in ‚Bedeutungspostulaten' à la Carnap gebraucht werden, und ‚semantische Merkmale', wie sie z. B. in ‚semantischen Interpretationen' à la Katz gebraucht werden.

Während ‚Bedeutungskomponenten' der untersuchten Sprache selbst angehören (also vorkommende Lexeme z. B. des Deutschen sind), sind ‚semantische Merkmale' Einheiten der theoretischen Sprache der Semantik, auch wenn man sich dabei vorkommender Lexeme z. B. des Deutschen bedient (vgl. Wunderlich 1974: 280). Ist die theoretische Sprache nicht hinreichend spezifiziert, sind Aussagen über z. B. die semantische Struktur des Deutschen, in denen ‚semantische Merkmale' erscheinen, für die Zwecke einer Bedeutungsexplikation wertlos. Nach Wunderlich haben wir es dann mit einer ‚Pseudonotation' zu tun (ibid.). Hinsichtlich Katz' Notation als Beispiel einer solchen ‚Pseudonotation' sagt Wunderlich, daß sie „jede explizite Form vermissen läßt" (1974: 292). Alles, was sie ausdrückt, kann auch – und übersichtlicher – in umgangssprachlicher Umschreibung gesagt werden. Das heißt, daß Katz' Notation vom Appell an das Verständnis der in ihr vorkommenden Lexeme lebt, die jeder andere Sprecher derselben Sprache mit ihm teilt.[67]

Liegt Katz' methodologischer Fehler in der Verselbständigung einer formalen Notation, die allenfalls der Veranschaulichung dienen kann (vgl. Wunderlich 1974: 290), so bleiben Oomens Merkmale wie „angreifen", „verletzen" selbst noch hinter Katz' Versuchen zurück, den semantischen Merkmalen mit Hilfe der Prädikatenlogik eine interne Struktur zuzuschreiben. Zwischen Oomens Darstellungsweise und Katz' theoretischem Rahmen besteht kein Konnex, der die Verwendung von solchen Merkmalen absichern könnte. Der gleiche Einwand gilt, in noch stärkerem Maße, den Merkmalen, die in Figur 1 die Differenz zwischen „Kugel" und „Messer" bzw. „Lauf" und „Gurt" ausdrücken sollen. Merkmale wie „Waffe zum Schießen" vs. „Waffe zum Stechen" veranschaulichen keinerlei Generalisierungen: Sie paraphrasieren lediglich den rein intuitiv angenommenen ‚Inhalt' der jeweiligen Lexeme.

Über die ‚Mitteilungsfunktion' poetischer Texte sagt Oomen, daß sie sich „von der gesprochener und geschriebener Texte, die wir in der Alltagssprache verwenden, [unterscheidet]" (1973: 46). Solche Texte „wollen gewöhnlich über bestimmte Dinge und Sachverhalte informieren. Weil sie sich auf die *außersprachliche Welt* beziehen, sprechen wir von ihrer verweisenden oder ‚referentiellen‘ Funktion. Die referentielle Funktion schafft einen *Textzusammenhang, der nachprüfbar außersprachliche Zusammenhänge in der Welt reflektiert.*“ (ibid., meine Herv.) Aus dieser Passage spricht zwar der *common sense*; ob sie einen Konnex zu einer plausiblen Theorie der Beziehung von Sprache und ‚Wirklichkeit‘ herstellt, möchte ich indessen bezweifeln. Allenfalls könnte man aus ihrer Formulierung entnehmen, daß Oomen sich am ‚philosophischen Realismus‘ orientieren möchte. Gerade diese Position aber ist es, in der die Gefahr einer statischen Beziehung zwischen Sprache und ‚Wirklichkeit‘ akut ist — und gerade diese Gefahr ist es, die in semiotischen Diskussionen immer wieder verkannt wird. Auch Oomen ist leider keine Ausnahme von dieser Regel. (Zum philosophischen Realismus und den mit ihm gegebenen Gefahren „wenig fortgeschrittener Versionen der Bedeutungstheorien“ vgl. Wunderlich 1974: § 9.I.)[68] Es handelt sich dabei wohlgemerkt nicht um (sprach-)philosophische Spitzfindigkeiten. Es geht um die Frage, welcher Art die (deskriptiv gemeinten) Aussagen sind, die Oomen an die Aussagen anschließen will, die nach ihrer Meinung linguistischer Natur sind.

Halten wir fest: Sowohl linguistisch als auch philosophisch gesehen leben Oomens Aussagen zur Bedeutung poetischer Texte vom Appell an die Intuition bzw. den *common sense*. In beiderlei Hinsicht ist der explizit oder implizit in Anspruch genommene Konnex zu einem theoretischen Rahmen nicht vorhanden. So nimmt es kein Wunder, daß sie sich in eine verwickelte Konstruktion versteigt, um die semantische Besonderheit poetischer Texte zu begründen. Nach ihr

> „ist die wichtigste Funktion eines Gedichts — auch dann, wenn es eine Referenz auf die Außenwelt enthält — nicht die unmittelbare und aktuelle Information über die Welt. (...) Das Gedicht ist in erster Linie ‚Wortkunst‘.“ (1973: 46)

Diese Formulierung läßt an Jakobsons Charakterisierung der poetischen Funktion als „*Einstellung* auf die *Nachricht* als solche, die Zentrierung auf die Nachricht um ihrer selbst willen“ (Jakobson 1972: 108) denken. Allerdings ist der ‚funktionale‘ und ‚integrationistische‘ Ausgangspunkt Jakobsons[69] bei Oomen zugunsten der Idee von der Autonomie der ‚Wortkunst‘ verkümmert. Trotz expliziter Berufung auf Jakobsons Modell sprachlicher Kommunikation (vgl. Oomen 1973: 89) steht Oomen auch hier der philologisch-literarischen Interpretation viel näher. Dies wird noch deutlicher, wenn wir uns ihren Ausführungen zum ‚Poetischen‘ zuwenden.

In ihrer Wiedergabe der Diskussion um die eigenständige Charakterisierung der ‚poetischen Sprache‘ leitet sie die Darstellung von Jakobsons Theorem mit der Behauptung ein:

> „Das Poetische ist (...) eine Eigenschaft von Texten — nicht von Einzelausdrücken.“ (1973: 85)

Ging es Jakobson um den Nachweis, daß die poetische Funktion in jedem sprachlichen Text anwesend ist, und warnte er vor der „irrigen Vereinfachung“, die darin bestehe, „den Wirkungsbereich der poetischen Funktion auf Dichtung zu reduzieren oder Dichtung auf die poetische Funktion zu begrenzen“ (Jakobson

1972: 108)[70], so bedeutet nach Oomen „die Kennzeichnung poetischer Texte durch ihre Funktion [sic!], (...) daß die poetische Funktion in ihnen vorherrscht oder ‚dominiert' " (Oomen 1973: 87). Auch Jakobson spricht von der poetischen Funktion als der „dominanten, determinierenden" Funktion der Wortkunst (1972: 108), aber eben an dieser Stelle eingebettet in eine Formulierung die besagt, daß sie „*nicht* die einzige Funktion der Wortkunst [ist]" (ibid.; meine Herv.). Insbesondere verweist er darauf, daß „die Eigenarten verschiedener poetischer Genera (...) eine unterschiedliche Teilhabe der anderen Sprachfunktionen [implizieren] zusammen mit der dominanten poetischen Funktion" (1972: 109).[71] Demgegenüber behauptet Oomen:

> „Je stärker die poetische Funktion dominiert, desto mehr tritt der referentielle Charakter des Textes zurück." (1973: 87)

Jakobsons sechsgliedriges funktionales Modell sprachlicher Kommunikation erscheint hier auf zwei Funktionen verkürzt, die einander wechselseitig ausschließen. Überdies klammert Oomen Jakobsons ‚integrationistischen' Standpunkt völlig aus ihrer Betrachtung der Wirkungsweise der poetischen Funktion aus. Wenn sie als einen der Vorteile von Jakobsons Formulierung des Äquivalenzbegriffs nennt, daß „sie die poetische Textstruktur aus der Textfunktion abzuleiten [sucht]" (ibid.), ist die Verwirrung komplett. Denn die ‚Textfunktion' folgt nach Oomen aus der Mitteilungsfunktion des poetischen Textes – eine Konstruktion, die in Jakobsons empirisch ausgerichtetem Modell keinen Platz hat. Nur bei Oomen gibt es den Dualismus der ‚referentiellen Funktion' von ‚alltagssprachlichen Texten' und der ‚Mitteilungsfunktion' von poetischen Texten. Da die Ermittlung der ‚Mitteilungsfunktion' keine empirische Basis hat (in Semantik und/oder Philosophie), kann sie nur aus dem weiten Raume der ‚Literaturwissenschaft' kommen, wo alles möglich, aber nichts ‚exakt' ist.[72] Der Begriff des ‚Exakten' tritt bei Oomen nicht zufällig in eine merkwürdige Opposition zum ‚Poetischen', wenn sie in dem mit „Schlußfolgerungen für die Aufgabenstellung der Poetik" überschriebenen § 11.4 ihres Buches sagt:

> „Was die Linguistik heute leisten kann, ist (...) nicht der Aufbau einer autonomen Poetik, sondern die *exakte* Beschreibung der linguistischen Basis der Poetik. (...) Die Vorzüge der Kategorien, welche sie an ihren Gegenstand heranträgt, sind *Exaktheit* und Allgemeinheit. *Das Poetische selbst* bleibt Gegenstand der Literaturwissenschaft (...)." (1973: 90–91; meine Herv.)

Damit hat sich die Maxime der philologisch-literarischen Interpretation auch angesichts der modernen Linguistik durchgesetzt: Ob ‚modern' oder ‚alt', die Linguistik ist und bleibt ‚Hilfswissenschaft', auch wenn sie bei Oomen im gleichen Atemzug zur ‚Grundlagenwissenschaft' avanciert (1973: 91). Was sich bei ihr als methodische Klärung und Fortschritt in den Beschreibungskategorien und -verfahren präsentiert, ist konzeptuell – gerade auch Jakobsons Projekt der Integration von Linguistik und Poetik gegenüber – ein Rückschritt. Oomen scheint etwas davon zu ahnen, wenn sie schreibt:

> „Die Trennung von Sprachmitteln einerseits und der Nachricht, die sie verwirklichen, andererseits ist (...) ein methodischer Schritt der Textanalyse.

Wenn wir ein Gedicht in der Wirklichkeit lesen und verstehen, sind beide unablösbar voneinander (...)." (1973: 60; meine Herv.)

Ich habe Oomens Konstruktion des Verhältnisses von Linguistik und Poetik auch deshalb so ausführlich behandelt, da sie – am Beispiel eines Textes aus meinem Repertoire von Brecht-Texten – *grosso modo* als Musterbeispiel für alle die neueren Versionen der philologisch-literarischen Interpretation gelten kann, die zwar von der Linguistik ausgehen, jedoch beim ‚Poetischen' enden wollen. Wir haben in Kapitel 1 am Beispiel Levins (und Pavels) gesehen, wie die grundlegende Maxime der philologisch-literarischen Interpretation mittels der alten/neuen Redeweise von ‚möglichen Welten' mit der logisch orientierten Theorie der Semantik harmonisiert wird; Austin (1979) sei als ein Beispiel dieser Strategie der Harmonisierung angesichts neuerer Entwicklungen auf dem Gebiet der Syntax genannt.[73]

3.6 Auf dem Weg zu einer wissenschaftlichen Interpretation der „Ballade vom Weib und dem Soldaten"

Wenden wir uns nun der Wirklichkeit des Lesens und Verstehens eines Gedichts zu. Die deskriptiv gemeinten Aussagen (A5)–(A8) von Oomen können als geeigneter Ausgangspunkt dienen, um die ‚Eigenschaften' von T_2 (bzw. T'_2) herauszustellen, um die es mir bei einer wissenschaftlichen Interpretation von T_2 (bzw. T'_2) gehen soll. Wenn man will, kann man so an der Skizze einer Interpretation von T_2 (bzw. T'_2), die ich im Folgenden gebe, auch den möglichen ‚Fortschritt' wissenschaftlicher Interpretationen ablesen. Und zwar in doppelter Hinsicht: Einmal gegenüber der philologisch-literarischen Interpretationspraxis (der Oomen verpflichtet ist); zum anderen gegenüber Jakobsons ‚strukturalistischer' Analyse literarischer Texte – einer Analyse, die ebenfalls bereits als ‚fortschrittlich' gegenüber der philologisch-literarischen Interpretationspraxis erscheint (vgl. oben, § 3.4). Ich muß jedoch an dieser Stelle betonen, daß meine Interpretation keinerlei Anspruch auf Vollständigkeit erhebt (etwa in dem Sinn, der Baumgärtner 1965 in seinen programmatischen Äußerungen vorschwebte). Nicht nur ist eine ‚erschöpfende Interpretation' im Rahmen einer nominalistischen Semiotik ein Unding; auch in einem konversationellen Rahmen kann eine Interpretation immer nur partiell und tentativ sein. Dies folgt aus ihrer Orientierung an bestimmten Fragen von bestimmten Teilnehmern.

Kehren wir zu der Zeit zurück, in der aus A_1 ein B wurde. Die Lehrstücke und die ‚frühen Stücke' Brechts hielten ihn in Bann. Zwar gehörte zum Thema der Individualität auch die ‚Gestaltung' des Individuums in den ‚späten Stücken' Brechts; und die Darstellung der Dramaturgie Brechts hatte den Typus der ‚späten Stücke' zu berücksichtigen. Aber die Präferenzen waren eindeutig. Nicht die poetischen und theoretischen Texte seit der *Heiligen Johanna der Schlachthöfe*, die den wachsenden Ruhm des Stückeschreibers als Klassiker der deutschen Bühne und des Welttheaters begründeten, bewegten zunehmend die Gemüter von A_1 und C_1, sondern die Entdeckung seiner Produktion ‚davor' – einer Produktion, die bis dato allein unter der Perspektive von ‚Entwicklung zu', ‚Vorstufe für' gesehen wurde (wenn sie überhaupt eingehender berücksichtigt wurde). Die Vernachlässigung dieser Produktion wurde nicht zuletzt durch das Verhalten des aus dem Exil zurückgekehrten Dichters begünstigt, der nach 1945 durch seine Verleger nur ‚gereinigte' Versionen der ‚frühen Stücke' auf den Markt brachte. A_1 und C_1 gerieten in das Dickicht der Editionen, Typoskripte, Erinnerungen und Archivblätter, um ihren Weg zu den Texten zu finden, mit denen der Mann Bertolt Brecht in den zwanziger Jahren des Jahrhunderts das Dickicht der Städte zu beschreiben versuchte – eines Dickichts, in dem sich das Individuum des 19. Jahrhunderts nach dem großen Krieg und mit dem großen Kapital zurecht zu finden hatte.

Eine ganz andere Sicht der Geschichte vor dem nächsten großen Krieg als die, die sie gelernt hatten, tat sich auf – und zum Verständnis dieser Sicht war es A_1 auch recht, sich in das Dickicht der Methoden und Methödchen der Disziplin zu begeben, die sich der Fragen des Verständnisses von literarischen Texten annahm. Das Dickicht der Disziplin, die sich Literaturwissenschaft nannte, wurde sein Aktionsfeld. Stücke wie *Mutter Courage und ihre Kinder* blieben für A_1 und C_1 eher Pflichtstoff (trotz einer Figur wie der „stummen Katrin"). Sie waren auch noch zu sehr mit der Hypothek der Pflichtlektüre in der Schule belastet. Denn es war der Text von *Mutter Courage und ihre Kinder*, der nach Dramen Schillers und Goethes, Kleists, Büchners und Hauptmanns den Kanon deutscher Theaterklassiker desjenigen Gymnasiums beschloß, dem A_1 seine erste literarische Bildung zu verdanken hatte. Das war nicht zufällig so, befand A_1, der mit der Entdeckung des Nicht- (oder sogar: Anti-)Klassikers Brecht beschäftigt war. Der Text ‚ging zu gut ein', die Lieder waren ‚zu glatt'. Gab ihm der Brecht des Lehrstücks, der Brecht des *Fatzer*-Fragments nicht recht? Gaben ihm nicht die Reaktionen des Publikums der *Mutter Courage* recht – und die fast verzweifelten Versuche Brechts und des Berliner Ensembles, den Text und seine Aufführung vor dem *glamour* des Illusionstheaters in West und Ost zu retten, das alles nach seiner *façon* verarbeitete – selbst Texte, die das Elend des Krieges darstellen? Was blieb auf diese Weise noch über von einem Text, der doch nicht zuletzt die Antwort des Stückeschreibers auf eine der „Fragen eines lesenden Arbeiters" war? Hieß es dort nicht, zwar auf „Cäsar" bezogen, aber ebenso auf Gustav Adolf, Wallenstein und all die anderen großen Herren beziehbar, die für dreißig Jahre Krieg sorgten:[74]

16 Cäsar schlug die Gallier.
17 Hatte er nicht wenigstens einen Koch bei sich?

Und einige Zeilen weiter:

22 Jede Seite ein Sieg.
23 Wer kochte den Siegesschmaus?
24 Alle zehn Jahre ein großer Mann.
25 Wer bezahlte die Spesen?

Konnte die Theorie des Lehrstücks, die a-klassische Komposition der ‚frühen Stücke' und des *Fatzer* durch die nicht-aristotelische Dramaturgie der ‚späten Stücke' aufgewogen werden? Die Begegnung mit den Nachfahren Brechts, den Praktikern und Theoretikern seines Theaters, vor allem aber auch die Begegnung mit der sich entwickelnden Dramatik Heiner Müllers legten eine verneinende Antwort nahe.[75] So blieb auch deshalb die geplante Arbeit von A_1 zur Dramaturgie Brechts Fragment; blieb er C_1 notgedrungen das Komplement zu dessen Elaboration des Lehrstücks schuldig; brachte ihn sein Weg durch das Dickicht der Methoden und Methödchen der Literaturwissenschaft nicht zuletzt auch in einen akademischen Kontext, der A_1 die freie Zeit (die Freiheit und die Zeit) nahm, die für eine Teilhabe an der Weiterentwicklung der Lehrstückpraxis (durch C_1), an der Erforschung des Dickichts der heutigen Städte (durch Heiner Müller) nötig gewesen wäre. (Mußte das so sein? Es war so.)

Verzicht einerseits, Aufgabe andererseits: Konnte B_2 nicht (lernend) lehren, wie in diesem Kontext über Texte von Brecht zu sprechen ist? Als Ursula Oomens Buch erschien, war deshalb ihre beispielhafte Interpretation von T_2 nicht ein Beispiel unter anderen (wie vermutlich für sie), sondern *das* Beispiel. Die „Ballade vom Weib und dem Soldaten", die vorher für A_1/B_2 ein Gedicht Brechts unter vielen anderen war, bekam eine Modellfunktion. Was A_1 vorher als Nachteil erschienen war – die ‚eingängige', ‚glatte' Form von T_2 (bzw. T'_2!) – erwies sich in der Konversation mit Ursula Oomen als Vorteil.

Die Untersuchung der Frage, in welcher Weise die Regeln des Versbaus, und insbesondere metrische Regeln, von der phonologischen Struktur natürlicher Sprachen abhängig sind, in sie passen (müssen), hatte B_2 erst auf die systematische und dann auf die historische Rolle aufmerksam gemacht, die sogenannte ‚einfache Versformen' im Verssystem (und in der Versgeschichte) einer natürlichen Sprache und ihrer Literatur spielen. Die Entwicklung der ‚generativen Metrik' ließ Ansätze einer geeigneten Theoretisierung der Frage nach der Integration der Regeln des Versbaus in die Regeln für die phonologische Struktur des Deutschen erkennen. Und Jacqueline Guérons Untersuchung des Korpus englischsprachiger Nursery Rhymes war Anlaß, die systematische und historische Rolle ‚einfacher Versformen' im Verssystem und in der Versgeschichte auch des Deutschen zu thematisieren.

Angesichts eines Textes wie T_2 (bzw. T'_2), der den Regeln für ‚einfache Versformen' in frappanter Weise strikt folgt; und angesichts der Rechtfertigung, die diese Beobachtung in Brechts Skizze der Poetik von Versen mit Reim und ohne Reim, mit regelmäßigen und unregelmäßigen Rhythmen findet, ergab sich die Aussicht auf eine empirisch und historisch begründete Theoretisierung von Aussagen über den Versbau von Texten wie T_2 (bzw. T'_2). Wenn also B_2 in seiner Konversation mit Ursula Oomen zu dem Ergebnis kam, daß ihre Interpretation von T_2 in noch stärkerem Maße als die von T_1 durch Roman Jakobson gravierende Mängel aufwies, sah er sich jetzt in der Lage, seiner Kritik das Beispiel einer „Interpretation auf besserer Grundlage" folgen zu lassen (vgl. § 3.2, oben).

Auch in semantischer Hinsicht erwies sich T_2 als geeignet. Dazu bedurfte es jedoch der Entwicklung des konversationellen Rahmens sowie der Ausarbeitung des Begriffs der Exemplifikation. Nachdem die Tragweite des konversationellen Rahmens für die Interpretation von literarischen Texten am Beispiel von T_1 deutlich geworden war, konnte das zugrundeliegende Verfahren auch für die Beschreibung der ‚Bedeutung' von T_2 herangezogen werden. Wie im Falle von T_1 erwies sich auch im Falle von T_2 die Heranziehung des Stückes, verbunden mit der strikten Unterscheidung zwischen ‚Gedichttext' und ‚Stücktext', als wesentlicher Teil des Verfahrens. Insgesamt dauerte es beinahe 10 Jahre, bis B_2 sich imstande fühlte, *seine* Interpretation der „Ballade vom Weib und dem Soldaten" zu geben – oder zumindest eine Skizze seiner Interpretation, die auch als Modell für eine „Interpretation auf besserer Grundlage" gelten kann.

Mutter Courage und ihre Kinder kehrte in das Bewußtsein von B_2 zurück. Und es zeigte sich, daß die Entwicklung von A_1 zu B_2 – und die Entwicklung von B_2 als A – eine veränderte Version dieses Stückes mit sich brachte. Nicht, daß die alten Präferenzen nun umgekehrt wären; aber der Begriff der Exemplifikation ließ B_2 sehen, in welchem Maße *Mutter Courage und ihre Kinder* eine vertiefte Einsicht in den Verlauf der Geschichte vermittelt, die A_1 zum ersten Mal durch Brechts „Fragen eines lesenden Arbeiters" eröffnet worden war.

So wäre es nun verlockend, eine Interpretation von *Mutter Courage und ihre Kinder* vorzuschlagen, die zeigt, wie dieses Stück (bzw. dieser Text) als (leider) noch immer aktuelles Modell für das Schicksal der kleinen Leute gelten kann, die dabei sein wollen, wenn die großen Herren ihre Geschäfte nicht (mehr) mit den feineren Mitteln der Börse und des Handels abwickeln, sondern ihren Schnitt mit den gröberen der Waffen zu machen suchen. Auch hier will ich mich indessen auf *den* Aspekt der ‚Bedeutung' von *Mutter Courage* beschränken, der mit der Rolle von T_2' bei der Antwort auf Fragen nach der Bedeutung (von Teilen) von T_2 zusammenhängt. Auch sollen Fragen der ‚Bedeutung' nicht im Mittelpunkt der Interpretation stehen. Ich habe deshalb neben drei Aussagen, die sich auf Eigenschaften des Versbaus von T_2 beziehen – (A5)–(A7) –, nur eine Aussage von B_3 festgehalten, die sich auf die ‚Bedeutung' von T_2 bezieht, nämlich (A8).

3.7 Vom Wesen der Metrik, am Beispiel einer Metrik der Wiegen- und Kinderlieder

Jacqueline Guérons Korpus besteht aus 130 der ‚bekanntesten' Nursery Rhymes, die sie der Sammlung von Iona und Peter Opie entnimmt (Guéron 1974: 76).[76] Die Kategorien, mit denen sie dieses Korpus beschreibt, sind die folgenden:

Liste 1 (1) Stanze bzw. Strophe
(2) Zeile
(2a) Standardzeile
(2b) Kurzzeile
(3) Halbzeile
(4) Hemistich
(5) Position
(5a) S-Position

(5b) x-Position
(6) Silbe
(6a) betonte Silbe
(6b) unbetonte Silbe
(7) Betonungsmaximum
(8) Reim

Die Kategorien von Liste 1 werden implizit durch Regeln oder explizit durch Definitionen eingeführt. Bevor ich näher auf die Definitionen eingehe, will ich die Regeln vorstellen, die Guéron gibt.

Die Regeln sind geordnet. Die Ordnung der Regeln ergibt sich vor allem durch eine grundlegende Unterscheidung, auf der das ganze Projekt einer ‚generativen' Theorie der Metrik beruht: die Unterscheidung zwischen ‚abstraktem metrischen Schema' ('Abstract Metrical Pattern') und ‚Realisierung' des abstrakten metrischen Schemas. (Für ‚abstraktes metrisches Schema' gebrauche ich im Folgenden die Abkürzung AMS.)

Die wichtigsten Elemente des AMS der Nursery Rhymes sind Symbole wie ‚S' und ‚x' (vgl. (5a) und (5b)). Andere Einheiten ergeben sich aus Abkürzungen für die übrigen fünf ersten Elemente von Liste 1: ‚St' für ‚Strophe'; ‚Z' für ‚Zeile'; ‚SZ' für ‚Standardzeile'; ‚K' für ‚Kurzzeile'; ‚H' für ‚Halbzeile' (bzw. ‚Hemistich', vgl. unten). Entscheidend für das Vorgehen der ‚generativen' Metrik ist nun, daß alle diese Symbole *ungedeutete* Symbole sind. Insofern ist es völlig gleichgültig, ob wir von ‚Z' oder von ‚Zeile' sprechen: ‚Zeile' ist zwar homonym mit einem Lexem des Deutschen, seine Bedeutung ist jedoch durch diese Homonymie keineswegs gegeben. ‚Zeile' wie ‚Z' sind Teile eines Symbol*schemas*. Was zählt, ist die Position des Symbols, d. h. die Ordnung, die den Elementen des Symbolschemas durch ihr Vorkommen in bestimmten Regeln bzw. Folgen von Regeln gegeben wird. Hierin liegt eine erste Rechtfertigung für den Gebrauch des Wortes ‚Theorie' im Zusammenhang mit der ‚generativen' Metrik. Die Deutung der Symbole erfolgt in einem zweiten Schritt, durch Zuordnung linguistischer Einheiten. Die prominenteste linguistische Einheit ist die ‚Silbe'. Halle spricht in diesem Zusammenhang von ‚Korrespondenzregeln'; Guéron wählt den Ausdruck ‚Realisierungsregeln'.[77] Der Gebrauch des Wortes ‚Regeln' soll auch hier wieder angeben, daß für die Deutung der Symbole des AMS (empirische und historische) Gesetzmäßigkeiten gefunden werden können. Darin liegt eine zweite Rechtfertigung für den Gebrauch des Wortes ‚Theorie' im Zusammenhang mit der ‚generativen' Metrik.

Anzumerken ist, daß in dieser Konstruktion der Metrik die Metrik zu einer äußerst komplexen Disziplin wird, die auf der Ineinanderschachtelung von zumindest zwei Theorien beruht. Denn auch die Einheiten, die zur Deutung der Symbole des AMS herangezogen werden, sind ihrerseits zunächst nur Symbole, die ebenfalls gedeutet werden müssen. Für ‚Silbe' gilt genau die gleiche Restriktion gegenüber intuitiven oder alltagssprachlichen Interpretationen wie für ‚Zeile'. Solche Interpretationen sind unzulässig, verkennen den theoretischen – und das heißt hier: den rein ‚syntaktischen' oder ‚schematischen' – Charakter dieser Buchstabenfolgen. Erst im Rahmen der Theorie der Phonologie erhält ‚Silbe' eine Bedeutung zugeordnet, und zwar in den Termen einer geeigneten Theorie der Phonetik.

Die Metrik erscheint in dieser Weise als eine sehr stark abstrahierende Disziplin, deren Kategorien erst durch Zusammenschaltung mit zwei anderen Disziplinen, der Phonologie und der Phonetik, empirischen Gehalt erhalten. An dieser Situation ist eigentlich nichts weiter Verwunderliches, wenn man mit der Vorgehensweise moderner Wissenschaften ein wenig vertraut ist. Ich sehe deshalb in dem Vorliegen einer geeigneten Hierarchie empirischer Disziplinen eine dritte Rechtfertigung für den Gebrauch des Wortes ‚Theorie' im Zusammenhang mit der ‚gerativen' Metrik. Im übrigen ist auch die Phonetik keineswegs eine von anderen Disziplinen bzw. Theorien unabhängige Disziplin, nur weil sie in dieser Konstellation ‚am Ende' der Zusammenschaltung von Disziplinen bzw. Theorien erscheint. Unter anderem beruht sie auf einer Theorie des Messens, wenn sie, wie heute allgemein üblich, von Meßinstrumenten Gebraucht macht. Es gilt ganz allgemein, daß ‚Theorienhierarchien' nicht absolut, sonderen standortgebunden sind.[78]

Weiterhin ist die Metrik nicht nur mit der Phonologie (und Phonetik) zusammengeschaltet. Wir werden sehen, daß auch syntaktische Einheiten – wobei ‚syntaktisch' hier im Sinne der Komponenten der TGG zu verstehen ist – eine wesentliche Rolle im Aufbau der Regeln für das Metrum der Nursery Rhymes spielen.

Schon diese allgemeinen Erörterungen machen deutlich, daß ‚Metrum' und ‚Metrik' hier in einem anderen und auch weiteren Sinn verstanden werden als traditionell üblich. Nicht nur erscheint die Metrik als eine Theorie im strengen Sinne des Wortes; auch das Metrum ist nicht länger eine Sache des Ornats, der äußeren Organisation von Versen, die durch Zählen von Silben und Einordnen in vorgegebene Muster abzuhandeln ist. Vielmehr ist mit dem Begriff des Metrums die zugrundeliegende Organisation von Versen angesprochen, die einen geregelten Bau aufweisen. Die Metrik hat somit zur Aufgabe, über den Bau von Versen im allgemeinen, und über historisch vorfindliche Formen von Versen im besonderen, systematische und nachprüfbare Aussagen zu liefern.

Es ist deutlich, daß in dieser Bestimmung von ‚Metrik' die Besonderheiten einzelner Verse, insofern damit die Einzelheiten ihrer jeweiligen lautlichen Realisierung gemeint sind, nicht Gegenstand der Untersuchung sind. Das will nicht sagen, daß die Besonderheiten einzelner Verse nicht Gegenstand wissenschaftlicher Untersuchung sein könnten. Im Gegenteil: Die Exploration derjenigen Eigenschaften von Versen, die mit dem so gefaßten, weiteren Begriff des Metrums möglich wird, wird auch der gerichteten Untersuchung der Eigenschaften ihrer lautlichen Realisierung zugute kommen. Denn erst eine Theorie der Metrik erlaubt es, z. B. die Begriffe des Metrums und des Rhythmus sinnvoll voneinander abzugrenzen – ohne daß damit eine absolute, ein für allemal festliegende Grenzlinie postuliert würde.[79]

In diesem Sinne ist auch die doppelte Unterscheidung zu verstehen, die Jakobson 1958 einführte. Jakobson unterscheidet zum ersten zwischen dem ‚Metrum', dem „abstrakten Versmuster" ("verse design"), und der Realisierung des Musters in jeder einzelnen Verszeile ("verse instance"):

> „Das Versmuster bestimmt die invarianten Merkmale der Versrealisierung und legt die Grenzen für die Variationen fest." (Jakobson 1972: 118)

Zum zweiten unterscheidet er zwischen den „das Metrum variierenden Versrealisierungen innerhalb eines gegebenen Gedichts" und „ihren möglichen Verwirklichungen im Vortrag", die er "delivery instances" nennt (1972: 120). Alle drei Begriffe bezeichnen Gegenstände wissenschaftlicher Untersuchung, die für die „synchrone und historische Analyse von Dichtung" von Bedeutung sind (ibid.); aber nur die beiden ersten gehören zum Gegenstandsbereich der Metrik.

Es sollte aus dem Vorangehenden deutlich geworden sein, daß ‚Metrum' und ‚Realisierung des Metrums' deskriptive, keine normativen Begriffe sind. Das heißt, Aufgabe der Metrik ist es nicht zu prüfen, ob ein Vers bzw. ein Gedicht einem vorgegebenen Metrum entspricht, um aufgrund des Maßes der Entsprechung die Güte des Verses bzw. des Gedichts zu beurteilen. Aufgabe der Metrik ist es vielmehr, aufgrund extensiver und vergleichender Untersuchung vorfindlicher Verse bzw. Gedichte festzustellen, wie sich die zugrundeliegende Organisation dieser Verse bzw. Gedichte mit Hilfe von bestimmten Abstraktionen und Generalisierungen so systematisch und so einfach wie möglich beschreiben läßt.

Die uns tradierte ‚klassische' Metrik, die mit Metren wie z. B. Jambus, Trochäus, Daktylus, Anapäst, usf. arbeitet, kann dabei herangezogen werden. Mehr als Hinweise auf systematische Eigenschaften und Formulierungshilfen für Symbolschemata sollte man sich von ihr indessen nicht erwarten. Sie ist ihrem Wesen nach eine normative Disziplin.

Wenn sich z. B. das AMS der Nursery Rhymes durch eine geregelte Abfolge von ‚x' und ‚S' charakterisieren läßt, wäre es höchst irreführend, davon zu sprechen, daß Nursery Rhymes ein jambisches Metrum aufweisen. Die ‚x' und ‚S' sind willkürliche Symbole in einem Schema, das eine deskriptiv gewonnene Generalisierung über die zugrundeliegende Ordnung der Zeilen eines Nursery Rhyme ausdrückt, nämlich die, daß Gruppen unbetonter Silben mit Gruppen betonter Silben alternieren. Schon der Begriff der Betonung ist dem Begriff des Jambus fremd; ebenso die für das Metrum der Nursery Rhymes wesentliche Zusatzbedingung, daß die Gruppen unbetonter Silben ein bis drei Silben umfassen können, wohingegen die Gruppen betonter Silben im Normalfall aus einer Silbe bestehen. Dies Beispiel — bei dem ich ein wenig auf die Metrik der Nursery Rhymes vorgegriffen habe — soll deutlich machen, daß wir uns bei der Konstruktion der Metrik davor hüten müssen, tradierte Begriffe, die durchwegs sprachtypzentriert sind, unbesehen zu übernehmen. Was nötig ist, ist die Konstruktion von Kategorien, die als Bausteine einer Theorie fungieren können. Das heißt, die Kategorien müssen sowohl mit den Anforderungen an die Errichtung einer Theorie als auch mit dem verfügbaren Wissen der Linguistik über unterschiedliche phonologisch-syntaktische Eigenschaften der verschiedenen Sprachfamilien und -typen übereinstimmen.

Hinsichtlich des letzten Punktes sind wiederum die Ausführungen Jakobsons zur Rolle der Silbe in seinem programmatischen Aufsatz von 1958 beispielhaft (vgl. Jakobson 1972: 112—117). Als Ergänzung und Reflexion des ersten Punkts kann vor allem ein Aufsatz Kiparskys von 1973 herangezogen werden.[80] Kiparsky geht hier der Frage nach den 'intrinsic limits of poetry' nach. Dies ist eine Frage, die sicher nicht zu den Fragen gehört, die traditionell gestellt werden, da sie durch unsere 'psychological givens' beantwortet wird, die aber nötig wird genau dann, wenn man das ‚Natürliche' nicht für selbstverständlich hält (Kiparsky 1973: 233). Kiparsky spitzt die Frage dann so zu, daß er danach fragt, wie es kommt, daß aus der Vielzahl möglicher „Muster" ("patterns") – bzw., in meiner Terminologie, Symbolschemata – nur eine kleine, sehr spezifische Handvoll tatsächlich als zugrundeliegende Muster von Versen bzw. Gedichten fungiert. Deuten wir solche Muster mit den ersten, kleinen Buchstaben des lateinischen Alphabets an (wobei Wiederkehr des gleichen Buchstabens ‚Gleichheit' bzw. ‚Äquivalenz' der linguistischen Einheit bedeutet): Wie kommt es dann, daß Muster wie ‚aabb' oder ‚abab' zugrundeliegende Muster (für Metrum, Reim oder syntaktischen Parallelismus) sind, aber nicht ein Muster wie ‚abcdabcd' (Kiparsky 1973: 234)? Zwar variiert der tatsächliche Gebrauch solcher Muster mit den linguistischen Einheiten, die die Positionen des Musters erfüllen (Silben, Sequenzen von Silben, Lexeme, Sequenzen von Lexemen, usf.), jedoch ist diese Variation nach Kiparsky geringfügig:

> "For example, the pattern *abcabc* is common in short-term, line-internal recurrence, such as meter, but not so common in cross-line recurrence such as parallelism and rhyme (...). However, the fact remains that overriding constraints prevent the use of some potential patterns, regardless of the linguistic elements which might be used to fill them." (1973: 234)

Kiparskys Antwort auf die Frage ist ebenso einfach wie weitreichend:

> "The linguistic sames which are potentially relevant in poetry are just those which are potentially relevant in grammar." (1973: 235)

Nach Kiparsky erlaubt erst eine linguistische *Theorie* wie die TGG, diese Hypothese zu testen bzw. ihren Implikationen nachzugehen. Im Rest seines Artikels gibt er deshalb einige Beispiele, die zeigen, daß und wie ‚Gleichheit' in Versen und ‚Gleichheit' in syntaktischen und phonologischen Strukturen übereinstimmen. Insbesondere läßt sich diese Übereinstimmung als Relevanz bestimmter Ableitungsstufen bzw. Transformationen der Grammatik für die zugrundeliegende Organisation von Versen bzw. Gedichten nachweisen (vgl. Kiparsky 1973: 235–237 und 239–243). Ich gehe unten auf ein Beispiel aus der Metrik der Nursery Rhymes ausführlicher ein.

Zusammenfassend unterscheidet Kiparsky drei für die Untersuchung ‚poetischer Formen' entscheidende Variablen:

1) Die Wahl des abstrakten Musters. Die Muster sind sehr allgemein und einfach gehalten; sie sollen ein Höchstmaß von Generalisierung ausdrücken. Andererseits sollen sie auch die zugrundeliegende Organisation von Versen ausdrücken, d. h. Auskunft geben über typische Formen der Rekurrenz linguistischer Einheiten:

> "For example, do we have symmetry (*abab, aabb*), antisymmetry (*abba*), or closure (*aab, ababcc*)? Is the structure hierarchical (stanzas) or linear (stichic verse)?" (Kiparsky 1973: 237)

Die zweite und dritte Variable beziehen sich auf die Frage, wie das abstrakte Muster auf linguistische Einheiten bezogen ist. Auf die Frage nach der *Form* dieser Beziehung geht Kiparsky an dieser Stelle nicht ein, er gebraucht dafür ganz allgemein den Ausdruck ‚Abbilden' ('match').

Logisch gesehen ist die Zuordnung von abstrakten Mustern und linguistischen Einheiten in der Tat eine Abbildung von einer (geordneten) Menge auf eine andere (geordnete) Menge. Die von Guéron (in Nachfolge von Halle und anderen) vorgeschlagenen ‚Realisierungsregeln' lassen sich so auch auf ihre mengentheoretischen Eigenschaften hin überprüfen. Z. B. wäre es für die Metrik von großer Bedeutung, ob und wann eindeutige Abbildungen vorliegen; u. a. würde die Antwort auf das Problem ‚ambiguer Skandierungen', das Guéron in Abschnitt 5 ihres Aufsatzes aufwirft (und zwar sowohl für Zeilen als auch für Strophen), davon abhängen. Noch allgemeiner ließe sich auf dieser Grundlage die Frage der Notationalität der Metrik als Ganzes (und nicht nur hinsichtlich ihres Symbolschemas) diskutieren. Auf jeden Fall sehe ich in diesen Möglichkeiten eine weitere Rechtfertigung dafür, um in Zusammenhang mit der ‚generativen' Metrik von einer ‚Theorie' im strengen Sinn des Wortes zu sprechen.

Kiparsky geht es jedoch an dieser Stelle um eine inhaltliche Frage: um die Frage nämlich, wie die von ihm formulierte Hypothese genauer gefaßt werden kann. Die zweite Variable erhält so die folgende Formulierung:

2) Die Wahl der linguistischen Einheiten:

> "What are the syntactic or phonological building blocks which are subject to patterned recurrence? For example, do we have strict parallelism, where identity is maintained down to the smaller constituents of the [syntactic] tree, or loose parallelism, involving only the major constituents?" (Kiparsky 1973: 237–238)

Figur 1 aus Oomens Analyse von T_2 möge als Illustration der ersten Möglichkeit dienen; Zeile 8 von T_1 möge die zweite Möglichkeit illustrieren:

> „Wo ich wohne, ist ihr Haus,
> und wo du angegriffen wirst, da kämpft sie."

Wichtiger als die zweite Variable erscheint mir die dritte Variable:

3) Die Wahl der (syntaktischen und/oder phonologischen) *Ableitungsstufe:*

> "Where in the transformational or phonological derivation do we make the match between linguistic elements and abstract patterns? For example, do we define parallel structure before or after the passive transformation has been applied – that is, is an active sentence regarded as parallel in structure to a corresponding passive one?" (Kiparsky 1973: 238)

Die jeweilige Antwort hängt ab von den Gegebenheiten des Korpus. Und deshalb erscheint mir diese Variable so bedeutend: Mit der Antwort drücke ich eine grundlegende Generalisierung aus. Zum Beispiel ist einer der am heftigsten umstrittenen Punkte der metrischen Theorie Halles & Keysers, ob ihre Entscheidung, daß für das Metrum allein die Wortbetonung relevant sei, haltbar ist. Joseph Beaver z. B. hat zu zeigen versucht, daß nicht nur die Wortbetonung, sondern zumindest auch die Betonungsverhältnisse innerhalb der syntaktischen Hauptkonstituenten zur Erklärung bestimmter Variationen im Muster des klassischen jambischen Pentameters in der englischen Versgeschichte herangezogen werden müssen (vgl. Beaver 1974).[81]

Allgemein gesprochen geht es um die Frage, ob allein die Zuordnung der Haupt- und Nebenbetonungen von Lexemen – also ein sehr früher (oder tiefliegender) Block von morphophonologischen Regeln – für das Metrum relevant ist; oder aber, ob auch spätere (oder weniger tiefliegende) Regeln der phonologischen Komponente für das Metrum relevant sind. An anderer Stelle hat Kiparsky diese Frage mit dem Begriff des ‚metrischen Filters' thematisiert (vgl. Kiparsky 1970 und 1972). Wo der metrische Filter jeweils wirksam wird; ob er eine homogene Folge von (morpho-)phonologischen Regeln enthält, oder ob er aus heterogenen Elementen zusammengesetzt ist; ob er nur tiefliegende Regeln umfaßt oder ob er auch oberflächennahe Regeln enthält – das alles sind keineswegs technische Spitzfindigkeiten, sondern Fragen, die auf den empirischen Kern einer jeden metrischen Theorie abzielen. (Vgl. auch mein Exposé der Ausführungen Kiparskys in Ihwe 1975.) Mit ihrer Beantwortung angesichts vorfindlicher Verse und Gedichte begründen wir empirische, synchronisch und diachronisch gerechtfertigte Klassifikationen von ‚poetischen Formen'. Und wir konkretisieren die Hypothese über die linguistischen Grenzen poetischer Formen im jeweiligen Einzelfall einer poetischen Form. Die Metrik erscheint so als das Untersuchungsfeld *par excellence*, um der Frage nach der ‚poetischen Kompetenz' und ihrer Verbindung mit der ‚linguistischen Kompetenz' empirischen Gehalt zu geben.

Kiparsky zufolge sind die drei Variablen unabhängig voneinander, zumindest im Prinzip. Faktisch weisen sie jedoch eine enge Beziehung untereinander auf. Er diskutiert dies am Beispiel des strikten bzw. lockeren Parallelismus, der theoretisch an jedem Stadium der syntaktischen Ableitung lokalisierbar wäre. Es zeigt sich jedoch das Folgende:

> "The tighter the constraints on the abstract pattern, the stricter the parallelism tends to be, and the closer it holds to surface structure." (Kiparsky 1973: 238)

Damit ist noch einmal die empirische Funktion der ‚abstrakten Muster' in der Metrik betont. Die Wahl eines Musters ist keine Sache tradierter Konventionen oder arbiträrer Entscheidungen, sondern hat auf der sorgfältigen Abwägung der möglichen Implikationen für das Gesamt der metrischen (Teil-)Theorie zu beruhen, die man erstellen will. Die Wahl eines AMS ist prägnantester Ausdruck der zugrundeliegenden Organisation, die man an einem Korpus von Versen bzw. Gedichten entdeckt hat; bzw. prägnantester Ausdruck der Systematik, die man einem Korpus von Versen bzw. Gedichten zuschreiben will.

Es versteht sich von selbst, daß es in jedem konkreten Fall mehr als eine Ordnung zu entdecken gibt. Und jede Systematik, die man vorschlägt, hat ihre Begründung in dem Ziel, das man in jedem konkreten Fall verfolgt. Ich kann z. B. das abstrakte Muster für einen bestimmten Verstyp in einer bestimmten Kultur so formulieren, daß ich auf Parallelen in der Anordnung von Elementen z. B. der Ornamentik dieser Kultur verweisen kann (vgl. Halle 1970: 64). Ich muß dafür eventuell aber erhebliche Komplikationen in den Zuordnungsregeln in Kauf nehmen – Komplikationen, die so ‚unnatürlich' werden können, daß ich schließlich und endlich mein semiotisch-vergleichendes Vorhaben doch fallen lasse. Oder ich versuche, die abstrakten Muster für verschiedene Verstypen in einer natürlichen Sprache so zu formulieren, daß sie als Varianten oder Variationen eines zugrundeliegenden Musters erscheinen – mit dem Hintergedanken zu zeigen, daß alle Verstypen, mit all ihren Verschiedenheiten, doch auf ganz bestimmten Eigenschaften dieser natürlichen Sprache beruhen. (So hat Dudley Hascall Regeln für das English Triple Meter vorgeschlagen, die den Unterschied zwischen anapästischen und daktylischen Metren in der englischen Dichtung als einen ‚stilistischen' Unterschied erscheinen lassen. Vgl. Hascall 1974: 63 ff.) Umgekehrt kann ich auch versuchen, bereits durch die Formulierung sehr unterschiedlicher abstrakter Muster auszudrücken, daß die jeweiligen Verstypen in sehr unterschiedlicher Weise auf die Eigenschaften der natürlichen Sprache Bezug nehmen. Daß der eine Verstyp eher artifizell, der andere eher ‚natürlich' wirkt, kann ich z. B. durch Abstimmung der abstrakten Muster auf die typische Akzentverteilung in Sätzen dieser Sprache erreichen.

Wir werden weiter unten sehen, wie Jacqueline Guéron das AMS der Nursery Rhymes mit den Betonungsmustern englischer Sätze in Verbindung bringt und gleichzeitig das AMS des jambischen Pentameters dagegen absetzt. Zunächst unterscheidet sie drei Versionen des AMS der Nursery Rhymes, die sie ‚Standardversion', ‚Kurzform' der Standardversion und ‚alternierende Version' nennt. Von den 130 Texten ihres Korpus ordnen sich 69 der Standardversionen zu, 11 der Kurzform der Standardform, 49 der alternierenden Version (Guéron 1974: 100). Nur ein Text läßt sich nicht ohne weiteres einer Version zuordnen. Als Beispiel für die Standardversion gibt sie "Ride a Cock-horse" (Guéron 1974: 79):

Ride a cock-*horse* to *Ban*bury *Cross*
S_1 x S_2 x S_3 x S_4
To *sée* a fine *la*dy up*on* a white *horse*
x S_1 x S_2 x S_3 x S_4
Rings on her *fín*gers and *bélls* on her *toes*
S_1 x S_2 x S_3 x S_4
She shall have *mú*sic wher*é*ver she *goes.*
S_1 x S_2 x S_3 x S_4

Auf die Einzelheiten der Skandierung komme ich im Folgenden zu sprechen.

Das AMS für die Standardversion lautet:

(NR 1) Strophe → ZZZZ(H)

‚NR' steht hier für Nursery Rhyme, ‚Z' für ‚Zeile' und ‚H' für Halbzeile. Die Symbole von (NR 1) erhalten die folgende Deutung:[82]

(NR 1a) Die NR-Strophe besteht aus vier Standardzeilen plus einer optionalen Halbzeile.

(NR 1b) Die Silbe in der letzten S-Position von Zeile 1 reimt mit der entsprechenden Silbe von Zeile 2. Die Silbe in der letzten S-Position von Zeile 3 reimt mit der entsprechenden Silbe von Zeile 4.

In (NR 1a) und (NR 1b) erscheinen Ausdrücke, die ebenfalls gedeutet werden müssen: Außer ‚Standardzeile' und ‚Halbzeile' noch ‚Silbe', ‚S-Position' und

,Reimen auf'. Das heißt, das AMS für Nursery Rhymes trägt der hierarchischen Organisation dieses Verstyps in Strophen und Zeilen Rechnung. Bevor ich auf die entsprechenden ,Zuordnungs'- oder ,Realisierungsregeln' Guérons zu sprechen komme, gebe ich noch die AMS für die Kurzversion und die alternierende Version. Als Beispiel für die Kurzversion gibt Guéron "Old Mother Goose" (Guéron 1974: 80):

Old Mother *Goose* when she *wán*ted to *wán*der
S_1 x S_2 x S_3 x S_4
Would *flý* through the *áir* on a *very* fine *gan*der
x S_1 x S_2 x S_3 x S_4

Das AMS für die Kurzform lautet:

(NR 1^K) Strophe → ZZ (Z) (H)

Die Deutung ist im Prinzip wie bei der Standardversion:

(NR $1a^K$) Die Kurzversion der Standard NR-Strophe besteht aus zwei oder drei Standardzeilen plus einer optionalen Halbzeile.

(NR $1b^K$) Die Silbe in der letzten S-Position von Zeile 1 reimt mit der entsprechenden Silbe von Zeile 2; oder die Standardzeilen weisen internen Reim auf.

(NR $1b^K$) suggeriert durch die Möglichkeit, das Paar-Reimschema der Standardversion durch internen Reim abzulösen, eine Erweiterung des AMS der Standardversion als Ganzes durch den Begriff des ,Hemistichs'. Ich komme darauf sogleich zurück, möchte jedoch zunächst noch das AMS für die alternierende Version anfügen. Als Beispiel für die alternierende Version gibt Guéron "Old King Cole" (Guéron 1974: 81):

Old King *Cole* was a *merry* old *soul*
S_1 x S_2 x S_3 x S_4
And a *merry* old *soul* was *he.*
x S_1 x S_2 x S_3
He *cálled* for his *pipe* and he *cálled* for his *bowl*
x S_1 x S_2 x S_3 x S_4
And he *cálled* for his *fíd*dlers *three.*
x S_1 x S_2 x S_3

Das AMS für die alternierende Version lautet:

(NR 1^A) Strophe → ZKZK

,K' steht hier für ,Kurzzeile'; die Deutung von (NR 1^A) verläuft parallel zu der der Standardversion:

(NR $1a^A$) Die erste und die dritte Zeile der alternierenden NR-Strophe sind Standardzeilen. Die zweite und die vierte Zeile sind Kurzzeilen.

(NR $1b^A$) Die Silbe in der letzten S-Position in der ersten Kurzzeile reimt mit der entsprechenden Silbe in der zweiten Kurzzeile. Die Silben in den letzten S-Positionen der zwei Standardzeilen können optional reimen.

In (NR $1a^A$) und (NR $1b^A$) erscheint ein weiterer ungedeuteter Ausdruck, ,Kurzzeile'. Wenden wir uns nun der Deutung dieser Ausdrücke zu.

Guéron spricht auch hier von ‚AMS' – diesmal für die Einheit ‚Zeile'. Diese Verfahrensweise wirkt hier irreführend, da sie den Eindruck erwecken könnte, daß ‚Strophe' und ‚Zeile' zwei voneinander unabhängige Einheiten sind. Der Begriff der ‚Theorienhierarchie' erlaubt uns dagegen, die für die Nursery Rhymes (aber nicht nur für diese) geltenden theoriehierarchischen Beziehungen als *stufenweise* Deutung zu charakterisieren. Erst diese Charakterisierung macht auch deutlich, welche Funktion die Pfeile ‚→' jeweils erfüllen. Sie dienen nämlich bei Guéron sowohl als Symbole für die syntaktische Organisation (fungieren im Sinne der ‚Expansionsregeln' der TGG), wie auch als Symbole für die Deutung der syntaktischen Organisation mithilfe einer anderen Theorie. Dabei handelt es sich wohlgemerkt um einen Begriff der Deutung, der nichts mit ‚semantischer Interpretation' im Sinne von Katz und anderen zu tun hat! (Zur Deutung einer Theorie durch andere Theorien vgl. Wunderlich 1974: § 6.3.) Wahrscheinlich ist sich auch Guéron, die im *formalen* Aufbau ihrer Theorie weitgehend Halle & Keyser folgt, dieser unterschiedlichen Begriffe von (semantischer) Deutung nicht bewußt, sodaß ihr die formalen Mittel fehlen, um die Beziehungen zwischen ‚Strophe', ‚Zeile' und ‚Silbe' korrekt auszudrücken.

Da es mir weniger um eine Korrektur der formalen Eigenschaften der von Guéron entwickelten Metrik der Nursery Rhymes geht als um eine Charakterisierung der von ihr gewonnenen Ergebnisse, numeriere ich im Folgenden die Regeln durch und indiziere, wo sie von ‚Realisierungsregeln' spricht, wiederum durch die ersten kleinen Buchstaben des lateinischen Alphabets. Für die ‚Standardzeile' ergibt sich so die folgende Expansionsregel:

(NR 2) Zeile → (x) S x S (x) S x S (x)

(NR 2) besagt, daß die Standardzeile zwischen sechs und neun Positionen aufweisen kann. Die vier ‚S'-Positionen sind alle obligatorisch; von den fünf ‚x'-Positionen sind nur die zweite und die vierte obligatorisch.[83] Die ‚Realisierungsregeln' sind im Fall von (NR 2) ungleich komplexer als im Fall von (NR 1). Guéron betont, daß die Unterscheidung alternativer Realisierungen für ‚S' und ‚x' so geordnet ist, daß sie von den gebräuchlichsten zu den weniger gebräuchlichen fortschreitet (vgl. Guéron 1974: 76–77).

(NR 2a) ‚S' wird durch eine einzige, betonte Silbe realisiert.

(NR 2a) ist die folgende Definition von ‚betonter Silbe' zugeordnet:[84]

(Def 1 NR) Eine betonte Silbe ist die prominenteste Silbe eines Wortes. Alle anderen Silben eines Wortes werden als unbetont betrachtet.

An dieser Definition läßt sich zeigen, wie im Falle der Nursery Rhymes der ‚metrische Filter' wirkt. Sie besagt zunächst keineswegs, daß jedes Wort nur *eine* betonte Silbe aufweist. Das wäre linguistisch gesehen unhaltbar. Sie besagt lediglich, daß für das Metrum der Nursery Rhymes die Unterscheidung von ‚Graden' der Betonung der Silben eines Wortes, wie sie z. B. in der generativen Phonologie Halles & Chomskys vorgenommen wird, im allgemeinen keine Rolle spielt. (Wir werden weiter unten sehen, daß in einer der alternativen Regeln für die Realisierung der ‚S'-Position eine minimale Betonungshierarchie als metrisch relevant anerkannt wird.) Auch folgt Guéron keineswegs Halles & Keysers Metrik des englischen jambischen Pentameters. Diese beruht auf der Wortbetonung, während die Metrik der Nursery Rhymes auf den Betonungsverhältnissen im Teilsatz ('clause') beruht. Das heißt, daß im Falle des jamibschen Pentameters der ‚metrische Filter' viel ‚höher' ansetzt – zumindest dann, wenn die Analyse Halles & Keysers korrekt ist. In den Worten Guérons:

> "For the former [i. e., iambic pentameter], the rules of English for assigning stress to the syllables of a word are simplified into a binary stress/no-stress grid, and *abstraction is made* of the change in stress qualities which occur when words are combined into clauses. For the latter [i. e., nursery rhyme], however, the constraints governing the combination of words into hemistichs or lines are very close to those which regulate the combination of words into phrases in English, with certain categories of syllables raised or lowered in stress depending on context." (1974: 110; meine Herv.)

Nur wenn der ‚metrische Filter' in dieser Weise bestimmte Regeln der Akzentzuordnung enthält, die *später* wirksam werden als die Regeln für die Wortbedeutung, können die Texte des Korpus als ‚metrisch' beschrieben werden. Dies läßt sich am Beispiel von Zeile 2 von "Ride a Cock-horse" zeigen. Nur wenn die Wortbetonung von "fine" und "white" so abgeschwächt ist, daß die Wurzelsilbe im Rahmen der Metrik als ‚unbetont' gilt, kann diese Zeile als metrische Instanz einer Standardzeile gelten (die eckigen Klammern deuten hier Hemistiche an):

$$\left[\begin{array}{cccc} \text{"To see} & \underbrace{\text{a fine}} & \text{lady} & \\ x & S_1 & x & S_2 \end{array}\right] \left[\begin{array}{cccc} \text{upon} & \underbrace{\text{a white}} & \text{horse"} & \\ x & S_3 & x & S_4 \end{array}\right]$$

Und genau diese Abschwächung ergibt sich aus der obligatorischen Regel für die Akzentverhältnisse in Nominalkonstituenten, die aus der Folge Adj + N bestehen. Beide Konstituenten tragen aufgrund der Regeln für die Wortbetonung zunächst die gleiche Betonung, beide Wurzelsilben von "fine" und "la(dy)" bzw. "white" und "horse" sind gleich ‚prominent'. Ihre syntaktische Verkettung innerhalb der Nominalkonstituente eines Satzes führt indessen dazu, daß die Betonung der Wurzelsilbe des Adjektivs an Prominenz im Verhältnis zu der des Nomens verliert. Diese Regel ist nicht für die Zwecke der Metrik gemacht, sondern besteht völlig unabhängig als eine der grundlegenden Regeln für die Ableitung der Betonungsverhältnisse in englischen Sätzen. (Das Zeichen ‚´' in den Skandierungen Guérons steht im übrigen nicht für den Hauptakzent der Zeilen, sondern für die vorkommenden ‚Betonungsmaxima'. Ich komme auf die Regel für die Zuordnung der ‚Betonungsmaxima' noch zu sprechen.)

Für (NR 2a) gibt Guéron eine Alternative an, die, wie oben dargelegt, weniger Fälle charakterisiert, jedoch ebenfalls eine Generalisierung ausdrückt. Die komplexere Formulierung zeigt an, daß diese Generalisierung weniger allgemeint ist:

(NR 2a') S wird durch eine reduzierte Silbe realisiert; das heißt:
(i) durch eine betonte Silbe, unmittelbar gefolgt von einer unbetonten Silbe;

(ii) durch eine Sonorantensequenz, die aus zwei syllabischen Vokalen besteht, die entweder unmittelbar aneinandergrenzen oder durch einen sonoranten Konsonanten voneinander getrennt sind.

Fall (i) und (ii) von (NR 2a′) überlappen einander (vgl. auch die Skandierungen von "Old Mother Goose" und "Old King Cole"):

> "There is hardly a nursery rhyme in which some S-positions are not filled by an accentuable root syllable followed by a syllabic sonorant suffix: e. g., *jolly, merry, many, very, morrow, yellow, river, seven, pretty, little, diddle, mother, better,* etc." (Guéron 1974: 77, Anmerkung 6)

Fälle von (i) sind weiterhin zweisilbige Wörter wie *music, pocket, fishes,* usf., sowie Verbindungen aus zwei Wörtern wie *like + it, beat + the, gave + them,* usf. Möglichkeit (ii) soll Fällen Rechnung tragen, bei denen die unbetonte Silbe der betonten Silbe vorangeht, wie bei *away* oder *Jemima.* (NR 2a′) wäre eine Definition zuzuordnen, die festlegt, was ein Sonorant ist, bzw. was Prädikate wie ‚sonorant' oder ‚syllabisch' bezeichnen. Guéron geht davon aus, daß diese Definition bekannt ist. Kurz gesagt sind alle Vokale, Liquide, Nasale und Gleitlaute (die in der Schriftsprache als ‚j' und ‚w' wiedergegeben werden) durch die Eigenschaft ‚sonorant' gekennzeichnet (vgl. die Beispiele Guérons), während die Eigenschaft ‚syllabisch' nur den Lauten zukommt, die wir traditioneller Weise als ‚Vokale' bezeichnen.

Die folgende Regel ergänzt (NR 2a), sie ist keine Alternative. Sie legt genauer fest, was als ‚betonte Silbe' im Rahmen der Metrik der Nursery Rhymes zählt:

(NR 2b) Die betonte Silbe, durch die S besetzt wird, ist eine ‚akzentuierbare' Silbe, d. h. die betonte Silbe eines Wortes, das zu einer syntaktischen Hauptkategorie gehört. Diese Silben sind potentielle Betonungsmaxima.

Wir sehen hier, daß und wie in die ‚generative' Metrik im allgemeinen, und in die Metrik der Nursery Rhymes im besonderen, Kategorien der Syntax eingehen. Oder anders ausgedrückt: Die Symbole der AMS werden nicht nur auf eine bestimmte Teilmenge der phonologischen Symbole, sondern auch auf eine Teilmenge der syntaktischen Symbole der TGG abgebildet. In welcher Weise das geschieht, ist durch den Aufbau der Grammatik insgesamt festgelegt. Legen wir mit Guéron für die Metrik der Nursery Rhymes die TGG Chomskys zugrunde, so wird die Weise, in der die Abbildung metrischer Symbole auf phonologische und syntaktische Symbole erfolgt, durch die Zuordnung der Syntax- und der Phonologiekomponente bestimmt. Das heißt, daß sich der ‚metrische Filter' die Tatsache zunutze machen kann, daß in die phonologische Komponente der TGG als fundamentale Bestandteile die Kategorien der syntaktischen Oberflächenstruktur eingehen – und in späteren Revisionen auch bestimmte Kategorien der syntaktischen Tiefenstruktur.

Zu Hauptkategorien zählt Guéron ‚Nomen', ‚Verb', ‚Adjektiv', ‚Adverb', ‚Fragepronomen' und ‚Exklamationen'. Sie gibt zwei Alternativen für (NR 2b). Jeweils wird die Generalisierung, die (NR 2b) ausdrückt, weiter abgeschwächt. Die erste lautet:

(NR 2b′) S kann durch die betonte Silbe von Wörtern der folgenden syntaktischen Nebenkategorien besetzt werden: Hilfsverb, Personalpronomen, Relativpronomen und Konjunktionen wie *when* (nicht jedoch *and, or, but*). Diese Silben sind jedoch ‚nicht-akzentuierbar'. Sie können nicht zu Betonungsmaxima werden.

In (NR 2b″) geht eine Abschwächung von Definition (1 NR) ein. Diese ‚Realisierungsregel' berücksichtigt nämlich einen zweiten prominenten Betonungsgipfel von Wörtern, die mehr als zwei Silben aufweisen:

(NR 2b″) S kann durch die sekundär betonte Silbe eines Hauptkategorie-Wortes besetzt werden genau dann, wenn das Wort mehr als zwei Silben hat und die sekundär betonte Silbe, die der S-Position zugeordnet ist, nicht an eine betonte Silbe angrenzt.

Das heißt, durch (NR 2b″) wird eine minimale Betonungs*hierarchie* der Form ‚102' als metrisch relevant angesehen.[85]

Die folgenden Realisierungsregeln betreffen die Deutung der ‚x'-Symbole von (NR 2):

(NR 2c) x wird durch ein bis drei Silben realisiert.

(NR 2d) Die Silben, durch die eine x-Position besetzt wird, sind entweder die unbetonten Silben der Wörter, die zu syntaktischen Hauptkategorien gehören, oder jede beliebige Silbe der Wörter, die zu den folgenden syntaktischen Nebenkategorien gehören: Artikel, Verbpartikel (außer Adverbialpartikel), Präposition, Konjunktion, Hilfsverb, alle Pronomen außer dem Fragepronomen.

Aus (NR 2b′) geht bereits hervor, daß die Silben der Wörter, die zu syntaktischen Nebenkategorien gehören, ‚nicht-akzentuierbar' sind und deshalb auch nicht zu ‚Betonungsmaxima' werden können. Für (NR 2d) gibt Guéron die folgenden beiden Alternativen (wiederum in abnehmender Stärke der Generalisierung):

(NR 2d′) x kann durch eine ‚akzentuierbare' Silbe besetzt werden genau dann, wenn diese unmittelbar an eine andere ‚akzentuierbare' Silbe in S-Position angrenzt. Ist dies der Fall, wird die Betonung beider Silben neutralisiert; keine von beiden kann zu einem Betonungsmaximum werden.

Für (NR 2d′) gilt noch die folgende Zusatzbedingung:

(NR 2d′, Forts.) In jeder gegebenen x-Position darf nur eine neutralisierte ‚akzentuierbare' Silbe vorkommen.

Die zweite Alternative für (NR 2d) lautet:

(NR 2d″) x kann zwischen zwei S-Positionen durch eine syntaktische Hauptgrenze ('major syntactic break') besetzt werden.

Diese Alternative beruht völlig auf der zugrundeliegenden syntaktischen Struktur einer Verszeile. Was eine syntaktische Hauptgrenze ist, wird ausschließlich durch die Konstituentenstruktur festgelegt. Diese Definition macht deutlich, daß es sich hier keineswegs um ein Pendant zum traditionellen Begriff der ‚Pause' handelt – ein Begriff, der ja durchweg auditiv bestimmt ist.

Aus den Realisierungsregeln folgt, daß ‚Betonungsmaxima' nur in ‚S'-Positionen vorkommen, und auch das nur unter bestimmten Bedingungen. Die Definition für ein ‚Betonungsmaximum' lautet bei Guéron:

(Def 2 NR) Wenn eine ‚akzentuierbare' Silbe zwischen zwei ‚nicht-akzentuierbaren' Silben in der gleichen syntaktischen Konstituente in einer Verszeile steht, dann wird sie ein ‚Betonungsmaximum' genannt.

Auch diese Definition involviert wesentlich die zugrundeliegende syntaktische Struktur einer Verszeile. Bevor ich auf die Definition von ‚Verszeile' zu sprechen komme, die hier in den Vordergrund tritt, möchte ich die Expansionsregel und die ‚Realisierungsregeln' für die ‚Kurzzeile' angeben:

(NR 3) Kurzzeile → (x) S x S x S (x)

(NR 3) besagt, daß die Kurzzeile zwischen fünf und sieben Positionen aufweisen kann. Sie faßt vier Regeln zusammen, die sich daraus ergeben, daß von den vier möglichen ‚x'-Positionen zwei optional sind. Der Hauptunterschied zur Standardzeile liegt darin, daß die Kurzzeile nur drei ‚S'-Positionen aufweist. Die ‚Realisierungsregeln' für ‚S' und ‚x' sind die gleichen wie für die Standardzeile.

Was eine ‚Verszeile' eines Nursery Rhyme ist, läßt sich einmal durch die in Positionen geordnete Zahl der Symbole des AMS angeben. Jede Zeile eines Nursery Rhyme ist eine geordnete Folge von abwechselnd ‚x' und ‚S', mit minimal fünf und maximal neun Positionen: S x S x S bzw. x S x S x S x S x. Zum anderen sind die Grenzen einer Verszeile auch durch die Reimschemata von (NR 1b), (NR $1b^K$) und (NR $1b^A$) markiert.

Für den Begriff des Reims (wie für den Begriff der Silbe) gibt Guéron keine besondere Definition. Wie v. a. Jakobson gezeigt hat, folgt der Begriff des Reims aus der Definition der Silbe und dem Begriff der Äquivalenz. Für die Definition der Silbe ist die Zerlegung der phonetischen Segmente in ‚distinktive Merkmale' entscheidend. Ich will hierauf nicht weiter eingehen, da Hans-Joachim Schädlich 1969 eine ausführliche Darstellung der Rolle ‚distinktiver Merkmale' in Phonologie und Poetik vorgelegt hat (vgl. Schädlich 1971–72).

Ist ein jedes phonetisches Segment, und insbesondere eine jede Silbe, als ‚Bündel' distinktiver Merkmale bestimmt, können ebensoviele Grade der Übereinstimmung bzw. Differenz mit einem anderen Segment bzw. *n* anderen Segmenten bestimmt werden als phonetische Unterschiede involviert sind. Auf dieser Grundlage lassen sich nicht nur die traditionellen Unterscheidungen von unterschiedlichen Reimtypen konstruieren; sie lassen sich auch in einem bis dato unerreichbaren Maße verfeinern und auf die jeweilige natürliche Sprache relativieren. Damit steht auch ein systematisches Instrumentarium zur Verfügung, mit dem sich die dynamischen Prozesse der Versgeschichte als Selektion, Kanonisierung, Automatisierung und Desautomatisierung bestimmter Formen des Reims im Rahmen der phonologischen Struktur der jeweiligen Sprache analysieren lassen. Dies Instrumentarium erhält eine besondere Tragweite jedoch erst dann, wenn auch für die Phonologie die Unterscheidung zwischen der offenliegenden (phonetischen) Struktur und einer zugrundeliegenden (morpho-phonologischen) Struktur eingeführt wird.

Reim läßt sich dann nicht nur als Grad der Übereinstimmung zwischen Bündeln von phonetischen Merkmalen, sondern auch als Grad der Übereinstimmung auf den unterschiedlichen Stufen der phonologischen Ableitung bestimmen. (Vgl. hier besonders die oben angeführten bahnbrechenden Arbeiten Kiparskys.)

Die Standardzeile hat vier obligatorische ‚S'-Positionen. Die Kurzversion ist überdies durch die Möglichkeit internen Reims – d. h. Reim zwischen den Silben, die die zweite und vierte ‚S'-Position besetzen – charakterisiert. Sowohl Standardversion wie Kurzversion haben optionale ‚Halbzeilen' als Abschluß. Guéron gibt zwar keine Regel für die ‚Halbzeile', diskutiert jedoch ausführlich die Frage, ob das ‚Hemistich' Teil des AMS für Nursery Rhymes sein soll (Guéron 1974: 81–84). Sieht man das Hemistich als Teil des AMS an, dann würde letzteres statt aus einer Regel aus der folgenden Regelfolge bestehen (die implizit auch den Unterschied von ‚Halbzeile' und ‚Hemistich' charaktersieren würde):

(NR 1′)	Strophe	→ ZZZZ(H)
	Zeile	→ Hemistich + Hemistich
	Hemistich	→ (x) S x S

Diese Möglichkeit besteht natürlich nur für die Standardzeile. Nach Guéron spricht nun nicht nur die (eher marginale) Möglichkeit internen Reims in den Standardzeilen der Kurzversion für die Variante (NR 1′):

> "The great majority of standard nursery rhyme lines can be devided into hemistichs *on a syntactic basis:* the syntactic break between S_2 and S_3 is normally the highest on the derivational tree describing the full line." (Guéron 1974: 81; meine Herv.)

Sie führt als Beispiel u. a. die erste Zeile aus "Humpty Dumpty" an (ibid.):

> "Humpty Dumpty / sat on a wall"

Der Schrägstrich deutet die syntaktische Hauptgrenze zwischen der Nominal- und der Verbalkonstituente (‚NP'/‚VP') an. Daß es sich um die syntaktische Hauptgrenze dieser Zeile handelt, ergibt sich aus den Expansionsregeln, die in der TGG Chomskys für die syntaktische Tiefenstruktur gegeben werden. Die erste Regel lautet ja:

S → NP + VP

Weiterhin gehen S_2 und S_4 im allgemeinen nicht über die erste Wortgrenze hinaus, die in den Wörtern vorliegt, deren Silben diese ‚S'-Positionen besetzen:

> "In 'Ride a Cock-horse' (...), for example, S_2 and S_4 are occupied by the following syllables: *horse, cross, la(dy), fing(ers), toes, mus(ic),* and *goes:* that is, either by monosyllabic or by accentuable roots followed by no more than an unstressed syllable." (1974: 81–82)

Diese Beobachtung ist im Zusammenhang mit (NR 2a′) zu lesen; denn erst (NR 2a′) erlaubt, zweisilbige Wörter als ‚reduzierte Silben' zu behandeln, die ‚S' realisieren (und nicht etwa die Folge ‚Sx' wie im Druck von Guérons Beispielen fälschlich angegeben wird).

Auch versgeschichtlich würde viel für die Variante (NR 1′) sprechen:

"It accounts for an important similarity in *the grammatical structure* of the nursery rhyme line and the Old English epic line. The Old-English line has traditionally been treated as consisting of two half-lines.“ (ibid.; meine Herv.)

Da sich jedoch nicht allein die Kurzzeilen, sondern auch metrische Standardzeilen des Korpus nicht in zwei Hemistiche aufteilen lassen, verzichtet Guéron (vorläufig) auf die Inkorporation des Hemistich in das AMS der Nursery Rhymes (vgl. Guéron 1974: 83).[86]

Ich bin so ausführlich auf die Frage der möglichen Inkorporation des Hemistichs in das AMS der Nursery Rhymes eingegangen, da hier die Zielsetzung Guérons besonders deutlich wird. In einer Anmerkung auf Seite 81 schreibt sie anläßlich der Verteilung der Wortgrenzen *vis-à-vis* ‚S_2‘ und ‚S_4‘:

> ”The number and place of such optional features as non-accentuable syllables in S-position or filled optional x-positions make up the metric originality of the individual rhyme. Optional features constitute a kind of metrical commentary on the basic pattern, revealing its hidden complexities (...).“

Diese Überlegungen – die zu statistischer Erhärtung einladen – werden dann noch mehr verallgemeinert, wenn sie fortfährt:

> ”(...) just as the pattern itself may be seen as a commentary on the meter of the spoken language, revealing its profound regularities.“

Diese weitreichende und für die Metrik des Nursery Rhyme offensichtlich leitende Hypothese, die hier an versteckter Stelle lanciert wird, erhält zu Schluß ihres Artikels die folgende Fassung:

> ”Any pattern of stresses which is a correct realization of the Nursery Rhyme Abstract Metrical Pattern is also a correct stress pattern for an English clause.“ (1974: 110)[87]

Ein Akzentmuster wie z. B. S w S w S w w S (wo ‚S‘ für eine stark betonte und ‚w‘ für eine schwach betonte Silbe stehen)

> ”can be realized by either a nursery rhyme line such as *Humpty Dumpty sat on a wall* or by an English sentence such as *Get your coat and give me my gloves* or *Only you could love such a man.*“ (ibid.)

Hier liegt nach Guéron der Hauptunterschied zum jambischen Pentameter im Englischen. Die Tatsache, daß

> ”the nursery rhyme line is so similar in its stress pattern to comparable segments of English discourse“

läßt sich zur Erklärung dafür anziehen, warum

> ”in spite of their rigid stanza structure, these rhymes seem so spontaneous and natural to our ears.“ (1974: 111)

Damit erklärt sich nach Guéron auch,

> ”why nursery rhymes and not iambic pentameter verse have been successfully transmitted and reinvented by the oral tradition.“ (ibid.)

Ob die Ergebnisse Guérons in dieser Form stehen bleiben können, möchte ich hier nicht weiter diskutieren. (Ich müßte dazu auf die gegenwärtigen Revisionen der phonologischen Theorie Chomskys & Halles und die Adaption dieser Revisionen für die Metrik zu sprechen kommen – ein Unternehmen, das über den Rahmen dieses Buches hinausgeht. Vgl. dazu die in Anmerkung 90, unten, genannte

Arbeit von Vereeke 1982.) Immerhin schien mir der Versuch sinnvoll, ihre Regeln für die Nursery Rhymes auf vergleichbare Corpora im Niederländischen und Deutschen zu übertragen. Eine solche Übertragung läßt sich einmal durch die relativ große Nähe dieser drei Sprachen der germanischen Sprachfamilie rechtfertigen; sie läßt sich zusätzlich dadurch rechtfertigen, daß die Regeln im Prinzip den Bedingungen einer Theorie genügen, so daß es möglich ist, sie modelltheoretisch zu gebrauchen. Das heißt, ich habe sie als Regeln des niederländischen bzw. deutschen Wiegen- und Kinderlieds gedeutet, um auf diese Weise zu sehen, ob für vergleichbare Corpora im Niederländischen bzw. Deutschen vergleichbare Systematisierungen und Generalisierungen erreichbar sind.[88]

Für die niederländischen Wiegen- und Kinderlieder ist eine weitgehende Übereinstimmung mit den Regeln der Nursery Rhymes zu beobachten. Zwar tendieren die niederländischen Verse zu einer Favorisierung der Kurzzeile; doch läßt sich im allgemeinen eine ähnliche Verteilung der Lieder auf Standardversion, Kurzversion und alternierende Version konstatieren.[89] Ein wesentlicher Unterschied zwischen der Metrik der Nursery Rhymes und der Metrik der niederländischen Baker- en Kinderrijmpjes ergibt sich erst dann, wenn man den Begriff des metrischen Filters heranzieht. Ich habe in den niederländischen Liedern keinen Text gefunden, der für die Aufnahme von Betonungsregeln sprechen würde, die über die Wortgrenze hinaus operieren. (Diese Beobachtung gilt wohlgemerkt im Rahmen der phonologischen Theorie, die Guéron der Metrik zugrundelegt.) Der Unterschied wird besonders deutlich, wenn man die englische mit der niederländischen Version von "Humpty Dumpty" vergleicht. Ich gebe zunächst die Skandierung von "Humpty Dumpty" in der „am besten bekannten Version", die William S. Baring-Gould und Cecil Baring-Gould auf Seite 268 ihrer *Annotated Mother Goose* abdrucken (1962: 268, Anmerkung 4):

```
a Humpty Dumpty sat on a wall,
    S   x  S   x  S  x    S
a Humpty Dumpty had a great fall.
    S   x  S   x  S  x     S
b All the king's horses, and all the king's men,
  S   x       S x      S   x        S
b Couldn't put Humpty together again.
    S      x   S   x    S x   S
```

Wie die Skandierung und das Reimschema zeigen, ist "Humpty Dumpty" im englischen Korpus ein Beispiel der Standardversion. *Daß* es metrisch ist, ergibt sich allerdings erst, wenn man einerseits (NR 2d') heranzieht – eine Regel, die die Besetzung der ‚x'-Position durch ‚akzentuierbare' Silben regelt (vgl. Zeile 3 und 4:

```
    "king's horses", "king's men", "couldn't put");
      x     S          x     S       S        x
```

und wenn andererseits der metrische Filter die Betonungsregel für Konstituenten der Form $[Adj + N]_{NP}$ enthält, die (im Englischen) dafür sorgt, daß die ursprüngliche Betonungsfolge $[_{Adj}\ [\overset{1}{\text{great}}]_N\ [\overset{1}{\text{fall}}]\ ]_{NP}$ zu $[\overset{2}{\text{great}}\ \overset{1}{\text{fall}}]_{NP}$ verändert wird.

(Auch in diesem Fall sorgt (NR 2d') im übrigen für ‚Neutralisierung' – denn ”great“ bleibt wie ”king“ und ”put“ eine ‚akzentuierbare' Silbe; vgl. Anm. 8 bei Guéron 1974: 78.)

Die Metrizität von ”Hummeltje Tummeltje“ ergibt sich dagegen ohne Rückgriff auf Betonungsregeln für syntaktische Konstituenten ('phrasal stress rules'). Ich gebe die „am besten bekannte Version“, die in Abramsz & Bouman (1971) auf Seite 35 abgedruckt ist:

a Hummeltje Túmmeltje klom op de wágen
S x S x S x S x
a Hummeltje Túmmeltje viel van de wágen;
S x S x S x S x
b daar is niet éne tímmerman,
x S x S x S x S
b die Hummeltje Túmmeltje maken kan.
x S x S x S x S

Wie die Skandierung und das Reimschema zeigen, ist auch ”Hummeltje Tummeltje“ ein Beispiel für die Standardversion im niederländischen Korpus. Da auch (NR 2d') nicht zur Anwendung kommt, erhalten wir eine reguläre Verteilung von ‚Betonungsmaxima' auf die Nomina des Lieds. Die Folge ”$\underset{S\ x\ S}{\text{timmerman}}$“ illustriert die Wirkungsweise von (NR 2b'') im niederländischen Korpus. ”$\underset{S}{\text{is}}$“ in Zeile 3 folgt aus (NR 2b'), so daß die Metrizität dieser Zeile auf Regeln beruht, die auch im niederländischen Korpus – wie ein Vergleich mit Zeilen 1, 2 und 4 zeigt – schwächere Generalisierungen ausdrücken. Vermieden wird jedoch generell eine Einbeziehung der 'phrasal stress rules', wie auch das folgende Beispiel eines typischen Belegs für die alternierende Version im niederländischen Korpus zeigt (Text nach Abramsz & Bouman 1971: 106):

a Ouwe Jan en jonge Jan
S x S : x S x S
b die zou[d]en samen pompen;
x S x S x S x
c ouwe Jan die brak zijn been,
S x S x S x S
b en jonge Jan zijn klómpen.
x S x S x S x

Es zeigt sich hier, daß die regelmäßige Zweisilbigkeit niederländischer Adjektive in Positionen, wo das Englische einsilbige Adjektive hat, für die unterschiedliche Lokalisierung des metrischen Filters verantwortlich ist.[90]

Wenden wir uns jetzt den deutschen Wiegen- und Kinderliedern zu, so ergibt sich ein vergleichbarer Befund für die Verkettung $[Adj + N]_{NP}$. Es gibt jedoch andere Verkettungen in anderen Konstituenten, die eine Plazierung des metrischen Filters nahelegen, die eher der Metrik der Nursery Rhymes als der Metrik der Baker- en Kinderrijmpjes entspräche. Sehen wir uns daraufhin einen Beleg für die Standardversion an (Diekmann & Grohl 1975: 46):[91]

a 1. Im Mä́rzen der Báuer die Rö́ßlein einspannt;
x S x S x S x S
a Er setzt seine Félder und Wiésen instand.
x S x S x S x S
b Er pflüget den Bóden, er egget und sät
x S x S x S x S
b und rührt seine Hä́nde frühmorgens und spät.
x S x S x S x S
a 2. Die Bä́urin, die Mä́gde, sie dürfen nicht ruhn,
a sie haben im Haus und im Gárten zu tun;
b sie graben und rechen und singen ein Lied
b und freun sich, wenn alles schön grünet und blüht.
x S x S x S x S
a 3. So geht unter Árbeit das Frühjahr vorbei,
a dann erntet der Báuer das dúftende Heu;
b er mäht das Getréide, dann drischt er es aus:
b im Wínter, da gibt es manch fröhlichen Schmaus.
x S x S x S x S

„Im Märzen der Bauer" erfüllt in allen drei Strophen die Regeln für die Standardversion. An diesem Lied läßt sich in überzeugender Weise zeigen, daß auch das deutsche Wiegen- und Kinderlied als Modell der Metrik gelten kann, die Guéron für die Nursery Rhymes aufgestellt hat. Dies wird besonders deutlich, wenn wir nach der Verteilung der Betonungsmaxima fragen. Sie fallen – mit einer Ausnahme: Strophe III, Zeile 2 – in allen drei Strophen auf die Nominal-Lexeme, die die Thematik des Lieds bestimmen. In Strophe I sind das: „Märzen", „Bauer", „Rößlein", „Felder", „Wiesen", „Boden", „Hände", d. h. alle vorkommenden Nomina. Auch die Silbenanzahl ist für alle Zeilen in Strophe I gleich (11 Silben), sodaß die Verteilung der ‚S'- und ‚x'-Positionen ein großes Regelmaß annimmt. Allerdings können wir beobachten, daß dieses Regelmaß erst durch die Suffixe „-en" von „Märzen" in Zeile 1 und „-et" von „egget" in Zeile 3 von Strophe I erreicht wird. Auch der Reim trägt sowohl durch Einhaltung des Reimschemas (aabb) wie durch die phonetische Identität der Reimsilben (die zudem in Wortendeposition erscheinen und alle die Wortbetonung tragen)[92] zum Eindruck des Regelmaßes bei.

Umsomehr muß auffallen, daß in den Zeilen 4 von allen drei Strophen Verkettungen vorkommen, deren Zuordnung zu den ‚x'- und ‚S'-Positionen des AMS Rekurs auf die generalisierungsschwachen Alternativen der ‚Realisierungsregeln' erzwingen würde (nämlich auf das Äquivalent zu (NR 2d')), wenn der metrische Filter allein die frühen Regeln für die Zuordnung der Wortbetonung enthielte. Sowohl für „frühmorgens" in Strophe I wie für „schön grünet" in Strophe II und „manch fröhlichen" in Strophe III gilt indessen, daß nach Operieren der Regeln für die Betonungsverhältnisse in Adverbialkonstituenten die Akzente von „früh-", „schön" und „manch" so gradiert sind, daß diese Silben regelmäßig ‚x'-Positionen besetzen können. (Auch hier gilt indessen, daß sie ‚akzentuierbare' Silben bleiben, so daß „-morgens“, „grünet“ und „fröhlichen“ nicht zu Betonungsmaxima werden können.)[93]

Die Annahme liegt nahe, daß dieser Befund, der an einem ‚vollkommenen‘ Exemplar der Standardversion gewonnen wurde, *grosso modo* auch für die anderen Versionen gilt. Diese Annahme erfüllt sich indessen nur teilweise. Einmal zeigt sich, daß Belege für die Standardversion in meinem Korpus eher die Ausnahme als die Regel sind. Und ein seltener Beleg wie der folgende (Diekmann & Grohl 1975: 156):

a Brüderchen, komm tanz mit mir,
S x S xS x S
a beide Hände reich ich dir.
S x S xS x S
b Einmal hin, einmal her,
S x SxS x S
b rund herum, das ist nicht schwer.
S xS xS x S

a Mit den Händchen, klipp, klipp, klapp,
x S x S xS x S
a mit den Füßchen, tripp, tripp, trapp!
x S x S xS xS
b Einmal hin, einmal her,
b rund herum, das ist nicht schwer.

a Mit dem Köpfchen, nick, nick, nick,
x S x S xS xS
a mit dem Fíngerchen, tick, tick, tick!
x S x S xS xS
b Einmal hin, einmal her,
b rund herum, das ist nicht schwer.

erfordert für die Auflösung der ‚unmetrischen‘ ersten Zeile von Strophe I doch eher den Rekurs auf generalisierungsschwache Alternativen der Metrik (vgl. (NR 2d″)), wie der Vergleich mit den jeweils ersten Zeilen von Strophe II und III zeigt. (Tatsächlich motiviert Guéron (NR 2d″) für ihr Korpus vor allem durch Aufzählungen oder Wiederholungen, wie sie auch in diesen Zeilen vorkommen.)

Prüfen wir Belege für die alternierende Version – die im Niederländischen eine große Produktivität entfaltet –, so sind auch hier die Belege selten und erfordern, so weit ich sehe, keine Aufnahme von Betonungsregeln für syntaktische Konstituenten in den metrischen Filtern.[94] Ein typisches Beispiel ist „Bettelmanns Hochzeit“ (Diekmann & Grohl 1975: 142):

(a) Widele, wedele, hinterm Stádtele
S x S x S x S x
b hat der Béttelmann Hochzeit.
S x S x S x

(*a*) Pfeifet das Máusele, tanzt das Láusele,
S x S x S x S x
c schlägt das Ígele Trommel.
S x S x S x

a Alle Tiere, die Wedele haben,
S x S x S x S x
b sollen zur Hóchzeit kommen.
S x S x S x
c Widele, wedele, hinterm Stádtele
S x S x S x S x
d hält der Béttelmann Hochzeit.
S x S x S x

Es zeigt sich, daß die Metrik für Nursery Rhymes im Falle der Standard- und der alternierenden Version im Deutschen zwar wenige Modellinstanzen aufweist, aber dennoch ohne weitgehende Modifikationen erfüllbar ist. Ich habe sie deshalb auch in heuristischer Funktion gebraucht, um die eigentlich produktiven Muster des deutschen Wiegen- und Kinderliedes aufzufinden. Sie lassen sich durch die beiden folgenden Regeln für die ‚Strophe' charakterisieren:

(WK 1) Strophe → KKZZ (Z^n ∨ K^n)
(WK 2) Strophe → KKKK (K^n ∨ Z^n)

Diese beiden Zusatzregeln genügen, um mit der zugrundegelegten Metrik auch die typischen Muster des deutschen Wiegen- und Kinderliedes zu beschreiben.[95] Neben den Expansionsregeln für ‚K' und ‚Z' bleiben sogar die Reimschemata der zugrundegelegten Metrik gültig. Das Reimschema für Belege von (WK 1) entspricht dem der Standardversion, das Reimschema für Belege von (WK 2) entweder dem der Standard- oder der alternierenden Version.

Beispiele für Belege von (WK 1) gehören zu den ‚bekanntesten' der deutschen Tradition: „Backe, backe Kuchen", „Hopp, hopp, hopp", „Summ, summ, summ, Bienchen", „Ringel, Ringel, Reihe", „A B C, die Katze lief im Schnee". Hier ist die Skandierung für „A B C, die Katze lief im Schnee" (Diekmann & Grohl 1971: 162):

a A B C,
SxSxS
a die Kátze lief im Schnee,
x S x S x S
b und als sie dann nach Háuse kam,
x S x S x S x
b da hatt' sie weiße Stíefel an,
x S x S x S x S
a o jemine, o jemine,
x S x S x S x S
a die Kátze lief im Schnee.
x S x S x S

Auch die folgenden Beispiele für Belege von (WK 2) gehören zu den ‚bekanntesten' der deutschen Tradition: „Trarira, der Sommer, der ist da", „Alle meine Entchen", „In meinem kleinen Apfel", „Ich gehe mit meiner Laterne", „Alle Jahre wieder". Hier ist die Skandierung von „Alle Jahre wieder" (Diekmann & Grohl 1975: 184):

a Alle Jahre wieder
S x S x S x
b kommt das Chrístuskind
S x S x S
a auf die Érde nieder,
S x S x S x
b wo wir Menschen sind.
S x S x S
a Kehrt mit seinem Ségen
S x S x S x
b ein in jedes Haus,
S x S x S
a geht auf allen Wegen
S x S x S x
b mit uns ein und aus.
S x S x S

a Ist auch mir zur Séite
S x S x S x
b still und unerkannt,
S x S x S
a daß es treu mich leite
S x S x S x
b an der líeben Hand.
S x S x S

Merken wir an, daß die Besetzung von ‚S' durch Präpositionen, die hier wie auch sonst im deutschen Korpus regelmäßig vorkommt, zwar nicht in den Regeln Guérons vorgesehen ist (vgl. die Aufzählung bei (NR 2b')); diese Erweiterung läßt sich jedoch ohne weiteres in ihr Regelsystem integrieren. Ähnliches gilt für die Quantoren („All-", „jed-"); ihr besonderer semantischer Status hat mich im übrigen veranlaßt, dort keine Betonungsmaxima zuzuordnen, wo eine Verketttung [Quantor + N] vorliegt. (Auf die Syntax und Semantik der Quantoren in natürlichen Sprachen kann ich hier nicht eingehen.)

Außer in marginalen Fällen – wie z. B. in der Verkettung $[\text{Zahlwort} + \text{N}]_{NP}$ in Zeile 3 von Strophe I und Zeile 2 von Strophe II in „In meinem kleinen Apfel" – genügen die Regeln für Wortbetonung, um die Lieder dieser beiden Muster als ‚metrisch' zu beschreiben.

Die Schlußfolgerung liegt nahe, daß erst die durch (WK 1) und (WK 2) ergänzte Metrik das deutsche Wiegen- und Kinderlied *im engeren Sinn* beschreibt. Ein Beleg für die Standardversion wie „Im Märzen der Bauer" erscheint so eher als eine bewußte Ausformung der Regeln für das Wiegen- und Kinderlied in Richtung ‚hohe Literatur'.

3.8 „Die Ballade vom Weib und dem Soldaten": Skizze einer wissenschaftlichen Erläuterung

Wenn wir „Im Märzen der Bauer" als ‚hohe Literatur' ansehen, dann ist T_2 *a fortiori* ein Beleg für ‚hohe Literatur'. Die Frage der Klassifikation in solche normativen Kategorien soll uns hier indessen nicht beschäftigen – auch wenn es möglich wäre, sie zu rekonstruieren, indem man Kategorien wie oral vs. schriftlich, ‚ein Autor' vs. ‚kein Autor', usf. heranzieht (vgl. etwa Guérons Bemerkungen zum Schluß ihres Artikels, 1974: 111). Entsprechend möchte ich auch die meiner Interpretation von T_2 zugrundegelegte Hypothese, daß Brechts poetische Produktion tief in der phonologisch-syntaktischen Struktur des Deutschen ‚verwurzelt' ist, nicht als die Hypothese aufgefaßt wissen, daß Brechts poetische Produktion in engem Zusammenhang mit der deutschsprachigen ‚Volksliteratur' steht. Unter vorläufigem Verzicht auf sprach- und literaturhistorische Argumente gehe ich davon aus, daß die synchronisch-systematischen Aspekte dieser ‚Verwurzelung' mit den gleichen linguistisch-poetologischen Kategorien beschrieben werden können wie die, die für das deutschsprachige Wiegen- und Kinderlied gelten.[96] Das heißt, im Folgenden gebrauche ich die von Guéron entwickelte Metrik im gleichen modelltheoretischen Sinn wie im vorigen Abschnitt.

Eine weitere Beschränkung betrifft die Rolle des Korpus. Wie wir im vorigen Abschnitt gesehen haben, rechtfertigt sich eine Metrik nicht durch den Erfolg, mit dem sich einzelne Texte aufgrund ihrer Regeln skandieren lassen. Sie rechtfertigt sich vielmehr durch das Maß an Generalisierung systematischer Eigenschaften, das sie angesichts eines gegebenen Korpus erreicht. Insbesondere wenn das Korpus eine im Prinzip *offene* Menge ist (wie im Fall der Wiegen- und Kinderlieder in den germanischen Sprachen), läßt sich eine Metrik hinsichtlich ihrer deskriptiven, explikativen und projektiven (oder ‚vorhersagenden') Kraft beurteilen. Eine positive Antwort auf Fragen wie: Erlaubt die vorgelegte Metrik, die *produktiven* Muster des englischen bzw. deutschen Wiegen- und Kinderlieds zu beschreiben? Worin besteht diese Produktivität im einzelnen? hat mich z. B. dazu geführt, die von Guéron vorgelegte Metrik für den unmittelbaren Anwendungsbereich (die Nursery Rhymes) zu akzeptieren und auch noch modelltheoretisch zu gebrauchen.

Im Fall von T_2 kann ich vorläufig nicht von der Frage nach den systematischen Eigenschaften eines gegebenen Korpus ausgehen. Zwar legt die Genrebezeichnung ‚Ballade' ein solches Korpus nahe – und ebenso die Aufnahme von T_2 in eine Abteilung von *HG*, die mit ‚Balladen' überschrieben ist. Jedoch erweisen sich diese naheliegenden Möglichkeiten bei näherem Zusehen als dermaßen komplex, daß sie mit den bisherigen Mitteln kaum zu realisieren sind. Insbesondere ist nicht deutlich, wie sich ein Korpus sinnvoll abgrenzen läßt. Die in die Abteilung ‚Balladen' von *HG* aufgenommenen Texte stammen aus einem Zeitraum von 1921 bis 1947 (nach der Datierung im Inhaltsverzeichnis meiner Ausgabe der *HG*). Die Abteilung enthält überdies nur einen Bruchteil der Texte, die Brecht mit der Genrebezeichnung ‚Ballade' versehen hat. Es wäre also zu untersuchen, welche *Funktion* der Zuordnung dieser Genrebezeichnung im Gesamt der poetischen Produktion Brechts zukommt; und weiterhin, inwiefern die Texte, die in der Abteilung ‚Balladen' der *HG* erscheinen, repräsentativ für diese Funktion und die damit verbundenen linguistisch-poetologischen Texteigenschaften sind. Die Herausarbeitung der Funktion der von Brecht gebrauchten Genrebezeichnung ‚Ballade' führt auch über die *geschlossene* Menge der poetischen Texte Brechts hinaus. Sie ergibt sich nämlich erst aus den dynamischen Beziehungen, die sie mit Texten unterhält, die gleichzeitig und vorher in der literarischen Tradition als ‚Balladen' zusammengruppiert (bzw. kanonisiert) wurden. Erst damit ist auch der Konnex zu einer im Prinzip offenen Menge hergestellt, der für das Aufstellen einer Metrik essentiell ist.[97]

Die Regeln, die ich im Folgenden formuliere, beruhen auf Bruchstücken der damit umschriebenen erforderlichen extensiven Untersuchungen. Sie nehmen zwar mehr als illustrativen Charakter in Anspruch, wollen sich keinesfalls als auf den gegebenen Text beschränkt verstanden wissen – in dem Sinn etwa, daß sie angeben, wie T_2 zu skandieren sei. Sie können jedoch nicht mit dem Anspruch auftreten, die systematischen Eigenschaften eines wohlumschriebenen Korpus auszudrücken – das heißt, eine Metrik der Ballade Brechts zu sein, für die unter anderen T_2 ein Beleg ist. Die Regeln für ‚BB' – die ‚Ballade Brechts' –, die ich im Folgenden gebe, erfüllen eine heuristische Funktion im Rahmen meiner Interpretation von T_2. Sie können, anders gesagt, nicht mehr als einen Hinweis auf das Format einer solchen Metrik geben.

(BB 1) Ballade → Strophe ∨ E-Strophe
(BB 2) Strophe → ZKZK
(BB 3) E-Strophe → ZZKZZK

(BB 1)–(BB 3) besagen, daß die ‚Ballade Brechts' aus Strophen des alternierenden Typs oder *erweiterten* Strophen des alternierenden Typs zusammengesetzt ist. Will man die regelmäßige Abfolge von alternierenden und erweiterten alternierenden Strophen, die in T_2 vorliegt, in den Regeln ausdrücken, kann man, (BB 1) nach T_2 abschwächend, (BB 1) ersetzen durch (mit ‚St' für Strophe):

(BB 1-T_2) Ballade → St_1 E-St_1 St_2 E-St_2 St_3 E-St_3 St_4

Für (BB 2) gelten die ‚Realisierungsregeln' (NR $1a^A$) und (NR $1b^A$) von § 3.7, oben. Die in (NR $1b^A$) genannte Möglichkeit, daß die Silben in den letzten ‚S'-Positionen der Standardzeilen reimen, ist in T_2 nur einmal belegt (Strophe V, „auch"). Statt dessen ergibt sich obligatorisch die Bedingung, daß – ähnlich wie im Falle der ‚Kurzversion', vgl. (NR $1b^K$) – die beiden Standardzeilen internen Reim aufweisen. Zählen wir die Erfüllung von (NR $1a^A$) als (BB 2a) und von (NR $1b^A$) als (BB 2b), so haben wir noch die folgende Regel hinzuzufügen:

(BB 2c) Die Silbe in der zweiten bzw. dritten S-Position von Z reimt mit der Silbe in der vierten bzw. sechsten S-Position von Z.

Die Alternative in den Positionen ergibt sich aufgrund von (BB 4), vgl. unten.

Wiederum nach T_2 hinabschwächend, könnten wir als weitere Zusatzbedingung (BB 2 K-T_2) festhalten, daß *alle* Kurzzeilen aller Standardstrophen aufeinander reimen („-aten"). Die Wiederholungen des internen Reims hingegen (Zeile 1 von Strophe V: Zeile 3 von Strophe V und Zeile 1 von Strophe VII; Zeile 1 von Strophe III: Zeile 3 von Strophe VII), sind zwar auffällig, aber kaum als *metrische* Zusatzbedingung zu formulieren. Ihre Funktion ist eher semantisch zu bestimmen (s. oben, § 3.5, sowie im Folgenden).

Für (BB 3) gelten ebenfalls die Realisierungsregeln (NR $1a^A$) und (NR $1b^A$). Die Optionalität des Reims der Silben in den letzten ‚S'-Positionen der Standardzeilen wird hier indessen zu einer obligatorischen Bedingung, die die Paare $<Z_1, Z_2>$ und $<Z_3, Z_4>$ sowohl untereinander als miteinander verbindet. Ich beziehe mich auf die Erfüllung von (NR $1a^A$) als (BB 3a) und auf die Erfüllung plus Erweiterung von (NR $1b^A$) als (BB 3b-E).

Auch für die E-Strophen gilt, daß *alle* Kurzzeilen aufeinander reimen – mit einer Abschwächung der phonetischen Identität der Reimsilben durch den Wechsel des Konsonanten („-aten" vs. „-aden").[98] Toleriert man diese Abschwächung, so ergibt sich ein Analogon zu (BB 2 K-T_2), so daß man als Regel festhalten kann, daß alle Kurzzeilen der Ballade aufeinander reimen.

Die Expansionsregeln für ‚Z' und ‚K' folgen ebenfalls der zugrundegelegten Metrik, erfordern indessen ebenfalls Erweiterungen:

(BB 4) $$Z \rightarrow \begin{cases} (x)\ S\ x\ S\ x\ S\ x\ S \\ [(x)\ S\ x\ S\ x\ S]\ [(x)\ S\ x\ S\ x\ S] \end{cases}$$

Gegenüber (NR 2) ergeben sich die folgenden Veränderungen: (1) Wenn wir zunächst die erste Alternative von (BB 4) betrachten, wird die dritte ‚x'-Position obligatorisch; die letzte optionale ‚x'-Position fällt weg. Das heißt, die Regel faßt nunmehr nur noch zwei Regeln zusammen: eine, die sieben Positionen erzeugt, und eine, die acht Positionen erzeugt. (2) Die zweite Alternative von (BB 4) führt das ‚Hemistich' als Bestandteil des AMS der ‚Ballade Brechts' ein (die eckigen Klammern stehen wieder für den Bereich des Hemistichs). Die mögliche Anzahl der Positionen wächst hier auf zwölf an – aber auch die minimale Anzahl der Positionen (zehn) liegt bei der zweiten Alternative über der maximalen Anzahl der Positionen, die die erste Alternative zuläßt. (3) Die zweite Alternative geht von sechs obligatorischen ‚S'-Positionen aus.

Entscheidend für T_2 ist nun, daß die Verteilung der beiden Alternativen strikt regelmäßig ist. Sie sind so geordnet, daß die erste den ‚Normalfall' charakterisiert, während die zweite nur unter zusätzlichen, speziellen Bedingungen vorkommt. Diese Bedingungen rekurrieren auf makro-syntaktische und semantische Eigenschaften der entsprechenden Zeilen: Sie betreffen den Modus der Konjunktion zweier Sätze in einer Zeile.

(Bedingung BB 4) Alternative zwei liegt vor genau dann, wenn Z aus einer Konjunktion von zwei Sätzen besteht; diese Konjunktion darf keine UND-Konjunktion sein.

Aufgrund von (Bed. BB 4) scheiden die folgenden Zeilen aus: Strophe I, Zeile 1; (Strophe II, Zeile 2); (Strophe IV, Zeile 2); Strophe V, Zeile 1; (Strophe VI, Zeile 2); Strophe VII, Zeile 1. Die drei Zeilen aus ‚E-Strophen' genügen insofern dem ersten Teil der Bedingung nicht, als in den Konjunktionen das Subjekt – „der Soldat" – fehlt: Es kommt aus einer *anderen* Zeile. Ich habe sie deshalb in der Übersicht in Klammern gesetzt. Übrig bleiben: Strophe I, Zeile 3; Strophe III, Zeile 1 und Zeile 3; Strophe V, Zeile 3; Strophe VII, Zeile 3.

Aus dieser Übersicht wird deutlich, daß (Bed. BB 4) eine Generalisierung für die nicht-erweiterten, ungeraden Strophen ausdrückt. Ohne den zweiten Teil der Bedingung würde sie sogar *alle* ‚Z' der Standardstrophen charakterisieren. Soweit ich sehen kann, läßt sich indessen eine Generalisierung erst aufgrund des zweiten Teils der Bedingung erreichen, d. h. genügt auch eine durch UND bewirkte Verknüpfung zweier Sätze mit vollständig spezifizierter syntaktischer Struktur noch nicht als Bedingung. Offensichtlich impliziert die volle UND-Konjunktion – die regelmäßig in den ersten Zeilen von Strophe I, V und VII vorkommt – einen weniger spezifischen semantischen Konnex als die anderen Satzkonjunktionen. Schauen wir uns diese daraufhin näher an:

I/3 „Was könnt ihr gegen Eis? Bleibt weg, 's ist nicht weis'!"
[x S x S x S] [x S x S x S]

Zeile I/3 zählt 12 Positionen und wird auf regelmäßige Weise von (BB 1), (BB 2), (BB 2a–c) und (BB 4) erzeugt. Für die fünfte ‚x'-Position (die zweite ‚x'-Position des zweiten Hemistichs) ergibt sich die Möglichkeit, entweder „ 's" als ‚Silbe' zu zählen oder zu „ist" zu ziehen. Im letzteren Fall wird ‚x' durch die syntaktische Hauptgrenze zwischen „weg" und „ 's ist" besetzt. Als allgemeine Strategie gilt, daß man, wenn möglich, immer eine frühere (generalisierungsstärkere) Regel wählen soll. Überdies muß man in diesem Fall auch auf III/3 verweisen, wo „es" als ‚Silbe' zählt. In Zeile 5 der E-Strophe IV ist die Interpretation dagegen in metrischer Hinsicht frei. Syntaktisch gesehen gilt „'s" auch hier als Kurzform von einem „es", das hier als ‚Platzhalter' für die Objektergänzung von „nimm" fungiert. Ich gebe zunächst die metrische Struktur von III/3:

III/3 „Ach, zu hoch nicht hinaus, es geht übel aus!"
[S x S x S] [S x S x S]

Meine Skandierung von III/3 dürfte ungleich umstrittener sein als die von I/3. Ich halte sie dennoch aufgrund der bislang gegebenen Charakterisierung der *systematischen* Eigenschaften von ‚BB' für natürlich und zwanglos. Sie korrespondiert für beide Hemistiche mit der Akzentverteilung im deutschen Satz; im zweiten Hemistich muß der metrische Filter offensichtlich die obligatorischen Wortumstellungstransformationen für die Verbkonstituente enthalten, ebenso wie die Regeln, die die Stellung von „es" als ‚Platzhalter' des Satzsubjekts bestimmen. (Zur Frage des Subjekts des ersten Satzkonjunkts vgl. unten.) „geht" als Besetzung von ‚x' entspricht dann (NR 2d'); „Ach" als Besetzung von ‚S' entspricht (NR 2b).

III/3 weist 10 Positionen auf. Die metrische Struktur fasse ich dennoch als ‚jambisch' auf, da eine ‚jambische' Folge von ‚x' und ‚S' – gegenüber einer ‚trochäischen' – eine allgemeinere Charakterisierung des AMS von ‚BB' erlaubt. (Eine analoge Argumentation gilt für eine mögliche ‚daktylische' bzw. ‚anapästische' Ordnung der ‚x' und ‚S'; diese wäre möglich, insofern ‚x' sehr oft durch zwei Silben besetzt wird.) Für IV/5 ergibt sich aufgrund der gleichen Regeln (IV/5 ist ja ein Beleg von ‚Z'), jedoch Alternative eins von (BB 4) folgend, die folgende metrische Struktur:

IV/5 „Kommen wir wieder; nimm's auf ins Gebet!"
S x S x S x S

Die Zuordnung von „wieder" zu ‚S' folgt (NR 2a'). Auch IV/5 korrespondiert mit den Regeln für die Akzentverhältnisse im deutschen Satz (wobei außer den Wortumstellungstransformationen für die Verbkonstituente auch die Transformationen für Imperativsätze vorausgesetzt sind.)

Daß IV/5 kein Gegenbeispiel für die Gültigkeit von (Bed. BB 4) sein kann, folgt aus der Tatsache, daß „Kommen wir wieder" kein unabhängiges Satzkonjunkt ist. Nun könnte eingewendet werden, daß auch III/1 bzw. VII/3 keine zwei unabhängigen Satzkonjunkte enthalten. Ich meine jedoch, daß es auch hier möglich ist, eine metrische Struktur zuzuordnen, die (Bed. BB 4) folgt, und zwar unter Rekurs auf systematische syntaktisch-semantische Argumente. Für V/3 ist die metrische Struktur nach den bisherigen Überlegungen dagegen eindeutig:

V/3 „Ach, wie schnell geht der Rauch! Gott behüte ihn auch!"
[S x S x S] [S x S x S]

Wenden wir uns nun III/1 bzw. VII/3 zu, so ordne ich die folgende metrische Struktur zu:

III/1 „Ach, bitter bereut, wer des Weisen Rat scheut"
[S x S x S] [S x S x S]

Die Zuordnung von „Ach" zu ‚S' ist generell für alle Vorkommen. Ansonsten korrespondiert auch diese metrische Struktur mit den Akzentverhältnissen in deutschen Sätzen. Der metrische Filter enthält hier insbesondere die Regel, die in der Nominalkonstituente [„des Weisen Rat"]$_{NP}$ für die Gradierung der Betonung von „Rat" sorgt.

So weit, so gut. Aber wie verhält es sich mit den Subjekten der Satzkonjunkte? Im Gegensatz zu II/2 und IV/2 kommen sie nicht aus den vorhergehenden Zeilen. Sie kommen auch nicht aus den nachfolgenden Zeilen – die im übrigen III/1 und VII/3 zu verschiedenen Zeilen machen, wie sich auch aus der unterschiedlichen Interpunktion am Zeilenende ergibt: Ø vs. „!". (Da es mir hier ausschließlich um die metrische Struktur geht, habe ich diesen Aspekt vernachlässigt.) Das Subjekt kommt aus „wer" und der propositionalen Struktur von III/1 bzw. VII/3 selbst. In umgangssprachlicher Paraphrasierung erhalten wir das folgende Propositionspaar: <Jemand scheut des Weisen Rat, Jemand bereut bitter>, das durch die Beziehung der Kausalität so einander zugeordnet wird, daß die Variable im Existenzoperator („jemand") den gleichen Bereich von Personen bezeichnet: „*Wenn* jemand den Rat des Weisen scheut, *dann* bereut dieser jemand bitter".

In ähnlicher Weise lassen sich auch die anderen Konjunktionen deuten: Sie schaffen zwischen den Vorgängen, die durch die Sätze des Paares beschrieben werden, einen Konnex, der über die (meistens temporal zu deutende) Reihung durch

UND hinausgeht. Für III/1 bzw. VII/3 ist das am offenkundigsten, für V/3 am schwächsten – was nicht zuletzt auch mit dem Auftreten semantischer Komplexionen in dieser Strophe zu tun hat.[99] Ich lese den Konnex indessen auch hier als einen Konnex der Begründung: „*Weil* der Rauch schnell geht, muß *Gott* ihn behüten.“

Für III/3, dessen erstes Satzkonjunkt ähnlich problematisch erscheint wie die Konjunkte von III/1, ergibt sich aufgrund einer ähnlichen Argumentation: „Wenn jemand zu hoch hinaus will, geht das übel für ihn aus.“ Dies ergibt sich, wenn wir von dem folgenden Propositionspaar ausgehen: <Jemand will zu hoch hinaus, Etwas geht übel für jemanden aus>. Die Propositionen stehen auch hier in einer Beziehung der Kausalität, die überdies auch der Oberflächenanordnung der Sätze entspricht. Das heißt, auch hier bezeichnet die Variable im Existenzoperator („jemand“) den gleichen Bereich von Personen. Anders als im Falle von III/1 gibt es jedoch für „jemand“ in den beiden Sätzen von III/3 keine ‚Oberflächenspur‘. Die Interpretation von III/3 ist hier deutlich abhängig von der Interpretation von III/1, ohne daß man jedoch konkludieren müßte, daß das „jemand“ in den Propositionen von III/3 im gleichen Sinn aus III/1 ‚kommt‘, wie das Subjekt „der Soldat“ im Falle von II/2 und IV/2 aus II/1 bzw. IV/1. Vielmehr verhält es sich so, daß der Bereich des Existenzoperators nicht auf Zeile III/1 (bzw. Zeile III/1 + 2, vgl. dazu im Folgenden) beschränkt ist, sondern sich über Zeile 2 auch auf Zeile 3 von Strophe III erstreckt. Außer syntaktischen Gründen – die vor allem auf der Rolle von „es“ als ‚Platzhalter‘ für das erste Satzkonjunkt von III/3 als Subjekt des zweiten Satzkonjunkts von III/3 beruhen – lassen sich so auch textsemantische Gründe für meine Analyse von III/3 anführen.

Die zweite Alternative gilt so ausschließlich für die Standardzeilen, deren Konjunkte diesen besonderen syntaktisch-semantischen Konnex aufweisen. Umgekehrt gilt auch, daß sich die metrische Struktur der Zeilen, deren Konjunkte durch UND verbunden sind, zwanglos durch die erste Alternative von (BB 4) erzeugen läßt. Wir erhalten so für I/1 die folgende metrische Struktur:

I/1 „Das Schießgewehr schießt, und das Spießmesser spießt“
x S x S x S x S

und für V/1 bzw. VII/1 (deren metrische Struktur die gleiche ist):

V/1 „Ihr vergeht wie der Rauch, und die Wärme geht auch,“
x S x S x S x S

Für die Besetzung der letzten ‚x‘-Position durch „geht“ (bzw. „ging“) müssen wir hier auf (NR 2d′) rekurrieren: Die Betonungen von „geht“ und „auch“ sind durch die direkte Angrenzung ‚neutralisiert‘.

Fragen wir nach den Betonungsmaxima von T_2, so kann die Antwort nur sehr vorläufig sein, da ich darauf verzichtet habe, eine explizite Definition von ‚syntaktische Konstituente‘ zu geben. Am problemlosesten sind jedoch sicher die Verkettungen $[\text{Art} + \text{N}]_{NP}$, bei denen das Nomen zweisilbig ist und die erste Silbe den Wortakzent trägt. So sind in I/1 „Schießgewehr“ und „Spießmesser“ Betonungsmaxima; in I/2, IV/3 und VI/3 „Wasser“; in I/4 (sowie in allen übrigen Strophenendzeilen) „Soldaten“; in II/1 „Kugel“; in II/2 „Trommel“; in II/4 „Süden“ und

„Norden"; in II/5, IV/1 und VI/1 „Messer" und „Händen"; in III/1 und VII/3 „Weisen"; in III/2 „Alter"; in IV/4 und VI/4 „Schindeldach"; in V/1 und VII/1 „Wärme"; in V/2 und VII/2 „Taten". Außer „Eis", „Weib", („Soldat"), „Lauf", („Rat"), „Gurt", „Gesicht", „Furt", „Mond", „Gebet", „Rauch", „Gott" und „Speer" sind das gut die Hälfte der Nominal-Lexeme, die die Thematik von T_2 bestimmen. Von den Verbal-Lexemen sind nur die Dreisilber („marschieren", „beraten", und eventuell „behüte") problemlose Kandidaten.

Wenden wir uns nun der Frage der Anzahl der ‚Silben' zu, so ergibt sich aus dem oben Gesagten, daß die Kontradiktion Oomens verschwindet: Für I/3 und III/3 gelten hinsichtlich der metrischen Struktur „'s" und „es" als graphematische Varianten. Diesen Befund kann man dann – auch angesichts der oben erwähnten syntaktischen Argumente – auf IV/5 ausdehnen, indem man hier die zweite ‚x'-Position als durch zwei Silben besetzt ansieht. Allerdings verschwindet dann die ‚Entsprechung' in der Anzahl und Anordnung der Silben: I/3 zählt 12 Silben, die 6 + 6 angeordnet sind, III/3 11 Silben, die 6 + 5 angeordnet sind. (IV/5 zählt 10 Silben, die 5 + 5 angeordnet sind.)

Wichtiger als die ‚Entsprechung' in Anzahl und Anordnung der Silben ist jedoch die ‚Entsprechung' in der metrischen Struktur – eine ‚Entsprechung', auf die Oomen allerdings nicht zu sprechen kommt. Möglicherweise ergibt sich auch aus der Anzahl der Silben eine Generalisierung hinsichtlich der syntaktischen Struktur der Zeilen, die 12 Silben aufweisen. So zählt nicht nur die Zeile I/3 zwölf Silben, sondern ebenfalls die Zeilen V/1 und V/3, VII/1, sowie die Zeilen II/4 und IV/2. Wie diese Verteilung zeigt, korrespondiert sie indessen nicht mit der Verteilung, die durch (Bed. BB 4) bewirkt wird, auf die ich mich hier beschränken möchte.

Aus den *Regeln* für ‚BB' lassen sich somit Aussagen über die ‚Gliederung' von T_2, aber nicht nur von T_2, sondern von allen anderen ‚Balladen' Brechts, ableiten. Hierin liegt der Hauptunterschied zum Vorgehen Oomens, und damit wird auch deutlich, warum Aussagen wie (A7) nicht als deskriptive Aussagen gelten können. Insbesondere ist festzuhalten, daß erst *Regeln* erlauben, die Besonderheiten eines bestimmten Textes aus dem Korpus festzustellen. Aussagen über ‚Silben' (vgl. (A5)) und die Makroorganisation des Textes (vgl. (A7)) beziehen sich in unserem Fall auf das Korpus der ‚Balladen Brechts' (und darüber hinaus auf allgemeine Eigenschaften deutscher Verse). Hingegen beziehen sich Aussagen wie (A6) und (A8) auf besondere Eigenschaften eines einzelnen Textes, T_2.

Wir haben in § 3.5 gesehen, warum die Aussagen, die Oomen mit (A6) über die Beziehungen der Strophen von T_2 machen möchte, unbegründbar sind. Sehen wir zunächst davon ab, daß die Variation im Refrain nach Strophe IV zu erklären bleibt. (Bed. BB 4) erlaubt uns dann, die Beobachtung zu machen, daß in den ungeraden Strophen jeweils zumindest eine Zeile vorkommt, die in metrischer wie semantischer Hinsicht ausgezeichnet ist. Strophe III enthält sogar, alternierend mit den Kurzzeilen, zwei dieser Zeilen. Alle diese Zeilen lassen sich semantisch einheitlich charakterisieren. Andererseits tragen sie nicht dazu bei, die Abfolge der Ereignisse zu entfalten. Unter diesem Gesichtspunkt ist besonders die Häufung in Strophe III auffällig, umsomehr noch als Zeile 2 von Strophe III semantisch und syntaktisch eng mit Zeile 1 verbunden ist.

Die Abhängigkeit der Zeile 2 von Zeile 1 läßt sich durch die folgende Paraphrase verdeutlichen: „*Wenn* jemand sich nicht vom Alter beraten läßt, *dann* bereut er bitter." Auf diese Weise erscheinen die durch „und" verbundenen Sätze „wer des Weisen Rat scheut" und „wer vom Alter sich nicht läßt beraten" als füreinander substituierbare Prämissen der allgemeinen Aussage, die „das Weib" macht. Die gegenseitige Substituierbarkeit – die nicht mit Synonymie verwechselt werden darf! – wird nicht zuletzt durch das wiederholte Vorkommen des Morphems „rat-" induziert, auch wenn die syntaktischen (Oberflächen-)Konstruktionen, in denen es vorkommt, unterschiedlich sind. So gesehen enthält Strophe III außer dem durch „sagte" bezeichneten Redeakt „des Weibes" keinerlei Information über den Ablauf der Ereignisse.

Wenn man will, kann man diese Besonderheit von Strophe III zur Grundlage einer Ordnung der Strophen machen, die um Strophe III zentriert ist. Diese Ordnung stützt sich auf die Abfolge und die Art der durch (Bed. BB 4) charakterisierten Zeilen. Alle Zeilen sind „dem Weib" zugeordnet. Alle Zeilen enthalten eine Sentenz: I/3 und V/3 enthalten eine allgemeine Aussage, die aus der Beobachtung der Natur gewonnen ist – einer Natur, die für den Menschen bedrohlich sein kann (I/3), oder die in einem übertragenen Sinn (vgl. Anmerkung 99, oben) erkennen läßt, wie es um sein Schicksal bestellt sein wird, wenn er ihre Erscheinungsformen mißachtet (V/3). III/1 und III/3 enthalten eine allgemeine Aussage, die aus der Beobachtung und Bewertung menschlicher Handlungen durch den „Weisen" gewonnen ist. Diese Bewertung, so könnte man fortfahren, bezieht sich einmal auf die Gefährlichkeit der Erscheinungen der Natur, von der I/3 und V/3 handeln. Daß es sich um bewertete Aussagen handelt, zeigt die Form, in der die allgemeinen Aussagen dieser Zeilen vorkommen: In I/3 wird die Frage des ersten Satzkonjunkts durch die explizite Warnung des zweiten Satzkonjunkts zur rhetorischen Frage. (Man kann hier auch auf das Vorkommen des Morphems „weis-" in I/3 und III/1 verweisen.) In V/3 ergibt sich die Bewertung ganz deutlich, wenn man den Konnex der Begründung expliziert, der zwischen der „Schnelle" des Rauchs und dem stereotypen Ausdruck „Gott behüte ihn auch!" eine neuartige Verbindung herstellt (die in der metaphorischen Lesung durchaus erhalten bleibt!).

Andererseits bezieht sich die Bewertung auf *den* Bereich menschlichen Handelns, der durch die Handlungen des/der Adressaten des „Weisen" in diesem Kontext gegeben ist. Wir sehen hier eine semantische Funktion der UND-Verknüpfung: Sie reiht in Strophe I und Strophe V (und, *mutatis mutandis*, auch in Strophe VII; dazu im Folgenden) diese beiden Bereiche aneinander. Sie schafft so einen Konnex zwischen den Konjunkten der jeweils ersten Zeilen und der ersten Zeile als ganzer mit der zweiten Zeile. (Vgl. auch für Strophe V Anmerkung 99, oben.) Diese Funktion ist deutlich anders bestimmt als in den geraden Strophen, wo UND die Abfolge der Ereignisse angibt (temporal ordnet). Diese Verteilung der UND-Verknüpfung auf die geraden und ungeraden Strophen könnte zur Stützung meiner Interpretation noch weiter ausgewertet werden. Ich möchte es indessen hier bei dieser Beobachtung belassen und zur Strophe III zurückkehren.

Die besondere Stellung von Strophe III ergibt sich daraus, daß hier „das Weib" als „der Weise" über seine Rolle spricht – die Rolle eines Warners für den konkreten Fall des „Soldaten". „Der Soldat" ist jedoch im Kontext von I/3 und V/3 für mich eher ein generischer Soldat. Erst in den Strophen II, IV und VI erscheint er als Agens konkreter Handlungen. Wenn der Singular des bestimmten Artikels in Strophe, I, III und V generisch zu deuten ist, dann würde in den jeweils ersten Zeilen der Strophen II, IV und VI eine Doppeldeutigkeit (generisch vs. definit) vorliegen. Der Plural des bestimmten Artikels im ‚Refrain' der Strophen II, IV und VI müßte dann jedoch bedeuten, daß wir es mit einer bestimmten Anzahl von wohlbestimmten Individuen – den sprechenden und handelnden Partnern „des Weibs" – zu tun haben. Wir werden unten sehen, daß diese Annahme (diese mit dem Gebrauch des definiten Artikels verbundene Präsupposition) für T_2 nicht zutrifft.

Wenn in dieser Weise der Wechsel von Standard- und erweiterten Strophen in Strophen I–VI als Wechsel von Warnung und Handlung charakterisiert wird, kann auch Strophe VII zwanglos in die Ordnung der Strophen einbezogen werden. Die Warnung „des Weibs" von Strophe I, deren präsentische Form in den Zeilen 1 und 2 auch als Vorhersage des Laufs der Ereignisse bei Nichtbeachtung gelesen werden kann, erfüllt sich in Strophe VI gegenüber der Vorhersage des Laufs der Ereignisse, die „die Soldaten" in Strophe II der Warnung „des Weibs" entgegenstellen. Strophe III enthält die Affirmation der Rolle „des Weisen", die „das Weib" gegenüber „dem Soldaten" einnimmt.[100] Strophe IV enthält die Handlung des/der „Soldaten", verbunden mit einer erneuten Affirmation seiner/ihrer Haltung gegenüber der Bewertung durch „das Weib": Hier fügt sich Oomens Beobachtung von der Rekurrenz der Morpheme „lach-" und „schad-" in der jeweils zweiten bzw. dritten Zeile der Strophen II und IV ein.

Wenn Strophe III bezüglich der Rolle, die „das Weib" sich in der Welt von T_2 zuschreibt, das Zentrum von T_2 bildet, so bildet Strophe IV bezüglich der Rolle, die „die Soldaten" sich in der Welt von T_2 zuschreiben, das Zentrum. Diese Verhältnisse erklären, warum es nicht zutreffend wäre, die durch (Bed. BB 4) induzierte Ordnung der Strophen zur hauptsächlichen oder sogar einzig möglichen Ordnung der Strophen zu erheben. Strophe III und IV bilden *zusammen* die Mitte der Welt von T_2 – einer Welt, die aus dem Wechsel von Warnung vor bestimmten Handlungen und Zurückweisen der Warnung in Rede und in Handlung besteht. Hier wird noch einmal mehr deutlich, warum Oomens Reduktion von T_2 auf Strophen I–IV zu einer unangemessenen Konstruktion der ‚Gliederung' und Bedeutung ihres Textausschnitts führen mußte.

Auf die Handlung des/der „Soldaten" folgt in Strophe V eine Deutung der Handlung durch „das Weib", die zugleich die (resignierte) Vorhersage des Resultats der Handlung ist. In diese Ordnung der Strophen, die deutlich einen Einschnitt nach Strophe IV markiert, fügen sich auch die Reime (vgl. oben, § 3.5). In Strophe V (wie auch in Strophe VII, vgl. unten), reimt „Taten" auf „Soldaten", während der Reim „waten": „Soldaten" in Strophe VI auf Strophe I zurückverweist. Daß „der Soldat" als Partner der Rede nicht mehr erreichbar ist, erklärt vielleicht die Veränderung der Präposition von „zum" zu „vom" im ‚Refrain' von Strophe V.

Im Wechsel von Strophe V zu Strophe VI verschwindet dann „der Soldat"/ „die Soldaten" auch im Raum der Welt von T_2, in Erfüllung der Vorhersage „des Weibs" von I/2–3. In Strophe VII konstatiert „das Weib" in Antwort auf eine fragende Instanz, die an die Stelle des/der verschwundenen „Soldaten" getreten ist, das Eintreten des von ihr vorhergesagten Resultats der Handlung: Damit erklärt sich der in § 3.5 angemerkte Wechsel der Tempora der Verben von V/1 zu VII/1. Auch der Wechsel im Numerus der Personalpronomen hat seine spezifische Funktion: Obwohl „der Soldat"/„die Soldaten" der konkreten Handlung in der Welt von T_2 verschwunden sind, sind wiederum „Soldaten" Partner in der Rede des Weibes (VII/4).[101] Verbunden mit der Feststellung des Eintretens der Vorhersage aus Strophe V ist deshalb wohl die Wiederholung von III/1 an prominenter Stelle: Die von der Handlung des Gedichts aus gesehen letzte Handlung ist die Reaffirmation der Rolle „des Weisen", die „das Weib" gegenüber „dem (den) Soldaten" erfüllt, durch „das Weib".[102] Wer aber sind dann „die Soldaten", zu denen es hier spricht? Wer war „der Soldat", zu dem es davor sprach? Wer „die Soldaten", die seine Warnung mißachteten? Ganz offensichtlich gibt es da Unterschiede in der Referenz – aber welche? Und wer ist „das Weib" eigentlich? Und wann und wo sprach bzw. spricht „das Weib" zum/ zu den „Soldaten"?

Fragen wie diese lassen sich im Rahmen der Ordnung der Strophen, die ich von (Bed. BB 4) ausgehend konstruiert habe, nicht mehr beantworten. Bevor ich mich ihnen zuwende, möchte ich kurz auf den Charakter und Status dieser Ordnung zu sprechen kommen. In § 3.5 hatte ich, bei der Diskussion von (A6), von einer ‚temporalen Ordnung der Ereignisse' gesprochen. Wir haben gesehen, daß sowohl durch die von (Bed. BB 4) ausgezeichneten Zeilen wie durch ihren Kontext (die ungeraden Standardstrophen) dieser temporalen Ordnung der Ereignisse ein konditionaler Konnex unterlegt wird. Dieser konditionale Konnex ordnet die temporale Folge der Ereignisse in der Welt von T_2 in einer bestimmten Weise – und muß so zwar nicht einziges oder hauptsächliches, aber doch wesentliches Ingredienz der Interpretation von T_2 sein.

Vergleichen wir (A8) mit der bislang entwickelten Interpretation, so wüßte ich nicht, wo ich im Vorangehenden den Übergang von linguistischen Beobachtungen oder Aussagen zu ‚literaturwissenschaftlichen' vollzogen hätte. (A8) enthält nicht mehr, eher weniger, als ich bisher zur ‚Nachricht' von T_2 gesagt habe. Alles, was ich gesagt habe, läßt sich indessen zwanglos an die Regeln für ‚BB' anschließen, ohne daß rhetorisch-literarische Begriffe und Metaphern wie ‚antithetischer Charakter' und ‚spiegeln' eine prominente Rolle spielen (müssen), und ohne daß ich mich auf ‚allgemeine Strukturmerkmale poetischer Texte' beschränken mußte.

Nun könnte man einwenden, daß im Übergang von den Regeln für ‚BB' zur Konstruktion der Ordnung der Strophen von T_2 durch die Hintertüre doch ein Übergang entsteht, der sich durch den Gebrauch von ‚Formalisierung' einerseits und das Fehlen von ‚Formalisierung' andererseits verrät. Dies wäre indessen ein Fehlschluß. Einmal ist die Diskussion der Regeln so angelegt, daß hoffentlich deutlich geworden ist, daß es mir nicht auf den Grad der ‚Formalisierung' (der sehr niedrig ist) ankommt, sondern auf den Grad der Systematisierung und Generalisierbarkeit. Zum anderen ließe sich die Diskussion des konditionalen Konnexes der Ereignisse in der Welt von T_2 ohne große Mühe in eine Sprech(bzw. Schreib-) weise gießen, die sich eines vergleichbaren Grades der ‚Formalisierung' bedient wie im Falle der Regeln für ‚BB'. Meine Sprech(bzw. Schreib-)weise versucht, einen Mittelweg einzuschlagen, um Leser, die mit den (glücklicherweise) wohl vorhandenen ‚Beschreibungskategorien' aus linguistisch-poetologisch-logischen ‚Textmodellen' (vgl. Oomen 1973: 46–47 und oben, § 3.5) nicht vertraut sind, nicht unnötig abzuschrecken. Wohlgemerkt ist ‚Formalisierung' kein Garant oder kein Indiz für ‚Exaktheit'. Und wohlgemerkt schließt ‚Exaktheit' – die ich im Vorangehenden auch beim Gebrauch einer nicht-formalisierenden Sprech(bzw. Schreib-) weise angestrebt habe – das ‚Poetische' keineswegs aus. Im Gegenteil: Nur ‚Exaktheit' unserer Begriffe und Aussagen kann uns helfen, ‚das Poetische' zu verstehen. Und dieses Verständnis gehört in den Bereich der Linguistik und Logik genausogut wie in den Bereich der Literaturwissenschaft.

3.9 „Die Ballade vom Weib und dem Soldaten": Verständnisfragen

Erlauben die offen gebliebenen Fragen nach dem Weib und dem (den) Soldaten eine exakte Antwort? In § 3.5 sagte ich, daß eine Erklärung für die Variation im ‚Refrain' nach der vierten Strophe bei Beschränkung auf T_2 allein schwierig, wenn nicht ausgeschlossen sei. Wir haben im Vorangehenden gesehen, wie weit eine Erläuterung reicht, die sich auf metrische und semantische Eigenschaften von T_2 stützt. Dabei wurde vorausgesetzt, daß „der Soldat" im ‚Refrain' der ersten drei ungeraden Strophen ein ‚generischer' Soldat ist. Läßt sich diese Annahme halten? Wir haben auch gesehen, daß „der Soldat" in der jeweils ersten Zeile der geraden Strophen eher als Agens einer konkreten Handlung zu verstehen ist – ein definites Individuum bezeichnet – denn als Bezeichnung einer Spezies handelnder Personen. Auf jeden Fall aber können wir „die Soldaten" in der jeweils letzten Zeile der ersten beiden geraden Strophen in dieser Weise lesen. Die ‚Doppeldeutigkeit' von „der Soldat" aus den ersten Zeilen dieser Strophen könnte im übrigen auch so erklärt werden, daß „der Soldat" generisch bezüglich dieser Anzahl wohlbestimmter Individuen ist, d. h. als Sammelbezeichnung für sie fungiert, und „die Soldaten" in dieser Weise in dem Wechselgespräch mit dem „Weib" auf sich selbst verweisen.

Aber auch in dieser Lesart entsteht eine Anomalie: Der Referent der definiten Beschreibung[103] „die Soldaten" kann weder aus dem vorangehenden verbalen Kontext noch aus dem extraverbalen Kontext ermittelt werden. Gleiches gilt – wenn nicht sogar noch verstärkt – für „das Weib". Eine generische Deutung von „das Weib" im ‚Refrain' der ungeraden Strophen kommt nicht infrage, da in der Welt von T_2 „das Weib" nicht für das Weib schlechthin steht, sondern für das alte Weib in seiner Rolle als Weiser in einer bestimmten Situation.

Nun könnte man versuchen, auch das so spezifizierte „Weib" generisch zu deuten: „sagen" würde dann eine typische Redesituation zwischen der Spezies des

Soldaten und der Spezies des alten Weibs als weiser Berater/Warner des Soldaten bezeichnen.

Eine solche Deutung hätte zwei Nachteile. Einmal wäre sie nur schwer in Einklang zu bringen mit der Entwicklung der Ereignisse in der Welt von T_2. Sie würde die temporale Folge der Ereignisse in ihrem konditionalen Konnex vernachlässigen und dafür eine statische Interpretation à la Oomen einsetzen. Insbesondere aber würde sie zur Beantwortung der Frage nach der Referenz von „den Soldaten" im ‚Refrain' der siebten Strophe nichts beitragen: Dieser ‚Refrain' – und mit ihm die ganze Strophe – müßte in dieser Deutung als eine weiter nicht begründete Variation der vorangehenden ‚Refrains' – und Ereignisse – der ungeraden Strophen erscheinen.

Für eine wissenschaftliche Interpretation kann eine solche Deutung nicht genügen. Als B muß ich damit rechnen, daß einem A_i gerade an der Beantwortung dieser Frage gelegen sein kann – vor allem dann, wenn sie in der angedeuteten Weise mit der Frage nach der Referenz von „das Weib" und „der Soldat" verknüpft ist. (Ob A_i dabei seine Frage in eine semantische Begrifflichkeit kleidet/kleiden würde – ob er von einer ‚semantischen Anomalie' o. ä. spricht –, spielt dabei eine nebensächliche Rolle.) Da ich mich als in der durch $A = B$ umschriebenen Situation befindlich betrachte, handelt es sich im übrigen bei den Fragen von A_i nicht ausschließlich um Fragen von hypothetischen A_i: Diese Fragen haben zu dem Augenblick, da ich dieses schreibe, zumindest *eine* mir bekannte aktuale Instanz.

Wie in § 3.5 angedeutet, will ich zur Beantwortung der Fragen von A_i auch T'_2 in die Interpretation einbeziehen. Rufen wir eben ins Gedächtnis zurück, daß T'_2 mehr umfaßt als die 34 Zeilen, die mit dem Text von T_2 ‚korrespondieren'. In § 3.5 habe ich zur Verdeutlichung der Beziehung zwischen T_2 und T'_2 die Redeweise ‚Zeilen 1–34 von T'_2' eingeführt. Die so bezeichneten Zeilen stehen in genau spezifizierten Teil-Ganze-Beziehungen zu T'_2 – sowie in (im Prinzip) spezifizierbaren Teil-Ganze-Beziehung zum Text von *Mutter Courage*, zur Musik und Choreographie von T'_2, und zur Dramaturgie, Choreographie und Musik von *Mutter Courage*.

Aufgrund der damit zugänglichen Information liegt es nahe, als Referent von „das Weib" Mutter Courage und als Referent von „der Soldat" Eilif zu betrachten. Eine solche direkte Zuordnung entspräche der Auffassung von ‚Referenz' als Denotation – wobei allerdings die in Kapitel 1 diskutierten Probleme der Fiktion auftauchen. Denn Eilif und Mutter Courage sind keine ‚Menschen aus Fleich und Blut', sondern *dramatis personae*.

Für eine Zuordnung von „das Weib" und Mutter Courage und „der Soldat" und Eilif würde die Zuordnung der Zeilen 1–20 von T'_2 zu Eilif und der Zeilen 21–34 von T'_2 zu Mutter Courage sprechen. Diese Zuordnung fügte sich zu der Interpretation, die ich ausgehend von (Bed. BB 4) entwickelt habe. Allerdings müssen wir dabei über T'_2 hinausgehen und den (bereits in § 3.5 zitierten) unmittelbaren Vorgängertext von T'_2 heranziehen. Zeilen 1–20 des „Liedes vom Weib und dem Soldaten" werden von Eilif aus dem Gedächtnis zitiert: Es handelt sich um ein Lied, das er von seiner Mutter – Mutter Courage – gelernt hat. Und er lernte es als ein Lied, das ihn davor warnen sollte, Soldat zu werden. Da er jetzt Soldat ist – die

Situation handelt ja davon, daß er als Soldat für eine ,Heldentat' geehrt wird –, muß er, so das denotative Argument, „der Soldat" des Lieds sein. Dazu würde passen, daß Mutter Courage genau an dem Moment des Liedes einfällt, wo wir oben in der Abfolge der Strophen einen Einschnitt festgestellt haben.

Mit dieser Beobachtung ist aber zugleich auch das denotative Argument *ad absurdum* geführt: Eilif ist nicht am Ende von Strophe IV bzw. am Ende des Liedes verschwunden, sondern immer noch Held der Situation. Nun könnte man eine Rettung des denotativen Arguments versuchen, indem man als Referenten von „der Soldat" nicht Eilif, sondern seinen Vater wählt. Diese Zuordnung paßt zu dem Vorgängertext von T'_2 und würde zu der folgenden Interpretation der Ereignisse in der Welt von T'_2 führen: Eilif singt und tanzt das Lied, mit dem seine Mutter die Geschichte seines Vaters und die Rolle, die sie dabei gespielt hat, festgehalten hat.

Was in dieser Version des denotativen Arguments fehlt, ist indessen der Bezug des Liedes zur Situation von Eilif – die Entfaltung des Elements der Warnung, das Mutter Courage mit dem Lehren und Lernen des Liedes verbunden hat, und das in der jetzigen Situation den Verlauf der Ereignisse bestimmt. Da Eilif jetzt wie sein Vater ein ,großer Soldat' ist, will seine Mutter ihn vor dem Schicksal des/der (,großen') Soldaten warnen, indem sie genau da eingreift (die Aufführung des Liedes übernimmt), wo „der Soldat" des Liedes die Warnung „des Weibes" in den Wind geschlagen hat. Somit beschreibt das Lied nicht nur das Schicksal des Vaters von Eilif, sondern auch – aus der Perspektive „des Weibes" – das Schicksal von Eilif. In diesem Sinn ist Mutter Courage in der Tat „das Weib"; ist Eilif einer der Soldaten, zu denen „das Weib" in Zeile 34 spricht; und ist „der Soldat" der ersten sechs Strophen, auf den das Pronomen „er" von Zeile 31 von T'_2 rückverweist, nicht Eilif, sonder der Vater von Eilif.

Mit dieser Deutung haben wir T_2 endgültig verlassen. Was wir erreicht haben, ist eine denotative Deutung der Referenz der Nominalkonstituenten und Personalpronomina von T'_2. Kann dies Ergebnis – einerseits eine sehr allgemeine, ,generische' Deutung von T_2, andererseits eine sehr spezielle, ,denotative' Deutung von T'_2 – die Antwort auf die Fragen von A_i sein? Warum, so wird A_i zu Recht nachfragen, beziehst Du T'_2 überhaupt in Deine Interpretation ein, wenn Du keinerlei Verbindung zwischen der Deutung von T'_2 und der Deutung von T_2 herstellst? Du hast meine Frage nicht verstanden: Statt auf meine Frage nach der Referenz von „das Weib" und „der Soldat"/„die Soldaten" in T_2 zu antworten, sprichst Du über die Referenz von „das Weib" und „der Soldat"/„die Soldaten" in T'_2 und halst mir auch noch das Problem der fiktiven Denotation auf.

Was zunächst naheliegend und einleuchtend schien, wird so problematisch. Der Fehler beider Deutungen liegt wiederum in der Gleichsetzung von ,Referenz' mit ,Denotation'. Und um zu zeigen, welche Rolle z. B. der Begriff der Exemplifikation für die wissenschaftliche Interpretation von Literatur spielt, habe ich diese beiden Deutungen so ausführlich ausgesponnen. Mit dem Begriff der komplexen und mehrfachen Referenz lassen sich nicht nur die Unzulänglichkeiten beider Deutungen vermeiden. Wir sehen auch, welche Konsequenzen die Einbeziehung von T'_2 in die Erläuterung von T_2 für die wissenschaftliche Interpretation von T_2 hat.

Überdies wird auf diese Weise auch die Verkürzung der dramaturgischen Konstruktion von T'_2 aufgelöst, auf der das denotative Argument beruhte. Eilifs Tanz und Gesang ist deutlich markiert als eine Handlung (H_2) *in* der Haupthandlung der Szene bzw. des Teils der Haupthandlung, die im Zelt des „Feldhauptmanns" spielt (H_1). Die Handlung, die in der Welt von T'_2 bzw. den Zeilen 1–34 von T'_2 spielt (H_3), erscheint nun nicht eingebettet in H_2, sondern als eine Reihe von Handlungen, die auch H_2 als Instanz hat; oder korrekter ausgedrückt, in der Handlung H_2 wird eine Handlungsweise H_3 beschrieben (und dargestellt bzw. aufgeführt), die auch auf H_2 zutrifft (durch H_2 – als Handlung in H_1 – exemplifiziert wird).

In der Welt der Ereignisse von *Mutter Courage* exemplifiziert – im Kontext der Ereignisse von Szene 2 – Mutter Courage „das Weib" in der Rolle des Weisen. Die Einschränkung auf Szene 2 ist wichtig, da Mutter Courage in anderen Szenen – z. B. in Szene 1, wo sie durch ihre Geschäfte Eilif an die Soldaten verliert –keineswegs die Rolle des Weisen erfüllt. Ebenso exemplifiziert Eilif im Kontext der Ereignisse von Szene 2 den (oder die) „Soldaten", an die sich „das Weib" als Adressat der Warnung von Zeile 33 wendet, indem es ihm (ihnen) das Schicksal, das vor ihm/ihnen ein anderer/andere Soldaten erlitten haben, die ihre Warnung in den Wind schlugen, vor Augen führt. Und dieser Soldat/diese Soldaten werden im Kontext der Ereignisse von Szene 2 durch Eilifs Vater exemplifiziert. Nehmen wir die auf Szene 2 folgenden Szenen von *Mutter Courage* in diese Explikation auf, so können wir noch hinzufügen, daß die in Szene 8 berichteten Ereignisse auch Eilif zu einer Exemplifikation des/der Soldaten werden lassen, auf den/die die Vorhersage „des Weibs" zutrifft.

Allerdings ist die Dramaturgie des Stücks so angelegt, daß Mutter Courage bis zum Ende des Stücks von dieser Exemplifikation nichts weiß: Den Tod bzw. die Hinrichtung ihres Sohnes erfährt sie nicht. Das Stück endet damit, daß sie – nunmehr ohne Kinder, aber Eilif suchend – „wieder in den Handel kommen" will (Szene 12). Die Lehre aus den Ereignissen spricht so auch nicht sie aus, sondern ist in einem „Gesang" enthalten, der ihren erneuten Abzug mit den Soldaten begleitet (Seite 117 meiner Ausgabe von *Mutter Courage):*

Mit seinem Glück, seiner Gefahre
Der Krieg, er zieht sich etwas hin.
Der Krieg, er dauert hundert Jahre
Der g'meine Mann hat kein Gewinn.

Nehmen wir nun als Information hinzu, daß Brecht das Stück im Jahre 1939 schrieb und daß Hitlers Deutschland 1939 den lange vorbereiteten, von vielen herbeigewünschten Krieg begann, dann können wir den Text von *Mutter Courage* auch als Warnung des „gemeinen Mannes" vor dem „Glück und Gefahre" dieses Krieges durch den Stückeschreiber lesen.

Meine Interpretation von T_2 verfolgt indessen ein bescheideneres Ziel: Sie beruft sich nicht auf eine Interpretation von *Mutter Courage.* T'_2 ist nicht die ‚Stückfassung' von T_2, und T_2 ist auch nicht die ‚Gedichtfassung' der Zeilen 1–

34 von T_2'. (Dies wäre allenfalls T_2''.) Worum es mir hier geht, ist vielmehr, daß ich als B_2 für die Explikation semantischer Eigenschaften von T_2 ein (Mini-)Repertoire von Texten gebildet habe. Meine These lautet dann, daß erst die Bildung eines solchen Repertoires – dessen Zusammenstellung die hier ausgesparte sorgfältige Abwägung aller Art biographischer, entstehungsgeschichtlicher, editionsgeschichtlicher, historischer, sozialpsychologischer u. a. Information voraussetzt – die Lösung der semantischen Anomalien von T_2 ermöglicht.

Wie diese Lösung zustande kommt, ist kontrollierbar: Jeder Schritt ist angegeben (oder doch im Prinzip angebbar). Es wäre jedoch unzulässig, von der schrittweisen Lösung der semantischen Anomalien von T_2 mithilfe von T_2' zu sprechen. Mit der Bildung des (Mini-)Repertoires bestehend aus $<T_2, T_2', (T_2'')>$ sind die Anomalien nicht für T_2, sondern für das Paar (oder Tripel) $<T_2, T_2', (T_2'')>$gelöst. Mit anderen Worten: Wir haben nicht ‚die Welt von T_2', sondern eine Welt konstruiert, die aus Versatzstücken zumindest zweier Welten besteht. ‚Die Welt von T_2' unabhängig von Versatzstücken der Welt von T_2' ist in diesem Sinne unerreichbar – womit *en passant* die Idee verabschiedet ist, daß es eine Interpretation von *T*, und nur von *T*, geben kann. In jede Interpretation eines *T* geht die Interpretation von anderen *T* ein. Worauf es ankommt, ist nicht, die Interpretation des *T*, dem die Interpretation gilt, von Versatzstücken aus der Interpretation von anderen *T* zu ‚säubern'. Worauf es ankommt, ist die Angabe der Versatzstücke aus der Interpretation von anderen *T*, mit denen ich meine Interpretation aufbaue. Und nicht jedes Versatzstück aus jeder Interpretation eines jeden *T* hilft mir beim Aufbau meiner Interpretation meines *T*. Nur *die* Versatzstücke aus der Interpretation von anderen *T* helfen mir, die ‚passen'. In diesem Sinn kann aus der kombinierten ‚generischen' und ‚denotativen' Deutung der Referenz von „das Weib" und „der Soldat"/„die Soldaten" eine Interpretation von T_2 entstehen, die die angedeuteten Fragen von A_i zufriedenstellend beantwortet.

Bei dem im Vorangehenden entwickelten Fragment einer wissenschaftlichen Interpretation von T_2 möchte ich es belassen. Was der Leser mit den Versatzstücken meiner Version von T_2 beginnt, möchte ich jetzt ihm überlassen. Hoffentlich helfen sie ihm zu einer Version, die seine Version unserer Welt mitbestimmt als einer Welt, die „Wärme" braucht, die bleibt.

Anmerkungen

1 Das schließt nicht aus, daß für einzelne referentielle Beziehungen besondere Bedingungen gelten. So werden wir in § 1.1.4 sehen, daß Exemplifikation (und Expression) Denotation voraussetzen. Weiterhin ist das *faktische Bestehen* von referentiellen Beziehungen an pragmatische Faktoren gebunden (vgl. § 1.1.5).

2 Goodman führt Denotation im übrigen nicht nur sehr viel weiter als in der logischen Tradition üblich ein; er sieht Denotation auch rigoros als eigenständige, unspaltbare referentielle Beziehung an. Eine Aufspaltung in ‚Denotation' versus ‚Designation', ‚Sinn' und ‚Bedeutung', ‚Intension' und ‚Extension', usf. läßt er nicht zu. (Vgl. Wunderlich 1974: Kap. 9.I für einen Überblick über die Argumente *für* eine solche Aufspaltung.) In diesem Sinne ist es auch nicht ganz zutreffend, seinen semantiktheoretischen Standpunkt als ‚extensionalistisch' zu beschreiben. Wenn im Folgenden von der ‚Extension' eines Terms die Rede ist, sollte das immer mit diesem Vorbehalt gelesen werden.

3 Ich übernehme diese Methode der graphischen Darstellung von Elgin 1983. Einfacher Pfeil ‚→' ist zu lesen als ‚Denotation', doppelter Pfeil ‚↔' als ‚Exemplifikation' (sowie alle übrigen ‚bilateralen' referentiellen Beziehungen, vgl. auch Anmerkung 5).

4 Ich gebe im Folgenden meine eigene Übersetzung der Termini aus *Languages of Art*. Die Übersetzung in der deutschen Ausgabe (als „Sprachen der Kunst", Suhrkamp Verlag: Frankfurt/M., 1973) befriedigt mich nicht, da sie oft die Pointe der Termini übersieht. Diese liegt nicht zuletzt darin, daß Goodman systematisch von der lateinischen Basis seiner Termini Gebrauch macht. Oft sind seine Termini im Englischen ebenso idiosynkratisch wie in einer Übersetzung ins Deutsche, die auf die gleiche lateinische Basis zurückgreift. Im Falle von etwa "compliance" – „Komplianz" versus „Kompatibilität" – entsteht in der Suche des deutschen Übersetzers nach einer ‚glatten' Übersetzung eine ungewollte terminologische Konnotation, die die Besonderheit der Komplianz-Beziehung verdeckt. Andererseits erscheint es mir auch fraglich, wenn der deutsche Übersetzer – wie im Falle von "mark" – zu nahe am englischen Text bleibt. Er übersetzt "mark" als „Marke". Der Terminus bezieht sich jedoch nicht auf den „Marken"-Charakter eines Zeichens, sondern darauf, daß er als „Markierung" (in einem Medium) gegeben ist.

5 Eine ‚bilaterale' Beziehung ist auch bei Exemplifikation (und Expression) gegeben. Der Unterschied zu notationeller Komplianz liegt darin, daß nur bei letzterer eine strikte eins-zu-eins Beziehung zwischen Denotans und Denotatum vorliegt.

6 Auf den ‚pragmatischen' Aspekt, den Goodman ebenfalls unterscheidet, komme ich in § 1.1.5 zu sprechen. Er betrifft die Rolle ‚vorangehender Praxis' für das Bestehen, die Organisation und die Anwendung von Symbolsystemen.

7 Vgl. Goodmans Klassifikation in LA: 146. Auf der syntaktischen Ebene unterscheidet er drei Kategorien von Markierungen: atomare Inskriptionen, zusammengesetzte Inskriptionen und ‚andere Markierungen'. Die letztere Kategorie enthält "illformed sequences, fragments of inscriptions, and all other marks not belonging to any character" (ibid.).

8 Die vorangehende Diskussion der Gedichte erhebt keinerlei Ansprüche auf Vollständigkeit. Ich habe z. B. die Expression, die in der ‚Bewegung' der aufeinanderfolgenden Zeilen gegeben ist, außeracht gelassen.

9 Daß die Relativierung der Rolle des klassischen Wahrheitsbegriffs nicht in dem Sinn mißverstanden werden darf, daß Goodman – wie so manch anderer Semiotiker – die Mühen penibler logischer Analyse für überflüssig hält, zeigen u. a. seine jüngsten Arbeiten zu der Frage, wann eine Aussage wahr ‚über' etwas ist. Vgl. das dieser Frage gewidmete Kapitel IX von Elgin 1983.

10 Oben: "Invitation à lire comme indication de ce qui est à voir", von Daniel Buren (Innen-Teil; vgl. Fuchs und Buren 1976: 11). Burens Objekt, das in der Galerie Yvon Lambert, Paris, von Dezember 1970 bis Januar 1971 aufgestellt war, besteht aus einem Weiß und Blau gestreiften Tuch von 12 X 3 Meter, das Akrylfarbe am linken und rechten Rand aufweist.

Unten: "The fair sample". Figur 5 von *Ways of Worldmaking* (vgl. WW: 134):

> "The five samples (...) may all have come from the same bolt. Each contains the same amount of material as the rest, and of course none contains the whole pattern, which may consist of many long bands. Yet among the five, the one at the lower right may be the only fair sample. Why is this so? What does it mean?" (WW: 134–135)

11 Jenefer Robinsons Kommentar (1978, § 4) enthält einen instruktiven Überblick dieser Referenztheorie, die auf Kripkes Namentheorie zurückgeht. Sie konfrontiert im übrigen die Referenztheorien Freges und Kripkes mit Goodmans Analyse piktorialer Repräsentation (vgl. unten, §§ 1.3.3–1.3.4).

12 Nach Levin sind ‚abweichende Sätze' diejenigen Sätze aus (lyrischen) Gedichten, die gegen syntaktische und semantische Bedingungen der Wohlgeformtheit verstoßen. Da die Aussagen lyrischer Gedichte gegen die Regeln faktischer Referenzialisierbarkeit und gegen die normalen Wahrheitsbedingungen verstoßen, klassifiziert Levin sie als semantisch nichtwohlgeformt.

13 In seiner Exposition der „informellen Logik unserer Sprache" (vgl. Blau 1977: VII) kommt Ulrich Blau auch auf die Frage „nicht-referentieller Prädikate" zu sprechen (vgl. Blau 1977: § 4.2). Ein Prädikat wie z. B. „a ist ein Bild von b" nennt Blau „nicht-referentiell, denn an [seiner] zweiten Argumentstelle entfällt die Referenzpräsupposition" (1977: 121). Nach ihm stellt sich die Aufgabe, einen Satz wie z. B. „Breughel hat ein Bild vom Schlaraffenland gemalt" „so zu formalisieren, daß aus ihm und seiner starken Negation die Existenz von [Breughel], aber nicht vom [Schlaraffenland] folgt" (1977: 122). Er verwirft eine Formalisierung, die sich der mögliche-Welten-Semantik bedient (vgl. 1977: 122–123); ebenso jedoch eine Formalisierung, die auf einer „Blockierung der Analyse" beruht: „Man formalisiert Ausdrücke wie (...) ‚Bild-vom-Schlaraffenland-sein' (...) als *1-stellige Prädikatkonstanten*" (1977: 122). Nach Blau handelt es sich dabei um eine „Notlösung", die niemanden zufrieden stellen kann, „der von der Logik Aufschluß über den Mechanismus der Sprache erwartet" (ibid.). Leider gibt er für diese Einschätzung keine Gründe – Goodmans Argumente *für* eine solche Lösung werden von ihm noch nicht einmal genannt.

14 Das mag trivial klingen. Die Implikationen sind jedoch – wie wir im Folgenden sehen werden – keineswegs trivial. Und obwohl es trivial klingt, ist es doch der Aufmerksamkeit selbst eines so umsichtigen Kritikers wie Robinson (1978) entgangen. Goodman muß sie daran erinnern, daß "representation-as and fictive representation are matters not of what a picture denotes but of what labels of a certain sort denote the picture" (Goodman 1978: 161). Zum Begriff der ‚fiktiven Repräsentation' siehe das Folgende.

15 Da Goodman die englische Übersetzung von *Il Cavaliere Inesistente* verwendet (von Archibald Colquhoun, 1977 in New York erschienen), beziehe ich mich auf diese Ausgabe. Das italienische Original, das Calvino auf 1959 datiert hat, ist als abschließender Text in der Trilogie *I Nostri Antenati* 1960 in Turin erschienen (mit einem Postskript von Calvino).

16 Dem Herausgeber meiner Ausgabe der *Songs of Innocence* zufolge enthalten ‚frühe Abschriften' Paare von Gedichten. Aufgrund dieser Paare lassen sich die *Songs* in einer bestimmten Reihenfolge anordnen – Blake selbst hat die Reihenfolge nie definitiv entschieden (vgl. Blake 1971: 54). "Holy Thursday" bildet in diesen Abschriften ein Paar mit "Nurse's Song", das die Nummer VIII in meiner Ausgabe trägt (Blake 1971: 59–60):

When the voices of children are heard on the green,
And laughing is heard on the hill,
My heart is at rest within my breast,
And everything else is still.

'Then come home, my children, the sun is gone down
And the dews of the night arise;
Come, come, leave off play, and let us away
Till the morning appears in the skies.'

'No, no, let us play, for it is yet day,
And we cannot go to sleep;
Besides, in the sky the little birds fly,
And the hills are all covered with sheep.'

'Well, well, go and play till the light fades away,
And then go home to bed.'
The little ones leaped and shouted and laughed,
And all the hills echoed.

17 Aus (1) und (2) folgt, daß erst ein solcherart eingeschränktes ‚Reden-über' den Text, über den gesprochen wird, zu einem *literarischen* Text macht, und mithin die Konversation zu einer Konversation über Literatur. Es grenzt damit den eigentlichen Gegenstandsbereich von Konversationen über Literatur von anderen möglichen Gegenstandsbereichen dieser und anderer Varietäten von Konversationen ab. Wenn wir im Folgenden spezifische Bedingungen für das Gelingen von Konversationen über Literatur, und wenn wir spezifische Bedingungen für spezifische Varietäten von Konversationen über Literatur einführen, strukturieren wir diesen eigentlichen Gegenstandsbereich von Konversationen über Literatur.
Wenn Goodmans und Elgins Analyse von ‚über' (vgl. Anm. 9) die Frage betrifft, in welcher logischen Beziehung eine *Aussage* über einen bereits bekannten Gegenstand, z. B. "Jones" oder "Brown", zu anderen Aussagen über andere bereits bekannte Gegenstände steht, erschließt meine Analyse von ‚über' in der Konstruktion mit „Konversation" und „Literatur" (bzw. „literarischer Text") einen bislang unbekannten Gegenstandsbereich.

18 Diese Bestimmung läßt sich als kritische Fortführung der eindringlichen Analyse verstehen, die Charles Stevenson bereits 1950 der Frage nach der logischen Struktur von Interpretationen zuteil werden ließ. Vgl. auch die Vorbemerkung in Ihwe 1976: 340, sowie Seite 370 dieses Aufsatzes. Seit diesem Aufsatz hat sich im übrigen sowohl mein Abstand gegenüber den (meta-)philosophischen Prämissen Stevensons als auch gegenüber seinem Begriff der ‚relevanten Information' weiter vergrößert.

19 Die ‚figürliche Sprechweise' in Zeilen 7 und 8 läßt sich, ebenso wie die ‚Personifizierung' von „die Partei" in Zeilen 2 und 3, als ‚Abweichung' im Rahmen der klassischen Theorie der *Aspects* ansehen. Entscheidend ist in unserem Zusammenhang jedoch, daß diese ‚Abweichung', wie bereits oben bemerkt, im Rahmen der poetisch-linguistischen Kompetenz auflösbar ist, ohne daß eine besondere Verständnisschwierigkeit auftritt. Diese Auflösung könnte z. B. im Rahmen einer geeigneten Theorie der ‚Metapher' erfolgen, die integraler

Teil der poetisch-linguistischen Kompetenz ist. (Siehe oben, § 1.3.5, sowie unten, § 3.8, Anmerkung 99.)

20 Ich zitiere aus Variante V in der kritischen Ausgabe der *Maßnahme* von Reiner Steinweg (Steinweg Hrsg. 1972). Variante V datiert aus dem Jahre 1938. Die Zeilenzählung übernehme ich von Steinwegs Edition. Die Zitate finden sich dort auf S. 127 f. Vgl. im übrigen unten, § 3.3, zur Entstehungs- und Editionsgeschichte von *Die Maßnahme*.

21 Der Aufsatz Brechts datiert aus dem Jahre 1938. Vgl. den Abdruck in Brecht 1964: 77–87 und die Anmerkungen der Herausgeber auf S. 136. Jakobson zitiert nach dem Druck in Heft 12 der *Versuche*, Berlin 1961, S. 137–143. In meiner Ausgabe von Heft 12 der *Versuche* im Suhrkamp Verlag von 1953 (ebenfalls Berlin) erscheint der Text auf S. 141–147.

22 Dieser *B* von *B* muß im übrigen nicht unbedingt eine Person aus Fleisch und Blut sein. Unser *B* kann z. B. jemand sein, der Zugang zu geeigneten, schriftlich fixierten Erläuterungen hat.

23 Die Ergebnisse der Untersuchungen von von Savigny *cum suis* weisen auf die Schwierigkeit, allgemeingültige Regeln des Argumentierens in literaturwissenschaftlichen Interpretationen zu finden (vgl. von Savigny 1976). Allerdings geht von Savigny von vorliegenden Interpretationen (deutscher Lyrik) aus, ohne ihren Status als wissenschaftliche Interpretationen infrage zu stellen.

24 Charles Stevensons Analyse der logischen Struktur von Interpretationen (vgl. oben, Anmerkung 18) kommt das Verdienst zu, den logischen Ort von Normen in der gängigen Interpretationspraxis herauspräpariert zu haben (vgl. hier noch Stevenson 1957, §§ VI ff., und 1962). Undeutlich bleibt dabei, ob Stevenson seine Analyse des normativen Ursprungs von scheinbar rein deskriptiven Interpretationsaussagen als Rekonstruktion vorfindlicher Interpretationspraxis verstehen will, oder ob er selbst von der Notwendigkeit der zentralen Rolle von Normen beim Zustandekommen einer Interpretation überzeugt ist. Auch macht er keinen Unterschied zwischen Interpretationen im allgemeinen und Interpretationen mit Anspruch auf Wissenschaftlichkeit.

25 Für Einzelheiten kann ich auf Kapitel 5 und 6 von Wunderlich 1974 verweisen. (Dabei sei angemerkt, daß Wunderlich im Laufe seiner Explikation der Semantik natürlicher Sprachen in Kapitel 9 seines Buches weitgehend als ‚Intensionalist' argumentiert; vgl. besonders sein Kapitel 9.I, sowie Anmerkung 2, oben.) Zu Ende von § 6.3 seines Buches kommt Wunderlich auch auf die kritikable Zuordnung von Semantik und Phonologie als interpretative Theorien der Syntax in Chomskys TGG zu sprechen.

26 Vgl. hierzu den Rückblick von McCawley 1977, der zugleich als Richtigstellung der Rolle Jakobsons für die TGG überhaupt gemeint ist.

27 Als grundlegende Studie kann ein längerer Aufsatz von Halle & Keyser über „Chaucer und das Studium der Prosodie" aus dem Jahre 1966 gelten (Halle & Keyser 1966); als klassische Formulierung der ‚neuen' Prosodie das entsprechende Kapitel ihres Buchs *English Stress* (erschienen 1971), sowie der Aufsatz über den jambischen Pentameter aus der gleichen Zeit (Halle & Keyser 1971–72). Die Bezeichnung ‚generative Metrik' stammt nicht von Halle & Keyser selbst, sondern von Joseph Beaver, der sie 1968 prägte (vgl. Beaver 1974: 7).

28 In einer 1975 erschienenen Abhandlung habe ich versucht, einen systematischen Überblick über die Grundlagen und Möglichkeiten einer ‚generativen Metrik' zu geben (Ihwe 1975). Da ‚generativ' eher die Entstehungsgeschichte als eine besondere Eigenschaft der Theorie der Metrik anzeigt, sollte man besser auf das Prädikat ‚generativ' verzichten. Worauf es in diesem Zusammenhang ankommt, ist die Frage, ob die von Halle & Keyser vorgelegte ‚neue' Theorie der Prosodie wirklich eine Theorie ist, bzw. was die Voraussetzungen für eine solche Theorie wären.

29 Eine erste Übersicht einschlägiger Argumente bietet Bernhart 1974. Aber nicht nur die ‚neue' Theorie der Prosodie von Halle & Keyser, auch die ‚Alternative' dazu, die Magnuson & Ryder vorgeschlagen haben, sowie die darauf basierenden Arbeiten von Björklund (vgl. Björklund 1978), leiden an der gleichen methodologischen Simplifikation.

30 In meiner Abhandlung von 1975 habe ich zu zeigen versucht, daß das Projekt einer Theorie der Metrik zur Grundvoraussetzung hat, daß die enge Beziehung zwischen Sprachstruktur und Versstruktur geklärt ist (vgl. Ihwe 1975: 396). Eine solche Klärung ist erst mit den Arbeiten Paul Kiparskys systematisch begonnen (vgl. dazu auch weiter unten, § 3.7). Während Kiparsky jedoch in den von mir 1975 besprochenen Arbeiten die metrischen Systeme der Rigveda und des Kalevalalieds heranzieht, ist es Guéron im Falle einer ‚einfachen', lebenden Versform gelungen, den Nachweis für ihre tiefe Einbettung in die Sprachstruktur zu führen.

31 Kurz nach dem Schreiben dieser Zeilen, im Sommer 1982, erreichte mich die Nachricht, daß Roman Jakobson im Alter von 86 Jahren gestorben ist. So fasse ich die nachfolgenden Konversationen mit ihm und Ursula Oomen als meine Würdigung seiner bleibenden Verdienste auf.

32 Einige typische Beispiele aus der Sekundärliteratur behandelt später Reiner Steinweg in seinen Gegen-Interpretationen der *Maßnahme* (vgl. Anmerkung 36) und des *Badener Lehrstücks vom Einverständnis* (vgl. Anmerkung 57).

33 Vgl. die Äußerungen Brechts in Abteilung D der kritischen Ausgabe der *Maßnahme* (Steinweg Hrsg. 1972), sowie Reiner Steinwegs Darstellung der ‚Basisregel der Lehrstücke' in § 2.3 seines Buchs *Das Lehrstück* (Steinweg 1972).

34 Wendungen wie diese finden sich vor allem bei den Protagonisten der ‚bürgerlichen' Interpretation der *Maßnahme*, Reinhold Grimm und Joachim Kaiser. Der Tendenz nach sind sie aber – oder waren sie zumindest bis zu den Arbeiten Steinwegs – bestimmend für die offizielle, ‚nicht-marxistische' Rezeption des Stücks. (Vgl. die Dokumentation in Abteilung G von Steinweg Hrsg. 1972, sowie Anmerkung 36, unten.)

35 Vgl. das „Nachwort für Spiel- und Agitpropgruppen", das er seiner kritischen Ausgabe der *Maßnahme* mitgegeben hat (Steinweg Hrsg. 1972: 475 ff.), sowie: die „Berichte und Reflexionen über Versuche, Lehrstücke unter Berücksichtigung der Lehrstücktheorie zu realisieren", die er in den von ihm zusammengestellten Band *Brechts Modell der Lehrstücke* (Steinweg Hrsg. 1976; das Zitat ibid.: 9) aufgenommen hat; die Fortsetzung dieses Bandes *Auf Anregung Bertolt Brechts* (Steinweg Hrsg. 1978); seinen Aufsatz „Aus der Lehrstückpraxis" (Steinweg 1980) und den Bericht über sein „Theaterpädagogisches Forschungsprojekt ‚Jugend und Gewalt'" (Steinweg et al. 1983) in Band 17 der von ihm redigierten *Friedensanalysen* (Steinweg Red. 1983).

36 Vgl. die Interpretation der *Maßnahme*, die Steinweg 1972 als Korrektur der ‚bürgerlichen' Interpretation à la Grimm und Kaiser entwickelt hat (Steinweg 1972a), besonders Seiten 147 ff.

37 Sie war Jakobsons Beitrag zur Festschrift für Wolfgang Steinitz (Berlin 1965) und ist seitdem an verschiedensten Orten mit geringen Veränderungen erschienen. In dem Druck von 1976 sind die schlimmsten Druckfehler verbessert, obwohl auch diese Version noch nicht frei davon ist (vgl. Anmerkung 48, unten). Im übrigen zitiert Jakobson den Titel von T_1 als „Wir sind sie" – zu Unrecht, wie wir im Folgenden sehen werden.

38 Ein erster Versuch einer Standortbestimmung war Ihwe 1969. Von dort führte der Weg zu den beiden Anthologien -- Ihwe Hrsg. 1971/72 und Ihwe Hrsg. 1972 – und dem gleichzeitig entstandenen Entwurf einer Systematik der Literaturwissenschaft (Ihwe 1972).

39 Hier wie im Folgenden spiele ich auf den Titel von Jakobsons Beitrag zu *Mathematik und Dichtung* an: „Poesie der Grammatik und Grammatik der Poesie", der sprechend den ‚integrationistischen' Standpunkt Jakobsons zum Ausdruck bringt. Ursprünglich war dieser Text 1961 auf russisch erschienen. Er kann als Ergänzung und Ausführung der Darlegungen zur Rolle des Parallelismus in ‚versloser Komposition' (Hopkins) angesehen werden, mit denen Jakobson 1958 seinen programmatischen Aufsatz beschlossen hatte. (Vgl. auch Jakobson 1972: 132, wo bereits die Wendung von der „Poesie der Grammatik" und der „Grammatik der Poesie" erscheint.)

40 Vgl. die Darstellung in Ihwe 1972, § 2.3.3, besonders Seiten 188 f.

41 Vgl. die eingehende Kritik an der Editionspraxis des Suhrkamp Verlags von Reiner Steinweg und mir, die durch die programmatischen Äußerungen von Siegfried Unseld anläßlich der Debatte um die erste ‚Gesamtausgabe' der Werke Brechts provoziert wurde (Ihwe & Steinweg 1965–66).
In der gedruckten Version seiner Dissertation (dazu im Folgenden) kommt auch Gerhard Seidel in einem eigenen Abschnitt (§ 1.1.4) äußerst kritisch auf den vom Suhrkamp Verlag (und den Erben Brechts) bestimmten „Stand der Editionen und Publikationen" zu sprechen. Er konstatiert, daß die Brecht-Edition „in den zwölf Jahren seit dem Tode des Dichters in einen Dschungel verwandelt [wurde]" (Seidel 1970: 31). Insofern kehrte Unseld nach Seidel den Sachverhalt um, wenn er 1964 behauptete, eine historisch-kritische Ausgabe sei zur Zeit unmöglich. Diese Behauptung

> „ist heute [1970] so wenig schlüssig wie damals. Der Brecht-Verleger (...) vergißt, daß beinahe alle Texte und Materialien, einschließlich vieler Zeugnisse der Zeitgenossen (...), im Bertolt-Brecht-Archiv zugänglich sind. Eine umfassende, wissenschaftlichen Ansprüchen genügende historisch-kritische Brecht-Ausgabe ist heute nicht nur wünschenswert; sie wäre auch prinzipiell realisierbar." (Seidel 1970: 32)

42 Vgl. die Klarstellung, die Steinweg dem Bericht über die Anlage seiner kritischen Ausgabe der *Maßnahme* vorausschickt:

> „Bei den meisten der in der Überlieferung der *Maßnahme* unterscheidbaren Arbeitsvorgängen handelt es sich (...) nicht um *Korrekturen*, d.h. um Annäherungen der Textgestalt an ein vorgegebenes Ideal, sondern um „Veränderung", d.h. um dialektische Weiterentwicklung von Überbaumaterial in einem sich ändernden historischen Kontext. Nach dieser Definition besteht der Gesamt-Text aus etwa achtzig mehr oder weniger voneinander unterschiedenen Einzel-Texten (...)." (Steinweg Hrsg. 1972: 485)

43 In dem mit „Das Arbeitsergebnis und sein Charakter" überschriebenen Abschnitt 1.2.6 seines Buchs kommt Seidel ausführlich auf die Tatsache zu sprechen, daß „die Bezeichnung ‚Versuch' (...) eine für das Brecht-Verständnis zentrale Kategorie [ist], die sich mit den literaturtheoretischen Auffassungen und der schriftstellerischen Praxis des Dichters in voller Übereinstimmung befindet." (Seidel 1970: 75) Diese Bezeichnung gebrauchte Brecht seit Mitte der zwanziger Jahre, um den besonderen Charakter seiner schriftstellerischen Arbeit zu beschreiben. Sie führte auch zu dem Bemühen um eine entsprechende Publikationsform, den Heften der ‚Versuche'-Reihe. (Das erste Heft erschien 1930!) Wie Seidel betont, nannte Brecht seine Texte nicht aus falscher Bescheidenheit ‚Versuche', sondern um deutlich zu machen, daß er mithilfe der Texte systematische, kontinuierliche Experimente ausführte, die auf die Erkenntnis der Gesellschaft gerichtet sind (Seidel ibid.). Vgl. hierzu auch Steinweg 1971.

44 Die Uraufführung der *Maßnahme* fand am 13. Dezember 1930 in der Philharmonie in Berlin statt. Als Fassung I gibt Steinweg einen Text, den er u.a. aus dem Autograph der Partitur von Hanns Eisler rekonstruiert hat (vgl. Steinweg Hrsg. 1972: 175–176).

45 Im Gegensatz zu Jakobson unterscheide ich im Rahmen dieser Konversation also zumindest drei Texte *Die Maßnahme*. Diese drei Texte sind zwar teilweise homonym – und insofern ist die Redewendung, daß sie (bzw. Teile von ihnen) miteinander ‚korrespondieren', tolerierbar –, aber sie (bzw. Teile von ihnen) sind keineswegs synonym. Nelson Goodmans Definition der Synonymie erlaubt es, diese spitzfindig anmutende Unterscheidung zwischen teilweise oder sogar gänzlich homonymen, aber dennoch nicht synonymen Texten – die ja auf die Behauptung hinausläuft, daß solche Texte unterschiedliche Bedeutung haben! – in allgemeiner Weise zu rechtfertigen:

> "Two coextensive characters, c_1 and c_2, are not synonymous unless every two parallel compounds of them are also coextensive. That is, if replacement of c_1 or c_2 by the other in some compound character k_1 yields a character k_2 with an extension different from that of k_1, than c_1 and c_2 may on good grounds be said to differ in meaning." (LA: 204)

Nehmen wir in unserem Falle die jeweiligen Textganzen (oder die jeweiligen Textsammlungen, vgl. unten), in denen homonyme Textteile (oder Einzeltexte) erscheinen, als 'compound characters', so können wir diese Hinzunahme des verbalen Kontexts als Bildung eines 'parallel compound' auffassen. D.h. auch in diesem Sonderfall gilt, was Goodman ganz allgemein über die (Un)Möglichkeit von Synonymie in natürlichen Sprachen anmerkt:

> "As applied to natural languages, where there is great freedom in generating compounds, this criterion tends to give the result that every two terms differ in meaning." (LA: 205, Anm. 16)

46 Ich denke, daß Seidel sich der Schwierigkeit solcher Wertung bewußt ist, zumal die Rolle Elisabeth Hauptmanns für die postume Edition der ‚Gesamtausgabe' der Werke Brechts nicht unumstritten ist (vgl. Ihwe & Steinweg 1965–66). Im Falle der *HG* kann sie jedoch – als von Anfang an maßgebliche Redaktorin – als ausschlaggebende Autorität gelten.

47 Auf die Korrespondenz des Nachdrucks mit der Originalausgabe von *LGC* kommt Elisabeth Hauptmann auf S. 241 des gleichen Bandes III der *Gedichte* zu sprechen. Daraus ergibt sich, daß auch hier das Kriterium der 'sameness of spelling' mit der gebührenden Toleranz anzuwenden ist. (So fehlt im Nachdruck die „Notenbeilage mit Melodien Hanns Eislers".)

48 Als weitere sinnstörende Druckfehler notiere ich in dieser Version von Jakobsons Aufsatz: auf Seite 124, 7. Zeile von unten, muß es in dem Schema unter 1) statt „sie" heißen: „ist" (vgl. unten, § 3.4, S. 150); auf Seite 126, 16. Zeile von oben, wird die Zeile 11 von T_1 fälschlich als Zeile 17 gezählt.

49 Bierwisch hatte 1965 die seit 1952 von Harris entwickelten und erprobten Prozeduren der *Discourse Analysis* (DA) vor allem unter dem Aspekt diskutiert, inwieweit sie analog zu den Prozeduren der Satzgrammatik, d. h. einer Grammatik des Formats der TGG Chomskys, funktionieren (vgl. Bierwisch 1965a). Letztere lassen sich in einem Eingabe-Ausgabe-Modell beschreiben, bei dem die Grammatik für jeden beliebigen Satz entscheidet, ob er ein grammatischer Satz (der betreffenden Sprache) ist, und wenn ja, welche Struktur ihm zukommt. Da die Prozeduren der DA nicht in ein Eingabe-Ausgabe-Modell für Texte aufgenommen werden können, ist nach Bierwisch Harris' Projekt einer effektiven Aufzählung der wohlgeformten Texte (einer natürlichen Sprache *L*) gescheitert. Harris ging es indessen gar nicht um eine Definition des Begriffs ‚Text in *L*':

> „Die DA ist kein Verfahren, das die Texte einer Sprache L_i von den Nicht-Texten unterscheidet (...), sondern eine Methode, die aktuales Sprachvorkommen in seiner individuellen Gestalt zu beschreiben versucht." (Ihwe 1981: 129)

Diese Methode besteht in der effektiven Zerlegung eines Textes in (morphematisch begründete) Äquivalenzklassen. Die Prozeduren, die dabei zur Anwendung kommen, sind strikt distributioneller Natur. (Ihre Ausarbeitung hat Harris zur Einführung des Begriffs der ‚Transformation' in die neuere Linguistik geführt!) Effektiv oder optimal

> „ist eine Äquivalenzklassenzerlegung eines Textes erstens dann, wenn die Sätze des Textes eine Äquivalenzstruktur aufweisen, die es erlaubt, von der linearen Anordnung der Sätze zu einer matriziellen Anordnung überzugehen. (...) Optimal ist eine Äquivalenzklassenzerlegung zweitens dann, wenn sie zu Ergebnissen führt, die weiterführende Interpretationen zulassen." (Ihwe 1981: 131)

Harris dachte dabei an Stiluntersuchungen im kulturellen Kontext, allgemein an eine Korrelation zwischen sprachlichem und sozialem oder interpersonalem Verhalten (id.: 130). Die Zielsetzung in jedem konkreten Fall bestimmt demnach auch, welche unter den zahllosen erreichbaren Äquivalenzklassenzerlegungen als effektiv anzusehen ist.
Ich bin so ausführlich auf die DA eingegangen, weil hier die linguistische Methode erkennbar wird, der Jakobson mit dem Begriff der Äquivalenz in der Poetik folgt. Erkennbar werden damit aber auch die Begrenzungen, die mit dieser Methode verbunden sind und die in seinen Interpretationen durchschlagen. Ich komme darauf im Folgenden noch ausführlicher zu sprechen.

50 Schöne Beispiele für diese Bestimmung der poetischen Funktion bietet T_2: vgl. die erste Zeile oder das von den Zeilen 5 und 15 gebildete Paar, das Oomen ausführlich diskutiert (vgl. § 3.5, unten, sowie § 11.1.2 von Oomen 1973).

51 Ich bin damit einen sehr anderen Weg gegangen als den, den Wolfgang Klein 1977 programmatisch – und zum Teil in Antwort auf meine Analyse der literarisch-philologischen Interpretation als ‚deontischer Raum' (vgl. Ihwe 1976) – festgelegt hatte. Klein ging es vor allem um den Nachweis, daß unter bestimmten Bedingungen auch die Sätze in gegebenen Interpretationen der literarisch-philologischen Praxis wahr (oder falsch) sein können, daß sie Geltung als ‚Behauptungen' haben. Zwar behaupten sie nichts über ‚die Realität' (wie es in ‚realitätsabbildender' Rede geschehe), wohl aber über die in und mit einem literarischen Text ‚erschaffene Welt' (vgl. Klein 1977: 2, und besonders seine Anmerkung 2).

52 Levin hatte 1962 unter dem Titel *Linguistic Structures in Poetry* versucht, eine anwendungsorientierte Synthese der linguistischen Poetik zu geben. Manches davon findet sich – in anderen Kleidern – in seinem Buch von 1977 wieder. Der semantische Dreh dieses letzteren Buches läßt indessen, wie wir gesehen haben, die Verhaftung Levins in der literarisch-philologischen Interpretation, die auch im Falle der ersten, syntaktisch orientierten Arbeiten durchaus vorhanden ist, deutlicher hervortreten.

53 Es ist zu bedauern, daß Jakobson diesen Beobachtungen nicht mehr Aufmerksamkeit zugewendet hat. Denn die zentrale Stellung von Vers 11 läßt sich in überzeugender Weise durch eine weitergehende linguistische Analyse zeigen. Dabei ist zu beachten, daß 1965 mit den Arbeiten der (von Wolfgang Steinitz initiierten!) Berliner Arbeitsstelle für Strukturelle Grammatik (der Deutschen Akademie der Wissenschaften der DDR) eine generative Grammatik des Deutschen in Umrissen vorlag. Auf diese Arbeiten sollte sich auch mein oben genanntes Projekt der Revision und Weiterführung von Jakobsons Interpretation vornehmlich stützen. Aus den umfangreichen Aufzeichnungen möchte ich hier nur einige Ergebnisse mitteilen, die sich innerhalb dieses Rahmens – d.h. abhängig von der zugrundegelegten linguistischen Theorie – ergeben haben.
Die Verse 9–13, die Jakobson in vier ‚Elementarsätze' auflöste, lassen sich auf acht Tiefenstrukturen (Ausgaben des syntaktischen Formationsteils) zurückführen. Verse 9–10 und 11–13 weisen jeweils vier dieser Tiefenstrukturen auf. In jeder Tiefenstruktur kommt die Verkettung [definiter Artikel Singular + *Weg*] einmal vor. Die jeweils gerade Tiefenstruktur wird auf dem Weg zur Oberfläche (als Konstituentensatz) in die jeweils vorangehende un-

gerade Tiefenstruktur (den Matrixsatz) eingebettet. Jakobson gibt jeweils nur das Verbformativ des Matrixsatzes. Als Paraphrase der unterliegenden Satzstruktur von Versen 11–13 erhalte ich (mit ‚#' als Symbol für die Satzgrenze und ‚△' als Symbol für einen syntaktischen Platzhalter):

„Aber # gehe nicht ohne uns den Weg #
der Weg ist richtig # der Weg ist ohne uns △ #
der Weg ist am falschesten #"

54 Vgl. Jakobsons Bemerkung zur Verteilung des Diphtongs |ai| in der vierten Strophe auf Seite 123 seines Aufsatzes: Dieser erscheint in der jeweils letzten betonten Silbe der Verse 17–20; zudem weisen die entsprechenden Lexeme der Verse 18–20 die bereits oben erwähnte Eigenschaft der lexikalischen Verwandtschaft (Paregmenon) auf: $_{18}$„weiß"- $_{19}$„Weisheit"- $_{20}$ „weise".

55 Es ist nicht – wie noch in dem Exposé von 1969 – meine Absicht, eine solche Interpretation zu geben. Mir geht es in der Konversation mit Roman Jakobson ausschließlich um die Fragen, die sich A_1 (und C_1) hinsichtlich T_1 und *Die Maßnahme* stellten, und um die Art der Antwort, die Jakobson auf solche und ähnliche Fragen gegeben hat. Wenn man so will, sind in dem Kommentar zu Jakobsons Aussagen über T_1 bzw. T_1' bzw. T_1^i Hinweise auf das Format einer wissenschaftlichen Interpretation von T_1 enthalten. Mehr als Hinweise sollen es jedoch nicht sein. Erst in der Konversation mit Ursula Oomen geht es mir darum, die Skizze einer wissenschaftlichen Interpretation im Sinne von *Def. 4* von Kapitel 2 zu geben.

56 Die Aktionen des „Jungen Genossen" enden ja alle damit, daß nicht nur die Lage der Agitatoren, sondern auch die Lage der Unterdrückten, denen er helfen will, schlechter wird.

57 Die Bedeutung des Begriffs ‚Einverständnis' für das Verständnis der Lehrstücke Brechts ergibt sich bereits aus Titeln wie „Das Badener Lehrstück vom Einverständnis" und „Der Jasager"/„Der Neinsager". Vgl. auch Reiner Steinwegs Gegen-Interpretation des *Badener Lehrstücks vom Einverständnis* (Steinweg 1973).

58 Ich müßte dafür allerdings auch auf die Einzelheiten von Brechts Dramaturgie des Schaustücks zu sprechen kommen – ein Thema, das den Rahmen dieses Buchs sprengen würde.

59 Oomen ist sich offensichtlich der Problematik dieser Merkmale nicht bewußt – einer Problematik, die nicht zuletzt die Konzeption der ‚generativen Semantik' mitbestimmte (vgl. § 2.3 und Kapitel 3 ihres Buches).

60 Da Oomen hier ausschließlich auf semantische Fragen fixiert ist, bleiben die Unterschiede in der phonetisch-phonologischen Struktur bzw. der graphischen Realisierung der Lexeme unerwähnt.

61 In Kapitel 8 ihres Buchs behandelt Oomen ‚Lautstrukturen' des poetischen Texts. Sie beschränkt sich dabei allerdings auf Klangwiederholungen (Reim, Vokalharmonie u. ä.). Für diesen ‚vokalischen Teil' von Versen beruft sie sich auf die Merkmalsanalyse deutscher Vokale, die Schädlich 1969 gebraucht hat (vgl. Schädlich 1971/72). Eine durchgehende Charakterisierung der Lautstruktur deutscher Verse im Rahmen einer phonologischen Theorie des Deutschen fehlt meines Wissens noch immer.

62 Vgl. besonders § 3 von Bierwisch 1965. Auf Seite 57 dieses Aufsatzes gibt Bierwisch auch eine „exakte Explikation" des Theorems. Zur theoretischen Rekonstruktion der Poetik Bierwischs vgl. § 2.4.7 von Ihwe 1972.

63 Die ‚Liste' auf S. 57, mit der Oomen die „Gliederungsfunktion der Parallelismen" schematisiert (vgl. dazu im Folgenden), enthält unter g. die Aussage, daß das Reimwort „schaden" in Zeilen 7 und 17 das Ende der ersten Strophenhälfte der geradzahligen Strophen ‚signalisiert'. In Strophe VI erscheint in Zeile 27 indessen „waten"!

64 Es liegt nahe, Parallelismen durch ihre allgemeinen logischen Eigenschaften zu beschreiben und zu klassifizieren. Dies würde der Deutlichkeit zugute kommen, insbesondere dann, wenn man Verse mehrfach in Parallelismen klassifizieren will. In diesem Sinn erscheint mir Oomens (und auch Jakobsons) Redeweise unnötig kompliziert: Logisch gesehen sind Parallelismen sehr einfache Strukturen.

65 Demgegenüber behauptet Oomen, daß die Liste sich nur „geringfügig verändern [würde], wenn der ganze Text in die Analyse einbezogen würde" (1973: 58).

66 Für die Konversation mit Ursula Oomen nehme ich aus rein expositorischen Gründen an, daß ihre Qualifikation eines Textes als ‚poetisch' synonym ist mit meiner Qualifikation als ‚literarisch'. Daß ‚poetisch' indessen für Oomen keineswegs ein wertneutrales Prädikat ist, geht aus ihren Aussagen zum ‚Poetischen' hervor (dazu im Folgenden).

67 Selbst wenn man die offenkundigen, auch formalen Schwächen der Notation Katz' ausräumt (wie es Bierwisch versucht hat), bleibt dieser grundlegende Einwand Wunderlichs bestehen (vgl. Wunderlich 1974: 293). Im übrigen gilt er ebenso für die Notation, die etwa Lakoff im Rahmen der ‚generativen Semantik' entwickelt hat (vgl. Wunderlich 1974: 293 ff. sowie 286 f.).

68 Als Illustration möge die folgende Aussage aus Kapitel 9 von Oomens Buch dienen, das „semantische Strukturen" des poetischen Texts behandelt:

> „Poetische Texte unterscheiden sich (...) von alltagssprachlichen Texten dadurch, daß semantische Zusammenhänge unabhängig von sachlichen bestehen können." (1973: 77–78)

69 Man vergleiche etwa das Forschungsprogramm, das mit der ‚poetischen Funktion' bei Jakobson verbunden ist:

> „Diese Funktion kann nicht mit Gewinn außerhalb der allgemeinen Probleme der Sprache untersucht werden, und es muß – auf der anderen Seite – jede genauere Untersuchung der Sprache ihre poetische Funktion eingehend berücksichtigen." (1972: 108)

70 Offensichtlich ist es diese Vereinfachung, die Hand in Hand geht mit dem Gebrauch der Terminologie, die Jakobson entwickelt hat. Bereits in der Einleitung der von mir herausgegebenen zweiten Anthologie „Literaturwissenschaft und Linguistik" hatte ich mich veranlaßt gesehen, eben diese Warnung Jakobsons gegenüber mehreren Beiträgen mit Nachdruck herauszustellen (vgl. Ihwe Hrsg. 1972: 10).

71 Im Einzelnen führt Jakobson an dieser Stelle aus:

> „Epische Dichtung, die besonders auf die dritte Person bezogen ist, impliziert vor allem die referentielle Sprachfunktion; die sich auf die erste Person richtende Lyrik ist eng verbunden mit der emotiven Funktion; Dichtung von der zweiten Person ist von der konativen Funktion durchdrungen (...)." (ibid.)

72 Sowohl Ästhetik wie Semiotik – Superdisziplinen, die Oomen immer da bemüht, wo ‚die Linguistik' zu wenig herzugeben scheint – bleiben, so lehrt auch dieses Beispiel, ohne eine wohlfundierte Semantik leere Versprechungen.

73 Austin enthält zunächst einige schöne Beispiele für die Charakterisierung poetischer Strukturen in der Poesie Shelleys mithilfe syntaktischer ‚Bedingungen an Transformationen' ('constraints on transformations'), wie sie von Chomsky und anderen in den 70er Jahren in den Mittelpunkt der syntaktischen Theorie gerückt worden sind (vgl. Augstin 1979: 317–318). Seine Beobachtungen sind indessen nach ihm auf die ‚linguistische Analyse' des poetischen Stils von Shelley beschränkt – sie können allenfalls die Richtung weisen, in der eine Würdigung seiner ‚ästhetischen Form' zu suchen wäre (vgl. Austin 1979: 334 ff.). Diese Würdigung ist das eigentliche Ziel einer jeden Stiluntersuchung (stylistic criticism) – und kann auch ohne vorherige linguistische Analyse erreicht werden. Mehr noch: Sie allein er-

laubt, der linguistischen Analyse ihre Richtung zu geben, da diese sonst "whatever its formal allegiances, will, almost by definition, result in a mass of assorted data, much of which will be indistinguishable from data derived from the analysis of any random sample of the language in which the work itself was written." (id.: 337–338) Im Hintergrund dieser säuberlichen Trennung steht natürlich das Axiom, daß ein poetischer Text eben nicht nur eine linguistische, sondern auch noch und vor allem eine ästhetische ‚Form' aufweist (vgl. id.: 342).

74 Für den Text siehe oben, § 3.2. Der Text ist der erste Text der Abteilung, die mit „Berichte/ Chroniken" überschrieben ist (S. 103–104). Diese Abteilung folgt auf die Abteilung „Balladen".

75 Obwohl Heiner Müllers wachsender Ruhm als Stückeschreiber sich vor allem auf seine ‚Schaustücke' gründete, war er – zu jener Zeit – selbst davon überzeugt, daß allein ein Stücktypus wie der des Lehrstücks Brechts oder des *Fatzer* der geschichtlichen Situation angemessen wäre. Als ein erstes Dokument der Begegnung mit der Dramaturgie Heiner Müllers sei mein Versuch einer wissenschaftlich fundierten Würdigung seines *Philoktet* genannt (Ihwe 1966).

76 Die Sammlung trägt den Titel *Puffin Book of Nursery Rhymes* und wird ohne Ort und Jahr von Guéron zitiert. Ich selbst habe die Ausgabe von William S. Baring-Gould und Cecil Baring-Gould von 1962 gebraucht, folge aber in den Beispielen dem Text, den Guéron gibt.

77 In ihrem mehr allgemein gehaltenen Aufsatz von 1975 spricht sie allerdings ebenfalls von ‚Korrespondenzregeln' ('Règles de correspondance'). Die Metrik der Nursery Rhymes wird in diesem Aufsatz unter Abschnitt II erläutert und verteidigt (Guéron 1975: 142 ff.).

78 Der Begriff der ‚Theorienhierarchie' spielt in Wolfgang Stegmüllers Rekonstruktion und Weiterführung des Begriffs ‚Theorie nach Sneed' eine wichtige Rolle (vgl. Stegmüller 1973: 60). Insbesondere diskutiert Stegmüller an dieser Stelle die Tatsache, daß allen physikalischen Theorien eine Theorie der Messung zugrunde liegt. In diesem Zusammenhang sei daran erinnert, daß in Nelson Goodmans Theorie der Notation der Interpretation von Meßinstrumenten eine wichtige metatheoretische Rolle zukommt (vgl. LA: IV/7–8).

79 Vgl. die Bemerkungen Guérons zu Ende ihrer Ausführungen über 'ambiguous scansions' (1974: 94). Wenn sie dabei sagt, daß das Metrum dem Bereich der Kompetenz zugehöre und der Rhythmus dem Bereich der Performanz, sehe ich allerdings die Gefahr einer absoluten Grenzlinie. Vgl. im übrigen Schultz 1981 für einen groß angelegten Versuch, eine Metrik deutscher Verse zu entwickeln, die es erlaubt, die Untersuchung ihrer Realisierung im Vortrag auf eine wissenschaftliche Grundlage zu stellen.

80 In meinem Aufsatz von 1975 habe ich zwei Arbeiten Kiparskys ausführlich besprochen, die nach meiner Ansicht grundlegend für die Entwicklung einer Theorie der Metrik sind: Kiparsky 1970 und Kiparsky 1972 (vgl. auch Anmerkung 30, oben). Der Aufsatz Kiparskys von 1973 war mir beim Schreiben dieses Aufsatzes noch nicht zugänglich.

81 Insbesondere hat Beaver zu zeigen versucht, daß der Begriff des ‚Betonungsmaximums' von Halle & Keyser zu unflexibel ist, um statistisch signifikanten Betonungsverhältnissen englischer Dichtung Rechnung zu tragen. Da in Guérons Metrik der Nursery Rhymes der Begriff des ‚Betonungsmaximums' mit dem Rekurs auf 'phrasal stress rules' verbunden wird, habe auch ich ihn vorläufig beibehalten, ohne die empirisch und theoretisch begründete Revision Beavers einzuarbeiten. Die Revision Beavers läuft im wesentlichen auf eine Hierarchie von ‚Betonungsprominenzen' hinaus, die durch Berücksichtigung einer geordneten Folge von teils obligatorischen, teils optionalen Regeln der phonologischen Komponente entsteht (vgl. Beaver 1974: 13). Das heißt, in Beavers Revision setzt der Filter viel ‚tiefer' an, enthält mehr Regeln, als bei Halle & Keyser (vgl. dazu auch im Folgenden).

82 Die Schreibweise mit runden Klammern ‚( )' deutet an, daß das in ihnen enthaltene Symbol optional ist. Diese Schreibweise erlaubt es, mehrere zusammengehörige Regeln zu einer komplexen Regel zusammenzufassen. Im Falle von (NR 1) z. B. werden zwei Regeln zusammengefaßt:

Strophe → ZZZZ
Strophe → ZZZZH

Die Vorteile dieser Schreibweise erweisen sich vor allem da, wo in einer komplexen Regel eine große Anzahl von zusammengehörigen Einzelregeln zusammengefaßt werden kann, wie etwa im Fall von (NR 2) unten. Nicht zuletzt spielen dabei auch Erwägungen der ‚Einfachheit' eine Rolle – Erwägungen, denen Chomsky z. B. ein großes Gewicht für die Bewertung von konkurrierenden linguistischen Theorien beigemessen hat.

83 Das heißt, (NR 2) faßt acht Einzelregeln zusammen (vgl. auch Anmerkung 82).

84 Der Stellenwert dieser Definition, wie auch der nicht besonders markierten Definitionen im durchlaufenden Text, besteht darin, daß eine Deutung der linguistischen Einheiten gegeben wird, die zur Deutung der Einheiten des AMS herangezogen wurden.

85 Die metrisch relevante Betonungshierarchie entspricht jedoch in diesem Fall nicht der linguistischen Betonungshierarchie:

"Chomsky and Halle describe a three-syllable word with stress on the first syllable as ending up with a 103 stress contour; whereas in nursery rhymes (...) such words are treated as though they had a 102 contour (...)." (Guéron 1974: 77, Anm. 7)

86 Unter anderen gibt Guéron auf Seite 83 das folgende Beispiel:

Oh the *brave* old *duke* of *York* Standard Line
S_1 x S_2 x S_3 x S_4
(He *had* ten *thou*sand *men*) Abridged Line
x S_1 x S_2 x S_3
He *márched* them *up* to the *tóp* of the *hill* Standard Line
x S_1 x S_2 x S_3 x S_4
(And he *márched* them *dówn again.*) Abridged Line
x S_1 x S_2 x S_3

Die Inkorporation des Hemistichs würde im übrigen auch weniger Betonungsmaxima zur Folge haben. Guéron gibt in Anmerkung 13 zu Seite 83 eine Skandierung von Zeile 3 von "Old King Cole" zur Illustration:

[He *cálled* for his *pipe*] [and he *cálled* for his *bowl*]

Das heißt, durch die vom Hemistich eingeführte Grenze fällt das Betonungsmaximum auf "pipe" weg.

87 Das Umgekehrte ist nicht notwendig der Fall, wie Guéron betont:

"There are many English phrases which can be scanned as nursery rhyme lines, *given equivalent line lenghts*, but a number which cannot, either because of an excessive number of weak syllables between two strong syllables, or because of an empty internal x." (1974: 110, Anm. 41; meine Herv.)

88 Ich gebrauche den Ausdruck ‚Wiegen- und Kinderlied' als provisorisches Äquivalent für 'Nursery Rhyme' in der englischen Tradition und ‚Baker- en Kinderrijm' in der niederländischen Tradition.

Auch Jaqueline Guéron hat den Regeln für die Metrik der Nursery Rhymes eine modelltheoretische Deutung gegeben. (Allerdings gebraucht sie diesen Begriff der logischen Semantik nicht.) In Abschnitt III ihres Aufsatzes von 1975 geht sie davon aus, daß es möglich ist, das AMS der Nursery Rhymes (vgl. (NR 2)) als AMS der französischen Comptine anzusehen. Die Unterschiede, die dann noch zwischen der Metrik der beiden Versformen zu konstatieren sind, erklären sich vollständig aus den Unterschieden zwischen den englischen und den französischen Akzentregeln:

"Une fois que la grammaire a codifié la différence entre l'accentuation du français et celle de l'anglais, on peut définir exactement *le même mètre* pour la Nursery Rhyme et pour la comptine." (Guéron 1975: 151)

89 Als Korpus habe ich die populäre Sammlung von "Rijmpjes uit de oude doos" von Abramsz & Bouman 1971 gebraucht.

90 Ob sich diese Beobachtung zu einer Generalisierung für die Baker- en Kinderrijmpjes erhärten läßt, möchte ich hier dahingestellt sein lassen. Ebenso läßt sich die Frage nach der alleinigen Relevanz der Wortbetonung erst im Rahmen ausführlicher Untersuchungen zum Ganzen der niederländischen Metrik beantworten. (Vgl. Vereeke 1982 für einen ersten Versuch, eine Metrik des niederländischen ‚Jambus' und ‚Trochäus' zu entwickeln. Die Arbeit von Vereeke enthält auch einen Überblick der Theorie der Metrik, der bis zu den neueren Arbeiten Kiparskys reicht.)

91 Als Korpus habe ich eine Auswahl aus der Sammlung von Diekmann & Grohl 1975 gebraucht. Diese Auswahl ist sehr subjektiv zustande gekommen: Ich habe solche Texte gewählt, die mir und meiner nächsten Umgebung als ‚Wiegen- und Kinderlieder' vertraut sind.

92 Für „einspannt" in Zeile 1 ist das allerdings fraglich. Nach den Akzentregeln des Deutschen liegt der Hauptakzent auf „ein-" und nicht auf „-spannt". Vgl. die zweite Zeile, wo durch die obligatorische Umstellung der Verbwurzel der Teil des Verbalkomplexes, der den Hauptakzent trägt, in ‚S'- und Reimposition erscheint. (Vgl. auch Zeile 1 und Zeile 3 von Strophe III.) Offensichtlich hat für Zeile 1 Reimzwang zur Vernachlässigung der Umstellung von „-spannt" in die zweite, obligatorische syntaktische Konstituenten-Position geführt.

93 Würden wir „manch fröhlichen" in Zeile 4 von Strophe III als graphematische Variante von unterliegendem „manchen fröhlichen" lesen, würden wir eine unmetrische Zeile mit fünf ‚S'-Positionen erzeugen (der Asterisk ‚*' zeigt an, daß die Zeile unmetrisch ist):

„*im Winter, da gibt es manchen fröhlichen Schmaus."
x S x S x S x S x S

Das heißt, wir *müssen* hier auf die Regeln für die Betonungsverhältnisse in Adverbialkonstituenten rekurrieren, um der Zeile eine metrische Lesung zu geben.

94 Als einzige Ausnahme ließe sich Zeile 2 von Strophe II von „Es, es, es und es" anführen (Diekmann & Grohl 1975: 91):

a Es, es, es und es,
S x S x S x S
b es ist ein harter Schluß,
x S x S x S
c weil, weil, weil und weil,
S x S x S x S
b weil ich aus Frankfurt muß!
x S x S x S

d So schlag ich Frankfurt aus dem Sinn
x S x S x S x S
d und wende mich Gott weiß wohin.
x S x S x S x S
e Ich will mein Glück probieren, marschieren.
x S x S x S x S

Wenn die Zeile metrisch aufgrund der Gradierung von „Gott" in „Gott weiß" als Ergebnis einer Betonungsregel ist, dann handelt es sich jedoch um eine marginale Betonungsregel für stereotype Redewendungen.

95 Die durch ‚$(Z^n \vee K^n)$' bzw. ‚$(K^n \vee Z^n)$' angedeuteten Optionen in (WK 1) und (WK 2) sollen der Beobachtung Rechnung tragen, daß offensichtlich für das deutsche Wiegen- und Kinderlied die Möglichkeit einer Anreihung von weiteren Zeilen an die eigentliche Strophenstruktur charakterisiert ist. Vgl. „Es, es, es und es", Anmerkung 94 oben, als ein typisches Beispiel für Anreihung von ZZZ, allerdings hier im Falle der alternierenden Version, sowie „A B C", unten, als ein typisches Beispiel für Anreihung von ZK im Falle von (WK 1).

96 Natürlich will ich damit nicht ausschließen, daß Brechts poetische Produktion in einem engen Zusammenhang mit der deutschen ‚Volksliteratur' stehen könnte. Hinweise darauf gibt es genug, sowohl von Brecht selbst als auch von seinen Zeitgenossen und Interpreten. Was es aber mit diesem Zusammenhang auf sich hat, kann nicht durch Anekdote und Proklamation ausgemacht werden. Erst sprach- und literaturgeschichtliche sowie synchronisch-systematische Untersuchungen können hier zu fundierten Aussagen führen. Ich sehe die Exploration der Metrik der ‚Ballade Brechts' die ich im Folgenden versuchen will, als ein Exemplum geeigneter synchronisch-systematischer Untersuchungen an. In diesem Sinn gebrauche ich hier auch den Ausdruck ‚verwurzelt' bzw. ‚Verwurzelung', der das Ausmaß der ‚Einbettung' in die Sprachstruktur (vgl. oben, Anmerkung 30) hervorheben soll.

97 *Mutatis mutandis* gilt das Gleiche für Zeilen 1–34 von T_2', das „*Lied* vom Weib und dem Soldaten". *HG* enthält als erste Abteilung „Lieder/Betrachtungen/Kinderlieder", als fünfte Abteilung „Pamphlete und Loblieder", als sechste Abteilung „Zeitgedichte und Marschlieder". Aber auch außerhalb dieser Abteilungen kommt die Bezeichnung ‚Lied' im Titel von Gedichten in *HG* vor (vgl. etwa „Lied einer deutschen Mutter" in der Abteilung „Balladen"), wie sie auch sonst in anderen Sammlungen zu finden ist. (Vgl. den Titel von *LGC*!)

98 Dabei ist jedoch zu beachten, daß |t| und |d| im Deutschen ein symmetrisches Paar von Verschlußlauten bilden, so daß der Wechsel völlig im Rahmen des gleichen Merkmals [± stimmhaft] bleibt. Das heißt, die phonologische Distanz zwischen |t| und |d| ist die kleinstmögliche nach Null. (Zum Begriff der ‚phonologischen Distanz' vgl. Schädlich 1971/72, sowie Oomen 1973, § 8.1.1.)

99 Die semantischen Komplexionen ergeben sich durch die ‚Metapher' in Zeile 1 von Strophe V. (Ich gehe davon aus, daß „wie" hier wie auch sonst im Deutschen als Indikator für das Vorliegen einer Metapher gelesen werden kann.) Insofern ist semantisch gesehen die Interpretation der dritten Zeile abhängig von der Interpretation der ersten Zeile. Wenn auf die Soldaten (= ‚Denotation' von „Ihr") die Aussage zutrifft, daß sie wie der Rauch vergehen, dann trifft auf sie auch die Aussage (= Warnung, dazu im Folgenden) des Weibs zu, daß sie schnell vergehen. Und ebenso gilt der Wunsch, daß Gott den Rauch behüten möge, auch für sie.

Das UND in Zeile 1 wie das UND zu Beginn von Zeile 2 hat im übrigen an dieser Stelle die semantische Funktion, den Bereich der Metapher auf die Lexeme der zweiten Zeilenhälfte bzw. der beiden Zeilen auszudehnen. (Vgl. die Überlegungen zur Funktion von UND weiter unten.)

100 Wenn man will, kann man hier auch die Verteilung der Betonungsmaxima heranziehen. In der Konstituente „des Weisen Rat" fällt auf „Wéisen" ein Betonungsmaximum; ebenso auf „Álter" in Zeile 2. In Zeile 2 erscheint eines der wenigen Beispiele eines Betonungsmaximums auf einem Verballexem: „berâten". Da außer „beraten" eigentlich nur „marschiéren" aus Zeile 3 von Strophe II ein problemloser Kandidat für ein Betonungsmaximum auf

einem Verballexem ist, werden diese beiden Lexeme (und die Strophen, in denen sie vorkommen) auch durch die Verteilung der Betonungsmaxima in Beziehung gesetzt. (Nimmt man „behüte" aus Strophe V, Zeile 3, hinzu, paßt auch dieses Vorkommen in die angedeutete Interpretation.)

101 In T_2, T_2', und T_2'' erscheint in Zeile 34 „den Soldaten". In der Ausgabe der *Stücke*, in der *Mutter Courage* in Band VII erscheint (Ausgabe des Suhrkamp Verlags, 1957; Copyright 1955), erscheint in der korrespondierenden Zeile auf Seite 91: „zum Soldaten". Die Ausgabe der *Gesammelten Werke* hat demgegenüber „den Soldaten". Diese Variation ist charakteristisch für den Bestand der gedruckten und ungedruckten Fassungen von sowohl *Mutter Courage*, d.h. T_2', als auch von T_2 (bzw. der damit korrespondierenden Texte außerhalb der Sammlung *HG*). So unbedeutend diese Variation auf den ersten Blick erscheinen mag, hat sie doch weitreichende Folgen für die Interpretation, wenn die Frage nach der Referenz der ‚Protagonisten' von T_2 bzw. T_2' gestellt wird (dazu im Folgenden).

102 Wenn man will, kann man das „Ach", mit dem außer Zeile 3, Strophe I, alle die durch (Bed. BB 4) charakterisierten Aussagen „des Weibs" eingeleitet werden, als Grundton der Resignation auffassen, der jeden erneuten Versuch des Weisen begleitet, den (dem) jeweiligen Soldaten zu raten.

103 Ich übersetze Reichenbachs 'definite description' hier (wie auch in Ihwe 1972) mit ‚definiter Beschreibung', um die semantische Funktion der Verkettung [def. Art. Sing. + Nomen] deutlich hervortreten zu lassen. Zur Zweitstellung dieser Verkettung in der Normalstruktur, mit der im Englischen wie auch im Deutschen ein Individuum eingeführt und identifizierbar wird, vgl. oben, § 1.3.9 und § 2.3, sowie die mehr technisch gehaltene Darstellung in Ihwe 1972: 269–275.

Anhang

(1) Person A fragt Person B um eine Erläuterung eines literarischen Textes T.

(1′) Person A fragt Person B um eine Erläuterung der Teile Z eines literarischen Textes T.

(2) Wir nennen einen Text T einen literarischen Text, wenn Teilnehmer an einer Konversation über T *in starkem Maß* Gebrauch von Termen aus V^{ℓ} machen.

(2′) Wir nennen einen Text T einen literarischen Text, wenn Teilnehmer {A, B, ...} an einer Konversation über T in starkem Maß Gebrauch von Termen aus V^{ℓ} machen; und wenn es eine ausgezeichnete Menge von Teilnehmern {..., P, Q, ...} gibt derart, daß diese Teilnehmer das mithilfe von V^{ℓ} ausdrückbare Wissen bezüglich der linguistisch-poetischen Eigenschaften von T zur Verfügung stellen können.

(2″) Wir nennen einen Text T einen literarischen Text, wenn Teilnehmer {A, B, ...} an einer Konversation über T in starkem Maß Gebrauch von Termen aus V^{ℓ} machen; und wenn es eine ausgezeichnete Menge von Teilnehmern {..., P, Q, ...} gibt derart, daß diese Teilnehmer – im Rahmen ihres Paradigmas – über die für T gültige optimale maßgebliche Kompetenz bezüglich seiner linguistisch-poetischen Eigenschaften verfügen.

(3) (a) Alter von A und B
(b) (soziale) Rollen von A und B
(c) psycho-soziale Entwicklung und kultureller Hintergrund von A und B
(d) sprachliche Entwicklung und Fertigkeiten von A und B
(e) Kontext der Konversation
(f) augenblickliche Konstitution (‚Gestimmtheit') von A und B

(4) B gibt eine Erläuterung (der Teile Z) von T, wenn er auf seine linguistisch-poetische Kompetenz zurückgreift.

(4′) B gibt eine Erläuterung (der Teile Z) von T, wenn
(a) er auf seine linguistisch-poetische Kompetenz zurückgreift;
(b) er auf seine logisch-argumentative Kompetenz zurückgreift;

(4″) B gibt eine Erläuterung (der Teile Z) von T, wenn
(a) & (b) von (4′);
(c) B glaubt, daß I^D wahr ist;
(d) A glaubt, daß I^D wahr ist.

(4‴) B gibt eine Erläuterung (der Teile Z) von T, wenn
(a) & (b) von *Def. 2;*
(c′) B glaubt, daß I^D wahr bezüglich K^{om} ist;
(d′) A glaubt, daß I^D wahr bezüglich K^{om} ist;
(e) von *Def. 2.*

(4⁗) B gibt eine Erläuterung (der Teile Z) von T, wenn
(a) – (e) von (4‴);
(f) B bereit und imstande ist, die Wahrheit von I^D bezüglich K^{om} im Rahmen der gültigen Regeln der Argumentation zu verteidigen.

(4″‴) B gibt eine Erläuterung (der Teile Z) von T, wenn
(a) – (f) von (4⁗);
(g) B sich in bezug auf I^D einer geeigneten Theoriesprache bedient.

(4′′′′′) B gibt eine Erläuterung (der Teile Z) von T, wenn
(a) – (g) von (4′′′′);
(h) B eine geeignete systematische Exposition von I^D gibt.

(5) Wir sprechen von einer Interpretation eines literarischen Textes T genau dann, wenn ein Teilnehmer, B, an einer Konversation über T einen Text T′ als Antwort auf eine Frage um Erläuterung von T durch einen anderen Teilnehmer, A, produziert; und wenn T′ in starkem Maß deskriptive Aussagen über T enthält.

(6) A {bittet B um E, verlangt E von B, drängt auf E durch B, erhofft sich E von B, fleht B um E an, versucht B zu E zu bewegen, gibt B sein Bedürfnis nach E zu verstehen, ...}.

(6a) A bittet B bescheiden um E.

(6b) A drängt hartnäckig auf E durch B.

(6′) B {schließt, vermutet, nimmt an, rät, stellt sich vor, ...}, daß A um E {fragt, fragen will, vor hat zu fragen, fragen möchte, zu fragen intendiert, ...}.

(7) B {legt E an A vor, schlägt A E vor, versucht A von E zu überzeugen, gibt A E zu bedenken, nötigt A E auf, fertigt A mit E ab, suggeriert A E, ...}.

(7a) B versucht schrittweise, A von E zu überzeugen.

(7′)* A {schließt, vermutet, nimmt an, rät, stellt sich vor, ...}, daß B E {vorlegt, vorschlägt, zu bedenken gibt, ...}.

(8) B schlägt E unter Vorbehalt als Antwort auf die eindringliche Frage von A nach E vor.

(8′) B schließt, daß A um E fragen will und schlägt (daraufhin) A E vor.

(9) Eine Kompetenz im Sinne von (4′a) ist die optimale maßgebliche Kompetenz, wenn sie
(a) das verfügbare Wissen über die linguistisch-poetischen Eigenschaften von literarischen Texten umfaßt;
(b) in systematischer Form in Termen von V^e gegeben ist;
(c) allen Teilnehmern {A, B, ...} zugänglich ist, derart, daß {A, B, ...} entweder Experten sind oder ihnen Strategien zur Verfügung stehen, die ihnen im Prinzip den Zugang zu ihr ermöglichen.

Def. 1 (Interpretation)

Wir sprechen von einer Interpretation eines literarischen Textes T genau dann, wenn ein Teilnehmer, B, an einer Konversation über T einen Text T′ als Antwort auf eine Frage um Erläuterung (von Teilen Z) von T durch einen anderen Teilnehmer, A, produziert; und wenn T′ als die Erläuterung gelten soll, um die A gefragt hatte, derart, daß A imstande ist, aus T′ die geordnete Menge derjenigen deskriptiven Aussagen I^D zu erschließen, die relevant bezüglich seiner Fragen über (Teile Z von) T sind.

Def. 2 (Erläuterung)

B gibt eine Erläuterung (der Teile Z) von T genau dann, wenn
(a) er auf seine linguistisch-poetische Kompetenz zurückgreift;
(b) er auf seine logisch-argumentative Kompetenz zurückgreift;
(c) B glaubt, daß I^D wahr ist;
(d) A glaubt, daß I^D wahr ist;
(e) B für die Wahrheit von I^D Argumente angeführt hat derart, daß der Glaube von A an die Wahrheit von I^D das Ergebnis dieser Argumentation ist.

Def. 3 (wissenschaftliche Erläuterung)

B gibt eine wissenschaftliche Erläuterung (der Teile Z) von T genau dann, wenn
(a) er auf seine linguistisch-poetische Kompetenz zurückgreift;
(b) er auf seine logisch-argumentative Kompetenz zurückgreift;

(c) B glaubt, daß I^D wahr bezüglich K^{om} ist;
(d) A glaubt, daß I^D wahr bezüglich K^{om} ist;
(e) B für die Wahrheit von I^D Argumente angeführt hat derart, daß der Glaube von A an die Wahrheit von I^D das Ergebnis dieser Argumentation ist;
(f) B bereit und imstande ist, die Wahrheit von I^D bezüglich K^{om} im Rahmen der gültigen Regeln der Argumentation zu verteidigen;
(g) B sich in bezug auf I^D einer geeigneten Theoriesprache bedient;
(h) B eine geeignete systematische Exposition von I^D gibt.

Def. 4 (wissenschaftliche Interpretation)
Wir sprechen von einer wissenschaftlichen Interpretation eines literarischen Textes T genau dann, wenn
(a) ein Teilnehmer, B, an Konversationen über T eine wissenschaftliche Erläuterung (von Z) von T vorschlägt; und
(b) B die Komposition von I^D unter Verweis auf Verständnisfragen F bezüglich (Z von) T durch Teilnehmer {A, B, ...} an Konversationen über T motiviert, mit A = B als Grenzfall.

(NR 1) Strophe → ZZZZ(H)
(NR 1') Strophe → ZZZZ(H)
Zeile → Hemistich + Hemistich
Hemistich → (x) S x S
(NR 1a) Die NR-Strophe besteht aus vier Standardzeilen plus einer optionalen Halbzeile.
(NR 1b) Die Silbe in der letzten S-Position von Zeile 1 reimt mit der entsprechenden Silbe von Zeile 2. Die Silbe in der letzten S-Position von Zeile 3 reimt mit der entsprechenden Silbe von Zeile 4.
(NR 1^K) Strophe → ZZ(Z)(H)
(NR $1a^K$) Die Kurzversion der Standard NR-Strophe besteht aus zwei oder drei Standardzeilen plus einer optionalen Halbzeile.
(NR $1b^K$) Die Silbe in der letzten S-Position von Zeile 1 reimt mit der entsprechenden Silbe von Zeile 2; oder die Standardzeilen weisen internen Reim auf.
(NR 1^A) Strophe → ZKZK
(NR $1a^A$) Die erste und die dritte Zeile der alternierenden NR-Strophe sind Standardzeilen. Die zweite und die vierte Zeile sind Kurzzeilen.
(NR $1b^A$) Die Silbe in der letzten S-Position in der ersten Kurzzeile reimt mit der entsprechenden Silbe in der zweiten Kurzzeile. Die Silben in den letzten S-Positionen der zwei Standardzeilen können optional reimen.
(NR 2) Zeile → (x) S x S (x) S x S (x)
(NR 2a) S wird durch eine einzige, betonte Silbe realisiert.
(NR 2a') S wird durch eine reduzierte Silbe realisiert; das heißt:
(i) durch eine betonte Silbe, unmittelbar gefolgt von einer unbetonten Silbe;
(ii) durch eine Sonorantensequenz, die aus zwei syllabischen Vokalen besteht, die entweder unmittelbar aneinandergrenzen oder durch einen sonoranten Konsonanten voneinander getrennt sind.
(NR 2b) Die betonte Silbe, durch die S besetzt wird, ist eine ‚akzentuierbare' Silbe, d. h. die betonte Silbe eines Wortes, das zu einer syntaktischen Hauptkategorie gehört. Diese Silben sind potentielle Betonungsmaxima.
(NR 2b') S kann durch die betonte Silbe von Wörtern der folgenden syntaktischen Nebenkategorien besetzt werden: Hilfsverb, Personalpronomen, Relativpronomen und

Konjunktionen wie *when* (nicht jedoch *and, or, but*). Diese Silben sind jedoch ‚nicht-akzentuierbar'. Sie können nicht zu Betonungsmaxima werden.

(NR 2b″) S kann durch die sekundär betonte Silbe eines Hauptkategorie-Wortes besetzt werden genau dann, wenn das Wort mehr als zwei Silben hat und die sekundär betonte Silbe, die der S-Position zugeordnet ist, nicht an eine betonte Silbe angrenzt.

(NR 2c) x wird durch ein bis drei Silben realisiert.

(NR 2d) Die Silben, durch die eine x-Position besetzt wird, sind entweder die unbetonten Silben der Wörter, die zu syntaktischen Hauptkategorien gehören, oder jede beliebige Silbe der Wörter, die zu den folgenden syntaktischen Nebenkategorien gehören: Artikel, Verbpartikel (außer Adverbialpartikel), Präposition, Konjunktion, Hilfsverb, alle Pronomen außer dem Fragepronomen.

(NR 2d′) x kann durch eine ‚akzentuierbare' Silbe besetzt werden genau dann, wenn diese unmittelbar an eine andere ‚akzentuierbare' Silbe in S-Position angrenzt. Ist dies der Fall, wird die Betonung beider Silben neutralisiert; keine von beiden kann zu einem Betonungsmaximum werden.

(NR 2d′, Forts.) In jeder gegebenen x-Position darf nur eine neutralisierte ‚akzentuierbare' Silbe vorkommen.

(NR 2d″) x kann zwischen zwei S-Positionen durch eine syntaktische Hauptgrenze (major syntactic break) besetzt werden.

(NR 3) Kurzzeile → (x) S x S x S (x)

(Def 1 NR) Eine betonte Silbe ist die prominenteste Silbe eines Wortes. Alle anderen Silben eines Wortes werden als unbetont betrachtet.

(Def 2 NR) Wenn eine ‚akzentuierbare' Silbe zwischen zwei ‚nicht-akzentuierbaren' Silben in der gleichen syntaktischen Konstituente in einer Verszeile steht, dann wird sie ein ‚Betonungsmaximum' genannt.

(WK 1) Strophe → KKZZ ($Z^n \vee K^n$)

(WK 2) Strophe → KKKK ($K^n \vee Z^n$)

(BB 1) Ballade → Strophe ∨ E-Strophe

(BB 1–T_2) Ballade → St_1 E-St_1 St_2 E-St_2 St_3 E-St_3 St_4

(BB 2) Strophe → ZKZK

(BB 2a) vgl. (NR $1a^A$)

(BB 2b) vgl. (NR $1b^A$)

(BB 2c) Die Silbe in der zweiten bzw. dritten S-Position von Z reimt mit der Silbe in der vierten bzw. sechsten S-Position von Z.

(BB 2 K-T_2) Alle Kurzzeilen aller Standardstrophen reimen aufeinander.

(BB 3) E-Strophe → ZZKZZK

(BB 3a) vgl. (NR $1a^A$)

(BB 3b-E) vgl. (NR $1b^A$)

(BB 4) $Z \rightarrow \begin{cases} \text{(x) S x S x S x S} \\ \text{[(x) S x S x S] [(x) S x S x S]} \end{cases}$

(Bedingung BB 4) Alternative zwei liegt vor genau dann, wenn Z aus einer Konjunktion von zwei Sätzen besteht; diese Konjunktion darf keine UND-Konjunktion sein.

Klammern, Symbole und Abkürzungen

(...)	Auslassung in Zitaten
[...]	Ergänzungen in Zitaten
( )	Optionales Element
{ }	Menge von Elementen
< >	geordnete Mengen von Elementen
$\left\{ \right\}$	Alternative in Regeln (§ 3.8)
[ ]	Grenzen eines Hemistich (§§ 3.7–3.8)
$[\ ]_{NP}$	etikettierte Grenzen einer syntaktischen Konstituente
S	Satzsymbol (in syntaktischen Regeln)
S	Positionssymbol (in metrischen Regeln)
x	Positionssymbol (in metrischen Regeln)
#	Symbol für Satzgrenze
△	Symbol für syntaktischen Platzhalter
→	Symbol für Ersetzung (in syntaktischen und metrischen Regeln)
→	Symbol für Denotation (in Graphen für Referenzbeziehungen)
↔	Symbol für Exemplifikation und Expression (in Graphen für Referenzbeziehungen)
&	Symbol für Konjunktion von Elementen
∨	Symbol für Adjunktion von Elementen
St	Strophe
E-St	Erweiterte Strophe
Z	Zeile
K	Kurzzeile
H	Halbzeile
A, B, ...	Variable für Teilnehmer an einer Konversation über Literatur
{A, B, ...}	Menge der Teilnehmer an einer Konversation über Literatur
T	literarischer Text
Z	‚Teil(e)' eines literarischen Textes (in Kapitel 2)
T'	Von B produzierter Text (in Kapitel 2)
$V^{\mathfrak{T}}$	Menge der auf literarische Texte anwendbaren Terme
I^{D}	geordnete Menge der deskriptiven Aussagen einer Erläuterung/Interpretation
K^{om}	optimale maßgebliche Kompetenz

Literaturverzeichnis

ABRAMSZ & BOUMAN 1971: S. Abramsz & B. Bouman, Rijmpjes en versjes uit de oude doos. Oorspronkelijk verzameld door S. Abramsz, getekend door B. Bouman. Amsterdam 1971.

ALEXY 1978: Robert Alexy, Theorie der juristischen Argumentation. Die Theorie des rationalen Diskurses als Theorie der juristischen Begründung. Frankfurt/M. 1978.

AUSTIN 1979: Timothy R. Austin, "Constraints on Syntactic Rules and the Style of Shelley's 'Adonais' ". In: *PTL* IV, 1979, 315–343.

BANN 1967: Stephen Bann, Concrete poetry, an international anthology. London 1967.

BARING–GOULD & BARING–GOULD 1962: William S. Baring-Gould & Cecil Baring-Gould, The Annotated Mother Goose. New York 1962.

BAUMGÄRTNER 1972: Klaus Baumgärtner, „Formale Erklärung poetischer Texte". (1965) In: Ihwe Hrsg. 1972, 208–227.

BEARDSLEY 1978: Monroe C. Beardsley, "*Languages of art* and art criticism". In: *Erkenntnis* 12, 1978, 95–118.

BEAVER 1974: Joseph C. Beaver, "Generative Metrics". In: *Poetics* 12, 1974, 7–28.

BERGMANN 1979: Merrie Bergmann, "Metaphor and formal semantic theory". In: *Poetics* 8, 1979, 213–230.

BERNHART 1974: A. Walter Bernhart, "Complexity and Metricality". In: *Poetics* 12, 1974, 113–141.

BIERWISCH 1965: Manfred Bierwisch, „Poetik und Linguistik". In: Mathematik und Dichtung, 49–65.

BIERWISCH 1965a: Rezension von Z. S. Harris, Discourse analysis. In: J. A. Fodor & J. J. Katz, eds., The structure of language. Englewood Cliffs, N.J., 1964 [1952].) In: *Linguistics* 13, 1965, 61–73.

BJÖRKLUND 1978: Beth Björklund, A Study in Comparative Prosody: English and German Iambic Pentameter. Stuttgart 1978.

BLACK 1971: Max Black, "The structure of symbol systems". In: *Linguistic Inquiry* 2, 1971, 515–538.

BLAKE 1971: The poems of William Blake. Edited by W. H. Stevenson; Text by David V. Erdman. London 1971.

BLAU 1977: Ulrich Blau, Die dreiwertige Logik der Sprache: ihre Syntax, Semantik und Anwendung in der Sprachanalyse. Berlin/New York 1977.

BRECHT 1964: Bertolt Brecht, Über Lyrik. Zusammengestellt von E. Hauptmann und R. Hill. Frankfurt/M. 1964.

CALVINO 1977: Italo Calvino, The Nonexistent Knight. New York 1977 (1960).

CHOMSKY 1965: Noam Chomsky, Aspects of the theory of syntax. Cambridge/Mass. 1965.

DIEKMANN & GROHL 1975: A. Diekann & W. Grohl, Das große Liederbuch. 204 deutsche Volks- und Kinderlieder, gesammelt von A. Diekmann, unter Mitwirkung von W. Grohl. Zürich 1975.

ELGIN 1983: Catherine Z. Elgin, With Reference to Reference. Indianapolis 1983.

FOULKES 1983: A. Peter Foulkes, Literature and Propaganda. London/New York 1983.

FUCHS & BUREN 1976: Rudy H. Fuchs & Daniel Buren, Discordance/Cohérence. Eindhoven 1976.

GOODMAN LA: Nelson Goodman, Languages of Art. Indianapolis 1976 (1968).

GOODMAN PP: Problems and Projects. Indianapolis 1972.

GOODMAN RR: "Routes of Reference". In: *Critical Inquiry* 8, 1981, 121–132.

GOODMAN SA: The Structure of Appearance. Dordrecht/Boston 1977 (1951).

GOODMAN WW: Ways of Worldmaking. Indianapolis 1978.

GOODMAN 1965: Fact, Fiction, and Forecast. Second edition. Indianapolis/New York 1965.

GOODMAN 1970: "Some notes on *Languages of art*". In: *The Journal of Philosophy* 67, 1970, 563–573.

GOODMAN 1978: "Replies". In: *Erkenntnis* 12, 1978, 153–179.

GOODMAN 1979: "Metaphor as moonlighting". In: Sacks ed. 1979, 175–180.

GOODMAN 1980: "On starmaking". In: *Synthese* 45, 1980, 211–215.

GOODMAN 1981: "Replies". In: *Journal of Aesthetics and Art Criticism* 39, 1981, 273–280.

GOODMAN 1982: "Notes on the well-made world". In: Sprache und Ontologie. Akten des 6. internationalen Wittgenstein Symposiums. Wien 1982, 31–36.

GOODMAN 1982a: "Implementation of the arts". In: *Journal of Aesthetics and Art Criticism* 40, 1982, 281–283.

GOODMAN 1982b: "Fiction for five fingers". In: *Philosophy and Literature* 6, 1982, 162–164.

GOODMAN 1983: "Realism, Relativism, and Reality". In: *New Literary History* 14, 1983, 269–272.

GUÉRON 1974: Jacqueline Guéron, "The Meter of Nursery Rhymes". In: Poetics 12, 1974, 73–111.

GUÉRON 1975: "Langue et poésie: Mètre et phonologie". In: J. P. Faye & J. Roubaud, dir., Change de forme. Biologies et prosodies, 1. Paris 1975, 136–157.

HALLE 1970: Morris Halle, "On Meter and Prosody". In: M. Bierwisch & K. E. Heidolph, eds., Progress in Linguistics. Den Haag 1970, 64–80.

HALLE & KEYSER 1966: Morris Halle & Samuel J. Keyser, "Chaucer and the Study of Prosody". In: *College English* 28, 1966, 187–219.

HALLE & KEYSER 1971: English Stress. New York 1971.

HALLE & KEYSER 1971–72: „Der jambische Pentameter". In: Ihwe Hrsg. 1971–72, Bd. III, 86–107.

HASCALL 1974: Dudley S. Hascall, "Triple Meter in English Verse". In: *Poetics* 12, 1974, 49–71.

HOWARD 1982: Vernon A. Howard, Artistry. The Work of Artists. Indianapolis 1982.

IHWE 1966: Jens F. Ihwe, „Zur Analyse des Dramas: Heiner Müllers ‚Philoktet' ". In: *Bogawus* 7–8, 1966, 25–29.

IHWE 1969: „Linguistik in der Literaturwissenschaft. Bemerkungen zur Entwicklung einer strukturalen Literaturwissenschaft". In: *Linguistische Berichte* 3, 1969, 30–44.

IHWE 1971: „Das Problem der poetischen Sprache: ein Scheinproblem". In: Ihwe Hrsg. 1971–72, Bd. II/2, 603–616.

IHWE 1972: Linguistik in der Literaturwissenschaft. Zur Entwicklung einer modernen Literaturwissenschaft. München 1972.

IHWE 1975: "On the foundations of 'generative metrics' ". In: *Poetics* IV/4, 1975, 367–400.

IHWE 1976: "The philosophy of literary criticism reconsidered: on the 'logic' of interpretation". In: *Poetics* 5, 1976, 339–372.

IHWE 1977: „Sprache und Interpretation". In: W. Klein, Hrsg., Methoden der Textanalyse. Heidelberg 1977, 24–31.

IHWE 1979: „Sprachphilosophie, Literaturwissenschaft und Ethik: Anregungen zur Diskussion des Fiktionsbegriffs". In: W. Frier & G. Labroisse, Hrsgg., Grundfragen der Textwissenschaft.

Linguistische und literaturwissenschaftliche Aspekte. (Amsterdamer Beiträge zur neueren Germanistik, Band 8.) Amsterdam 1979, 207–264.

IHWE 1980: "Conversations about literature, or: when you and I and the literary scholar talk about a literary text". In: *Poetics* 9, 1980, 457–507.

IHWE 1981: „Textanalyse und Textgrammatik: der Beitrag von Zellig S. Harris". In: J. S. Petöfi, ed., Text versus Sentence Continued. Hamburg 1981, 127–133.

IHWE HRSG. 1971–72: Jens F. Ihwe, Hrsg., Literaturwissenschaft und Linguistik. Ergebnisse und Perspektiven. Frankfurt/M. 1971–72. 3 Bände in 4 Teilen.

IHWE HRSG. 1972: Literaturwissenschaft und Linguistik: eine Auswahl. Texte zur Theorie der Literaturwissenschaft. Frankfurt/M. 1972. 2 Bände.

IHWE & RIESER 1979: Jens F. Ihwe & Hannes Rieser, "Normative and descriptive theory of fiction. Some contemporary issues". In: *Poetics* 8, 1979, 63–84.

IHWE & STEINWEG 1965–66: Jens F. Ihwe & Reiner Steinweg, „Kritisches zur Brecht-Gesamtausgabe". In: *Bogawus* 4, 1965, 16–20 & *Bogawus* 5–6, 1966, 11–24.

IHWE ET ALII 1974: Jens F. Ihwe et alii, „Zu Götz Wienold, *Semiotik der Literatur*". In: Probleme und Perspektiven der neueren textgrammatischen Forschung I. Hrsg. von der Projektgruppe Textlinguistik Konstanz. Hamburg 1974, 151–163.

IHWE ET ALII 1982: Worlds made from words: Semiotics from a nominalistic point of view. Amsterdam 1982 (mimeo).

JAKOBSON 1921: Roman Jakobson, "O chudožestvennom realizme". (Deutsche Übers.: „Über den Realismus in der Kunst". In: J. Striedter, Hrsg., Texte der russischen Formalisten. Bd. I; Texte zur allgemeinen Literaturtheorie und zur Theorie der Prosa. München 1969, 373–391.)

JAKOBSON 1956: "Two Aspects of Language and Two Types of Aphasia". In: R. Jakobson & M. Halle, Fundamentals of Language. Den Haag 1956, 55–82.

JAKOBSON 1965: „Der grammatische Bau des Gedichts von Bertolt Brecht ‚Wir sind sie' ". In: Beiträge zur Sprachwissenschaft, Volkskunde und Literaturforschung, W. Steinitz dargebracht. Berlin 1965, 175–189.

JAKOBSON 1972: „Linguistik und Poetik". In: Ihwe Hrsg. 1972, 99–135.

JAKOBSON 1976: Hölderlin-Klee-Brecht. Zur Wortkunst dreier Gedichte. Frankfurt/M. 1976.

JAKOBSON & LOTZ 1952/1971–72: Roman Jakobson & John Lotz, „Axiome eines Versifikationssystems, am mordwinischen Volkslied dargestellt". (1952) In: Ihwe Hrsg. 1971–72, Bd. III, 78–85.

JOYCE 1975: James Joyce, Finnegan's Wake. London 1975 (1939).

KAISER 1973: Joachim Kaiser, „Brechts ‚Die Maßnahme' – und die linke Angst". In: *Neue Rundschau* 84, 1973, 96–125.

KAMLAH & LORENZEN 1967: Wilhelm Kamlah & Paul Lorenzen, Logische Propädeutik. Vorschule des vernünftigen Redens. Mannheim etc. 1967.

KIPARSKY 1970: Paul Kiparsky: "Metrics and Morphophonemics in the Kalevala". (1968) In: D. C. Freeman, ed., Linguistics and Literary Style. New York 1970, 165–181.

KIPARSKY 1972: "Metrics and Morphophonemics in the Rigveda". In: M. K. Brame, ed., Contributions to Generative Phonology. Austin/Texas and London 1972, 171–200.

KIPARSKY 1973: "The Role of Linguistics in a Theory of Poetry". In: *Daedalus* 102, 1973, 231–244.

KLEIN 1977: Wolfgang Klein, „Die Wissenschaft der Interpretation". In: W. Klein, Hrsg., Methoden der Textanalyse. Heidelberg 1977, 1–23.

LEVIN 1962: Samuel R. Levin, Linguistic Structures in Poetry. Den Haag 1962.

LEVIN 1977: The Semantics of Metaphor. Baltimore/London 1977.

MATHEMATIK UND DICHTUNG: H. Kreuzer & R. Gunzenhäuser, Hrsgg., Mathematik und Dichtung. Versuche zur Frage einer exakten Literaturwissenschaft. München 1965.

McCAWLEY 1977: James D. McCawley, "Jakobsonian Ideas in Generative Grammar". In: D. Armstrong & C. H. van Schooneveld, eds., Roman Jakobson. Echoes of his Scholarship. Lisse 1977, 269–283.

OOMEN 1973: Ursula Oomen, Linguistische Grundlagen poetischer Texte. Tübingen 1973.

PASTERNACK 1983: Gerhard Pasternack, "Interpretation as methodological procedure – methodological fundaments of normed hermeneutics". In: *Poetics* 12, 1983, 185–206.

PAVEL 1975: Thomas G. Pavel, " 'Possible worlds' in literary semantics". In: *Journal of Aesthetics and Art Criticism* 34, 1975, 165–176.

PAVEL 1979: "Fiction and the causal theory of names". In: *Poetics* 8, 1979, 179–191.

PAVEL 1981–82: "Fiction and the ontological landscape". In: *Studies in 20th Century Literature* 6, 1981–82, 149–163.

PUTNAM 1975: Hilary Putnam, "The meaning of 'meaning' ". In: H. Putnam, Mind, Language, and Reality. Philosophical Papers, vol. 2, ch. 12. Cambridge 1975.

PUTNAM 1979: "Reflections on Goodman's *Ways of Worldmaking*". In: *The Journal of Philosophy* 78, 1979, 603–618.

ROBINSON 1978: Jenefer Robinson, "Two theories of representation". In: *Erkenntnis* 12, 1978. 37–53.

RÖSLER 1980: Wolfgang Rösler, „Die Entdeckung der Fiktionalität in der Antike". In: *Poetica* 12, 1980, 283–319.

SACKS ED. 1979: Sheldon Sacks, ed., On Metaphor. Chicago/London 1979.

von SAVIGNY 1976: Eike von Savigny, Argumentation in der Literaturwissenschaft. Wissenschaftstheoretische Untersuchungen zu Lyrikinterpretationen. München 1976.

SCHÄDLICH 1971–72: Hans-Joachim Schädlich, „Über Phonologie und Poetik". In: Ihwe Hrsg. 1971–72, Bd. III, 42–60.

SCHEFFLER 1979: Israel Scheffler, Beyond the Letter. A Philosophical Inquiry into Ambiguity, Vagueness and Metaphor in Language. London etc. 1979.

SCHEFFLER 1980: "The wonderful worlds of Goodman". In: *Synthese* 45, 1980, 201–209.

SCHMIDT 1979: Siegfried J. Schmidt, „ ‚Negation' und ‚Konstitution' als Kategorien konkreter Dichtung". In: S. J. Schmidt, Elemente einer Textpoetik. München 1979, 88–129.

SCHNELLE 1980: Helmut Schnelle, „Notationssysteme. Kritische Anmerkungen anhand N. Goodmans *Sprachen der Kunst*". In: *Zeitschrift für Semiotik* 2, 1980, 387–396.

SCHULTZ 1981: Hartwig Schultz, Form als Inhalt. Vers- und Sinnstrukturen bei Joseph von Eichendorff und Annette von Droste-Hülshoff. Bonn 1981.

SEIDEL 1966: Gerhard Seidel, Studien zur Edition poetischer Werke von Bertolt Brecht. Band 1–2. Phil. Diss. Greifswald 1966.

SEIDEL 1970: Die Funktions- und Gegenstandsbedingtheit der Edition, untersucht an poetischen Werken Brechts. Berlin 1970.

STEGMÜLLER 1973: Wolfgang Stegmüller, Probleme und Resultate der Wissenschaftstheorie und Analytischen Philosophie. Band II: Theorie und Erfahrung, Zweiter Halbband: Theorienstrukturen und Theoriendynamik. Studienausgabe, Teil D. Berlin etc. 1973.

STEGMÜLLER 1975: Hauptströmungen der Gegenwartsphilosophie. Band II. Stuttgart 1975.

STEINWEG 1971: Reiner Steinweg, „Die Lehrstücke als Versuchsreihe". In: *Alternative* 78–79, 1971, 121–124.

STEINWEG 1972: Das Lehrstück. Brechts Theorie einer politisch-ästhetischen Erziehung. Stuttgart 1972 (2., verbesserte Auflage 1976).

STEINWEG 1972a: „Brechts ‚Die Maßnahme' – Übungstext, nicht Tragödie". In: M. Brauneck, Hrsg., Das Deutsche Drama von Expressionismus bis zur Gegenwart. Bamberg 1972 (2., erweiterte Auflage), 145–158.

STEINWEG 1973: „‚Das Badener Lehrstück vom Einverständnis', Mystik, Religionsersatz oder Parodie?". In: H. L. Arnold, Hrsg., *Text und Kritik*. Sonderband Bertolt Brecht II. München 1973, 109–130.

STEINWEG 1980: „Aus der Lehrstückpraxis". In: Aktualisierung Brechts, *Argument* 50 (Sonderband), 1980, 158–166.

STEINWEG HRSG. 1972: Reiner Steinweg, Hrsg., Bertolt Brecht, Die Maßnahme. Kritische Ausgabe mit einer Spielanleitung. Frankfurt/M. 1972 (3. Auflage 1978).

STEINWEG HRSG. 1976: Brechts Modell der Lehrstücke. Zeugnisse, Diskussion, Erfahrungen. Frankfurt/M. 1976.

STEINWEG HRSG. 1978: Auf Anregung Bertolt Brechts: Lehrstücke mit Schülern, Arbeitern, Theaterleuten. Frankfurt/M. 1978.

STEINWEG RED. 1983: Reiner Steinweg, Red., Faszination durch Gewalt. Politische Strategie und Alltagserfahrung. Frankfurt/M. 1983 (= Friedensanalysen 17).

STEINWEG ET ALII 1983: Reiner Steinweg et alii, „Alltag, Gewalt, Sinnlichkeit, Theaterpädagogik als Instrument der außerschulischen Friedenserziehung". In: Steinweg Red. 1983, 161–208.

STEVENSON 1950: Charles Stevenson, "Interpretation and evaluation in aesthetics". In: M. Black, ed., Philosophical Analysis. Ithaca/N.Y. 1950, 341–383.

STEVENSON 1957: "On 'What is a poem?' ". In: *The Philosophical Review* 66, 1957, 329–363.

STEVENSON 1962: "On the reasons that can be given for the interpretation of a poem". In: J. Margolis, ed., Philosophy Looks at the Arts. New York 1962, 121–139.

TARSKI 1966: Alfred Tarski, Einführung in die mathematische Logik. 2., neubearbeitete Auflage. Göttingen 1966.

VEREEKE 1982: Francis Vereeke, Schets van een generatieve metriek van Nederlandse tweevoudige metra. These Univ. Amsterdam 1982.

VOS 1984: Eric Vos, Concrete poetry: referential aspects. Amsterdam 1984 (im Druck).

VOS & IHWE 1984: Eric Vos & Jens F. Ihwe, "The visual turn in poetry: nominalistic contributions to the theory of modern literary history, exemplified by concrete poetry". In: *New Literary History* 1984 (in Vorbereitung).

WIENOLD 1972: Götz Wienold, Semiotik der Literatur. Frankfurt/M. 1972.

WILLIAMS ED. 1967: Emmett Williams, ed., An Anthology of Concrete Poetry. New York etc. 1967.

WOLF 1973: Erich Wolf, Die Musikausbildung. Band I: Allgemeine Musiklehre. 2. Auflage. Wiesbaden 1973 (1967).

WUNDERLICH 1974: Dieter Wunderlich, Grundlagen der Linguistik. Reinbek bei Hamburg 1974.

Sachwortverzeichnis

Namenverzeichnis

GPSR Compliance

The European Union's (EU) General Product Safety Regulation (GPSR) is a set of rules that requires consumer products to be safe and our obligations to ensure this.

If you have any concerns about our products, you can contact us on ProductSafety@springernature.com

In case Publisher is established outside the EU, the EU authorized representative is:

Springer Nature Customer Service Center GmbH
Europaplatz 3
69115 Heidelberg, Germany

Batch number: 10815964

Printed by Printforce, the Netherlands